全国机械行业职业教育优质规划教材（高职高专）
经全国机械职业教育教学指导委员会审定
高职高专“十三五”机电类专业系列教材

自动化生产线装调与控制技术

甄久军　编著

U0412824

机 械 工 业 出 版 社

本书为全国机械行业优质规划教材，经全国机械职业教育教学指导委员会审定。本书共分为8个学习情境，23个项目。8个学习情境分别是供料单元的装调与控制技术、检测单元的装调与控制技术、加工单元的装调与控制技术、操作手单元的装调与控制技术、机器人单元的装调与控制技术、组装单元的装调与控制技术、成品分装单元的装调与控制技术、生产线集成与通信技术。本书遵循认识规律，循序渐进展开内容。

本书可作为职业院校、技师学院等机电一体化技术专业、电气自动化技术专业以及相关专业教材，还可作为技能大赛机电一体化项目训练教材，也可作为相关技术人员参考用书。另外，由于我国正在发展应用型本科教育，理论与实践相结合的实用型、项目化教材稀缺，因此，本书也可作为应用型本科相关专业的教材。

为方便教学，本书配有电子课件、习题解答及模拟试卷等，凡选用本书作为教材的学校均可来电索取。咨询电话：010-88379375；电子邮箱：cmpgaozhi@sina.com。

图书在版编目（CIP）数据

自动化生产线装调与控制技术/甄久军编著. —北京：机械工业出版社，2019.8（2022.9重印）

全国机械行业职业教育优质规划教材. 高职高专　经全国机械职业教育教学指导委员会审定　高职高专“十三五”机电类专业系列教材

ISBN 978-7-111-63599-4

Ⅰ.①自…　Ⅱ.①甄…　Ⅲ.①自动生产线-安装-高等职业教育-教材②自动生产线-调试方法-高等职业教育-教材　Ⅳ.①TP278

中国版本图书馆CIP数据核字（2019）第189946号

机械工业出版社（北京市百万庄大街22号　邮政编码100037）
策划编辑：王宗锋　责任编辑：冯睿娟　高亚云　曲世海
责任校对：张　薇　封面设计：鞠　杨
责任印制：常天培
北京中科印刷有限公司印刷
2022年9月第1版第4次印刷
184mm×260mm · 15.5印张 · 382千字
标准书号：ISBN 978-7-111-63599-4
定价：49.00元

电话服务	网络服务
客服电话：010-88361066	机　工　官　网：www.cmpbook.com
010-88379833	机　工　官　博：weibo.com/cmp1952
010-68326294	金　　书　　网：www.golden-book.com
封底无防伪标均为盗版	机工教育服务网：www.cmpedu.com

前言

本书为全国机械行业职业教育优质规划教材，经全国机械职业教育教学指导委员会审定。本书采用项目驱动式的学习情境编写模式，以 FESTO 模块化生产线的装调与控制为主线，以西门子 S7-300 和 S7-1200 硬件、SIMATIC STEP7 和 TIA Portal V14（博途）编程软件为基础，使读者逐步掌握典型自动化生产线的装调与控制技术。

本书在编写过程中充分考虑职业教育人才培养要求和课程特点，力图在以下几个方面体现特色。

1）以典型模块化生产线为蓝本，以项目为导向。通过供料单元、检测单元、加工单元、操作手单元、机器人单元、组装单元、成品分装单元、生产线集成与通信等不同情境和项目的学习，展现自动化生产线装调主流技术和行业应用。

2）结合所选学习情境和应用特色，组织多层面内容。本书在每个学习情境的学习中，针对应用需求，从设备使用、设备装调、设备控制等不同层面按岗位应用需求组织内容。

3）遵循认知规律，循序渐进展开内容。通过设备运行展示、设备认知、系统分析、知识学习、技术技能训练等由浅入深、由整体到局部再到整体，按认知规律安排内容。

4）培养扎实基础与培养综合能力并重。书中内容涉及知识原理、安全规范、专业规范、单项训练、综合应用等，满足自动化类专业人才对基础扎实、知识系统、能力综合的要求。

本书共分为 8 个学习情境，23 个项目。8 个学习情境分别是供料单元的装调与控制技术、检测单元的装调与控制技术、加工单元的装调与控制技术、操作手单元的装调与控制技术、机器人单元的装调与控制技术、组装单元的装调与控制技术、成品分装单元的装调与控制技术、生产线集成与通信技术。其中，学习情境 1 侧重自动线认知、设备安装调试规范、安全规范、安装调试工具及选用、识图技能、PLC 硬件认知、程序下载与调试等基本知识运用与技能训练；学习情境 2 侧重气动知识、气动绘图软件应用、各种传感器等知识学习及相应技能训练；学习情境 3 侧重分度装置分析及应用、电动机原理及应用、S7-PLCSIM 软件仿真应用等技能训练；学习情境 4 侧重软件程序流程图、顺序功能图等的学习及相应技能训练；学习情境 5 侧重机器人的组件安装、机器人坐标、控制程序设计及调试等内容；学习情境 6 侧重顺序功能图语言 S7-Graph 的使用；学习情境 7 侧重西门子 S7-1200 和博途软件的应用，并培养学生自学能力、自主编程能力；学习情境 8 侧重通信知识、工业数据通信、控制网络、总线及组态、编程与调试等知识技术的学习与能力培养。

本书在编著过程中，参阅了大量文献资料，在此向这些文献资料、资源的作者表示衷心的感谢。

由于作者水平有限，书中难免存在不足之处，恳请广大读者批评指正。

编著者

目录

学习情境 1

供料单元的装调与控制技术

项目 1　供料单元的认知

1.1　项目任务

1.1.1　任务描述

通过观察供料单元的运行，了解 MPS 自动化生产线，获得机电一体化专业相关知识，掌握 MPS 相应工作单元的运行操作方法，掌握其相关的气动知识与技能，完成气动系统与电气控制系统的分析。

1.1.2　教学目标

1. 知识目标

1）掌握 CPV 阀岛、真空发生器、摆动缸、推料缸等气动组件的结构、工作原理。

2）掌握真空检测传感器、行程开关、磁感应式接近开关等检测组件的工作原理。

3）熟悉 I/O 端子、电缆接口的引脚定义和接线方法。

4）掌握气动原理图的分析方法。

5）掌握电气原理图的分析方法。

6）了解自动化生产线的分类发展及应用。

2. 素质目标

1）严谨、全面、高效、负责的职业素质。

2）良好的道德品质、协调沟通能力、团队合作及敬业精神。

3）勤于查阅资料、勤于思考、勇于探索的良好作风。

4）善于自学、善于归纳分析。

1.2　设备运行与自动生产线简介

1.2.1　设备技术参数

1）电源：DC24V，4.5A。

2）温度：-10~40℃；环境相对湿度：≤90%（25℃）。

3）气源工作压力：最小 4bar[⊖]，典型值 6 bar，最大 8bar。

⊖ $1\text{bar}=10^5\text{Pa}$。

4）I/O 模块：2 个 SM323，共 16 点数字量输入，16 点数字量输出。

5）安全保护措施：具有接地保护、漏电保护功能，安全性符合相关的国家标准。采用高绝缘的安全型插座及带绝缘护套的高强度安全型实验导线。

1.2.2 设备运行与功能实现

1. 起动与运行

（1）起动过程

1）将 8 个工件放入料仓中。工件要开口向上放置。

2）检查电源电压和气源。

3）手动复位前，将各模块运动路径上的工件拿走。

4）进行复位。复位之前，RESET 指示灯亮，这时可以按下按钮。

5）如果在送料缸的工作路径上有多余工件，要把它拿走。

6）起动供料单元。按下 START 按钮即可起动该系统。动作过程如图 1-1～图 1-4 所示。按“结束”按钮，动作结束，回到图 1-1 状态。具体可扫描二维码学习。

图 1-1　等待起动状态

图 1-2　推出工件

供料单元运动过程 动画

供料单元运动过程 录像

图 1-3　真空吸取

图 1-4　工件转运

（2）动作过程　按下 START 按钮后，摆动缸转换到“下一工位”；送料气缸的活塞杆缩回，工件从料仓中推出；摆动气缸转换到“料仓”位置，真空起动；当工件被吸起，摆动气缸向下一工位方向摆动；送料缸伸出，工件落下，为下一次退出工件做准备；摆动缸转换到“下一工位”位置；真空关闭，工件放到下一工位。

(3) 注意事项

1) 任何时候按下急停按钮或 STOP 按钮，均可中断系统工作。

2) 选择开关 AUTO/MAN 用钥匙控制，可以选择连续循环（AUTO）或单步循环（MAN）。

3) 在多个工作站组合时，要对每个工作站进行复位。

4) 如果料仓内没有工件，EMPTY 指示灯亮。放入工件后，按下 START 按钮即可。

2. 供料单元的功能

供料单元是 MPS 的起始单元，在整个系统中，起着向系统中的其他单元提供原料的作用，相当于实际生产加工系统（生产线）中自动上料系统。它的具体功能是：按照需要将放置在料仓中的待加工工件（原料）自动地取出，并将其传送到检测单元。

1.2.3 模块化自动生产线简介

1. 自动化生产线

自动生产线是由工件传送系统和控制系统，将一组自动机床和辅助设备按照工艺顺序连接起来，自动完成产品全部或部分制造过程的生产系统，简称自动线，如图 1-5 所示。自动化生产线必须包含如下部件，即机械本体部分、检测与传感部分、控制部分、执行部分和动力部分。

20 世纪 20 年代，随着汽车、滚动轴承、小型电动机和缝纫机等工业发展，机械制造中开始出现自动线，最早出现的是组合机床自动线。在 20 世纪 20 年代之前，首先是在汽车工业中出现了流水生产线和半自动生产线，随后发展成为自动线。第二次世界大战后，在工业发达国家的机械制造业中，自动线的数目急剧增加。

图 1-5 饮料自动生产线

2. 模块化生产系统

德国 FESTO 公司的 MPS（Modular Production System）模块化生产系统就是一个工业自动化生产线，是基于机电气（液）一体化技术、PLC 控制与机器人结合的全自动、可完成气缸加工装配的培训系统。生产线由多个独立的加工单元构成，每个加工单元都有其特定的功能，将其中的一个或多个组合可以实现理想的生产加工系统。

与传统的自动化生产线的最大区别在于它是由多个独立的加工单元集成的一条自动化生产线。MPS 自动线的各个生产加工单元可以根据需要自行安装和集成，具有模块化、易扩充性、综合性等特点。MPS 中最小的机电一体化组合由供料和成品分装两个单元组成，如图 1-6 所示。复杂一些的如图 1-7 所示，图中包含五个单元，即供料、检测、提取 & 安装、工件压紧和成品分装工作单元。各个单元之间采用 Profibus DP 通信。

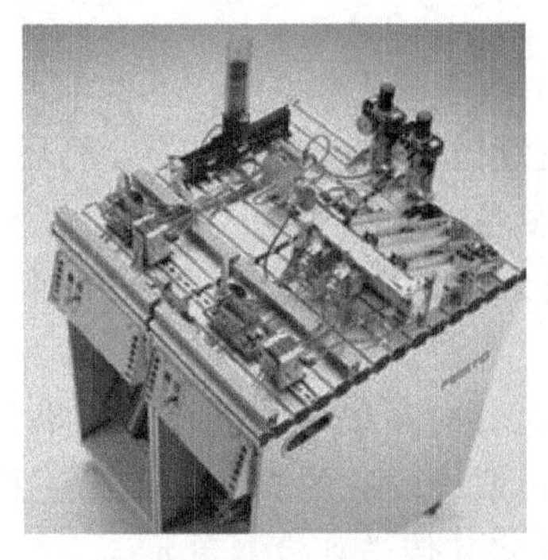

图 1-6 MPS 最小机电一体化组合

图 1-7 典型 MPS 生产线

MPS 的应用，将使自动线的灵活性更大，可实现多品种可调自动线，降低了自动线生产的经济批量，因而在制造业中的应用越来越广泛，并向自动化程度更高的柔性制造系统发展。

1.3 供料单元介绍

1.3.1 供料单元的组成

供料单元的结构如图 1-8 所示。主要组成部件包括：进料模块、铝合金板、I/O 接线端口、真空发生器、走线槽、气源处理组件、转运模块、CPV 阀岛、消声器、真空检测传感器、对射式光电传感器、磁感应式接近开关等。

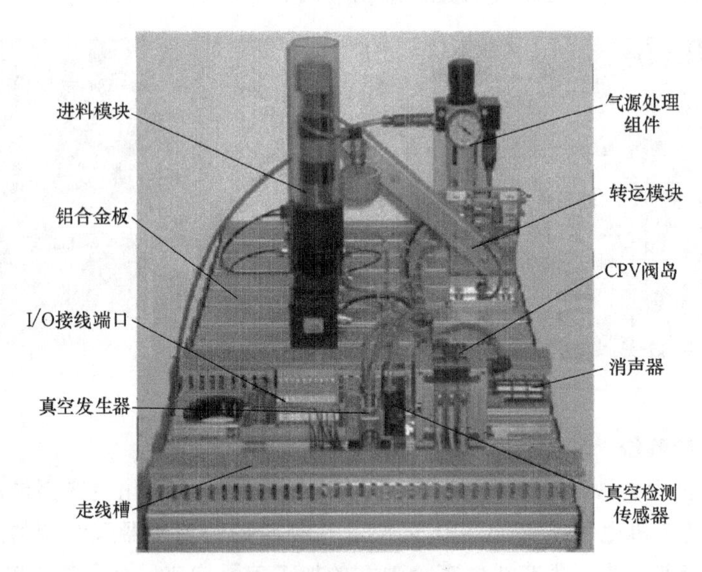

图 1-8 供料单元的组成

1. 进料模块

进料模块用于储存工件原料，并在需要时将料仓中的工件分离出来，为转运模块取走一个工件做准备。进料模块如图 1-9 所示。

该模块主要由料仓、推料杆、双作用气缸、磁感应式接近开关、对射式光电感应传感器组成。推料杆固定在气缸的活塞杆上，由推料气缸推动它工作。它的作用是将最底层的工件从料仓中推到机械限位位置，该位置是转运模块的工作位置。料仓中是否有工件由一个对射式光电传感器检测。推料缸的位置通过磁感应式接近开关检测。推料缸的前进和缩回速度通过单向节流阀调节。

进料模块将工件从料仓中分离，直到料仓中8个工件全部被推出为止。工件必须从料仓顶端开口放入。

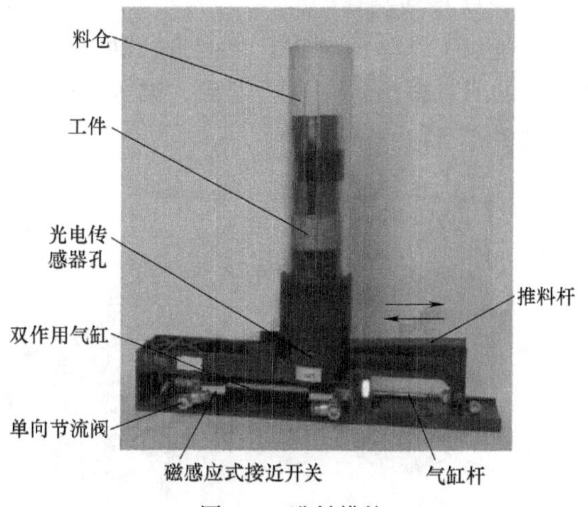

图1-9 进料模块

进料模块的工作原理是：工件垂直叠放在料仓中，推料杆位于料仓的底层并可从料仓的底部通过，当推料杆在退回的位置时，它与最下层的工件处于同一水平位置。当气缸驱动推料杆推出时，推料杆便将最下层的工件水平推到预定位置，从而把工件移出料仓，而当气缸驱动推料杆返回并从料仓底部抽出时，料仓中的工件在重力的作用下，就自动向下移动一个工件，为下一次的工件分离做好了准备。

（1）对射式光电传感器　对射式光电传感器安装在图1-9的光电传感器孔中，如图1-10所示。传感器在该模块料仓的底层位置，用于检测料仓内存储料的情况（有无料）。

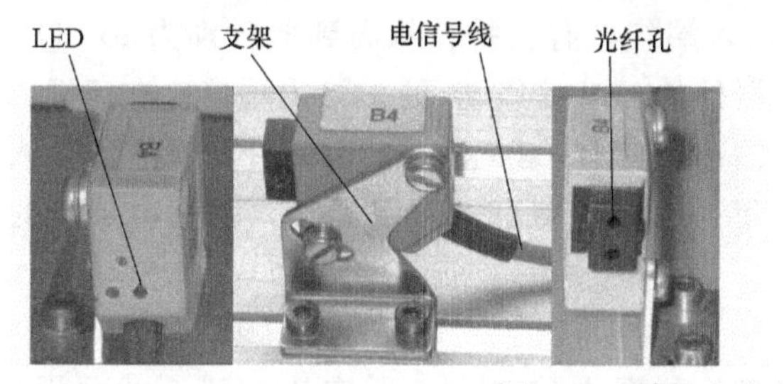

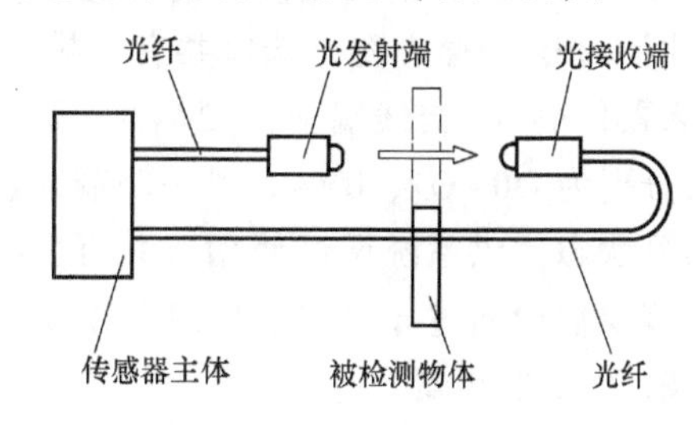

图1-10 对射式光电传感器

该对射式光电传感器由光纤（探头）和光电传感器主体组成。**注意：光纤在安装和使用中，不能将光纤折成“死弯”或使其受到其他形式的损伤。**

（2）磁感应式接近开关　其基本工作原理是：当磁性物质接近传感器时，传感器便会动作，并输出开关量信号。在推料缸的两个极限位置分别装有一个磁感应式接近开关，分别用于识别推料气缸运动的两个极限位置。磁感应式接近开关如图1-11所示。

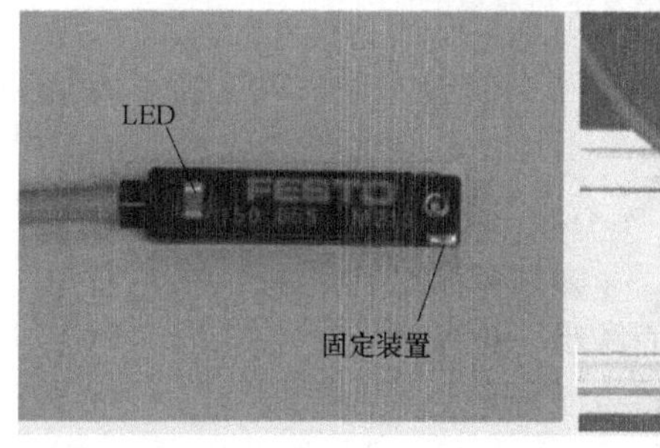

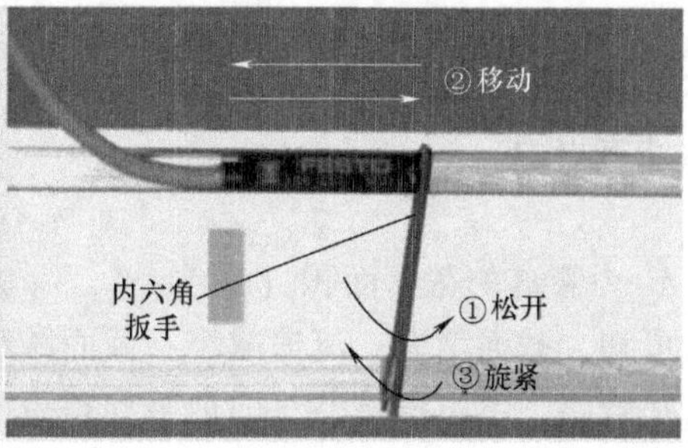

图1-11 磁感应式接近开关

2. I/O 接线端口

它是该工作单元与 PLC 之间进行通信的线路连接端口，有 8 路输入与 8 路输出，该工作单元的所有电信号（直流电源、输入、输出）线路都接到该端口上，再通过信号电缆线连接到 PLC 上。

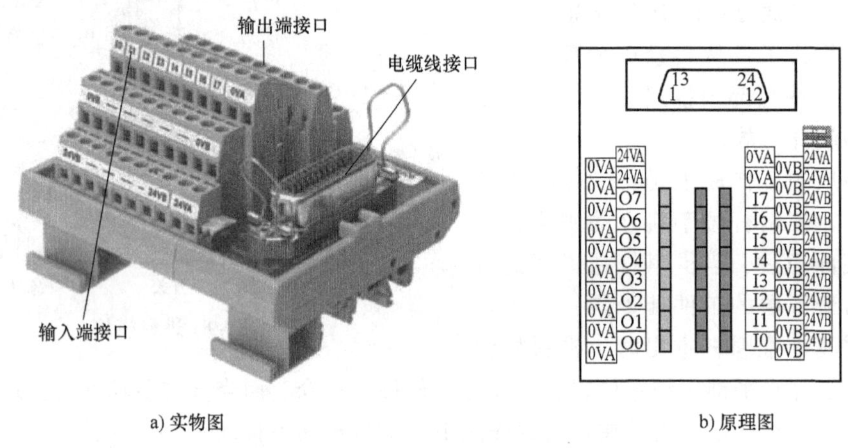

a) 实物图　　b) 原理图

图 1-12　I/O 接线端口

图 1-12a 为实物图，电缆线接口通过插头接 PLC；输入端接口接输入开关信号，如传感器、按钮信号等；输出端接口接继电器、电磁阀、灯等。

图 1-12b 为原理图，端口共有五排。输入端接口有三排，从高到低分别为 I0～I7、0VB（输入器件的 0V 接线端子）、24VB（输入器件的 24V 接线端子）。输出端接口有两排，从高到低分别为 O0～O7、0VA。每一路输入、输出上都有 LED 显示，用于显示相应的输入、输出信号状态，供系统调试使用。并且，在每一个端子旁都有数字标号，以说明端子的位地址。接线端口通过导轨固定在铝合金板上。

3. 真空发生器

真空发生器的基本工作原理是引射原理，如图 1-13 所示。图中 A 口进，截面积为 A_1，压缩空气速度为 v_1；B 口截面积为 A_2，压缩空气速度为 v_2。C 口为真空口，D 口为排气口。

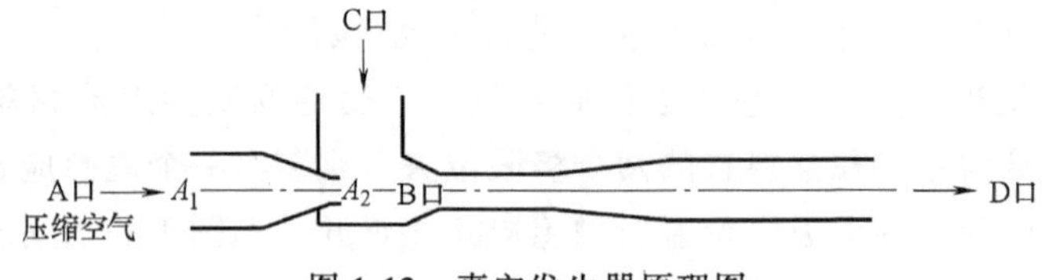

图 1-13　真空发生器原理图

由流体力学可知，对于不可压缩空气气体（气体低速前进，可近似认为是不可压缩空气）的连续性方程为

$$A_1 v_1 = A_2 v_2$$

式中，A_1，A_2 为管道的截面面积（m^2）；v_1，v_2 为气流流速（m/s）。

由上式可知，截面增大，流速减小；截面减小，流速增大。

对于水平管路，不可压缩空气的伯努利理想能量方程为

$$P_1+(1/2)\rho v_1{}^2=P_2+(1/2)\ \rho v_2{}^2$$

式中，P_1、P_2 为截面 A_1、A_2 处相应的压力（Pa）；v_1、v_2 为截面 A_1、A_2 处相应的流速（m/s）；ρ 为空气的密度（kg/m^3）。

由上式可知，流速增大，压力降低，当 $v_2>v_1$ 时，$P_1>P_2$。当 v_2 增加到一定值，P_2 将小于一个大气压，即产生负压。故可用增大流速来获得负压，产生吸力。

真空发生器实物图如图 1-14 所示。图中的消声器是减小压缩空气在向大气排放时的噪声。消音器上有许多小孔，小孔产生涡流消耗气流能量，消音器中隔音材料吸收声波、冲击波。消声器一般由排气管、连接螺套、消声筒和筒芯等几部分组成。在连接螺套里装有油浸石棉密封圈，以防止排气管和消声筒之间的接口漏气。

4. 真空检测传感器

真空检测传感器是能感受真空度并能转换成可用输出信号的传感器。真空传感器是工业实践中常用的一种压力传感器，其广泛应用于各种工业自动控制系统中，涉及石油管道、水利水电、铁路交通、智能建筑、航空航天、军工、石化、油井、电力、船舶、机床、通风管道等众多行业。真空传感器的工作原理是介质的压力直接作用在传感器的膜片上，使膜片产生与介质压力成正比的微位移，进而使传感器的电阻发生变化，同时用电子线路检测这一变化，并转换输出一个对应于该压力的标准信号。

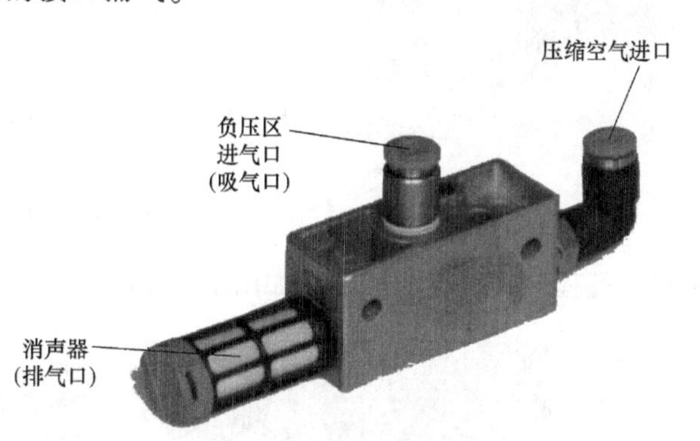

图 1-14 真空发生器实物图

本项目所用的真空检测传感器是具有开关量输出的真空压力检测装置，当进气口的气压小于一定的负压（真空）值时，传感器动作，输出开关量 1，同时 LED 点亮，否则输出信号 0，LED 熄灭。真空检测传感器如图 1-15 所示。

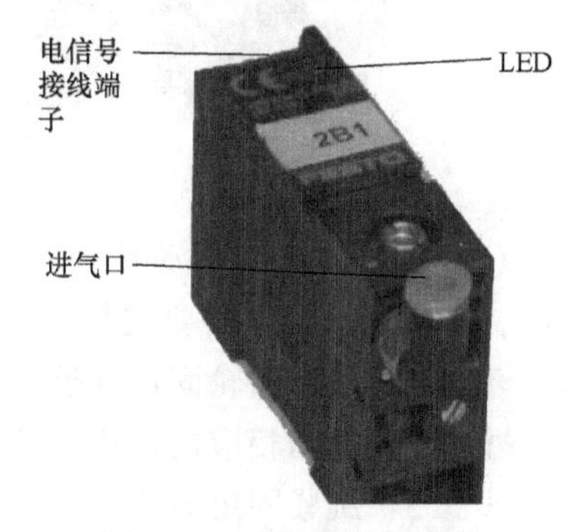

图 1-15 真空检测传感器

5. 阀岛

阀岛也称为阀组，是由德国 FESTO 公司最先发明和应用的。它是将多个阀集成在一起构成的一组阀，而每个阀的功能是彼此独立的。

本单元使用的阀岛由二位五通的带手控开关的单侧电磁先导控制阀、二位五通的带手控开关的双侧电磁先导控制阀和三位五通的带手控开关的双侧电磁先导控制阀组成，如图 1-16 所示。

每个阀的电控信号都有一个手控信号与之相对应。手控开关是向下凹进去的，需使用专用工具才可以进行操作。

操作特征：常态时，信号为 0；按下时，信号为 1，等同于相应的电控信号为 1。

6. 转运模块

转运模块是一个真空提取装置，功能是抓取工件，并将工件传送到下一个工作单元。

转运模块主要由摆动气缸、摆臂、真空吸盘、真空压力检测传感器、真空吸盘方向保持

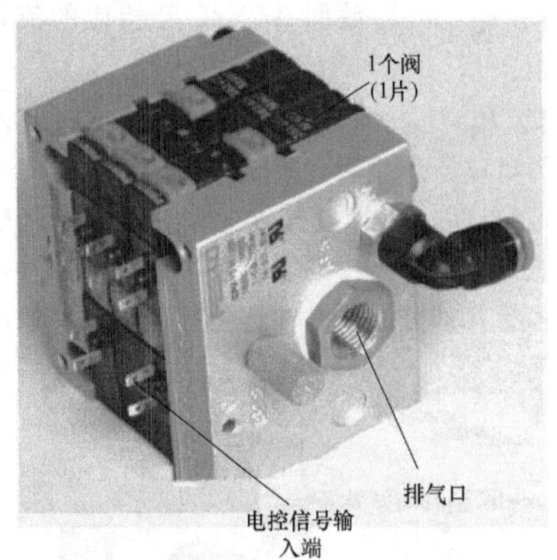

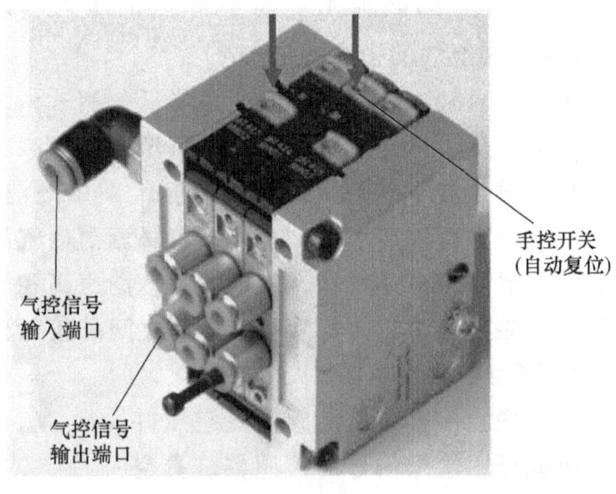

图 1-16 阀岛

装置、行程开关等组成。结构如图 1-17 所示。

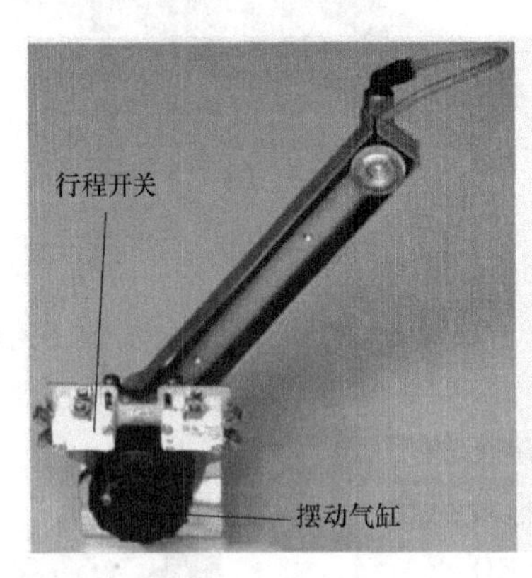

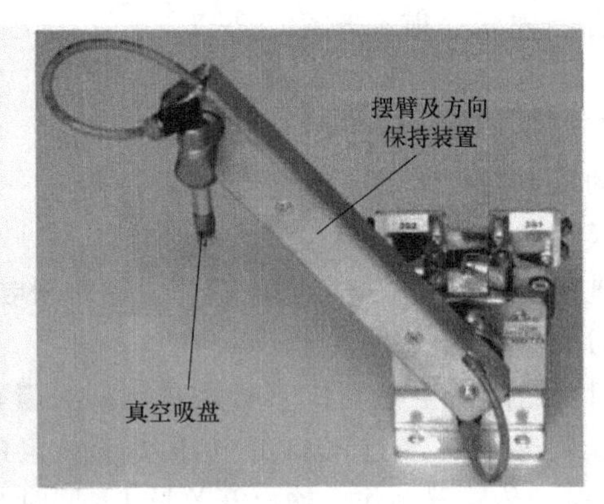

图 1-17 转运模块

(1) 摆动气缸 摆动气缸是摆臂的驱动装置，如图 1-18 所示，其转轴的最大转角为 180°，转角可以根据需要进行调整。摆动气缸的转角调整步骤如下。

步骤 1：松开凸轮固定螺栓。

步骤 2：移动相应的行程凸轮到预定停止位置。

步骤 3：旋紧固定螺栓。

在转动气缸的两个极限位置上各装有一个行程开关，利用行程开关的信号状态来标识两个极限位置，其作用与传感器相同。

(2) 真空吸盘方向保持装置 装置的作用是使真空吸盘在摆臂转动的过程中始终保持垂直向下的姿态，以使被运送的工件在运送过程中不致翻转。方向保持装置如图 1-19 所示。

7. 气源处理组件

它是气动控制系统中的基本组成器件，它的作用是除去压缩空气中所含的杂质及凝结水、调节并保持恒定的工作压力。气源工作压力为 4～8bar。在使用时，应注意经常检查过滤器中凝结水的水位，在超过最高标线以前，必须排放，以免被重新吸入。气源处理组件如图 1-20 所示。

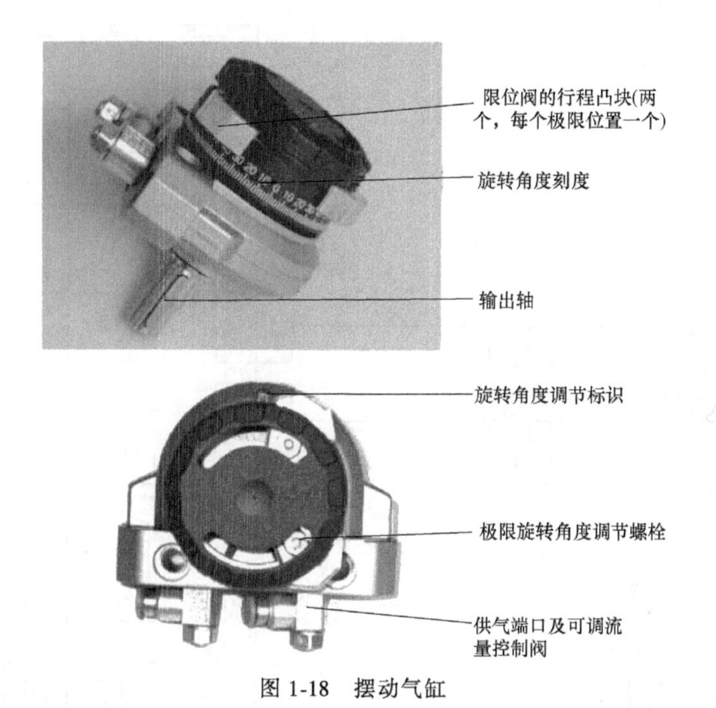

图 1-18 摆动气缸

图 1-19 方向保持装置

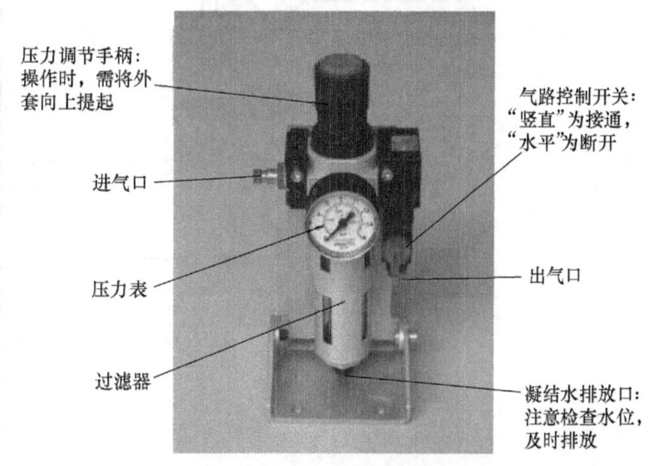

图 1-20 气源处理组件

1.3.2 供料单元气动回路分析

1. 元件介绍

该工作单元的执行机构是气动控制系统，气动原理图如图 1-21 所示。

在供料单元的气动原理图中，0V1 点画线框为阀岛；1V1、2V1、3V1 分别被三个点画线框包围，为三个电磁换向阀，也就是阀岛上的第一片阀、第二片阀和第三片阀；1A1 为推料缸，1B1 和 1B2 为磁感应式接近开关；2Z1 为真空吸盘，2A1 为真空发生器，2B1 为真空压力检测传感器；3A1 为摆动气缸，3S1、3S2 是行程开关。

1Y1 为控制推料缸的电磁阀的电磁控制信号；2Y1、2Y2 为控制真空发生器的电磁阀的两个电磁控制信号；3Y1、3Y2 为控制转动气缸的电磁阀的两个控制信号。

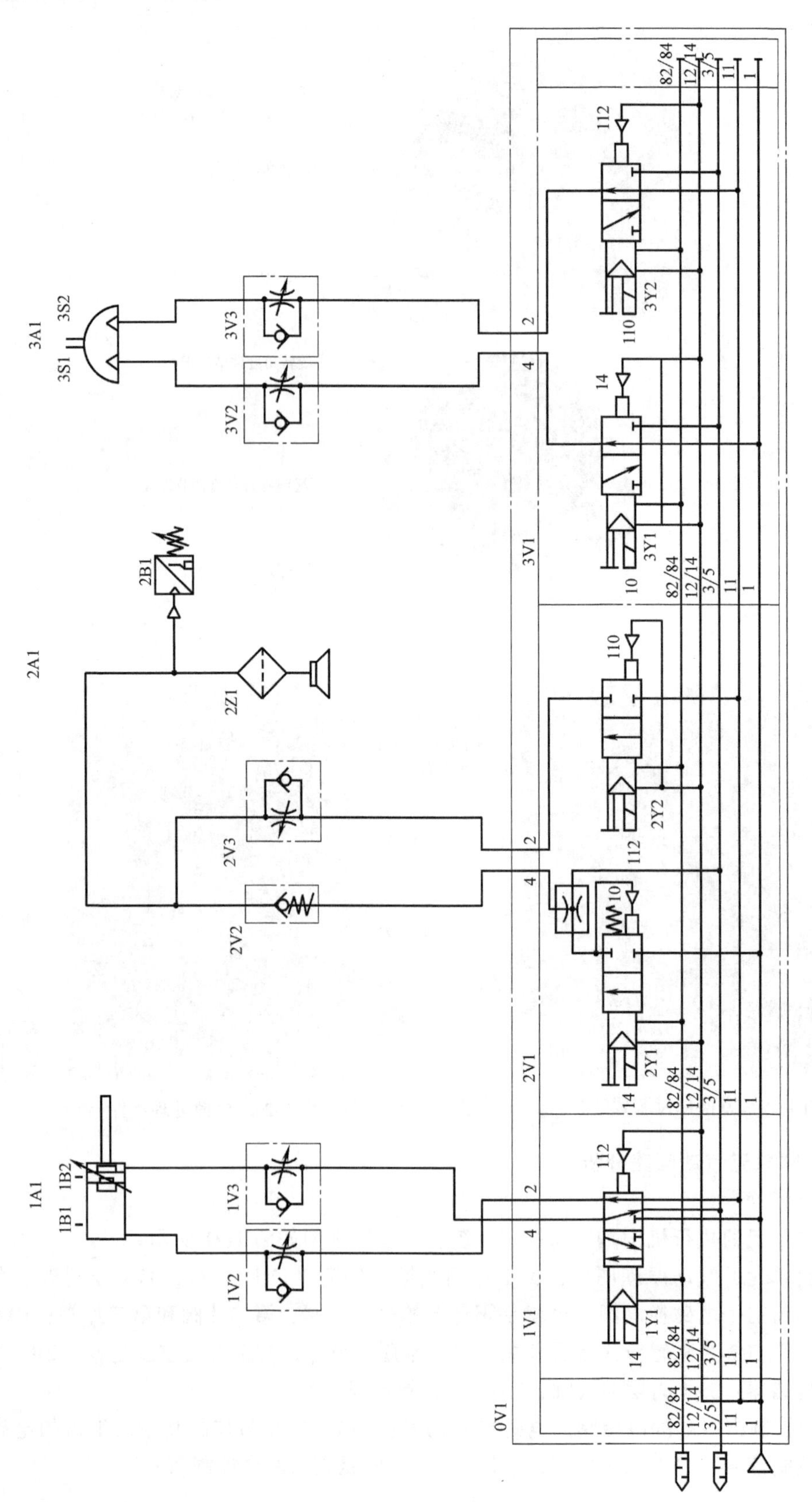
3A1
3S1
3S2
3V2
3V3
2B1
2A1
2Z1
2V2
2V3
1A1
1B1
1B2
1V2
1V3
0V1
1V1
2V1
3V1
1Y1
2Y1
2Y2
3Y1
3Y2
2
4
14
112
110
10
82/84
12/14
3/5
11
1

图 1-21 气动原理图

1V2、1V3、2V3、3V2、3V3为单向节流阀；2V2为带弹簧单向阀，用于真空吸盘的负压保持。例如，当2V1阀的4口负压不存在时，单向阀芯在弹簧的作用下会让单向阀截止，真空吸盘中的负压得以保持。

2. 动作分析

当1Y1失电时，1V1阀体的气控端112起作用，即右位起作用，压缩空气经由单向节流阀1V2的单向阀到达气缸1A1左端，从气缸右端经由单向节流阀1V3的节流阀，实现排气节流，控制气缸速度，最后经1V1阀体由3/5气路排出，气缸处于伸出状态。

当1Y1得电时，1V1阀体的左位起作用，压缩空气经由单向节流阀1V3的单向阀到达气缸1A1右端，气体从气缸左端经由单向节流阀1V2的节流阀，实现排气节流，控制气缸速度，最后经1V1阀体由3/5气路排出，气缸处于收缩状态。

当2Y1失电、2Y2失电时，2V1阀体的气控端10和110起作用，即阀体右位起作用，压缩空气截止，真空吸盘不产生动作。

当2Y1得电时，2V1左阀体的左位起作用，压缩空气经由真空发生器，最后由3/5气路排出。这时2V1阀体的4口产生真空，使2V2单向阀导通，真空吸盘产生吸取动作。当负压力达到一定值时，真空压力传感器2B1产生信号给PLC。

当2Y2得电时，2V1右阀体的左位起作用，压缩空气经由2V1右阀体的左位，经由单向节流阀2V3的节流阀，到达真空吸盘，真空吸盘放下工件，节流阀控制真空吸盘放下工件的速度。

当3Y1失电、3Y2失电时，3V1阀体的气控端14和112起作用，即阀体右位起作用，压缩空气经由阀体3V1的右位，流过单向节流阀3V2、3V3的单向阀，同时到达摆动气缸，摆动气缸不动作。

当3Y1得电时，3V1左阀体的左位起作用，压缩空气经由单向节流阀3V2的节流阀到达3V1左阀体的左位，由3/5气路排出，摆动气缸左摆，单向节流阀3V2的节流阀起到调节摆动气缸速度的作用。

1.3.3 供料单元电气控制电路分析

供料单元的动作及状态是由PLC控制的，与PLC的通信是由前面介绍的I/O端口实现的。I/O端口与设备上的元件连接也就实现了PLC与设备上的元件连接。供料单元的电气控制电路的电气原理图和元件布局图如图1-22、图1-23、图1-24所示。

图1-22中，1B1和1B2为检测推料气缸活塞位置的磁感应式接近开关，简称磁性开关。磁性开关采用3线制，0VB端为蓝色线，接I/O端口的三排一侧的0VB端；24V端为褐色线，接I/O端口的三排一侧的24VB端；A端为信号输出端，为黑色线，接I/O端口的三排一侧的I端，作为PLC输入信号；2B1为真空压力传感器；3S1、3S2是行程开关；B4为对射式光电传感器，用于检测工料模块的料仓中有没有料，接线方法同1B1。IP_FI为光电传感器的接收端，和下一个单元的光电传感器的发射端相匹配，用于接收下一个单元没有准备好的光电信号，并把信号作为本单元的一个输入信号。

图1-23中，1Y1[㊀]为控制推料缸的电磁阀的电磁控制信号；2Y1、2Y2为控制真空发生器的电磁阀的两个电磁控制信号；3Y1、3Y2为控制转动气缸的电磁阀的两个控制信号，分

㊀ 1Y1对应电气原理图中的-1Y1，其他符号类似。

别接 I/O 端口的两排一侧的 0V 端和 PLC 输出控制端 O 端。

图 1-24 中，XMA2 为电缆插口，下面为 SysLink 接线端子及指示灯；左右矩形为走线槽；2B1 为真空压力传感器；1Y、2Y、3Y 为三片阀构成的阀岛。

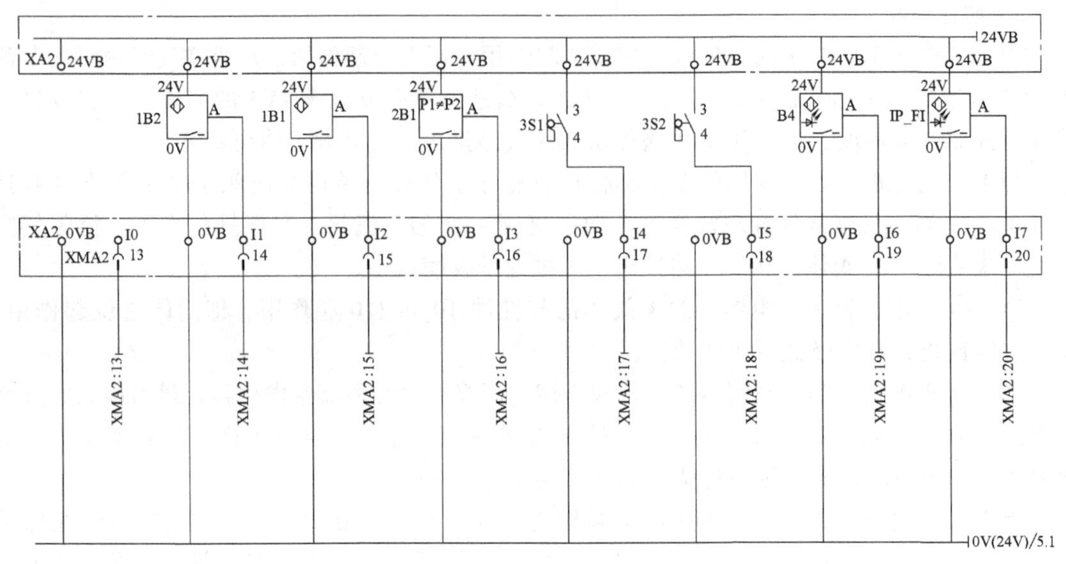

图 1-22　输入部分电气原理图

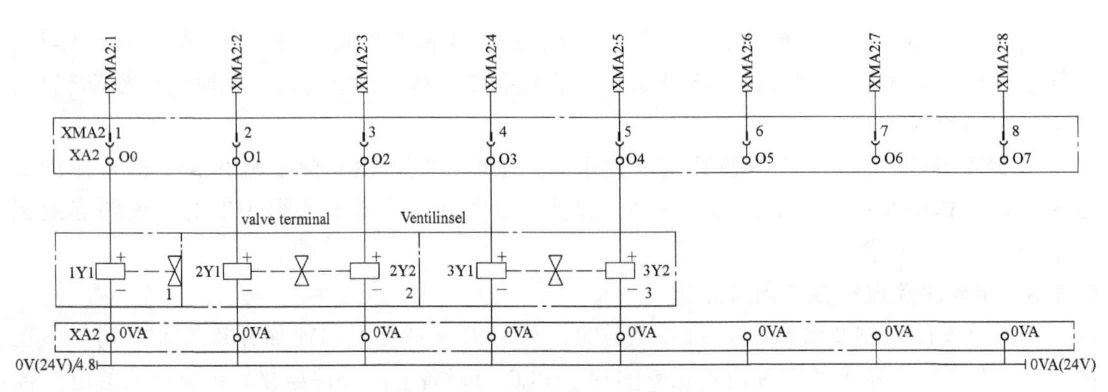

图 1-23　输出部分电气原理图

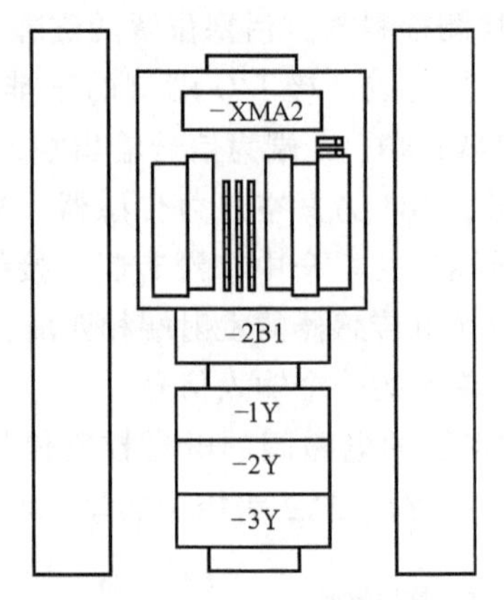

图 1-24　电气元件布局图

1.4 项目总结与练习

1. 项目总结

本项目完成了供料单元的分析，讲解了自动化生产线概念、发展与应用，详细阐述了项目设备的功能、操作步骤及各组成部分。最后分析了气动原理图与电气原理图，为学生下一个项目的学习打下了基础。

2. 练习

（1）MPS是（　　）的简称。

A. 模块化生产系统　B. 模块化教学系统　C. 自动化生产线　D. 自动化生产系统

（2）SysLink I/O接线端口有（　　）接线端子。

A. 8个输入8个输出　　B. 16个输入8个输出

C. 8个输入16个输出　　D. 16个输入16个输出

（3）MPS的供料单元的结构组成主要包括：______、______、______、______、______、______、______、______等。

（4）MPS中的气源处理组件包括：______、______、______、______等。

（5）解释MPS模块化生产加工系统。

（6）绘制真空发生器符号图并简述其工作原理。

（7）解释阀岛的概念。

（8）说明真空吸盘方向保持装置的构成及工作原理。

（9）摆动气缸通常分为齿轮齿条式和叶片式两类，画简图并详述它们的工作原理。

（10）抓取物料模型为长边、宽边大于等于80mm，工件质量2kg，请选择吸盘和真空发生器。

项目2　供料单元的硬件安装与调试

2.1 项目任务

2.1.1 任务描述

根据项目1的气动与电气原理图，制订装调计划，掌握常用装调工具和仪器的使用。掌握安装调试规范、安全规范。小组协作完成供料单元的硬件安装与调试，并下载测试程序，完成功能测试。

2.1.2 教学目标

1. 知识目标

1）掌握常用装调工具和仪器的基本原理与使用说明。

2）掌握自动生产单元安装调试技术标准。

3）掌握设备安装调试安全规范。

2. 技能目标

1）能够正确识图。

2）能够制订设备装调工作计划。

3）能够正确使用常用的机械装调工具。

4）能够正确使用常用的电工工具、仪器。

5）会正确使用机械、电气安装工艺规范和相应的国家标准。

6）能够编写安装调试报告。

3. 素质目标

1）经济、安全、环保的职业素质。

2）协调沟通能力、团队合作及敬业精神。

3）勤于查阅资料、勤于思考、勇于探索的良好作风。

4）善于自学、善于归纳分析。

2.2 硬件安装与调试

2.2.1 安装调试工具与材料介绍

设备在安装调试前，应该准备安装调试所用的工具、材料、设备与技术资料，并详细了解其原理与使用方法。

1. 工具

供料单元装调所用工具包括：电工钳、剥线钳、圆嘴钳、斜口钳、压接钳、螺钉旋具、电工刀、管子扳手、内六角扳手、数字万用表等。

（1）电工钳　俗称老虎钳，如图 1-25 所示。它的前端口呈齿状，后端口呈剪刀口状。用力握紧钳柄可进行拔、拧和剪断等操作。

（2）剥线钳　剥线钳为内线电工、机电设备维修电工、仪器仪表电工常用的工具之一。专供电工剥除电线头部的表面绝缘层用。剥线钳如图 1-26 所示。

剥线钳的使用方法：①要根据导线直径，选用剥线钳刀片的孔径。②根据缆线的粗细型号，选择相应的剥线刀口。将准备好的电缆放在剥线工具的刀刃中间，选择好要剥线的长度，握住剥线工具手柄，将电缆夹住，缓缓用力使电缆外表皮慢慢剥落，松开工具手柄，取出电缆线，这时电缆金属整齐露出外面，其余绝缘塑料完好无损。

（3）圆嘴钳　又称圆头钳，如图 1-27 所示，钳头呈圆锥形，适宜于将金属薄片及金属丝弯成圆形。用途：为一般机电设备维修、电信工程等常用的工具，同时也是制作低端首饰的必备工具之一。

图 1-25　电工钳

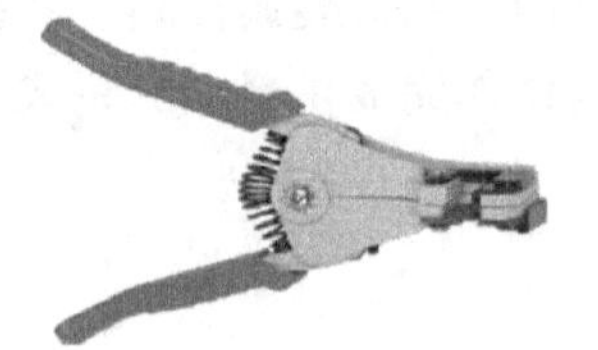

图 1-26　剥线钳

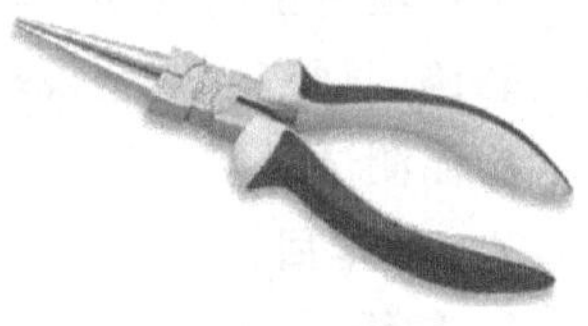

图 1-27　圆嘴钳

（4）斜口钳　斜口钳主要用于剪切导线、元器件多余的引线，还常用来代替一般剪刀剪切绝缘套管、尼龙扎线卡等。斜口钳如图 1-28 所示。

斜口钳的刀口可用来剖切软电线的橡皮或塑料绝缘层。钳子的刀口也可用来切剪电线、铁丝。剪 8 号镀锌铁丝时，应用刀刃绕表面来回割几下，然后只需轻轻一扳，铁丝即断。铡口也可以用来切断电

图 1-28　斜口钳

线、钢丝等较硬的金属线。钳子的齿口也可用来紧固或拧松螺母。

使用工具的人员，必须熟知工具的性能、特点、使用、保管和维修及保养方法。使用钳子是用右手操作。将钳口朝内侧，便于控制钳切部位，用小指伸在两钳柄中间来抵住钳柄，张开钳头，这样分开钳柄灵活。

（5）压接钳　是电工维修行业进行导线接续压接的必要工具。压接钳如图 1-29 所示。使用要点如下。

1）将导线进行剥线处理，裸线长度约 1mm，与接线端子的压线部位大致相等。

2）将导线插入接线端子，对齐。

3）将接线端子放入压线槽，并使接线端子尾部的金属带与压线钳平齐。

图 1-29　压接钳

4）进行压线，后将接线端子取出，观察压线的效果。

（6）螺钉旋具　如图 1-30 所示，螺钉旋具是一种用来拧转螺钉以迫使其就位的工具，通常有一个薄楔形头，可插入螺钉头的槽缝或凹口内。京津冀晋豫和陕西方言称为“改锥”，安徽和湖北等地称为“起子”，中西部地区称为“改刀”，长三角地区称为“旋凿”。

主要有一字（负号）和十字（正号）两种。一字螺钉旋具的型号表示为刀头宽度×刀杆。例如 2mm×75mm，则表示刀头宽度为 2mm，杆长为 75mm（非全长）；十字螺钉旋具的型号表示为刀头大小×刀杆。例如 2#×75mm，则表示刀头为 2 号，金属杆长为 75mm（非全长）。工业上以刀头大小来区分，型号为 0#、1#、2#、3#对应的金属杆粗细大致为 3.0mm、5.0mm、6.0mm、8.0mm。

使用方法：将螺钉旋具的端头对准螺钉的顶部凹坑，固定，然后开始旋转手柄。根据规格标准，里松外紧。

（7）电工刀　如图 1-31 所示，电工刀是电工常用的一种切削工具。普通的电工刀由刀片、刀刃、刀把、刀挂等构成。不用时，把刀片收缩到刀把内。刀片根部与刀柄相铰接，其上带有刻度线及刻度标识，前端形成有螺钉旋具刀头，两面加工有锉刀面区域，刀刃上具有一段内凹形弯刀口，弯刀口末端形成刀口尖，刀柄上设有防止刀片退弹的保护钮。

（8）套筒扳手　如图 1-32 所示，套筒扳手是由多个带六角孔或十二角孔的套筒并配有手柄、接杆等多种附件组成，特别适用于拧转空间十分狭小或凹陷很深处的螺栓或螺母。

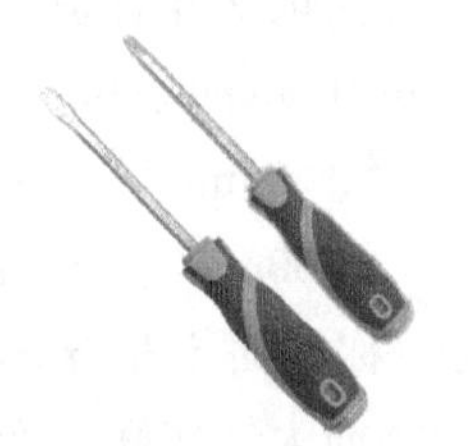

图 1-30　螺钉旋具

图 1-31　电工刀

图 1-32　套筒扳手

（9）内六角扳手　内六角扳手也叫艾伦扳手，如图 1-33 所示。它通过扭矩施加对螺钉的作用力，大大降低了使用者的用力强度，是工业、制造业中不可或缺的得力工具。

（10）数字万用表　数字万用表，如图 1-34 所示，是一种多用途电子测量仪器，一般包含安培计、电压表、欧姆计等功能，有时也称为万用计、多用计、多用电表或三用电表。

分辨率是数字万用表一个重要参数。了解一块表的分辨率，你就可以知道是否可以看到被测量信号的微小变化。例如，如果数字万用表在 4V 范围内的分辨率是 1mV，那么在测量 1V 的信号时，你就可以看到 1mV 的微小变化。位数、字就是用来描述表的分辨率的。一个 3 位半的表，可以显示三个从 0 到 9 的全数字位，和一个半位（只显示 1 或没有显示）。一块 3 位半的数字万用表可以达到 1999 字的分辨率。一块 4 位半的数字万用表可以达到 19999 字的分辨率。

精度是数字万用表另一个重要参数，是指在特定的使用环境下，出现的最大允许误差。换句话说，精度就是用来表明数字万用表的测量值与被测信号的实际值的接近程度。对于数字万用表来说，精度通常使用读数的百分数表示。例如，1%的读数精度的含义是：数字万用表的显示是 100.0V 时，实际的电压可能为 99.0~101.0V。

2. 材料

（1）导线 BV-0.75　导线如图 1-35 所示。BV 是聚氯乙烯绝缘铜芯导线，0.75 是标称截面 0.75mm^2。BV 线是普通的电线导体，一般为硬线；BVR 线的导体是软的，线的柔软度较好；B 开头的是塑料线，V 是聚氯乙烯，R 是软导体，ZR 是阻燃型，L 是铝导体。

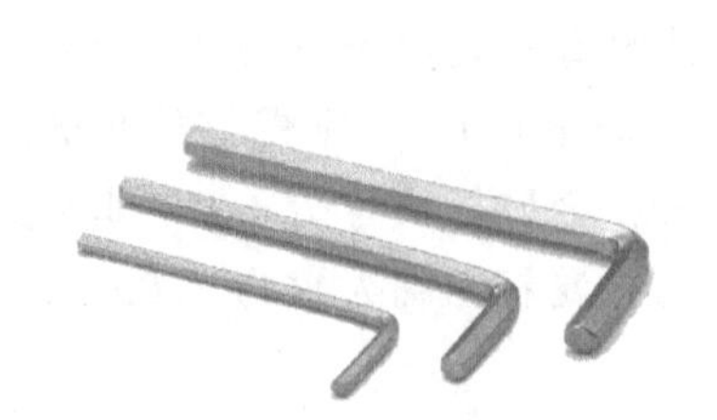

图 1-33　内六角扳手

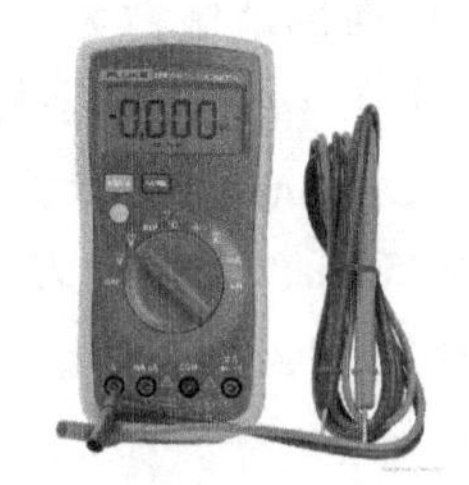

图 1-34　数字万用表

图 1-35　导线

导线的规格由额定电压、芯数及标称截面组成。

电线及控制电缆等一般的额定电压为 300/300V、300/500V、450/750V；中低压电力电缆的额定电压一般有 0.6/1kV、1.8/3kV、3.6/6kV、6/6（10）kV、8.7/10（15）kV、12/20kV、18/20（30）kV、21/35kV、26/35kV 等。

电线电缆的芯数根据实际需要来定，一般电力电缆主要有 1、2、3、4、5 芯，电线主要也是 1~5 芯，控制电缆有 1~61 芯。

标称截面是指导体横截面的近似值。为了达到规定的直流电阻，方便记忆并且统一而规定的一个导体横截面附近的一个整数值。我国统一规定的导体横截面有 0.5mm^2、0.75mm^2、1mm^2、1.5mm^2、2.5mm^2、4mm^2、6mm^2、10mm^2、16mm^2、25mm^2、35mm^2、50mm^2、70mm^2、95mm^2、120mm^2、150mm^2、185mm^2、240mm^2、300mm^2、400mm^2、500mm^2、630mm^2、800mm^2、1000mm^2、1200mm^2 等。这里要强调的是导体的标称截面不是导体的实际的横截面，导体实际的横截面大部分比标称截面小，极少数比标称截面大。实际生产过程中，只要导体的直流电阻能达到规定的要求，就可以说这根电缆的截面是达标的。

（2）尼龙扎带　尼龙扎带如图 1-36 所示，顾名思义为捆扎东西的带子，采用 UL（美国保险商实验室）认可尼龙-66（Nylon 66）材料注塑制成，防火等级 94V-2，具有良好的耐酸、耐腐蚀性，绝缘性好，不易老化，承受力强。操作温度为-20~80℃（普通尼龙 66℃）。广泛用于线材、电线电缆、电工电器、接插件等物品的捆扎。

尼龙扎带规格表示方法示例：2.5×100、3.5×200、4.8×300，带小数点的数字是实际尺寸，即实际宽度分别是 2.5mm、3.5mm、4.8mm；而 3×100、4×200、5×300 是公称尺寸，是一种叫法，3、4、5 并不代表实际宽度。实际宽度 2.0mm、长度 100mm 的扎带可以叫 3×100，实际宽度 2.5mm 长度 100mm 的扎带也可以叫 3×100。

（3）带帽螺栓　是指螺栓本身带有螺纹，一端连着固定螺帽，另一端拧紧活动螺帽。带帽螺栓如图 1-37 所示。

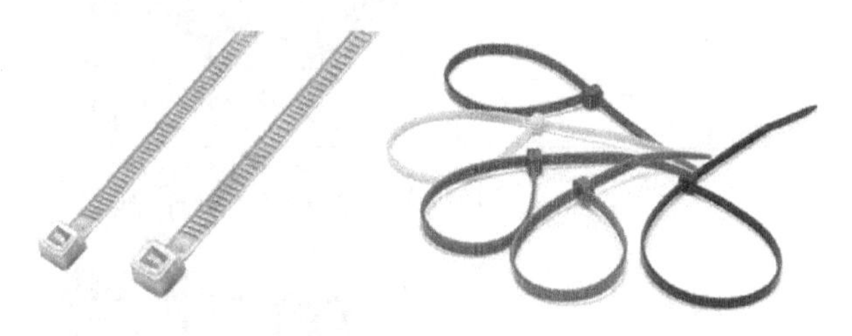

图 1-36　尼龙扎带

图 1-37　带帽螺栓

3. 设备与技术资料

设备为 FESTO 公司的供料单元一套。技术资料包括：气动原理图、电气原理图；相关组件的技术资料；相关组件的安装调试指导书。

2.2.2　机电设备安装规范

机电设备严格按照规范安装有利于设备质量保证，使设备质量统一、美观、维修方便。所以设备装调必须严格遵守技术规范。技术规范见表 1-1。

表 1-1　机电设备装调技术规范

序号	安装技术规范说明	正确图例	错误图例
1	电缆和气管分开绑扎		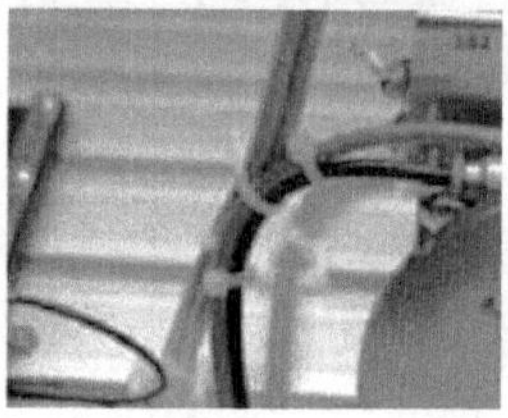
2	当它们都来自同一个移动模块上时，允许电缆、光纤电缆和气管绑扎在一起		

（续）

序号	安装技术规范说明		正确图例	错误图例
3	绑扎带切割留余太长，有危险			
4	两个绑扎带之间的距离不超过40～50mm			
5	两个线夹子之间的距离不超过100～120mm			
6	电缆/电线固定在线夹子上的情况	单根电缆固定时		
		两根电缆固定时		
		多根电缆固定时	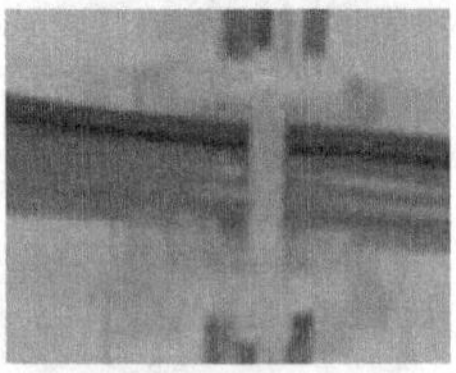	
7	第一根绑扎带离气管连接处距离为60mm±5mm			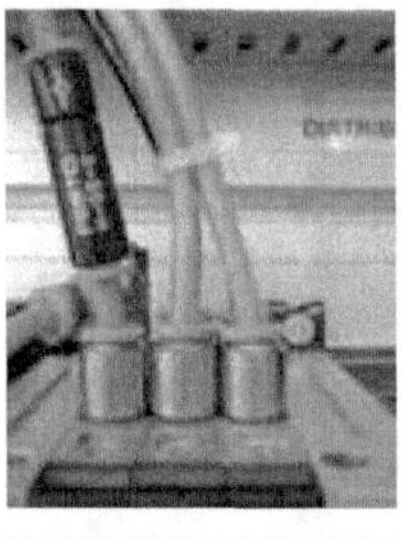

（续）

序号	安装技术规范说明	正确图例	错误图例
8	工作单元要齐平（最大不齐平距离不超过5mm）		
9	用1个连接件把两个工作单元连接起来，单元之间的距离最大5mm	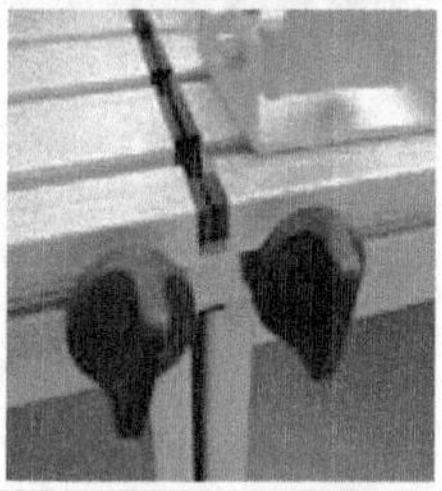	
10	型材剖面要安装端盖；至少用2个螺钉和垫圈固定走线槽，使走线槽安装稳固		
11	所有的东西都被固定，包括光纤。允许把光纤和电缆一起放在型材板上	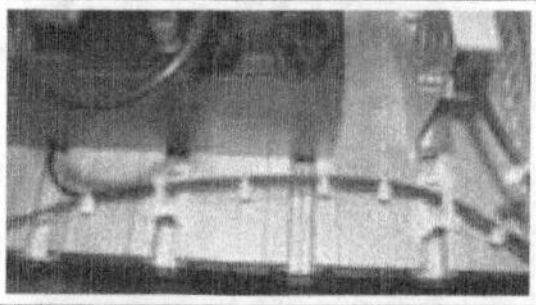	
12	电缆线金属材料不能看到		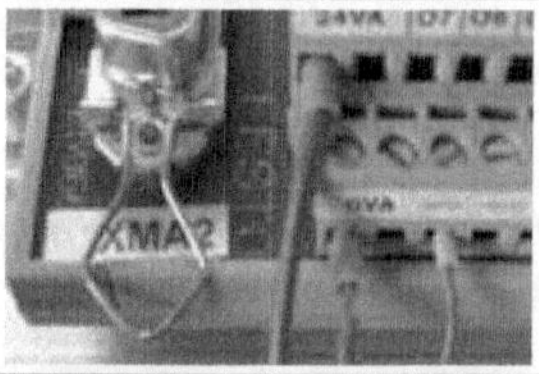
13	冷压端子金属部分长度不能太长，电缆连接时必须用冷压端子，并且是合适的冷压端子	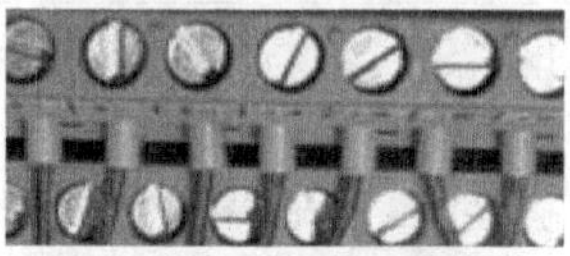	 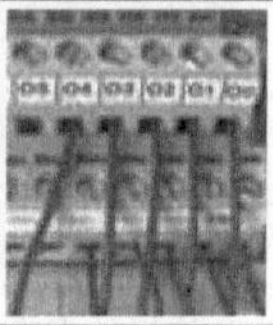
14	电缆在走线槽里最少保留10cm，如果是一根短接线的话，在同一个走线槽里不要求	 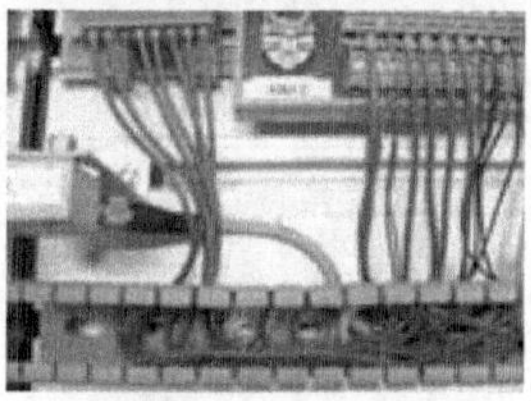	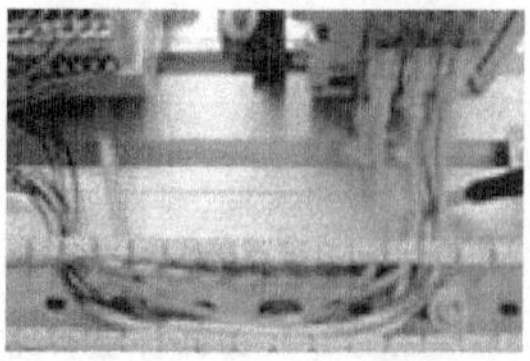

（续）

序号	安装技术规范说明	正确图例	错误图例
15	电缆绝缘部分应在走线槽里；走线槽要盖住，没有翘起和未完全盖住现象，没有电缆露在走线槽外	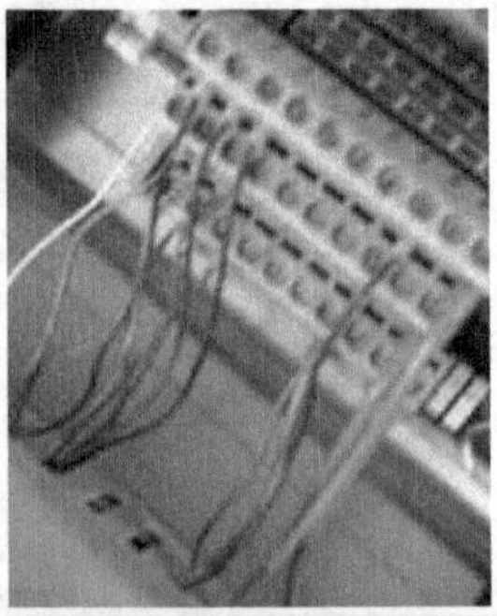	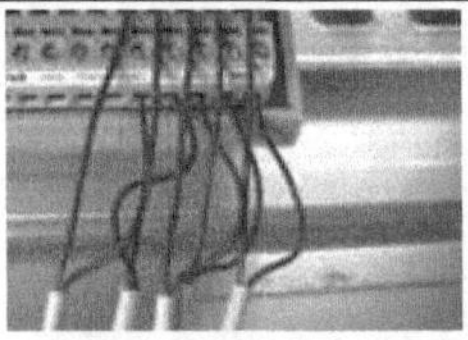 
16	没有多余的走线孔	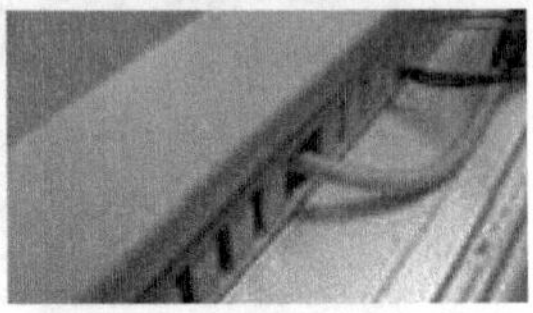	
17	不允许单根导线穿过导轨或锋利的边角		
18	电缆线直接从走线槽里出来时不歪斜；气管不打结，绑得不能太紧		
19	走线槽里不走气管；所有的气动连接处没有泄漏；在走线槽里没有碎片		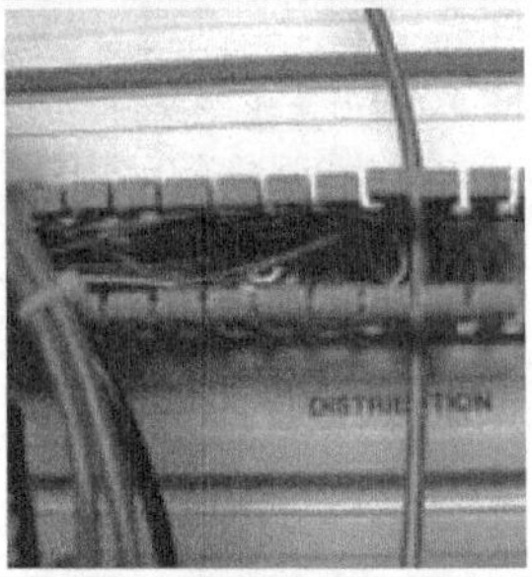
20	光纤半径要满足要求	>25mm	<25mm
21	所有的元件、模块被固定（没有螺钉松动现象）		
22	所有不用的部件整齐地放在工作台上；系统上没有工具，没有配线和管状材料，工作区域地面上没有垃圾	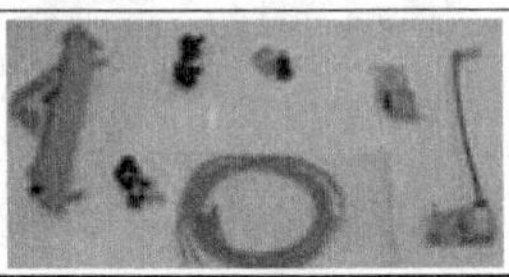	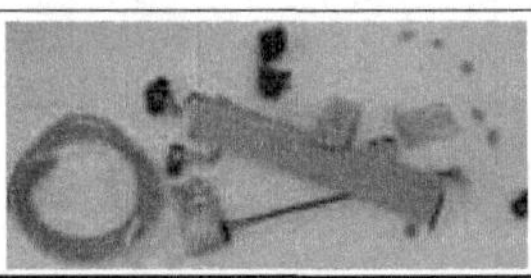

2.2.3 安装调试安全要求

1）仔细阅读每个部件的数据特性，注意安全规则。

2）安装各个部件、组件时，要保证底板平齐，否则要加垫片，以避免零件被损坏。

3）只有关闭电源后，才可拆除电气连线，系统电压为24V。

4）所有使用的气动配件必须为专用配件。不符合或质量不良的配件将对气动设备及场内人士造成损害。

5）在安装、移除、调整任何气动设备前，必须关闭气源，并将管内及设备的剩余气体排除，这可避免误触气动开关而造成伤害。

6）在使用气动设备前，请确认气源开关放在容易触及的位置。当紧急状况发生时，便能立即关闭气源。

7）气管喷出的气体可能含有油滴，应避免向人或其他可能造成伤害的物体喷射。

8）所有气动设备必须远离火源。

9）请勿移除制造厂商所设置的任何安全装置。

10）气管、接头与气源设备必须能够承受至少1.5倍的最大工作压力。

11）切勿用压缩空气对准伤口及皮肤喷射，这会使空气打进血液而引致死亡。

12）气动设备用后记得关闭气源。

13）气源输入气压不能超过8Bar。

14）必须安装空气过滤器，防止污染物进入系统。

15）一般气动系统所需压缩空气的气压值在4bar到6bar之间，滤芯和水雾分离器根据说明书进行维护。

16）开启气源或气动设备前，必须保证所有喉管及气动零件已经接驳良好及稳固，并确认所有人已经离开气动设备的危险范围。

17）通电试验时，要正确操作，确保人身及设备安全。

18）试运行时，不要再用手去触碰元件，发现异常应立即停机进行检查。

2.2.4 安装调试过程

1. 调试准备

1）读气动与电气原理图，明确线路连接关系。

2）选定技术资料要求的工具与元器件。

3）确保安装平台及元器件洁净。

2. 零部件安装（具体可扫描二维码学习）

供料单元机械部件安装 动画

第1步：安装铝合金实验板和控制面板，如图1-38所示。

图1-38序号说明：1—铝合金实验板；2—沟槽螺母M6×32（4个）；3—底车；4—螺钉M6×10（4个）；5—螺钉M3.5×9（2个）；6—控制面板。

第2步：安装组件，如图1-39所示。

图1-39序号说明：2.1—走线槽；2.2—内角螺钉M5×10；2.3—垫片B5.3；2.4—T形头螺母M5-32；2.5—导轨；2.6—内角螺钉M5×10；2.7—垫片5.3；2.8—T形头螺母M5-32。

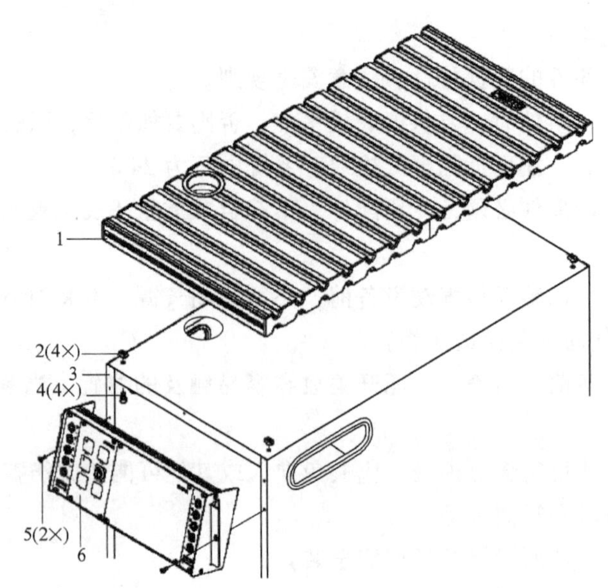

图 1-38　安装铝合金实验板和控制面板

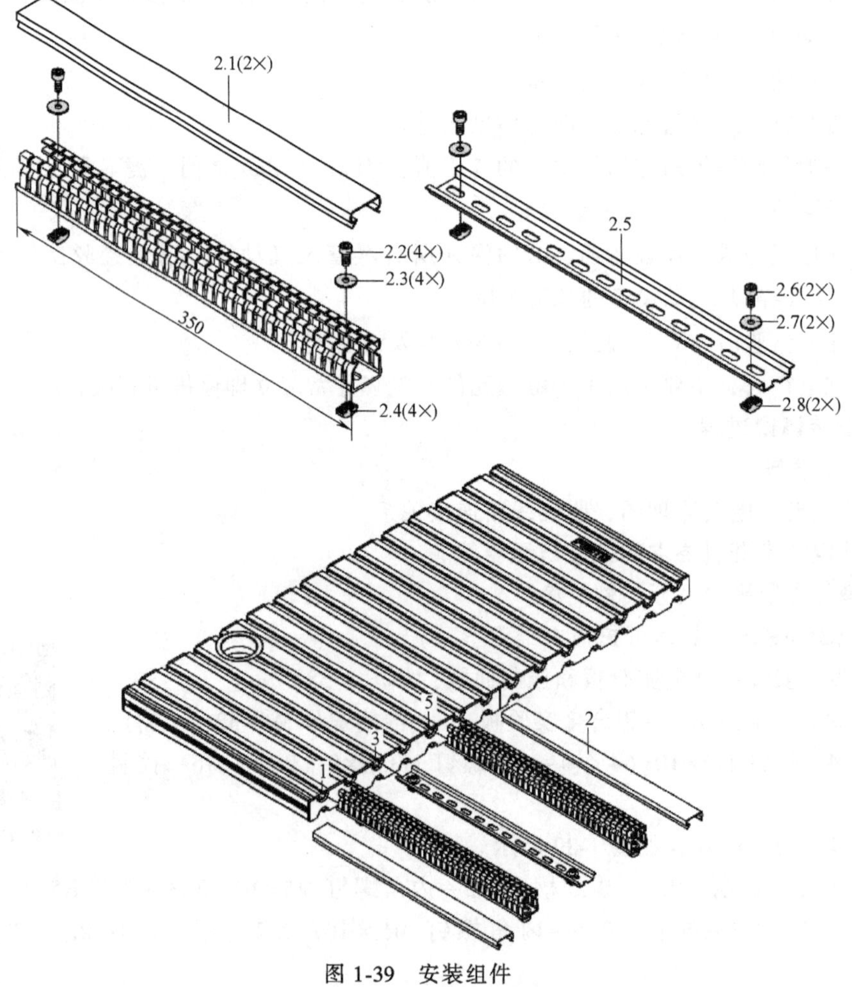

图 1-39　安装组件

注意事项：

1）至少用2个螺钉和垫圈固定走线槽。

2）走线槽盖住，没有翘起和未完全盖住现象。

第3步：安装气动二联件和CPV阀组等组件，如图1-40所示。

图1-40序号说明：3—I/O接线端口；4—真空传感器；5—CPV阀组；6—线夹；7—摆动模块；8—气动二联件。

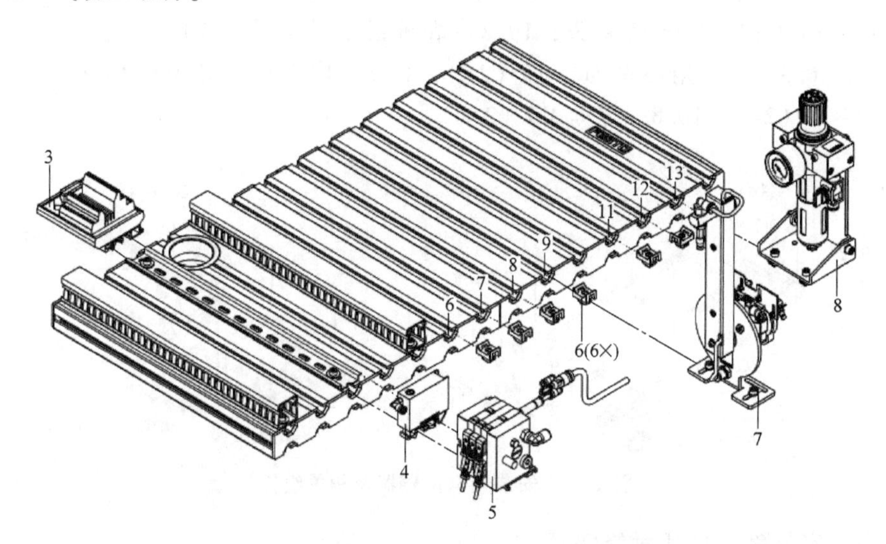

图1-40 安装气动二联件和CPV阀组等组件

第4步：按图1-41所示，调整摆动模块和电线夹子的位置。

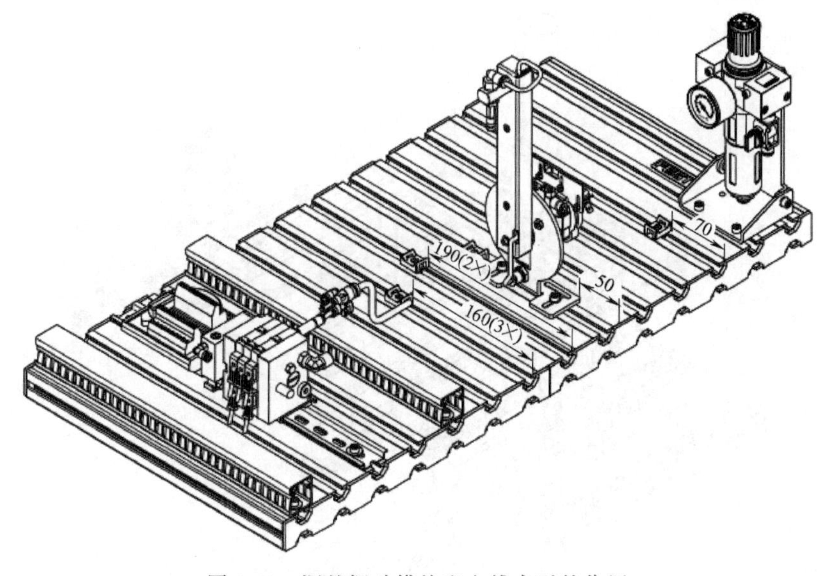

图1-41 调整摆动模块和电线夹子的位置

注意：

1）所有的执行元器件和工件运动时保证无碰撞。

2）所有的元件、模块被固定。

3）没有部件或模块打碎、损坏或丢失。

第 5 步：安装光电传感器及相关组件，如图 1-42 所示。

图 1-42 序号说明：9.1—内六角头螺钉 M4×16（2×）；9.2—垫片 B4.3（4×）；9.3—支架；9.4—光电传感器；9.5—螺母 M4（2×）；9.6—电缆连接插头；9.7—T 形头螺母 M4-32（2×）；9.8—内六角头螺钉 M4-32（2×）；9.9—适配器（2×）；9.10—螺母 M5（4×）；9.11—导管；10.1—电缆连接插头；10.2—站间通信接收器；10.3—支架；10.4—垫片 B4.3（4×）；10.5—内六角螺钉 M4×16（2×）；10.6—内六角螺钉 M4×10（2×）；10.7—T 形头螺母 M4-32（2×）；10.8—螺母 M4（2×）。

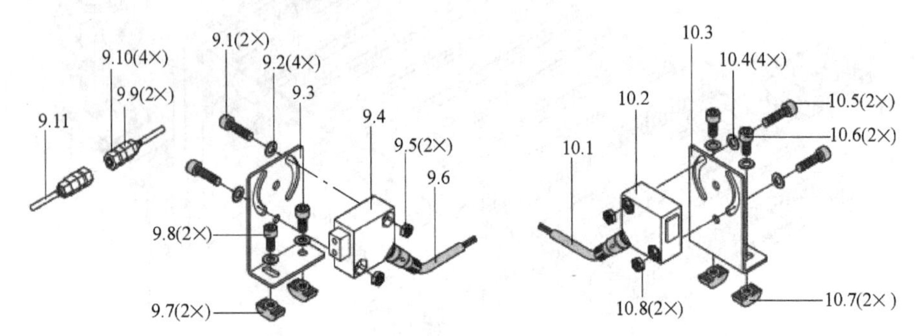

图 1-42 安装光电传感器及相关组件

第 6 步：安装图 1-43 所示组件。

图 1-43 序号说明：9—光电传感器；10—站间通信接收器；11—连接器（2×）；12—进料模块；13—线夹。

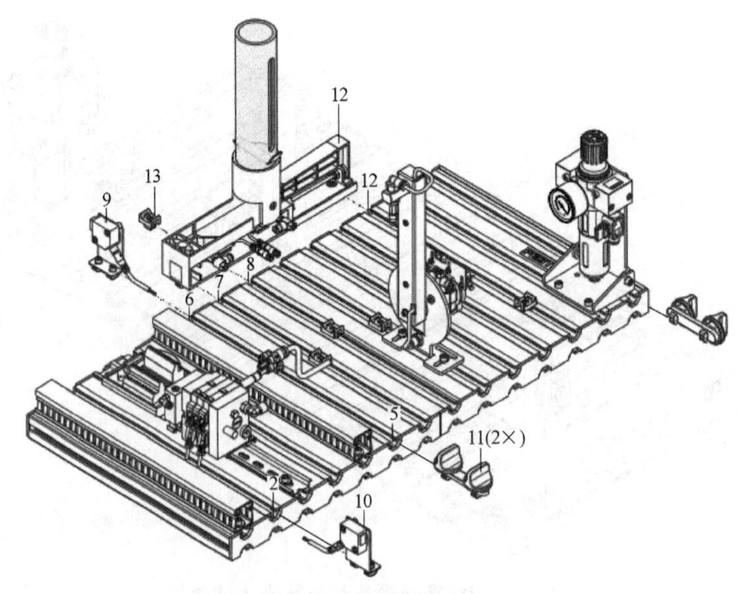

图 1-43 安装组件

第 7 步：按照图 1-44 所示安装光纤探头。

第 8 步：完成并检查。最终完成图如图 1-45 所示。

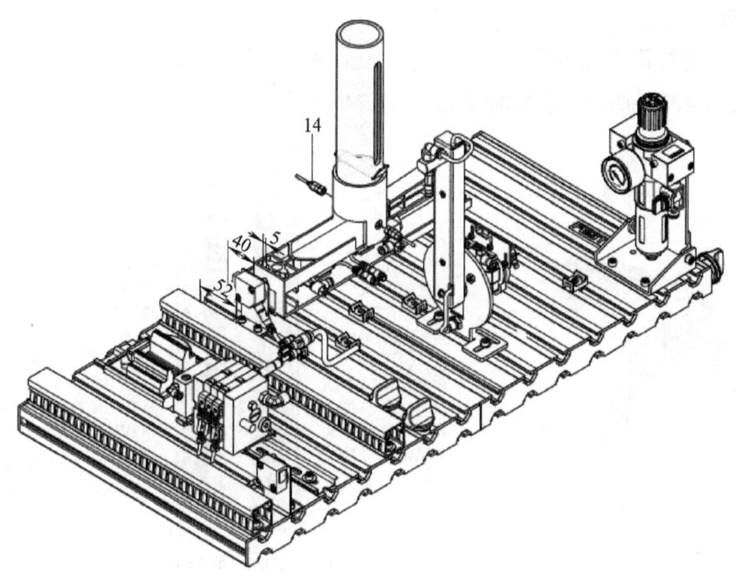

图 1-44 安装光纤探头

安装完成后，进行检查验收。要满足以下 4 个要点：

1）所有不用的部件整齐地放在桌上。

2）工作区域地面上没有垃圾。

3）螺钉头没有损坏并且没有工具的残渣留在螺钉头上。

4）所有的东西都被固定，包括光纤。

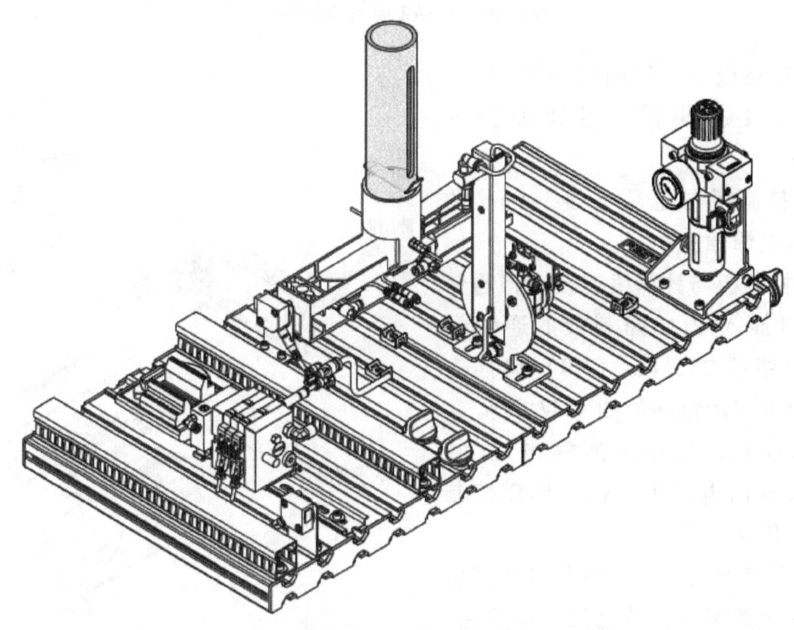

图 1-45 最终完成图

3. 回路连接与接线

根据气动原理图与电气控制原理图进行回路连接与接线。

4. **系统连接**

1）PLC 控制板与铝合金工作平台连接。PLC 控制板的 XMA2 插头插入工作平台的 SysLink I/O 端口的 XMA2 插座中。XMA2 插头有 24 个插针，插针定义如图 1-46 所示。

	Pin	Pin	
OUT BIT 0	1	13	IN BIT 0
OUT BIT 1	2	14	IN BIT 1
OUT BIT 2	3	15	IN BIT 2
OUT BIT 3	4	16	IN BIT 3
OUT BIT 4	5	17	IN BIT 4
OUT BIT 5	6	18	IN BIT 5
OUT BIT 6	7	19	IN BIT 6
OUT BIT 7	8	20	IN BIT 7
POWER 24 VDC	9	21	POWER 24 VDC
POWER 24 VDC	10	22	POWER 24 VDC
POWER 0 VDC	11	23	POWER 0 VDC
POWER 0 VDC	12	24	POWER 0 VDC

syslink pin assignment

01	BIT0 Output word white	13	BIT 0 Input word grey–pink
02	BIT1 Output word brown	14	BIT 1 Input word red–blue
03	BIT2 Output word green	15	BIT 2 Input word white–green
04	BIT3 Output word yellow	16	BIT 3 Input word brown–green
05	BIT4 Output word grey	17	BIT 4 Input word white–yellow
06	BIT5 Output word pink	18	BIT 5 Input word yellow–brown
07	BIT6 Output word blue	19	BIT 6 Input word white–grey
08	BIT7 Output word red	20	BIT 7 Input word grey–brown
09	24V Power supply black	21	24V Power supply white–pink
10		22	
11	0V Power supply pink–brown	23	0V Power supply white–blue
12	0V Power supply purple	24	

图 1-46　XMA2 插头插针定义

2）PLC 控制板与控制面板连接。PLC 控制板的 XMA1 插头插入控制面板的 XMG2 插座中。

3）PLC 控制板与电源连接。4mm 的安全插头插入电源插座中。

4）PLC 控制板与计算机连接。将通信电缆的 485 口插入 PLC 控制板的通信端口，将通信电缆的 232（或 USB）口插入计算机。系统连接示意图如图 1-47 所示。

5）电源连接。工作站所需电压为：DC24V（最大输出电流为 5A）。PLC 控制板的电压与工作站一致。

6）气动系统连接。将气泵与过滤调压组件连接。在过滤调压组件上设定压力为：6bar（600kPa）。

部分零部件安装调试，可扫描二维码进行分析、学习。

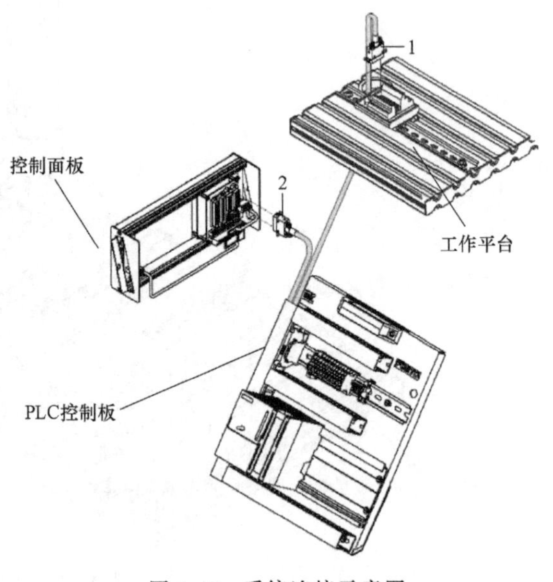

图 1-47　系统连接示意图

1—XMA2 插头　2—XMA1 插头

供料单元零部件装调 01 安装传感器	供料单元零部件装调 02 安装推杆	供料单元零部件装调 03 装配旋转缸	供料单元零部件装调 04 安装旋转臂	供料单元零部件装调 05 扎带与接线	供料单元零部件装调 06 安装传感器

5. 传感器等检查器件的调试

（1）接近式传感器（安装在堆栈料仓和送料缸上） 接近式传感器安装在气缸的末端位置。接近式传感器对安装在气缸活塞上的磁环进行感应。

1）准备条件。

① 安装料仓和接近式传感器。

② 连接气缸。

③ 打开气源。

④ 连接传感器导线。

⑤ 打开电源。

2）执行步骤。

① 将气缸与电磁阀连接，用电磁阀控制气缸运动。

② 将传感器在气缸轴向位置上移动，直到传感器被触发，触发后状态指示灯（LED）亮。

③ 在同一方向上轻微移动传感器，直到状态指示灯（LED）熄灭。

④ 将传感器安装在触发和关闭的中间位置上。

⑤ 用内六方扳手 A/ F1.3 将传感器固定。

⑥ 起动气缸（使气缸活塞杆前进/后退），检查传感器位置是否正确。

（2）光电式传感器（安装在料仓上，用来检测填充高度） 光电式传感器用于监测料仓是否有工件。传感器光栅发出红色可见光，如果料仓没有工件，传感器光栅接收端会接收到红色可见光；如果料仓有工件，会遮挡住红色可见光，接收端接收不到红色可见光。

1）准备条件。

① 安装传感器。

② 连接传感器。

③ 接通电源。

2）执行步骤。

① 将光纤导线探头安装在料仓上。

② 将光纤导线连接至光栅上。

③ 用六方扳手调解传感器的灵敏度，直到指示灯亮。**注意**：调节螺孔最大只能旋转 12 圈。

④ 将工件放入料仓中。传感器指示灯熄灭。

（3）行程开关（安装在摆动气缸上） 行程开关用于检测摆动缸的末端位置。安装在气缸上的可调节的凸轮触发行程开关。

1）准备条件。

① 安装摆动模块和行程开关。

② 连接摆动气缸。

③ 打开气源。

④ 连接行程开关。

⑤ 接通电源。

2）执行步骤。

① 将气缸与电磁阀连接，用电磁阀控制气缸运动。

② 在摆动缸的滑槽上移动行程开关凸轮，直到行程开关被触发。

③ 固定螺钉。

④ 起动摆动缸，检查行程开关是否安装在正确位置上（分别向左、向右移动摆动缸）。

（4）真空检测开关（用来检测摆动气缸端部真空吸盘的真空度） 真空检测开关用于监测吸盘上是否有工件。如果工件被吸起，真空检测开关就会发出一个输出信号。

1）准备条件。

① 安装摆动模块。

② 连接真空发生器、真空吸盘和真空检测开关。

③ 打开气源。

④ 连接真空检测开关的电气部分。

⑤ 接通电源。

2）执行步骤。

① 打开气源。

② 将工件放在吸盘处，直到被吸起。

③ 逆时针方向旋转真空检测开关的螺孔，直到黄色 LED 亮。

④ 起动真空发生器，检查工件是否被吸起。移动摆动气缸从一个末端位置到另一个末端位置上。工件不能落下。

6. 单向节流阀调试

单向节流阀用于控制双作用气缸的气体流量，进而控制气缸活塞伸出和缩回的速度。在相反方向上，气体通过单向阀流动。

（1）准备条件

1）连接气缸。

2）打开气源。

（2）执行步骤

1）将单向节流阀完全拧紧，然后松开一圈。

2）起动系统。

3）慢慢打开单向节流阀，直到达到所需的活塞杆速度。

7. 手动调节阀岛

手动调节用于检查阀和阀-驱动组合单元的功能。

（1）准备条件

1）打开气源。

2）接通电源。

（2）执行步骤

1）打开气源。

2）用细铅笔或一个螺钉旋具（最大宽度为2.5mm）按下手控开关。

3）松开开关（开关通过弹簧的复位作用回到原位），阀回到初始位置。

4）对各个阀逐一进行手控调节。

5）在系统调试前，保证阀岛上的所有阀都处于初始位置。

8. 整体调试

（1）外观检查　*在进行调试前，必须进行外观检查！*在开始起动系统前，必须检查：电气连接、气源、机械元件（是否损坏、是否连接牢固）。*在起动系统前，要保证工作站没有任何损坏！*

（2）设备准备情况检查　已经准备好的设备应该包括：装调好的供料单元工作平台、连接好的控制面板、PLC控制板、电源、装有PLC编程软件的计算机、连接好的气源等。

（3）下载程序　设备所用控制器一般为：S7-315-2DP或S7-313c-2DP。

设备所用编程软件一般为：Siemens STEP7 Version 5.1或更高版本。

1）接通电源。

2）打开气源。

3）松开急停按钮。

4）将所有PLC内存程序复位。

对于CPU31x的PLC来说，系统上电后等待，直到PLC完成自检。将选择开关调到MRES，保持该位置不动，直到STOP LED闪烁后不变。松开开关使其位于STOP位置。这时必须马上将开关调回MRES。STOP LED开始快速闪烁。松开选择开关，STOP LED不再闪烁时，完成复位。

对于CPU 31xC的PLC来说，将选择开关调到MRES，保持该位置不动，直到STOP指示灯闪烁两次并停止闪烁（大约3s）。松开开关。再次将开关调到MRES。STOP指示灯快速闪烁，CPU进行程序复位。松开开关。当STOP指示灯不再闪烁时，CPU完成程序复位。这时MMC卡中的数据没有被删除。如果想删除卡中的内容，打开菜单“PLC”/“Display Accessible Nodes”，可以删除文件夹中的所有文件。

5）模式选择开关位于STOP位置。

6）打开PLC编程软件，下载程序。

（4）试运行

1）将8个工件放入料仓中。工件要开口向上放置。

2）检查电源电压和气源。

3）手动复位前，将各模块运动路径上的工件拿走。

4）进行复位。复位之前，RESET指示灯亮，这时可以按下按钮。

5）如果在送料缸的工作路径上有多余工件，要把它拿走。

6）起动供料单元。按下START按钮即可起动该系统。

注意：

1）*任何时候按下急停按钮或STOP按钮，均可中断系统工作。*

2）选择开关 AUTO/ MAN 用钥匙控制，可以选择连续循环（AUTO）或单步循环（MAN）。

3）在多个工作站组合时，要对每个工作站进行复位。

4）如果料仓内没有工件，EMPTY 指示灯亮。放入工件后，按下 START 按钮即可。

2.3 项目总结与练习

1. 项目总结

本项目完成了供料单元的安装与调试。重点学习了机电设备安装常用的工具与材料、机电设备安装规范、机电设备安装调试安全要求，完成了设备的机械、气动、电气等零部件安装调试的全过程。应重点掌握常用的工具与材料、安装规范、安全要求等知识点；掌握机械、气动、电气等零部件安装调试的技术技能点。

2. 练习

（1）安装调试 MPS 单元时，第一根绑扎带离气管连接处（　　）。

A. 50mm±5mm　　B. 50mm±10mm　　C. 60mm±10mm　　D. 60mm±5mm

（2）连接 MPS 单元时，单元之间的距离最大为（　　）。

A. 15mm　　B. 10mm　　C. 5mm　　D. 2mm

（3）电缆在走线槽里最少应保留（　　），如果是一根短接线的话，在同一个走线槽里不要求。

A. 5mm　　B. 10mm　　C. 15mm　　D. 20mm

（4）接线时，电缆绝缘部分（　　）。

A. 应在走线槽外　　B. 应在走线槽里　　C. 没规定　　D. 根据图样确定

（5）关于 BVR 线和 BV 线说法正确的是（　　）。

A. BVR 线的柔软度较好，BV 线一般为硬线

B. BV 线的柔软度较好，BVR 线一般为硬线

C. BVR 线和 BV 线的柔软度都较好

D. BVR 线和 BV 线都为硬线

（6）安装调试 MPS 单元时，当它们都来自同一个移动模块上时，下面说法正确的是（　　）。

A. 允许电缆、光纤电缆绑扎在一起，气管不能

B. 允许电缆、光纤电缆和气管绑扎在一起

C. 允许电缆、气管绑扎在一起，而光纤电缆不能

D. 电缆、光纤电缆和气管一定分开绑扎

（7）安装调试 MPS 单元时，两个绑扎带之间的距离不超过（　　）。

A. 50~60mm　　B. 40~50mm　　C. 100~120mm　　D. 120~150mm

（8）安装调试 MPS 单元时，两个线夹子之间的距离不超过（　　）。

A. 50~60mm　　B. 40~50mm　　C. 100~120mm　　D. 120~150mm

（9）安装调试 MPS 单元时，工作单元最大不齐平距离为（　　）。

A. 15mm　　B. 10mm　　C. 5mm　　D. 2mm

（10）MPS 单元拆装过程中，常用的工具包括________、________、________、

__________、__________、__________等。

（11）在安装调试 MPS 单元气动回路时，将所有元件连接完并检查无误后再打开__________，不要在有压力的情况下__________和连接。

（12）在安装调试各个工作站时，只有__________电源后，才可以拆除电气连线。

（13）简述使用气动设备的注意事项。

（14）介绍 MPS 中供料单元的安装过程。

项目3 供料单元的控制程序设计

3.1 项目任务

3.1.1 任务描述

根据供料单元任务描述，编制设备动作流程，选择合适的编程语言，在计算机上进行供料单元的程序编制，并下载程序，完成程序的调试。

3.1.2 教学目标

1. 知识目标

1）理解 SIMATIC S7-300 PLC 硬件系统，熟悉 PLC 各个组成模块的功能。

2）理解 CPU 工作模式及操作方法。

3）熟悉 STEP7 软件界面，掌握硬件组态的方法。

4）熟悉 STEP7 常用的编程指令。

5）掌握 PLC 编程与程序上传、下载方法。

2. 技能目标

1）根据控制要求，编制设备工艺（动作）流程。

2）在 STEP7 软件上能够正确设置语言、通信口、PLC 参数等。

3）在 STEP7 软件上编写调试程序。

4）下载程序，并调试供料单元的各个功能

5）能通过自主查阅网络、期刊、参考书籍、技术手册等获取相应信息。

3. 素质目标

1）细心、耐心的职业素质。

2）协调沟通能力、团队合作及敬业精神。

3）善于自学、善于归纳分析。

4）勤于查阅资料、勤于思考、锲而不舍的良好作风。

3.2 SIMATIC S7-300 PLC 硬件系统介绍

3.2.1 概述

S7-300 是德国西门子公司生产的可编程序控制器（PLC）系列产品之一。其模块化的结构、易于实现分布式的配置以及性价比高、电磁兼容性强、抗振动冲击性能好等特点，使其在工业控制领域中，成为一种既经济又切合实际的解决方案。

S7-300 PLC 属于模拟式中小型 PLC。其电源、CPU 和其他模块都是独立的，可以通过

U 形总线把电源（PS）、CPU 和其他模块紧密固定在西门子 S7-300 的标准轨道上。每个模块都有一个总线连接器，总线连接器插在各模块的背后。CPU 模块内集成背板总线，网络连接可通过多点接口（MPI）、PROFIBUS 或工业以太网等接口完成，可以通过编程器 PG 访问所有的模块。由于使用了 Flash EPROM，CPU 断电后无需后备电池也可以长时间保持动态数据，使 S7-300 PLC 成为完全无需维护的控制设备。

3.2.2 S7-300 硬件组成

S7-300 PLC 的硬件组成如图 1-48 所示，其由多种模块部件组成，包括导轨（Rack）、电源模块（PS）、CPU 模块、信号模块（SM）、接口模块（IM）等。各种模块可以用不同方式组合在一起，从而可使控制系统设计更加灵活。

电源模块总是安装在机架的最左边，CPU 模块紧靠电源模块。CPU 的右边是可以选择的接口模块，如果只用主架导轨而没有使用扩展支架可以不选择接口模块。

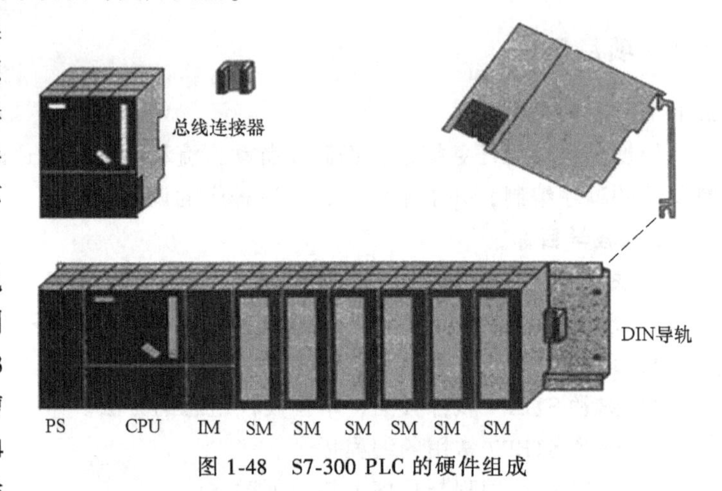

图 1-48 S7-300 PLC 的硬件组成

S7 编程软件组态主架导轨硬件时，电源、CPU 和 IM 分别放在导轨的 1 号槽、2 号槽和 3 号槽上。一条导轨共有 11 个槽号：1 号槽至 11 号槽，其中 4 号槽至 11 号槽可以随意放置除电源、CPU 和 IM 以外的其他 SM，如：DI（数字量输入）、DO（数字量输出）、AI（模拟量输入）、AO（模拟量输出）、FM（功能模块）和 CP（通信模块）等。

1. DIN 导轨

DIN 导轨是德国工业标准，安装支持此标准的 PLC 等电气元件可方便地卡在导轨上而无需用螺钉固定，维护也很方便。DIN 导轨尺寸以“宽度×深度×厚度”来标注。一般标准是：35mm 宽度，7.5mm 深度，1.0mm 厚度。常用的有：35×7.5×1、35×15×1、35×15×1.5、32×15×1.5、35×16×1.8 等，导轨的外形尺寸直接关系到导轨的有效截面积。常用导轨宽度是 3.5cm。

2. 电源模块

电源模块是构成 PLC 控制系统的重要组成部分，针对不同系列的 CPU，西门子有匹配的电源模块与之对应，用于为 PLC 内部电路和外部负载供电，比如 PS305、PS307。PS307 是西门子公司为 S7-300 专配的 DC 24 V 电源。PS307 系列模块除输出额定电流不同（有 2A、5A、10A 三种）外，其工作原理和各种参数都相同。PS307 可安装在 DIN 导轨上，除了给 S7-300 CPU 供电外，也可给 I/O 模块提供负载电源。

一个控制系统要在确定所有的模块后，再选择合适的电源模块。所选定的电源模块的输出功率必须大于 CPU 模块、所有 I/O 模块、各种智能模块的总消耗功率之和，有时甚至还要考虑某些执行单元的功率，并且要留有 30%左右的余量。

3. CPU 模块

CPU 模块是控制系统的核心，负责系统的中央控制，存储并执行程序，实现通信功能。

但不同的 CPU 又有不同的性能。例如，有的 CPU 集成有数字量和模拟量的输入、输出点，有的 CPU 集成有 PROFIBUS-DP 等通信接口。CPU 前面板上有状态故障指示灯、模式开关、24V 电源端子、电池盒与存储器模块盒（有的 CPU 没有）。

CPU 有 4 种操作模式：STOP（停机）、STARTUP（起动）、RUN（运行）和 HOLD（保持）。在所有的模式中，都可以通过 MPI 接口与其他设备通信。

4. 信号模块（SM）

信号模块是数字量输入/输出模块和模拟量输入/输出模块的总称，它们使不同的过程信号电压或电流与 PLC 内部的信号相匹配。典型的信号模块有：数字量输入模块——SM321 系列，DC 24V、AC 120/230V 输入；数字量输出模块——SM322 系列，继电器型、晶体管型或可控硅型输出；模拟量输入模块——SM331 系列，电压、电流、电阻、热电偶类型输入；模拟量输出模块——SM332 系列，电压、电流型输出。

信号模块外部连线接在插入式的前连接器的端子上，前连接器插在前盖后面的凹槽内。不需断开前连接器上的外部连线，就可以迅速地更换模块。信号模块面板上的 LED 用来显示各数字量输入/输出点的信号状态，模块安装在 DIN 标准导轨上，通过总线连接器与相邻的模块连接。

5. 功能模块（FM）

功能模块主要用于对时间要求苛刻、存储器容量要求较大的过程信号处理任务。例如用于完成计数任务的计数器模块；完成定位任务的快速/慢速进给驱动位置控制模块、电子凸轮控制器模块、步进电动机定位模块、伺服电动机定位模块等；完成闭环控制任务的闭环控制模块；完成工业标识系统的接口模块、称重模块、位置输入模块、超声波位置解码器等。

6. 接口模块（IM）

接口模块用于多机架配置时连接主机架（CR）和扩展机架（ER）。S7-300 通过分布式的主机架和 3 个扩展机架，最多可以配置 32 个信号模块、功能模块和通信处理器。

例如：IM360 必须插入 0 号机架（主机架）的 3 号槽位，用于发送数据；IM361 则插入 1～3 机架的 3 号槽位，用于接收来自 IM360 的数据。数据通过连接电缆 368 从 IM360 传送到 IM361，或者从 IM361 传送到下一个 IM361，但前后两个接口的通信距离最长为 10m，通常安装在一个控制柜中扩展 S7-300PLC 的机架，并不适用于控制柜之间。因为 IM360/IM361 通信距离太短，并不适用于控制柜之间的通信连接。

7. 通信处理器（CP）

完成中央处理单元的通信任务，提供以下的联网能力：点到点连接、PROFIBUS 连接、工业以太网连接等。

3.2.3 S7-300 机架安装形式

S7-300 既可以水平安装，也可以垂直安装，如图 1-49 所示。

安装时要注意其允许的环境温度，垂直安装为 0～40℃，水平安装为 0～60℃。对于水平安装，CPU 和电源必须安装在左面；对于垂直安装，CPU 和电源必须安装在底部。安装时必须保证最小间距：机架左右为 20mm；单层组态安装时，上下为 40mm；两层组态安装时，上下至少为 80mm。用 M6 螺钉把导轨固定到安装部位，然后把保护地连到导轨上（**注**：通过保护地螺钉，导线的最小截面积为 $10mm^2$）。导轨固定尺寸如图 1-50 所示。

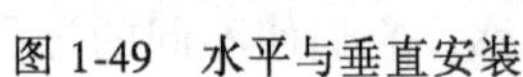
图 1-49　水平与垂直安装

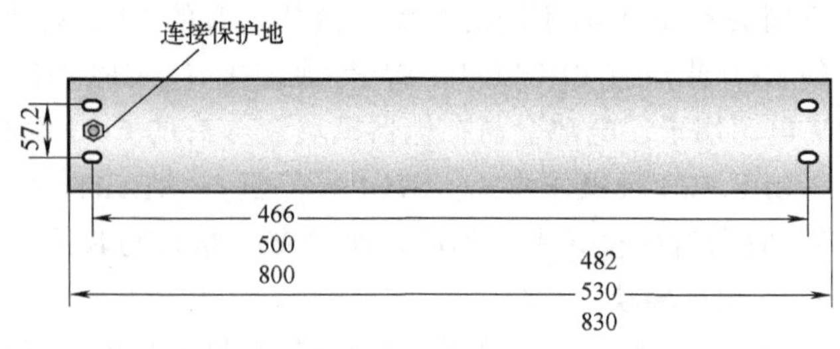

图 1-50　导轨固定尺寸

3.3　SIMATIC S7-300 PLC 软件系统介绍与操作

3.3.1　概述

STEP7 编程软件是西门子公司的一个用于 SIMATIC 可编程序逻辑控制器的组态和编程的标准软件包。STEP7 标准软件包中提供一系列的应用工具，如：SIMATIC 管理器、符号编辑器、硬件诊断、编程语言、硬件组态、网络组态等。STEP7 编程软件可以对硬件和网络实现组态，具有简单、直观、便于修改等特点。该软件提供了在线和离线编程的功能，可以对 PLC 在线上传或下载。

用于 S7-300 的编程语言有：梯形图（LAD）、语句表（STL）和功能块图（FBD）。LAD 是 STEP7 编程语言的图形表达方式。当电信号通过各个触点复合元件以及输出线圈时，梯形图可以让你追踪电信号在电源示意线之间的流动。STL 是 STEP7 编程语言的文本表达方式，与机器码相似，CPU 执行程序时按每一条指令一步一步地执行。FBD 是 STEP7 编程语言的图形表达方式，使用与布尔代数相类似的逻辑框来表达逻辑。

STEP7 编程软件允许结构化用户程序，可以将程序分解为单个的自成体系的程序部分。

组织块（OB）是操作系统和用户程序的接口。它们由操作系统调用，并控制循环和中断驱动程序的执行，以及可编程序控制器的起动。它们还处理对错误的响应。组织块决定各个程序部分执行的顺序。用于循环程序处理的组织块 OB1 的优先级最高。操作系统循环调用 OB1 并用这个调用起动用户程序的循环执行。

功能（FC）属于用户自己编程的块。功能是“无存储区”的逻辑块。FC 的临时变量存储在局域数据堆栈中，当 FC 执行结束后，这些数据就会丢失。

功能块（FB）属于用户自己编程的块。功能块是具有“存储功能”的块。用数据块作为功能块的存储器（背景数据块）。传递给 FB 的参数和静态变量存在背景数据块中。背景数据块（背景 DB）在每次功能块调用时都要分配一块给这次调用，用于传递参数。

系统功能块（SFB）和系统功能（SFC）是 STEP7 为用户提供的已编程好的程序的块，经过测试集成在 CPU 中的功能程序库。SFB 作为操作系统的一部分并不占用程序空间，是具有存储能力的块，它需要一个背景数据块，并须将此块作为程序的一部分安装到 CPU 中。

3.3.2　软件的使用

利用 STEP7 编程软件编程时，要首先完成硬件组态，参数赋值，再创建程序。建立在线连接后，可以下载整个用户程序或个别块到 PLC 中。在下载完整的或部分用户程序到 CPU 之前，要把 PLC 工作方式从 RUN 模式置到 STOP 模式。

当电源关断后和 CPU 复位时，保存在 PLC 上面的数据将被保留。另外，可以从 PLC 中上传一个工作站，或从一个 S7 CPU 中上传块到 PG/PC。这样，当出现故障而不能访问到程序文档的符号或注释时，就可以在 PG/PC 中编辑它。

STEP7 软件的硬件组态过程如下：

1）单击 SIMATIC 图标，起动后将向导关闭。

2）单击“file”选择“New…”。

3）在 Name 处创建项目名，单击“Browse…”修改保存路径，如图 1-51 的 1、2 标号处所示。

4）完成创建后，单击 OK 按钮。

5）出现图 1-52 所示画面后单击 Yes 按钮。之后出现图 1-53 所示画面。

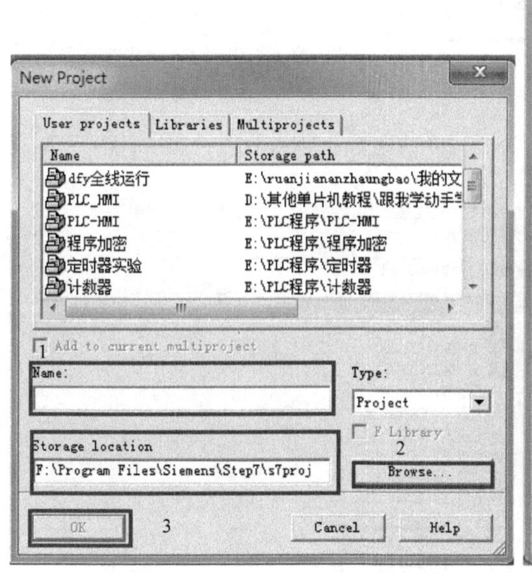

图 1-51 New Project 路径修改

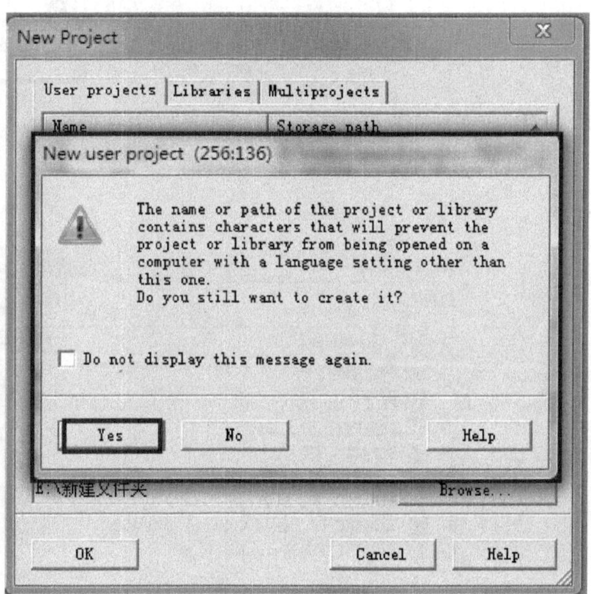

图 1-52 允许创建新项目

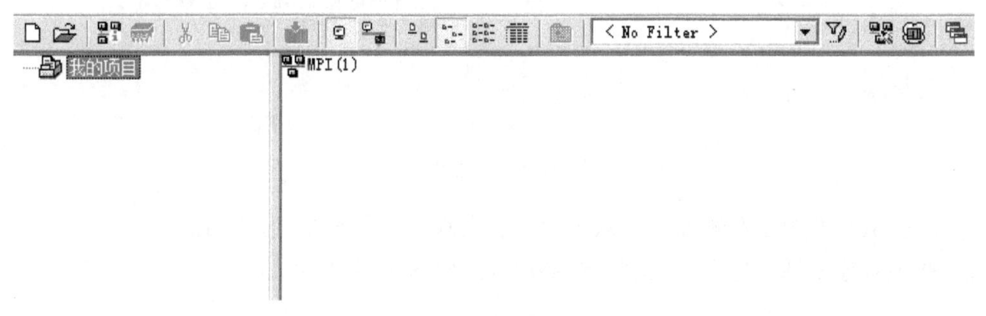

图 1-53 我的项目

6）在图 1-53 画面右侧右击，选择“Insert New Object”后选择“SIMATIC 300 station”后出现如图 1-54 所示画面，即新添加了一个 300 站点。

单击“我的项目”左侧的加号，出现添加的站点，单击站点后再双击右侧的 Hardware，如图 1-55a 所示。在出现的画面中单击“SIMATIC 300”左侧的加号。出现如图 1-55b 所示画面。

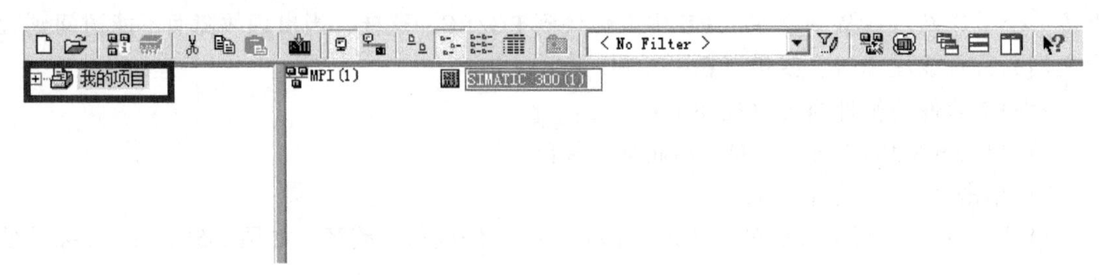

图 1-54　新建 S7-300 站

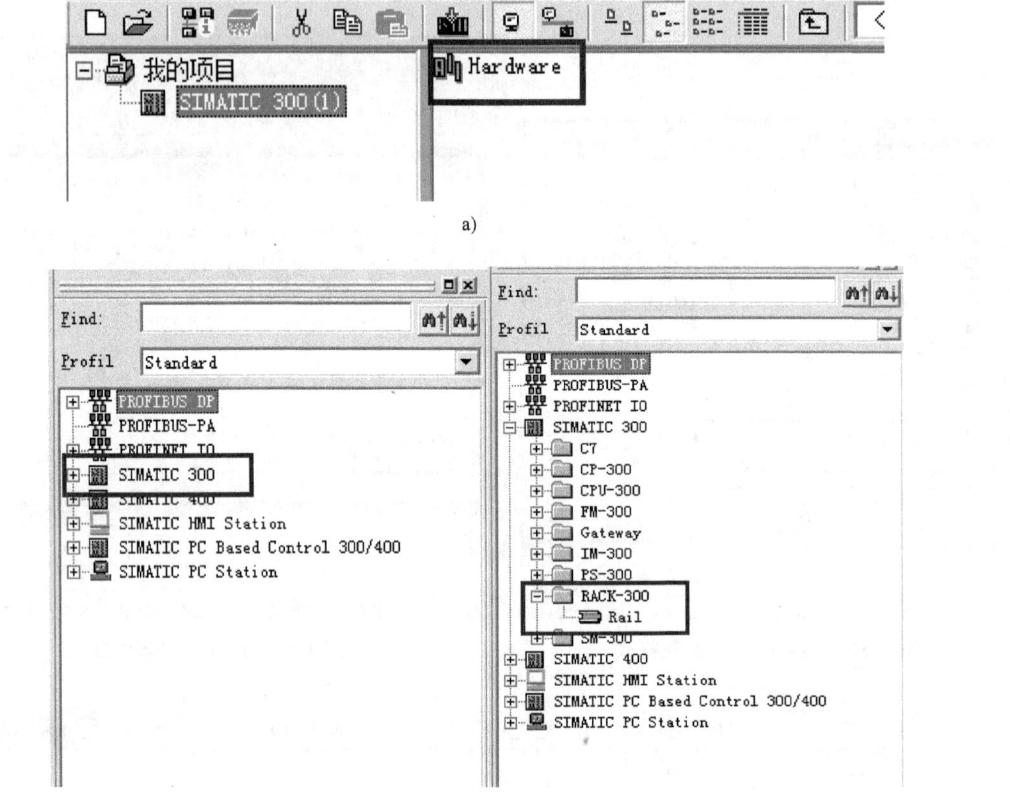

图 1-55　添加硬件

7）单击 RACK-300 左侧加号，双击 Rail。出现如图 1-56 所示的画面。

8）在 1 号槽中插入电源，选择 PS-300 5A，如图 1-57 所示。

图 1-56　槽界面

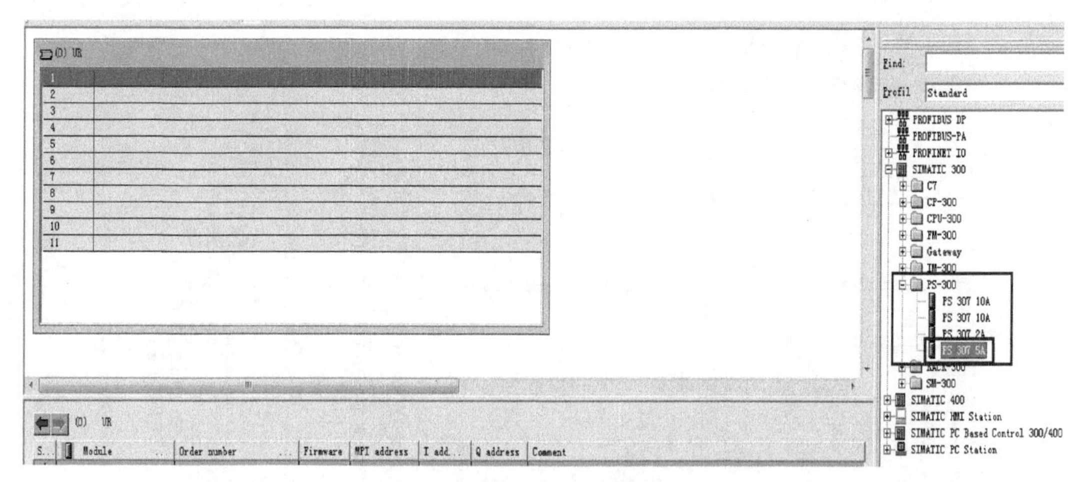

图 1-57 插入电源

9）在 2 号槽中插入 CPU，操作步骤如图 1-58 中的标号所示。

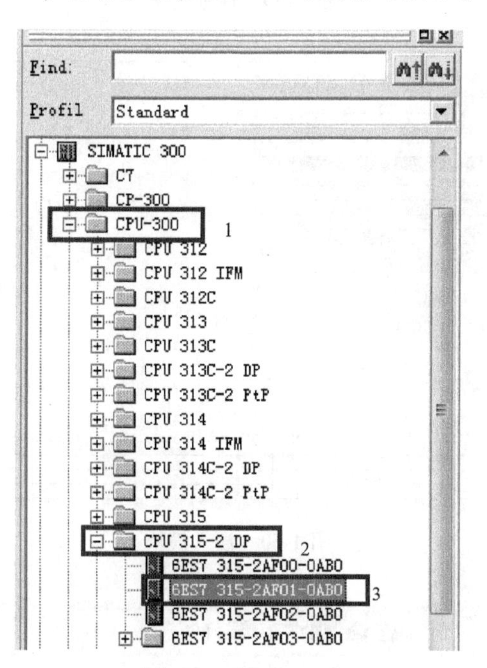

图 1-58 插入 CPU

插入 CPU 后，出现如图 1-59 所示画面，我们所要修改的是方框处 Address 的数值，第一站为 2，往后站点依次排序。

10）3 号槽是接口模块，4～11 号槽放置其他模块。如果只有一个机架，3 号槽空着，实际是 CPU 和 4 号槽紧挨着。4 号、5 号槽分别插入 I/O 接口模块，操作步骤如图 1-60 中方框标号所示。

11）项目建立完成之后，在如图 1-61 所示方框处，单击保存并编译，完成工程创建。

特别说明：

S7-300 的信号模块的字节地址与模块所在的机架号和插槽号有关，从 0 号字节开始，自

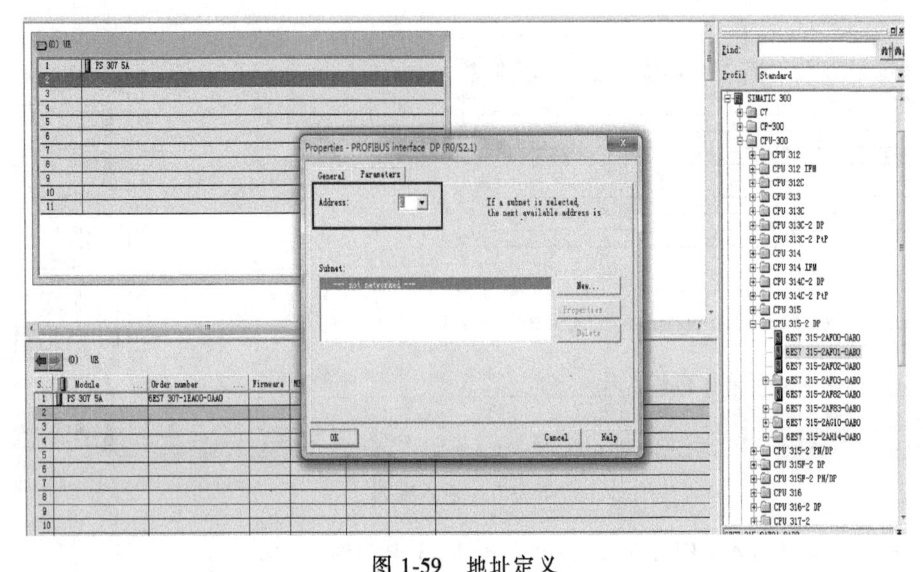

图 1-59　地址定义

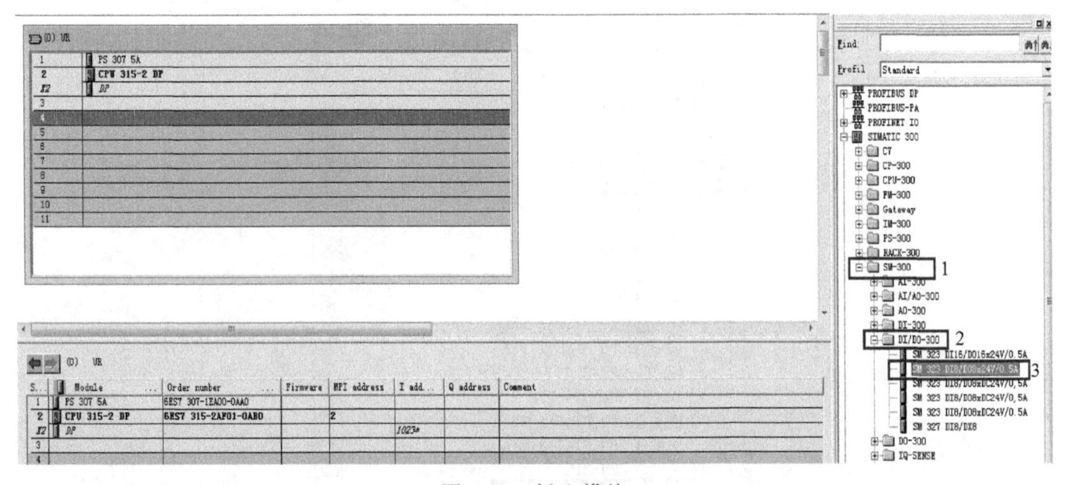

图 1-60　插入模块

图 1-61　保存并编译

动为每个数字量模块留 4B 地址。所以 4 号槽是地址 0B，5 号槽是地址 4B。

每个模拟量模块自动分配 16B 的地址，6 号槽是 288B，7 号槽则是 288B+16B=304B，如图 1-62 所示。

S...	Module	Order number	Firmware	MPI address	I address	Q address
1	PS 307 5A	6ES7 307-1EA00-0AA0				
2	**CPU 315-2 DP**	**6ES7 315-2AF01-0AB0**		2		
X2	*DP*				*1023**	
3						
4	DI8/DO8x24V/0.5A	6ES7 323-1BH00-0AA0			0	0
5	DI8/DO8x24V/0.5A	6ES7 323-1BH00-0AA0			4	4
6	AI2x12Bit	6ES7 331-7KB02-0AB0			288...291	
7	AI2x12Bit	6ES7 331-7KB02-0AB0			304...307	
8						
9						

图 1-62 地址分配

12）完成以上操作，单击 Blocks，在右侧空白处右击鼠标，将光标移到“Insert New Object”处，选择要创建的用户程序组织块，创建主程序与子程序等，如图 1-63 所示。

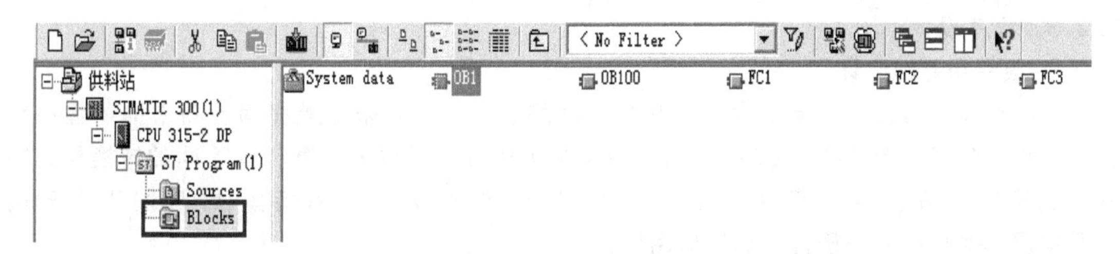

图 1-63 创建组织块

要进行具体程序编制时，双击“OB1”，即可出现编程界面，可最终完成程序的输入、编辑与下载等操作。

3.4 供料单元的控制程序设计

3.4.1 设备与技术资料

设备包括：安装调试后的供料单元设备一套、装有编程软件的计算机一台、下载电缆一根。

技术资料包括：供料单元的气动回路图、电气接线图；相关组件的技术资料；工作计划表；供料单元的 I/O 分配表。

3.4.2 动作分析与 I/O 地址分配表

1. 动作分析

设备具体操作有开始、复位、停止。要求起动后全自动运行。

1）PLC 在 Run 模式时，按下复位按钮，摆臂摆到左限位置。

2）按下开始按钮，进入顺序控制：摆臂右摆，到达右限位，推料杆将料从料仓中送出，摆臂左摆，到达左限位进行吸料，真空检测完成（已经完成吸料）摆臂右摆，到达右限位放料。

3）按下停止按钮，无论工序处于什么位置，要求执行完一个完整的周期后停止。

2. I/O 地址分配表

I/O 地址分配表分为输入、输出两个部分，输入部分主要连接传感器、行程开关、按钮等信号。输出部分主要是接继电器、电磁阀、指示灯等器件。具体见表 1-2。

表 1-2 I/O 地址分配表

输入	端子号	输出	端子号
送料杆缩回	I0.1	送料	Q0.0
送料杆伸出	I0.2	吸料	Q0.1
真空检测	I0.3	放料	Q0.2
摆杆左限位	I0.4	左摆	Q0.3
摆杆右限位	I0.5	右摆	Q0.4
料仓情况	I0.6	开始指示灯	Q4.0
开始按钮	I4.0	复位指示灯	Q4.1
复位按钮	I4.1	辅助指示灯	Q4.2
消除报警	I4.2		
AUTO/MAN 选择	I4.3		
停止按钮	I4.4		
Quit 按钮	I4.5		
联网开关	I4.6		

3.4.3 程序设计

1. 顺序功能图设计

顺序功能图语言是近年来发展起来的一种编程语言。它采用顺序功能图来描述程序结构，把程序分成若干“步”（Step，S），每个步可执行若干动作。而“步”间的转换靠其间的“转移”（Tran，T）的条件实现。至于在“步”中要做什么，在转移中有哪些逻辑条件，则可使用其他任何一种语言，如梯形图语言。

功能图具有图形表达方式，能较简单和清楚地描述并发系统和复杂系统的所有现象，并能对系统中死锁、不安全等反常现象进行分析和建模，在模型的基础上能直接编程，所以，得到了广泛的应用。S7-300 可编程序控制器可以采用顺序功能图进行编程与调试。顺序功能图语言不仅仅是一种语言，而且也是一种组织控制程序的图形化方式。

根据前面供料单元的动作描述与地址分配表，按照顺序功能图绘制标准，绘制的全自动运行的顺序功能图如图 1-64 所示。

2. 梯形图设计

梯形图语言沿袭了继电器控制电路的形式，梯形图是在常用的继电器与接触器逻辑控制基础上简化了符号演变而来的，具有形象、直观、实用等特点，是目前运用最多的一种 PLC 编程语言。根据上述的顺序功能图，按照起保停方法可以很容易完成供料单元控制梯形图的编写。具体梯形图详解可参见配套资源中相关资料进行学习。

3.4.4 程序调试

1. CPU 下载

如果下载不成功，要进行下载端口设置，详见学习情境二的“程序调试”。

1）打开上面建立的项目，出现如图 1-65 所示界面。

2）双击“Hardware”，出现如图 1-66 所示界面。

3）单击图 1-66 中菜单栏的下载图标，出现如图 1-67 所示界面。

4）单击“OK”按钮，完成 CPU 下载。

2. 程序下载

把所有的程序和系统数据块都选中，如图 1-68 中方框所示，单击，完成下载。

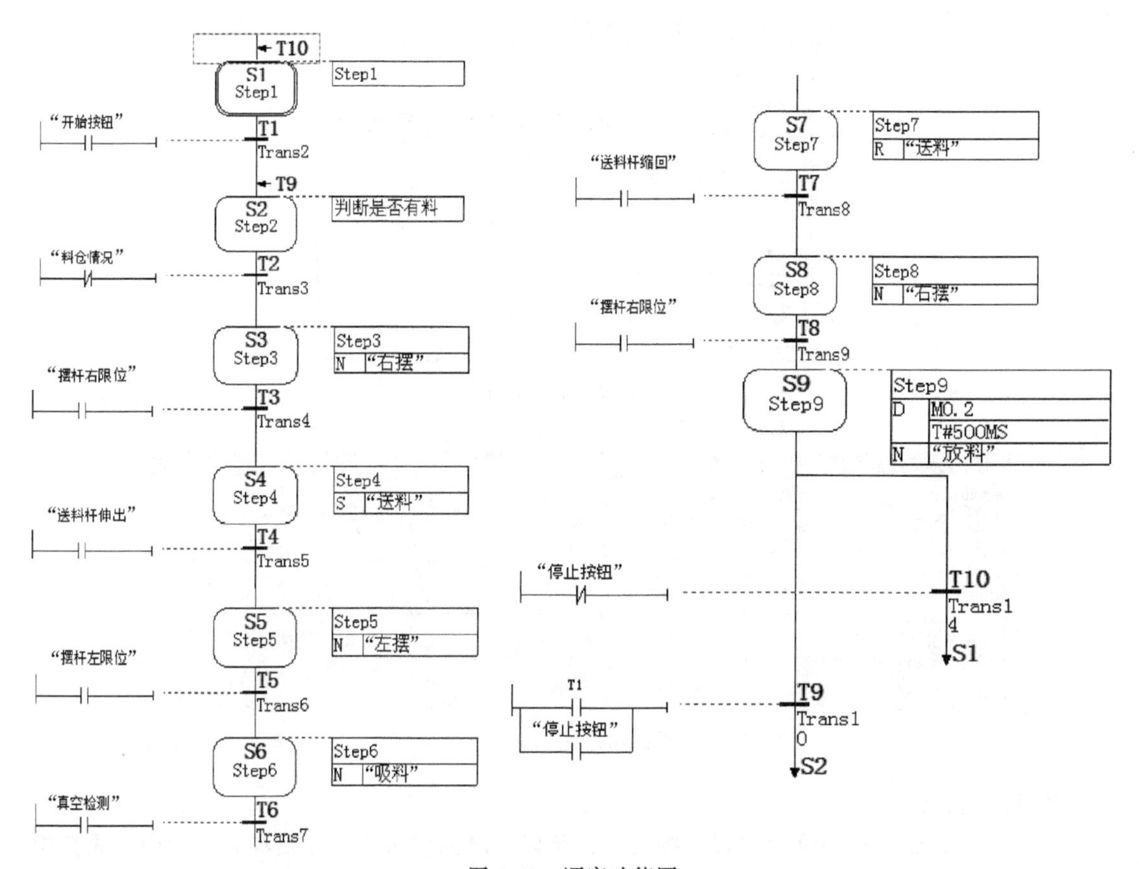

图 1-64 顺序功能图

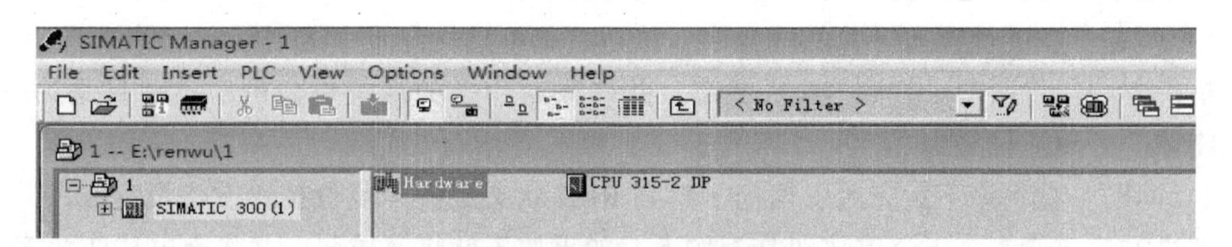

图 1-65 打开项目文件界面

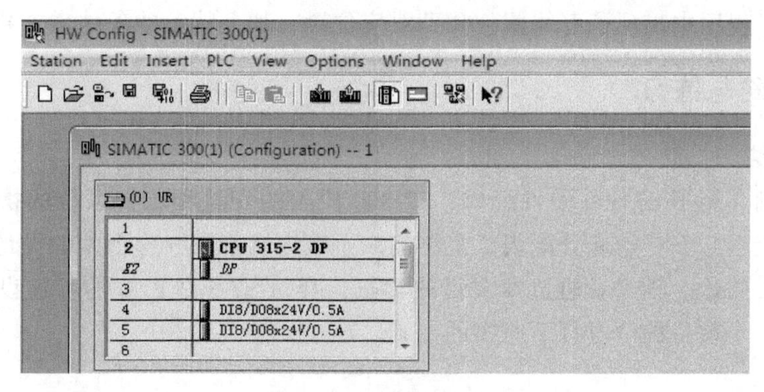

图 1-66 硬件组态界面

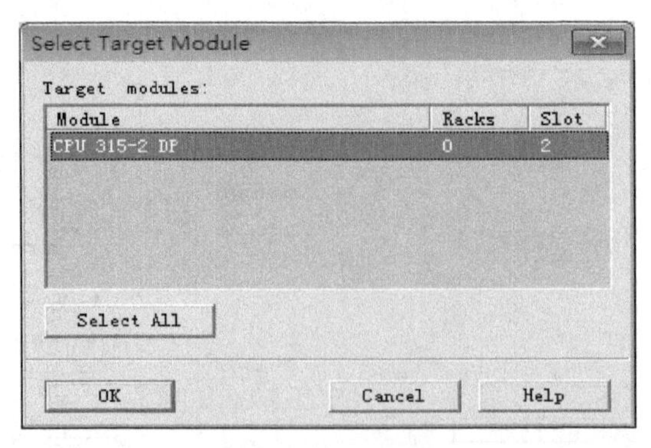

图 1-67 下载界面

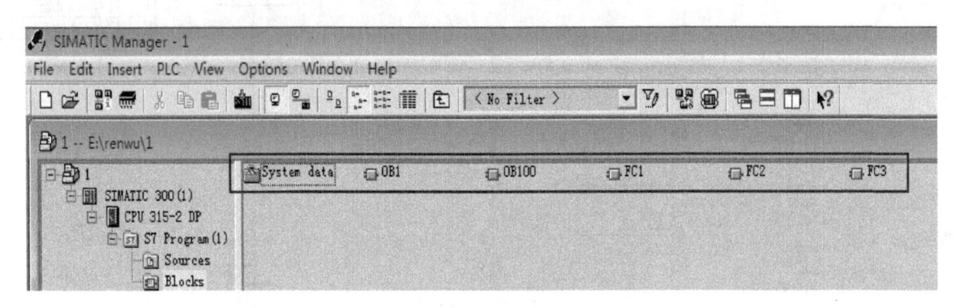

图 1-68 程序界面

3. 程序调试

在程序的调试过程中难免出现一些错误，所以程序的调试工作也是项目学习中的重要组成部分。程序的调试一定要用心。程序调试检验了学习者面对问题时的应变能力和知识掌握程度。下面是调试中遇到的一些典型问题及解决方法。

1）问题：在硬件组态下载的过程中，总是下载不进西门子 PLC 中。

解决方法：将西门子打到 STOP 状态，并修改西门子的地址位，由于本项目是第一站，一般将硬件的地址位定为 2。

2）问题：在程序下载完后，西门子打到 RUN 状态，按了复位按钮设备没反应。

解决方法：检查一下急停按钮是否按下，如果按下就将其拔起，并将上电按钮按下。

3）问题：按下复位按钮时，有些动作不到位。

解决方法：程序中出现了双线圈，找到对应位置，加上特定的条件来屏蔽双线圈问题。

3.5 项目总结与练习

1. 项目总结

本项目详细介绍了 S7-300 硬件组成、S7-300 机架的安装和软件系统的操作；分析了供料单元的动作流程与 I/O 地址分配表，最终完成了顺序功能图、梯形图的设计，并对程序调试中的要点做了阐述。学习者通过本项目的学习，会对 S7-300 PLC 的程序设计有一个全面的了解，为下一个项目的学习打下坚实的基础。

2. 练习

（1）FC 和 FB 的表述正确的是（　　）。

A. FC 具备自己的存储区，而 FB 不具备　　B. FC 和 FB 都具备自己的存储区
C. FC 不具备自己的存储区，而 FB 具备　　D. FC 和 FB 都不具备自己的存储区

(2) 当一台 PLC 需要 8 个以上的信号模块（包括 SM、FM、CP）时，应增加（　　）。
A. 扩展机架　　B. 接口模块　　C. 扩展模块　　D. 接口机架

(3) S7-300 PLC CPU 面板上安装 LED 灯，其中 SF（红色）亮，表示（　　）。
A. CPU 硬件故障或软件错误　　B. 通信接口硬件故障或软件故障
C. 接口模块硬件故障或软件故障　　D. 电源模块硬件故障

(4) SIMATIC 管理器用于管理（　　）。
A. 项目的组态　　B. 项目的编程
C. 网络的组态　　D. 项目的编程和组态

(5) 一台 S7-300 PLC 可由________、________、________、________、功能模块和通信处理器组成。

(6) STEP 7 标准软件包支持 3 种编程语言：________、________、________。

(7) 在 STEP7 软件中，结构化的用户程序是以“________”的形式存在的，主要有________、________、________、________、________。

(8) 如何设置 MPI 的地址？

(9) 简述 PLC 编程软件中的各个功能块的作用。

(10) 接口模块的作用是什么？PLC 如何实现扩展？最大扩展能力是多少？

学习情境 2

检测单元的装调与控制技术

项目 1　检测单元的认知

1.1　项目任务

1.1.1　任务描述

通过观察检测单元的运行，掌握 MPS 检测单元的运行操作方法，侧重气动知识、传感器知识学习及相应技能训练，完成气动系统与电气控制系统的分析。

1.1.2　教学目标

1. 知识目标

1）掌握电容式传感器、电感式传感器、漫反射式光电传感器工作原理及应用。

2）掌握气动系统中常用器件工作原理及应用。

3）掌握磁耦合式无杆气缸结构和工作原理。

4）掌握气动原理图的绘制与仿真。

5）掌握电气原理图的分析方法。

2. 素质目标

1）严谨、全面、高效、负责的职业素质。

2）良好的道德品质、协调沟通能力、团队合作及敬业精神。

3）勤于查阅资料、勤于思考、勇于探索的良好作风。

1.2　设备运行与自动生产线简介

1.2.1　设备技术参数

1）电源：DC24V，4.5A。

2）温度：-10～40℃；环境相对湿度：≤90%（25℃）。

3）气源工作压力：最小 4bar，典型值 6bar，最大 8bar。

4）I/O 模块：2 个 SM323，16 点数字量输入，16 点数字量输出；1 个 SM331，2 通道 12bit 输入。

5）安全保护措施：具有接地保护和漏电保护功能，安全性符合相关的国家标准。采用高绝缘的安全型插座及带绝缘护套的高强度安全型实验导线。

1.2.2 设备运行与观察

1. 起动与运行

1）检查电源电压和气源。

2）手动复位前，将后面各模块运动路径上的工件拿走。

3）进行复位。复位之前，RESET 指示灯亮，这时可以按下复位按钮。

4）起动。按下 START 按钮，可起动该系统。如图 2-1 所示，在左下侧识别模块处放置工件，传感器检测到工件，系统自动运行。如果工件合格，则升降模块带着工件上升到如图 2-2 所示位置；升降模块的推料缸活塞伸出，工件被推到右侧滑槽上，如图 2-3 所示；升降模块下降到图 2-1 原位，等待新的工件，如图 2-4 所示。可扫描二维码进行分析学习。

图 2-1 检测到工件升降模块上升

图 2-2 推出工件

检测单元 动画

检测单元 视频

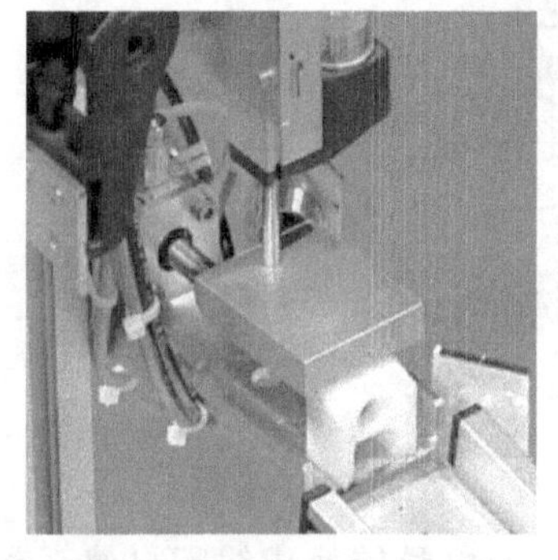

图 2-3 推工件到右侧滑槽

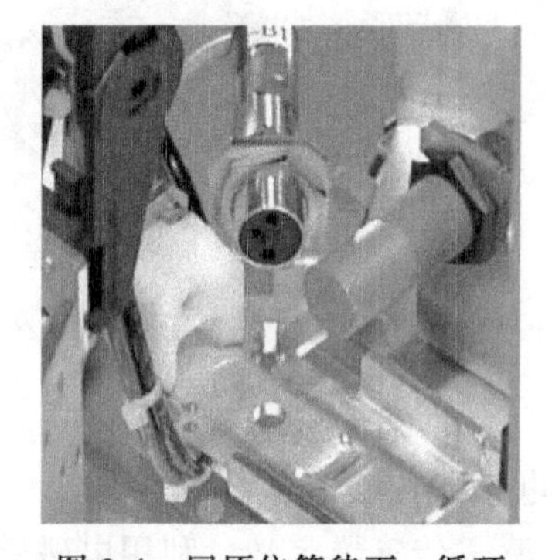

图 2-4 回原位等待下一循环

2. 注意事项

1）任何时候按下急停按钮或 STOP 按钮，都可以中断系统工作。

2）选择开关 AUTO/MAN 用钥匙控制，可以选择连续循环（AUTO）或单步循环（MAN）。

3）在多个工作站组合时，要对每个工作站进行复位。

3. 检测单元的功能

检测单元是 MPS 的第二个单元，用来确定工件的特性，主要任务有两个，即识别工件材料和检测工件的尺寸。对 MPS 而言，它是将供料单元提供的工件进行材料识别及尺寸的检测，并根据要求将满足条件的工件通过滑槽送到下一个工作单元，对于不符合要求的工件在本单元中剔除。

1.3 检测单元介绍

1.3.1 检测单元的组成

检测单元的组成如图 2-5 所示。主要组成部件包括：底车与面板、铝合金底板、位移传感器、升降模块、I/O 接线端口、位置指示器、走线槽、气源处理组件、滑槽模块、CPV 阀岛、消声器、识别模块等。

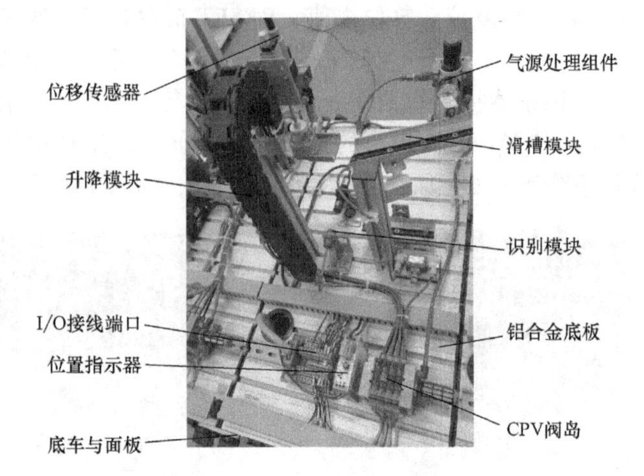

图 2-5 检测单元的组成

1. 识别模块

识别模块主要有三个传感器组成，即电感式传感器、电容式传感器、漫反射式光电传感器，用于识别工件的材质及颜色。通过三个传感器配合可以识别金属和非金属材质，可以将银白、黑和红色工件区分开来。如图 2-6 所示，当放置一个红色塑料工件时，电容式传感器和漫反射式光电传感器能检测并产生导通信号，而电感式传感器则不产生导通信号。

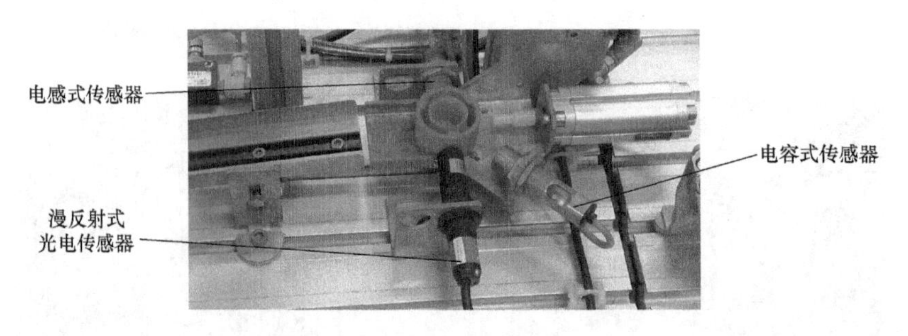

图 2-6 识别模块

(1) 电感式传感器

1) 电感式传感器定义。利用电磁感应原理将被测非电量转换成线圈自感系数 L 或互感系数 M 的变化，再由测量电路转换为电压、电流或频率的变化量输出，这种装置称为电感式传感器。电感式传感器原理如图 2-7 所示。

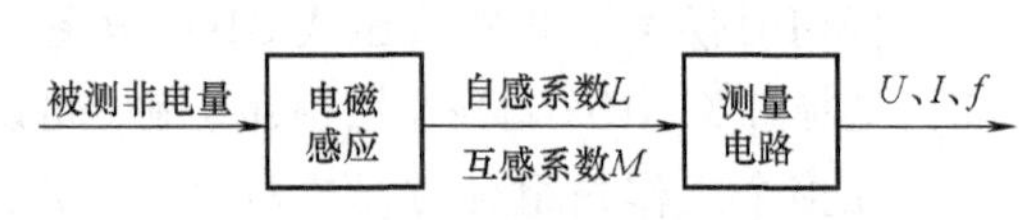

图 2-7 电感式传感器原理

电感式传感器可分为自感式传感器、差动变压式传感器和电涡流式传感器三种类型。

2) 电涡流式传感器的工作原理。根据法拉第电磁感应原理，块状金属导体置于变化的磁场中，导体内将产生呈涡旋状的感应电流，称之为电涡流或涡流，这种现象称为涡流效应。电涡流式传感器是利用电涡流效应，将位移、温度等非电量转换为阻抗的变化或电感的变化从而进行非电量测量的。目前生产的变间隙位移传感器的量程范围为 300~800mm。

如图 2-8 所示，将块状金属导体置于通有交变电流的传感器线圈磁场中。根据法拉第电磁感应原理和右手螺旋定则可知，由于电流 I_1 的变化，在线圈周围就产生一个交变磁场 H_1，当被测导体置于该磁场范围之内，被测导体内便产生电涡流 I_2，电涡流 I_2 也将产生一个新磁场 H_2，和原有磁场方向相反，抵消部分原磁场，从而导致线圈的电感量、阻抗和品质因数发生变化。

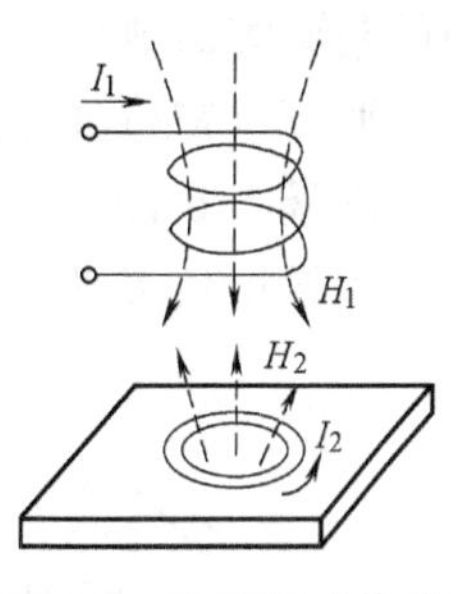

图 2-8 电涡流式传感器工作原理

3）电涡流式传感器的结构。电涡流式传感器结构比较简单，主要由一个安置在探头壳体的扁平圆形线圈构成，其结构如图 2-9 所示。

电涡流式传感器具有测量范围大、灵敏度高、结构简单、抗干扰能力强和可以非接触测量等优点。比较典型的应用有电磁炉和电涡流探雷器。

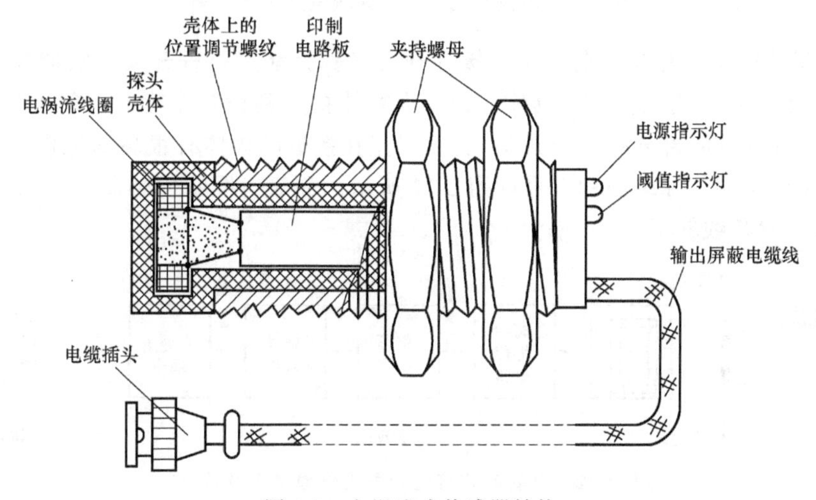

图 2-9 电涡流式传感器结构

4）电涡流式传感器的测量电路。利用电涡流式变换元件进行测量时，为了得到较强的电涡流效应，励磁线圈通常工作在较高频率下，所以信号转换电路主要有调幅电路和调频电路两种。

调幅（AM）电路如图 2-10 所示。

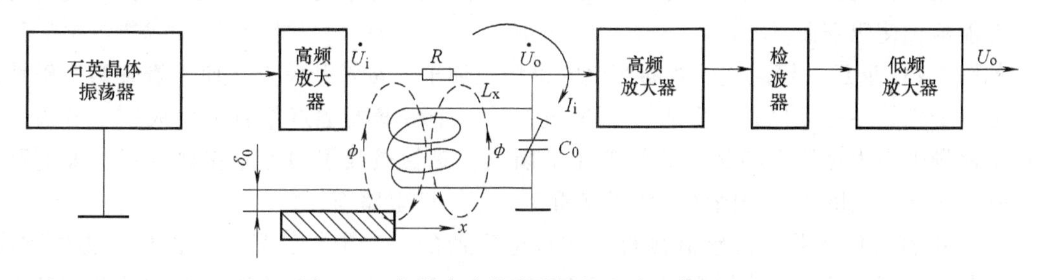

图 2-10 电涡流式传感器调幅电路工作原理

石英振荡器产生稳频、稳幅高频（100kHz～1MHz）振荡电压用于激励电涡流线圈。金属材料在高频磁场中产生电涡流，引起电涡流线圈端电压的衰减，再经高频放大、检波、低频放大电路，最终输出的直流电压 U_o 反映了金属体对电涡流线圈的影响（例如改变两者之间的距离等参数）。

调频（FM）电路如图 2-11 所示。当电涡流线圈与被测体的距离 x 改变时，电涡流线圈的电感量 L 也随之改变，引起 LC 振荡器的输出频率变化，此频率可直接用计算机测量。如果要用模拟仪表进行显示或记录时，必须使用鉴频器，将 Δf 转换为电压 ΔU。

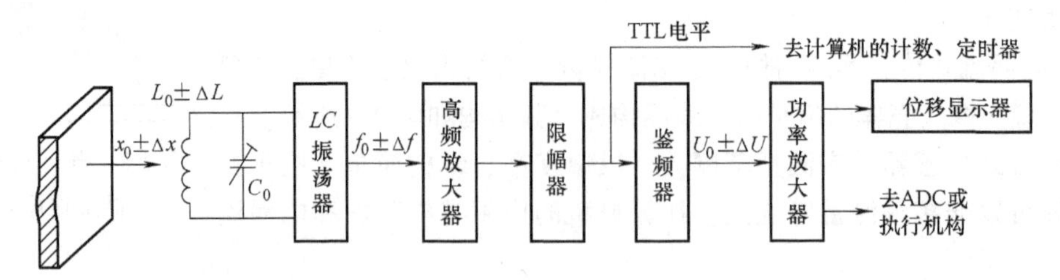

图 2-11　电涡流式传感器调频电路工作原理

（2）电涡流式接近开关　电涡流式接近开关又称无触点行程开关。它能在一定的距离（几毫米至几十毫米）内检测有无物体靠近。当物体接近到设定距离时，就可发出“动作”信号。接近开关的核心部分是“感辨头”，它对正在接近的物体有很高的感辨能力。这种接近开关只能检测金属。原理图和符号如图 2-12 所示，一般三线制传感器中，棕色线接 24V，蓝色线接 0V，黑色线输出。

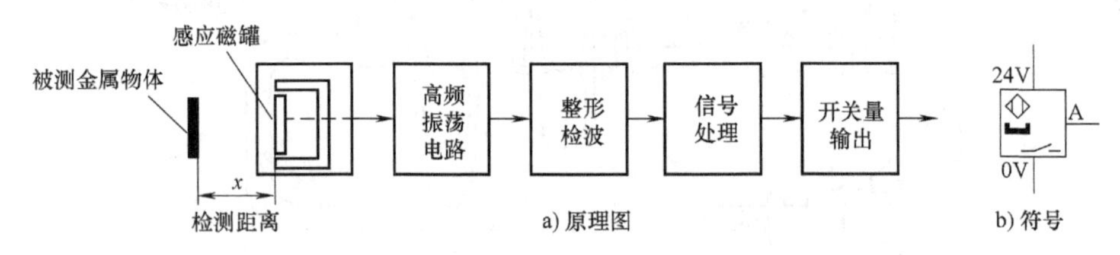

图 2-12　电涡流式接近开关工作原理图及符号

（3）磁感应式接近开关　磁感应式接近开关是一种舌簧管式接近开关（简称干簧管开关），是一种有触点的开关元件，具有结构简单、体积小、便于控制等优点。原理图如图 2-13 所示。

干簧管由一对由磁性材料制造的弹性磁簧组成，磁簧密封于充有惰性气体的玻璃管中，磁簧端面互叠，但留有一条细间隙。磁簧端面触点镀有一层贵重金属，使开关具有稳定的特性，并能延长使用寿命。

如图 2-13a 所示，恒磁铁或线圈产生的磁场施加于干簧管开关上，使干簧管两个磁簧磁化，使一个磁簧在触点位置上生成一个 N 极，另一个磁簧的触点位置上生成一个 S 极。若生成的磁场吸引力克服了磁簧的弹性产生的阻力，磁簧被吸引力作用接触导通，即电路闭合。一旦磁场力消除，磁簧因弹力作用又重新分开，即电路断开。

（4）电容式传感器　传感器测量头构成电容器的一个极板，另一个极板是物体本身，当物体移向接近开关时，物体和接近开关间的介电常数发生变化，使得和测量头相连的电路状态也随之发生变化。由此便可控制开关的接通和关断。接近开关的检测物体，并不限于金属导体，也可以是绝缘的液体或粉状物体。其原理图如图 2-14 所示。

当测试目标接近传感器表面时，它就进入了由这两个电极构成的电场，引起被测物体与感应电极之间的耦合电容增加，电路开始振荡。每一振荡的振幅均由一组数据分析电路测

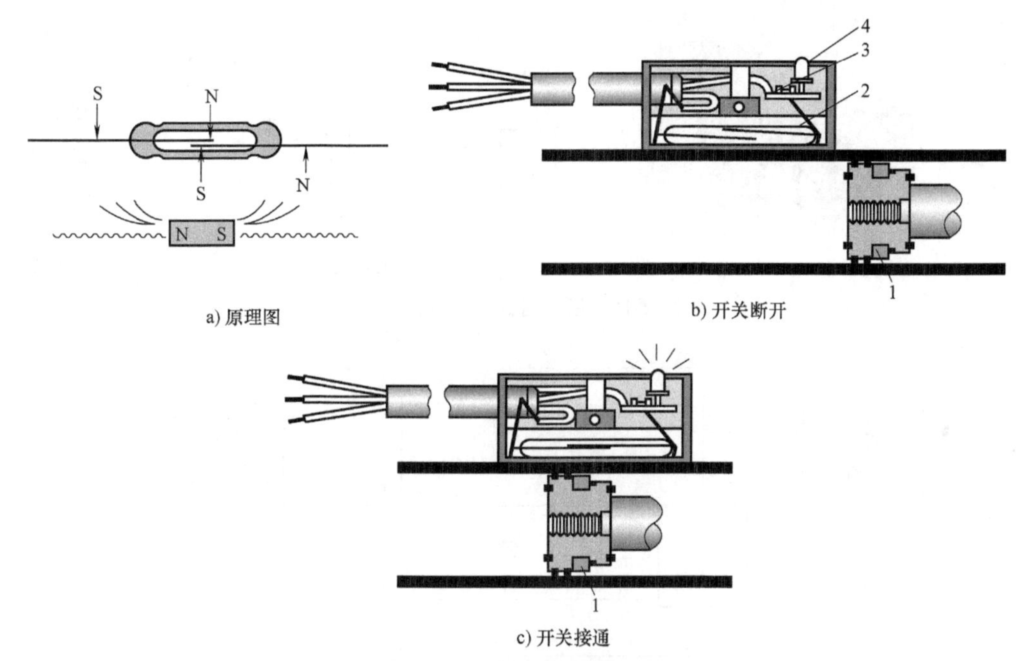

a) 原理图　b) 开关断开　c) 开关接通

图 2-13　磁性接近开关原理图

1—气缸活塞上的磁环　2—干簧管　3—处理电路　4—指示灯

得，并形成开关信号。

在此项目中，采用电容式接近开关检测物体有无，其外形和符号如图 2-15 所示。一般三线制传感器中，棕色线接 24V，蓝色线接 0V，黑色线输出。

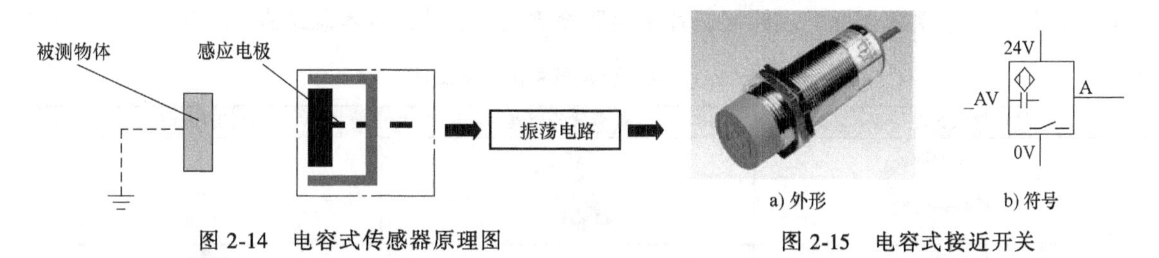

图 2-14　电容式传感器原理图

a) 外形　b) 符号

图 2-15　电容式接近开关

(5) 漫反射式光电接近开关　漫反射式光电接近开关是利用光照射到被测物体上后反射回来的光线而工作的，由于物体反射的光线为漫反射光，故该种传感器称为漫反射式光电接近开关。

漫反射式光电接近开关外形、工作原理及符号如图 2-16 所示。光敏二极管的 PN 结装在透明管壳的顶部，可以直接受到光的照射，在电路中处于反向偏置状态。在没有光照时，由于二极管反向偏置，所以反向电流很小。当有光照时，电子飘移越过 PN 结，产生电流。入射光的照度增强，光产生的电子—空穴数量也随之增加，光电流也随之增加，光电流与光照度成正比的。

漫反射式光电接近开关的光发射器与光接收器处于同一侧位置，且为一体化的结构，如图 2-17 所示。漫反射式光电接近开关一般检测工件的颜色，也可以检测工件的有无。

在工作时，光发射器始终发射检测光，当接近开关的前方一定距离内没有物体时，则没

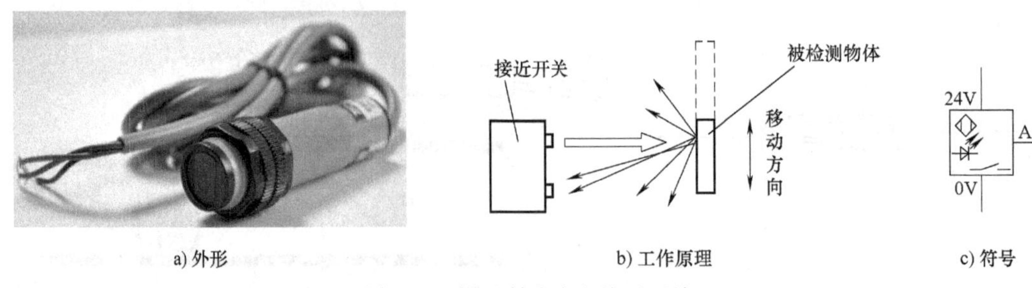

图 2-16　漫反射式光电接近开关

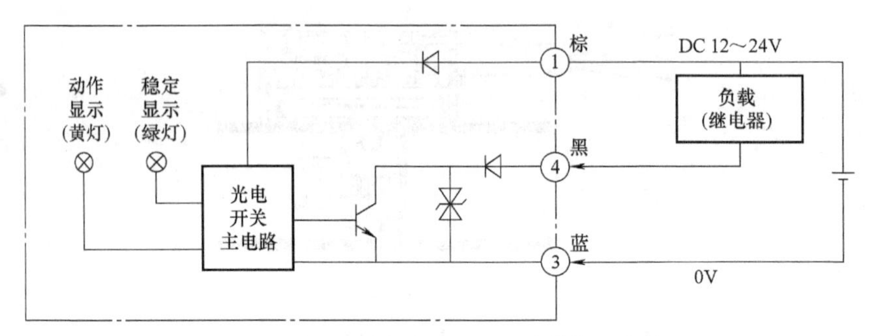

图 2-17　漫反射式光电接近开关结构及接线

有光被反射回来，接近开关就处于常态而不动作；如果在接近开关的前方一定距离内出现物体，只要反射回来的光的强度足够，则接收器接收到足够的漫反射光后就会使接近开关动作而改变输出的状态。

表 2-1 为用两种传感器识别塑料黑色工件、塑料红色工件和金属工件的技术总结，请分析原理及缺点。请根据此样表绘制三种传感器检测三种工件的技术总结表。

表 2-1　两种传感器检测三种工件

漫反射式光电传感器	电感式传感器	检测工件颜色

2. 升降模块

升降模块带有拖链。工件通过升降模块，从识别模块提升到测量模块。执行装置是一个无杆气缸和一个推料缸。气管和导线都装在黑色拖链中。气缸的运动极限位置通过磁感应式接近开关控制。升降模块如图 2-18 所示。

本模块采用的是一种磁性耦合的无活塞杆气缸，活塞通过磁力带动缸体外部的移动体做同步移动，如图 2-19 所示。它的工作原理是：在活塞上安装一组高强磁性的永久磁环，磁力线通过薄壁缸筒与套在外面的另一组磁环作用，由于两组磁环磁性相反，具有很强的吸

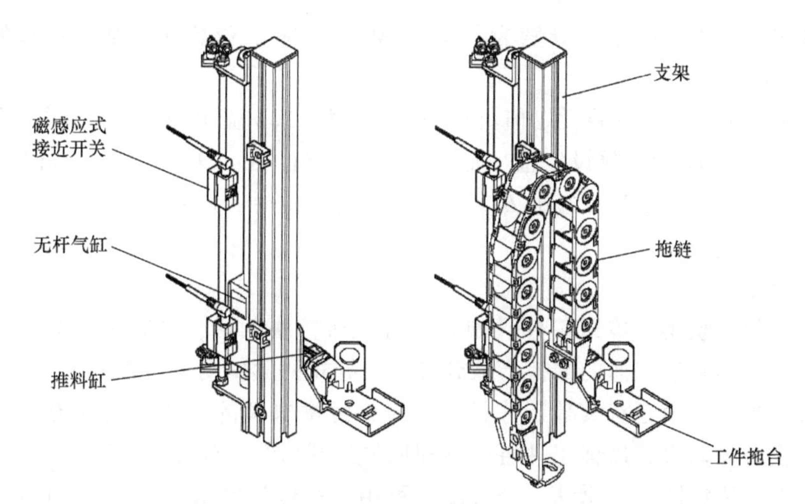

图 2-18 升降模块

力。当活塞在缸筒内被气压推动时，则在磁力作用下，带动缸筒外的磁环套一起移动。气缸活塞的推力必须与磁环的吸力相适应。

无杆气缸可分为机械耦合和磁耦合两种，与普通气缸相比，在同样行程下可缩小 1/2 安装装置，特别适合于小缸径长行程的场合。

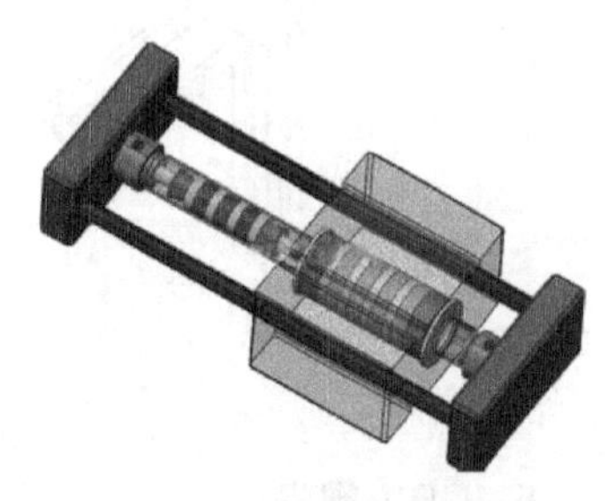

图 2-19 磁耦合式无杆气缸

3. 测量模块

测量模块的作用是测量工件的高度，由位移传感器和位置比较器构成，如图 2-20 所示。该模块还装有一个机械式的减震器来限制提升缸的极限位置。电阻式位移传感器的关键部分是一个带有电压分配功能的线性电位计。它将测量杆的位移量转变成电阻器阻值的变化，再经位置指示器转化为 0~10V 的直流电压信号输出，输出的电压值与杆的位移量成正比。位置比较器也把上述模拟量值转化为数字量（0 或 1）输出。

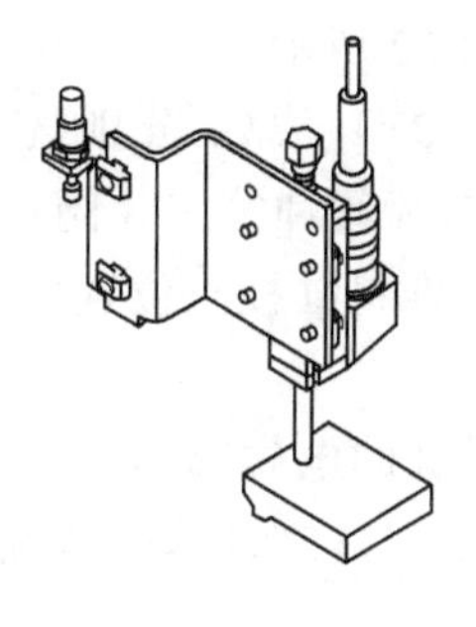

a) 位移传感器

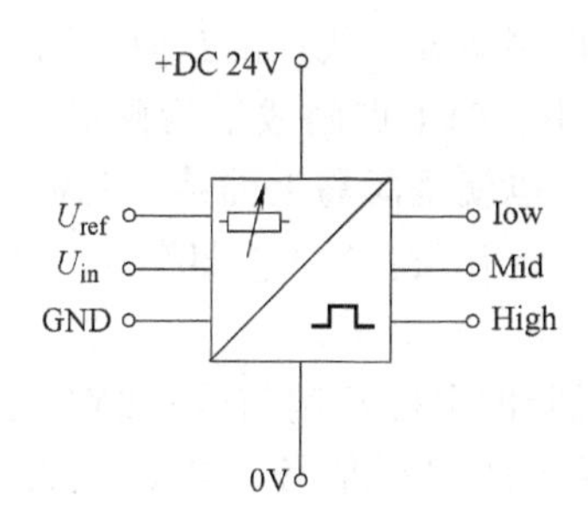

b) 位置比较器I/O接线端子原理图

c) 位置比较器外形

图 2-20 测量模块

图 2-20c 中的位置比较器的左端旋钮用来设定下限电压（Leve101），右端旋钮用来设定上限电压（Leve102）；前端一共有 5 个接线端子，从左至右功能依次为：接地 0V、接+DC24V、接参考电压 U_{ref}、接需要比较的模拟量电压 U_{in}、接地 GND。位置比较器后面的接

线端子为数字量输出，端子名分别为：Low、Mid、High。位置比较器 I/O 接线端子原理图如图 2-20b 所示。

当输入电压 U_{in} 低于下限设定值（Leve101）时，Low 输出为 1，对应指示灯亮，否则为 0；当输入电压 U_{in} 高于下限设定值、低于上限设定值（Leve102）时，Mid 输出为 1，对应指示灯亮，否则为 0；当输入电压 U_{in} 高于上限设定值时，High 输出为 1，对应指示灯亮，否则为 0。

4. 气动滑槽

气动滑槽的导轨用于传送工件。如果装有机械挡块的话，导轨上最多可以放置 5 个工件。导轨将工件和轨道表面的摩擦力减到最小。导轨的倾斜角度可以调节。

如果检测单元后面还有其他工作站，就要将滑槽末端的挡块掉转 180°。气动滑槽的高度和倾斜角度必须调整，保证工件可以顺利地传送到后续工作站上。

气动滑槽模块如图 2-21 所示。图 2-21a 可用于将检测单元作为独立工作站；图 2-21b 可用于将检测单元作为子工作站，图 2-21c 为普通滑槽模块。

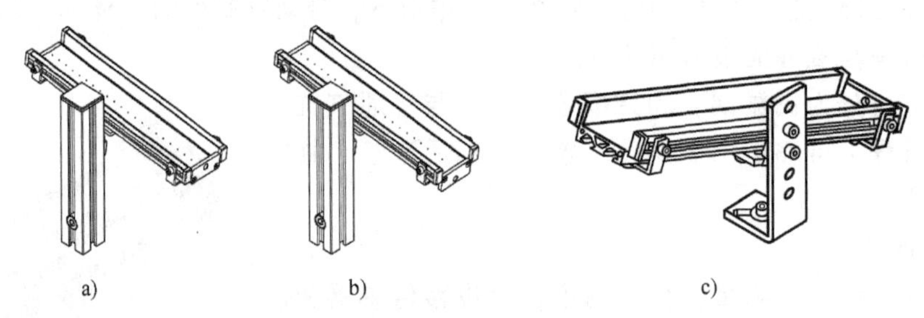

图 2-21　气动滑槽与普通滑槽模块

5. CPV 阀岛

本单元的 CPV 阀岛由 3 个电磁阀组成，其中一个为带手控开关的双侧电磁先导控制阀，其余 2 个均为带手控开关的单侧电磁先导控制阀。

1.3.2　检测单元气动回路分析

1. 气路构成

该工作单元的执行机构是气动控制系统，气动回路原理图如图 2-22 所示。

在检测单元的气动控制原理图中，0V1 点画线框为阀岛；1V1、2V1、3V1 分别被三个点画线框包围，为三个电磁换向阀，也就是阀岛上的第一片阀、第二片阀和第三片阀；1A1 为升降缸，1B1 和 1B2 为磁感应式接近开关；2A1 为推料缸，2B1 为推料缸极限位置的磁感应式接近开关；3A1 为气动滑槽。

1Y1、1Y2 为控制升降缸的电磁阀的电磁控制信号；2Y1 为推料缸的电磁阀的电磁控制信号；3Y1 为控制气动滑槽的电磁阀的控制信号；1V2、1V3、2V2、3V2 为单向节流阀；1V4、1V5 为带弹簧单向阀。

2. 动作分析

当 1Y1 失电、1Y2 失电时，1V1 左侧阀体的气控端 10 起作用，即左侧阀体的右位起作用，处于排气状态；1V1 右侧阀体的气控端 110 起作用，即右侧阀体的右位起作用，处于排气状态。所以，升降缸没有压缩空气进入，气缸静止。

当 1Y1 失电、1Y2 得电时，左侧阀体的右位起作用，处于排气状态；1V1 右侧阀体的左

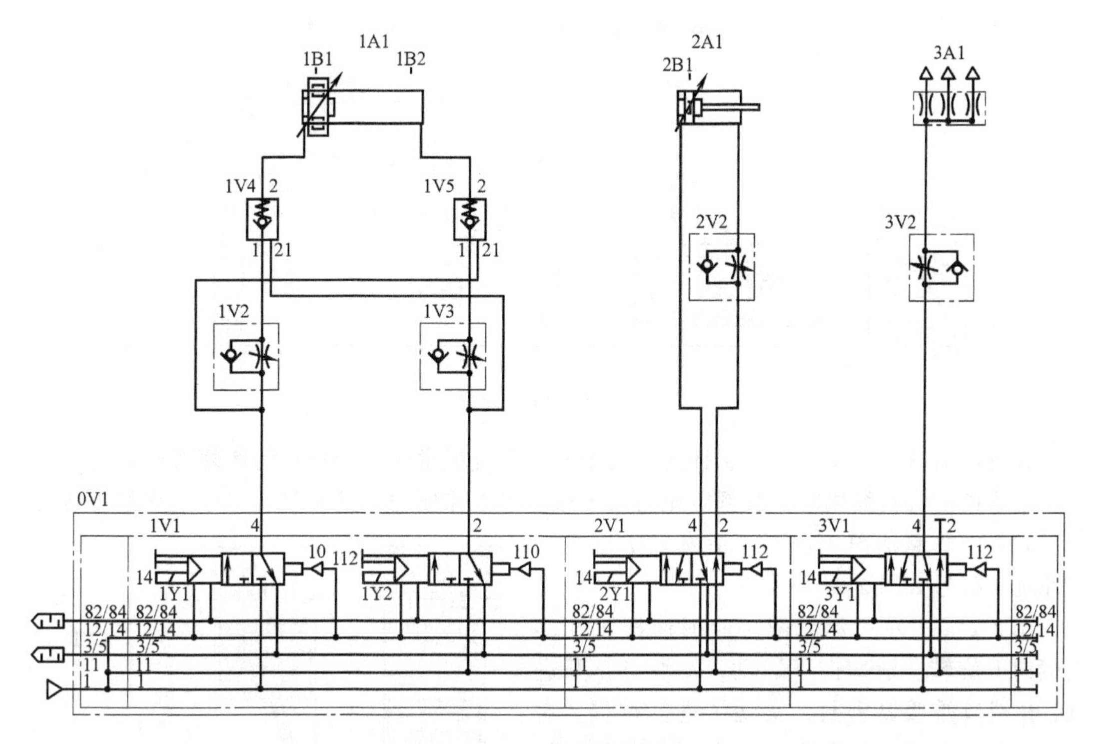

图 2-22 气动回路原理图

位起作用，压缩空气经过 1V1 右侧阀体的左位进入 1V3，进入 1V5 顶开弹簧，到达升降缸(同时进入 1V4，顶开弹簧，使 1V4 处于导通状态)，升降缸活塞左行，压缩空气从 1V4、1V2、1V1 左侧阀体的右位，到 11 口排出。同理当 1Y1 得电、1Y2 失电时，升降缸活塞右行。

当 2Y1 失电时，2V1 阀体的气控端 112 起作用，即阀体右位起作用，压缩空气经 2V1 阀体右位、2V2 到达 2A1 推料缸左侧，推料缸活塞杆向左缩回。空气经过 2V1 再到 3/5 端口排出。

当 2Y1 得电时，2V1 左阀体的左位起作用，压缩空气经由 2V1 阀体左位进入 2A1 推料缸左端，推料缸活塞杆向右伸出。空气经过 2V2、2V1 再到 11 端口排出，实现排气节流。

当 3Y1 失电时，3V1 阀体的气控端 112 起作用，即阀体右位起作用，压缩空气经阀体内气路 1 和 11 到达阀体 3V1 的右位截止，气动滑槽不供气。

当 3Y1 得电时，3V1 左阀体的左位起作用，压缩空气经由单向节流阀 3V2 的节流阀到达 3A1，气动滑槽供气。

1.3.3 气动系统设计拓展

1. 常用气动元件介绍

气压传动系统包含五个部分，即动力元件（气压发生装置）、执行元件、控制元件、辅助元件和工作介质（压缩空气）。下面对常用元件做一个简单的介绍。

(1) 动力及辅助元件 气源装置是用来产生具有足够压力和流量的压缩空气并将其净化、处理及储存的一套装置，如图 2-23 所示。

1）空气压缩机。功用：将机械能转变为气体压力能的装置，是起动系统的动力源。

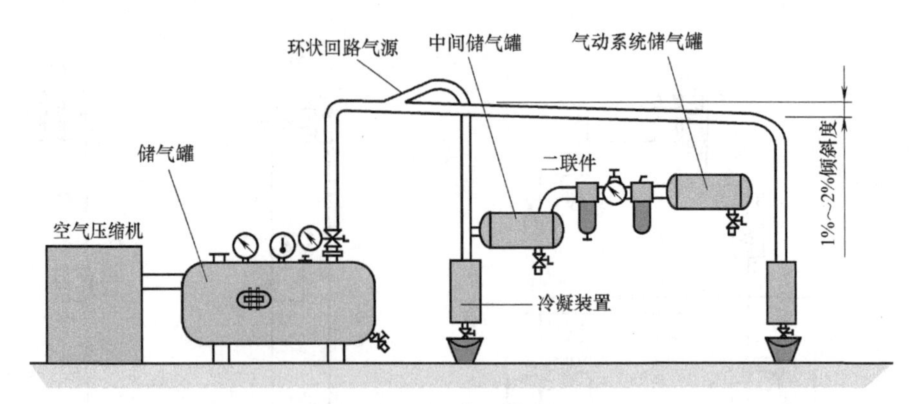

图 2-23　气源装置

分类：活塞式、膜片式、螺杆式，其中气压系统最常使用的机型为活塞式压缩机。

在选择空气压缩机时，其额定压力大于或等于工作压力，其流量应等于系统设备最大耗气量并考虑管路泄露等因素。活塞式空压机工作原理与符号如图 2-24 所示。

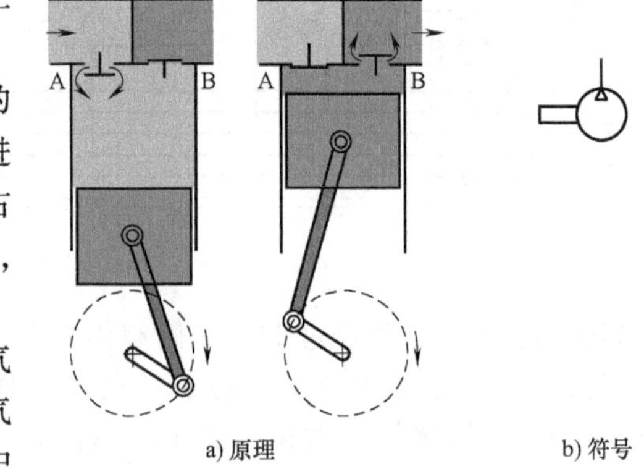

a) 原理　　b) 符号

图 2-24　空压机原理与符号

图 2-24a 中左边示意图，曲柄连杆机构的曲柄向下旋转，活塞向下运动，A 端口打开进气，B 端口被吸紧密封，实现了进气过程。右边示意图，活塞向上运动，A 端口被压紧密封，B 端口打开排气，实现了压缩空气排气过程。

2）储气罐。有非常大的作用，它能保证气流输出的连续性和气压稳定性；储存一定量气体，调节用气量，应急气源；分离压缩空气中的油水。储气罐外形和符号如图 2-25 所示。

3）气动三联件。它是空气过滤器、减压阀和油雾器的组合，如图 2-26a 为气动二联件，图 2-26b 为油雾器，图 2-26c 为气动三联件符号。

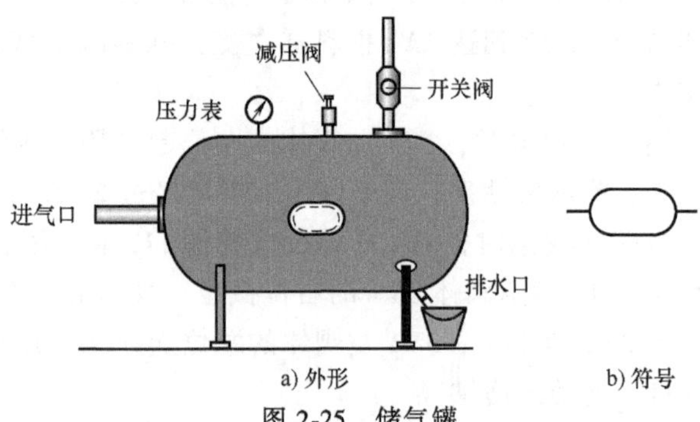

a) 外形　　b) 符号

图 2-25　储气罐

过滤器：滤除压缩空气的水分、油滴及杂质，以达到气动系统所要求的净化程度。空气过滤器主要根据系统所需要的流量，过滤精度和容许压力等参数来选取。

减压阀：是降低由空气压缩机来的压力，以满足每台气动设备的需要，并使这一部分压力保持稳定。按调节压力方式不同，减压阀有直动型和先导型两种。

油雾器：是气压系统中一种特殊的注油装置，其作用是把润滑油雾化后，经压缩空气携带进入系统中各润滑部位，满足润滑的需要。

需要加油润滑时就要三联件（增加油雾器），不需要加油就是二联件，有些电磁阀和气缸能够实现无油润滑（靠润滑脂实现润滑功能），便不需要使用油雾器，就用二联件。

安装：通常垂直安装在气动设备入口处，进出气孔不得装反，使用中注意定期放水，清洗或更换滤芯。

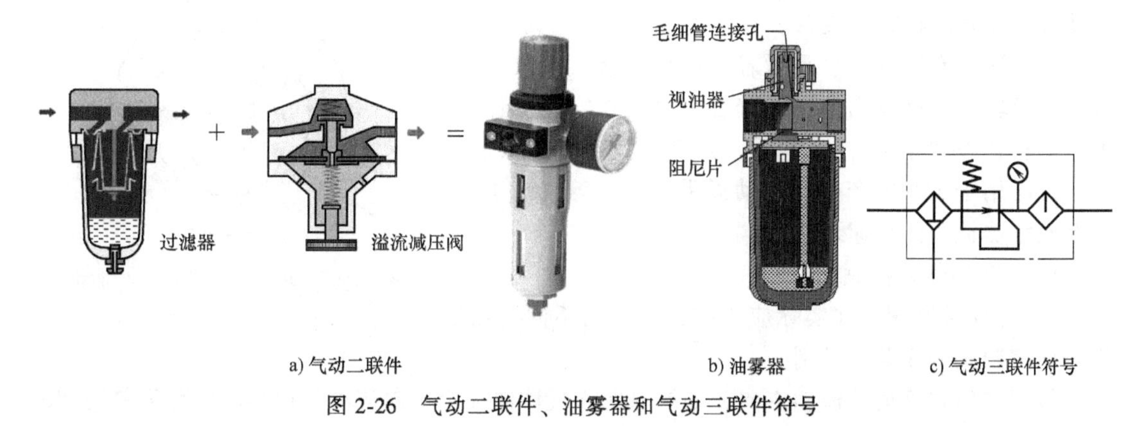

a) 气动二联件　b) 油雾器　c) 气动三联件符号

图 2-26　气动二联件、油雾器和气动三联件符号

（2）常用气动执行元件　气动系统常用的执行元件为气缸和气马达。气缸用于实现直线往复运动或摆动运动，输出力、直线或摆动位移；气马达用于实现连续回转运动，输出力矩和角位移。

1）双作用活塞杆气缸。压缩空气驱动活塞向两个方向运动，活塞的行程可根据实际需要选定。双向作用的力和速度不同。如图 2-27 所示为双作用普通气缸结构。其主要由 1 活塞杆、2 缸筒、3 活塞、4 前后端盖及密封件等组成。

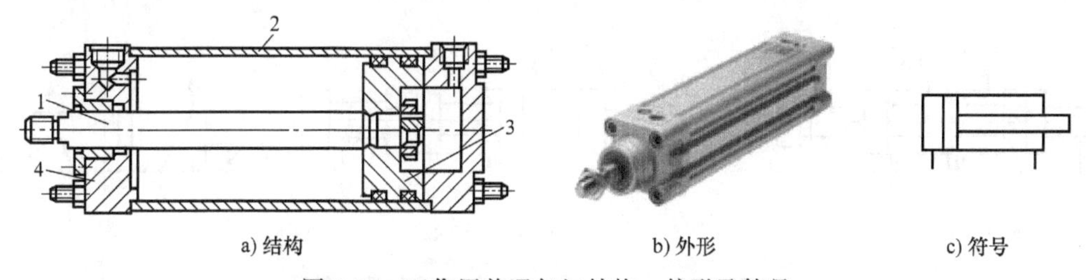

a) 结构　b) 外形　c) 符号

图 2-27　双作用普通气缸结构、外形及符号

2）摆动气缸。摆动气缸输出为转矩，可以实现有限角度的往复摆动运动。最常用的有叶片式摆动气缸和齿轮齿条摆动气缸，图 2-28a 为叶片式摆动气缸，当从 A 口进气时，压缩空气推动叶片 B，使摆动气缸输出转矩。图 2-28b 为齿轮齿条摆动气缸，利用齿轮齿条，将活塞输出的往复直线运动转换为往复摆动，属于特种气缸。

3）气马达。气马达用于实现旋转运动或摆动。其种类很多，这里只以叶片式气马达为例介绍一下工作原理，如图 2-29 所示。

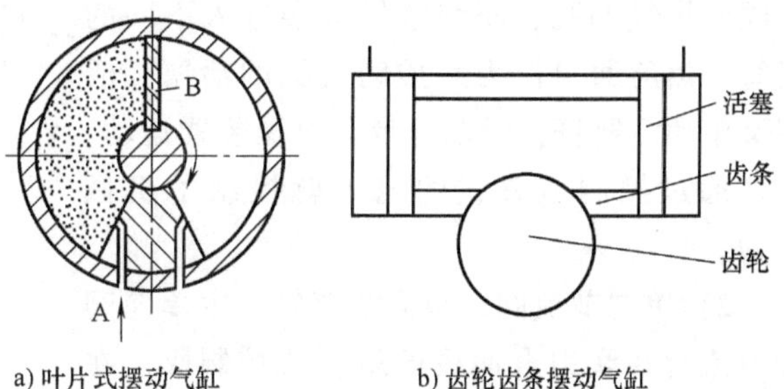

a) 叶片式摆动气缸　b) 齿轮齿条摆动气缸

图 2-28　摆动气缸

压缩空气由孔 A 输入时，分为两路：一路经定子两端盖内的槽进入叶片底部（图中未表示）将叶片推出，使其贴紧定子内表面；另一路则进入相应的密封腔，作用于悬伸的叶片上。由于转子与定子偏心放置，相邻两叶片伸出的长度不一样，就产生了转矩差，从而推

动转子按逆时针方向旋转。做功后的气体由孔 C 排出，剩余残气经孔 B 排出。若使压缩空气改由孔 B 输入，便可使转子按顺时针方向旋转。

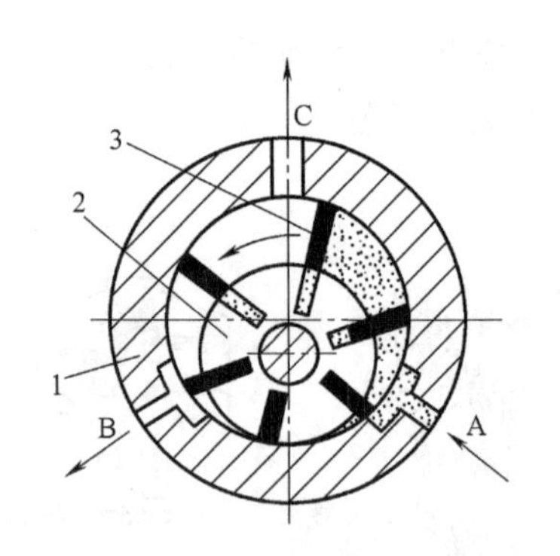

图 2-29　叶片式气马达工作原理
1—定子　2—转子　3—叶片

气马达具有尺寸小、重量轻、可正反转、无级调速、起动转矩较大、操作简单、维修容易、工作安全等优点，但它的输出功率较小、效率低、耗气量大、噪声大。气马达广泛用于工业生产中的风动扳手、风钻等气动工具，以及医疗器械中的高速牙钻等。

(3) 常用气动控制元件

1) 方向控制阀。在实际应用中，可根据不同的需要将方向控制阀分成若干类别。

按照气体在管道的流动方向，如果只允许气体向一个方向流动，这样的阀称为单向型控制阀，比如单向阀、梭阀等；可以改变气体流向的控制阀称为换向阀，比如常用的二位二通、二位三通、二位五通、三位五通阀等。

按照控制方式可分为电磁阀、机械阀、气控阀、人控阀。其中电磁阀又可以分为单电控阀和双电控阀两种；机械阀可分为球头阀和滚轮阀等多种；气控阀也可分为单气控和双气控阀；人控阀可以分为手动阀和脚踏阀两种。

气压传动中，电磁控制换向阀的应用较为普遍，图 2-30 为二位五通双控电磁换向阀的原理图。

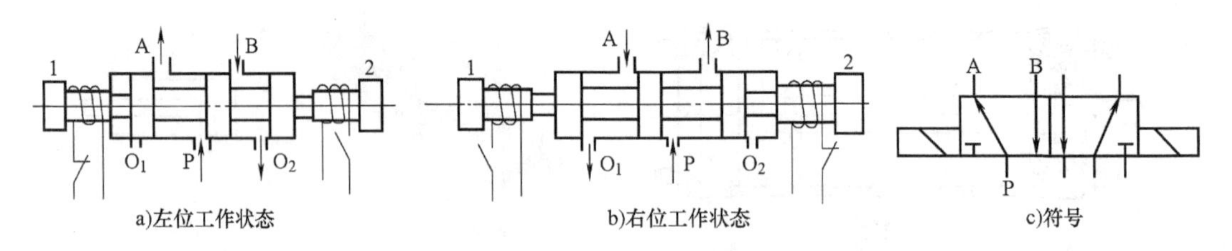

图 2-30　二位五通双控电磁换向阀原理及符号

电磁阀里有密闭的腔，在不同位置 A、B、O_1、O_2、P 处开有通孔，每个孔都通向不同的气路，腔中间是阀，两面是两块电磁铁，哪面的磁铁线圈通电，阀体就会被吸引到哪边，通过控制阀体的移动来挡住或漏出不同的排气的孔，压缩空气就会进入不同的气管，然后通过压力来推动气缸的活塞，活塞又带动活塞杆，活塞杆带动机械装置运动。这样通过控制电磁铁的电流就控制了机械运动。

2) 单向节流阀。单向节流阀是由单向阀和节流阀并联组合而成的组合式控制阀。在图 2-31a 中，当气流由 P 至 A 正向流动时，

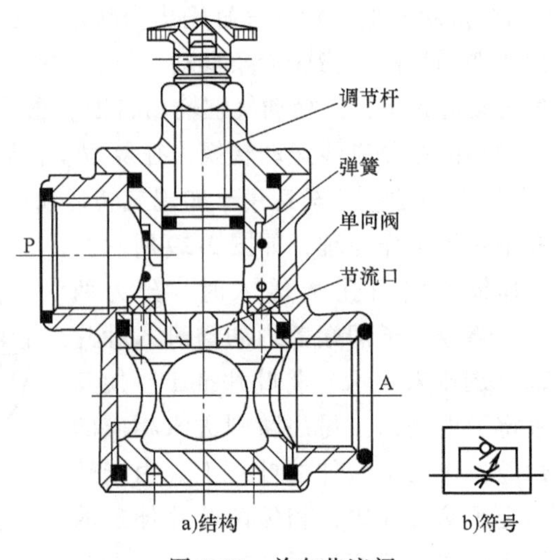

图 2-31　单向节流阀

单向阀在弹簧和气压作用下关闭，气流经节流阀节流后流出，而当由 A 至 P 反向流动时，单向阀打开，不起节流作用。图 2-31b 为其符号。

2. 气动系统设计

（1）气动系统设计规范

1）明确工作要求。

① 运动和操作力的要求，如主机的动作顺序、动作时间、运动速度及其可调范围、运动的平稳性、定位精度、操作力及联锁和自动化程序等。

② 工作环境条件，如温度、防尘、防爆、防腐蚀要求及工作场地的空间等情况必须调查清楚。

③ 和机、电、液控制相配合的情况，及对气动系统的要求。

2）设计气控回路。

① 列出气动执行元件的工作程序图。

② 写出逻辑函数表达式，画出逻辑原理图。

③ 画出气动回路原理图。

④ 为得到最佳的气控回路，设计时可根据逻辑原理图，做出几种方案进行比较，如对气控制、电气控制、逻辑元件等控制方案进行合理的选定。

3）选择、设计执行元件。其中包括确定气缸或气马达的类型、气缸的安装形式、气缸的具体结构尺寸（如缸径、活塞杆直径、缸壁厚）、行程长度、密封形式、耗气量等。设计中要优先考虑选用标准缸的参数。

（2）气动系统设计与仿真　FluidSIM 软件由德国 FESTO 公司和 Paderborn 大学联合开发，是专门用于液压与气压传动的软件。FluidSIM 软件将 CAD 功能和仿真功能紧密联系在一起。在绘图过程中，FluidSIM 软件将检查各元件之间连接是否可行，可对基于元件物理模型的回路图进行实际仿真，观察到各元件的物理量值，如气缸的运动速度、输出力、节流阀的开度、气路的压力等，从而正确地估计回路实际运行时的工作状态。这样就使回路图绘制和相应液压系统仿真相一致，从而能够在设计完回路后，验证设计的正确性，并演示回路动作过程。

1）新建回路图。单击新建按钮，或在“文件”菜单下，执行“新建”命令，新建空白绘图区域，以打开一个新窗口，如图 2-32 所示。

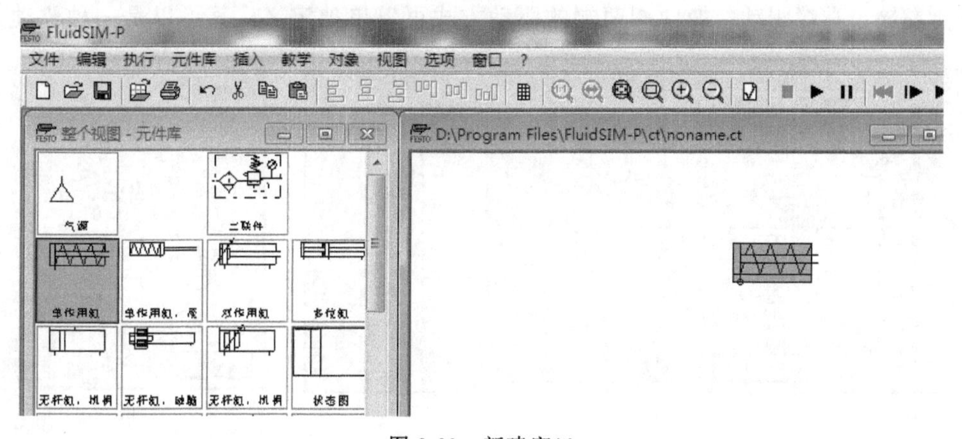

图 2-32　新建窗口

每个新建绘图区域都自动含有一个文件名，且可按该文件名进行保存。这个文件名显示在新窗口标题栏上。通过元件库右边的滚动条，用户可以浏览元件。

窗口左边显示出 FluidSIM 软件的整个元件库，其包括新建回路图所需的气动元件和电气元件。窗口顶部的菜单栏列出了仿真和创建回路图所需的功能，工具栏给出了常用快捷键功能。

使用鼠标，可以从元件库中将元件“拖动”和“放置”在绘图区域上。如图 2-32 所示，拖动气缸至右上角，再将第二只气缸拖至绘图区域上。选定第一只气缸，单击剪切按钮或在“编辑”菜单下，执行“删除”命令，或者按下<Del>键，可以删除第一只气缸。

2）参数设置。双击图 2-32 中气缸。出现如图 2-33 所示窗口，可以设置输出力、最大行程等。

单击“编辑标签…”，出现如图 2-34 所示对话框。可以设置标签，作为气缸上的行程开关等。例如图 2-34 中设置 A1 和 B1，相当于在气缸左端和右端分别设置了行程开关 A1 和 B1。

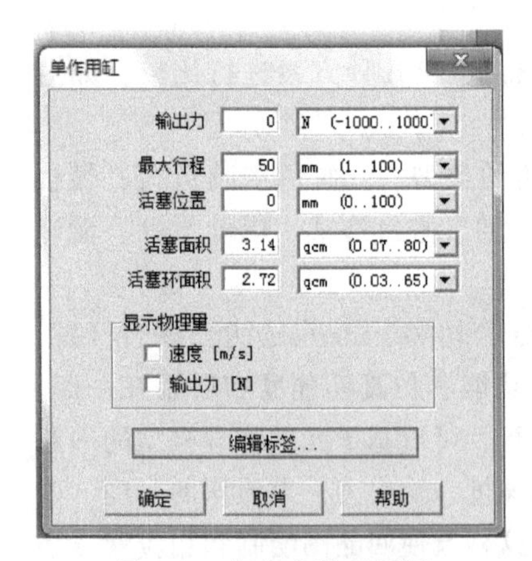

图 2-33　气缸参数对话框

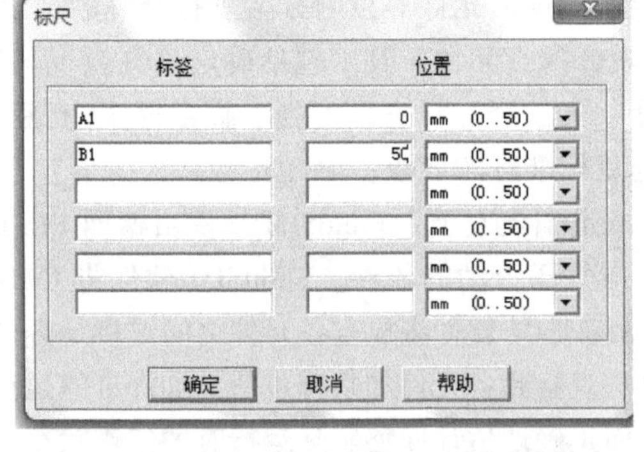

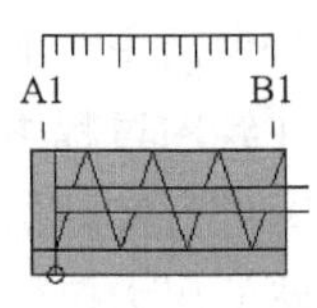

图 2-34　标签编辑

将 n 位三通换向阀和气源拖至绘图区域上。为确定换向阀驱动方式，双击换向阀，弹出如图 2-35a 所示控制阀的参数设置对话框。

1）左端、右端驱动。换向阀两端的驱动方式可以单独定义，其可以是一种驱动方式，

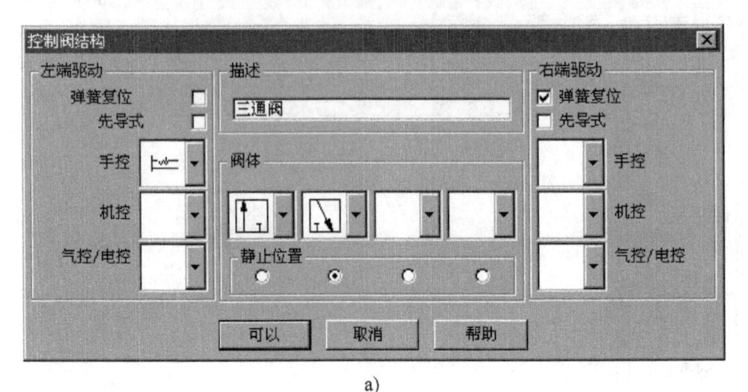

a)

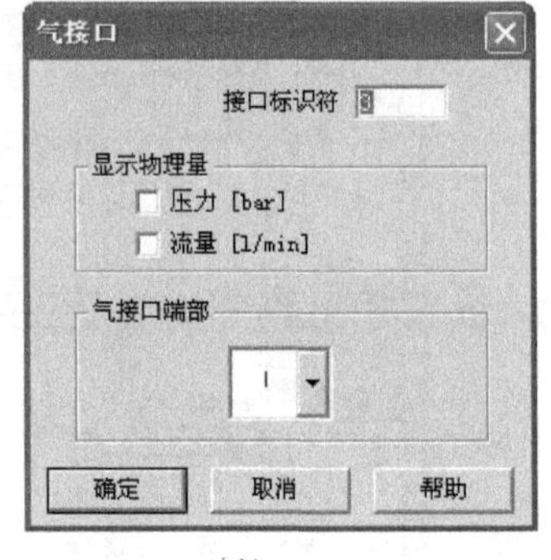

b)

图 2-35　元件参数对话框

也可以为多种驱动方式，如“手动”“机控”或“气控/电控”。单击驱动方式下拉菜单右边向下箭头可以设置驱动方式，若不希望选择驱动方式，则应直接从驱动方式下拉菜单中选择空白符号。不过，对于换向阀的每一端，都可以设置为“弹簧复位”或“气控复位”。

2）描述。这里键入换向阀名称，该名称用于状态图和元件列表中。

3）阀体。换向阀最多具有四个工作位置，对每个工作位置来说，都可以单独选择。单击阀体下拉菜单右边向下箭头并选择图形符号，就可以设置每个工作位置。若不希望选择工作位置，则应直接从阀体下拉菜单中选择空白符号。

4）静止位置。该按钮用于定义换向阀的静止位置（有时也称之为中位），静止位置是指换向阀不受任何驱动的工作位置。**注意：**只有当静止位置与弹簧复位设置相一致时，静止位置定义才有效。从左边下拉菜单中选择带锁定手控方式，换向阀右端选择“弹簧复位”，单击“确定”按钮，关闭对话框。

5）指定气接口3为排气口。双击三通换向阀的气接口“3”，弹出如图2-35b所示的“气接口”对话框，单击气接口端部下拉菜单右边向下箭头，选择一个图形符号，从而确定气接口形式。选择排气口符号（表示简单排气），关闭对话框。

（3）元件连接　在编辑模式下，当将鼠标指针移至气缸接口上时，其形状变为十字线圆点形式。当将鼠标指针移动到气缸接口上时，按下鼠标左键，并移动鼠标指针。在两个选定气接口之间，立即就显示出气管路，如图2-36所示为元件管路连接。

FluidSIM软件在两个选定的气接口之间自动绘制气管路。当在两个气接口之间不能绘制气管路时，鼠标指针形状变为禁止符号⊘。

将鼠标指针移至气管路上。在编辑模式下，当鼠标指针位于气管路之上时，其形状变为选定气管路符号╬。

按下鼠标左键，移动连接气路。在编辑模式下，可以选择或移动元件和管路。在“编辑”菜单下，执行“删除”命令，或按下<Del>键，可以删除元件和管路。

（4）气动回路的仿真　单击启动按钮▶或在“执行”菜单下，执行“启动”命令，或按下功能键<F9>，FluidSIM软件切换到仿真模式时，启动回路图仿真。当处于仿真模式时，鼠标指针形状变为手形。在仿真期间，FluidSIM软件首先计算所有的电气参数，接着建立气动回路模型。管路用颜色表示，且气缸活塞杆伸出，图2-37所示为系统仿真回路。

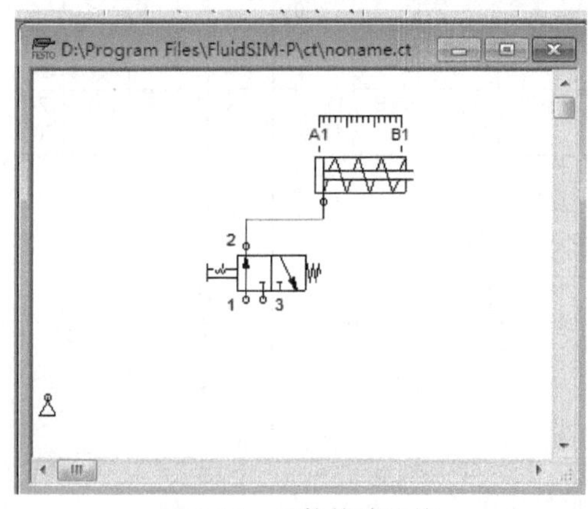

图2-36　元件管路连接

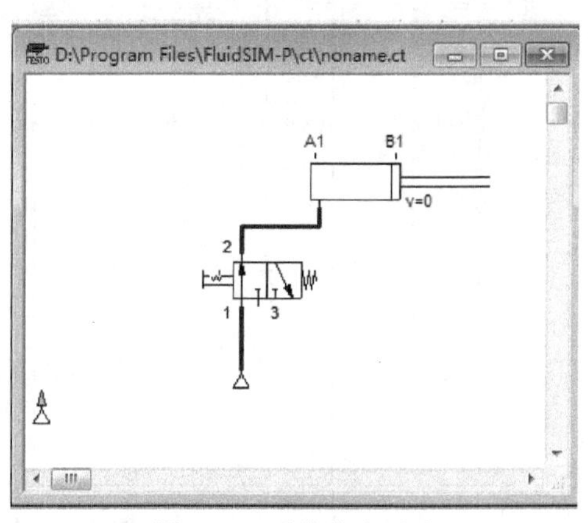

图2-37　系统仿真回路

电缆和气管路的颜色具有下列含义：暗蓝色代表气管路中有压力；淡蓝色代表气管路中无压力；淡红色代表电缆，有电流流动。

用户仿真另一个回路图时，可以不关闭当前回路图。FluidSIM 软件允许用户同时打开几个回路图，也就是说，FluidSIM 软件能够同时仿真几个回路图。

单击按钮■或者在“执行”菜单下，执行“停止”命令，可以将当前回路图由仿真模式切换到编辑模式。将回路图由仿真模式切换到编辑模式时，所有元件都将被置回“初始状态”。特别是，当将开关置成初始位置以及将换向阀切换到静止位置时，气缸活塞将回到上一个位置，且删除所有计算值。

1.3.4 检测单元电气控制电路分析

检测单元的动作及状态是由 PLC 控制的，与 PLC 的通信是由前面介绍的 I/O 端口实现的。I/O 端口与设备上的元件连接也就实现了 PLC 与设备上的元件连接。供料单元的电气元件布局图、测量模块位置比较器接线图及电气原理图如图 2-38、图 2-39、图 2-40、图 2-41 所示。

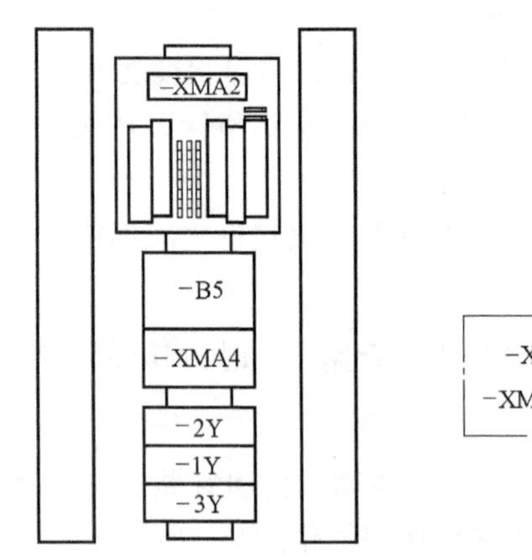

图 2-38 电气元件布局图

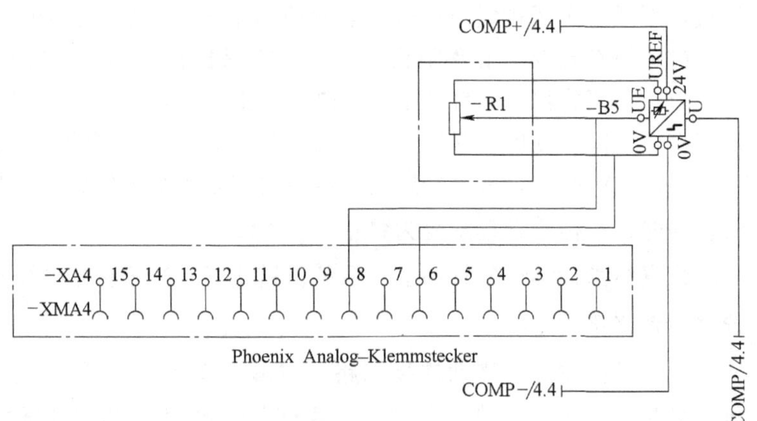

图 2-39 测量模块位置比较器接线图

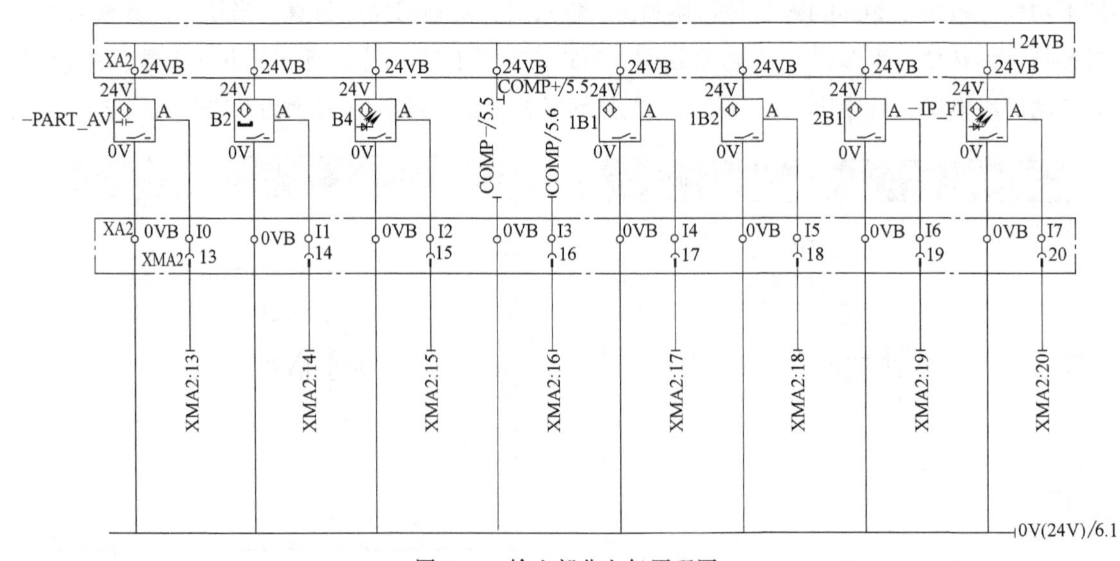

图 2-40 输入部分电气原理图

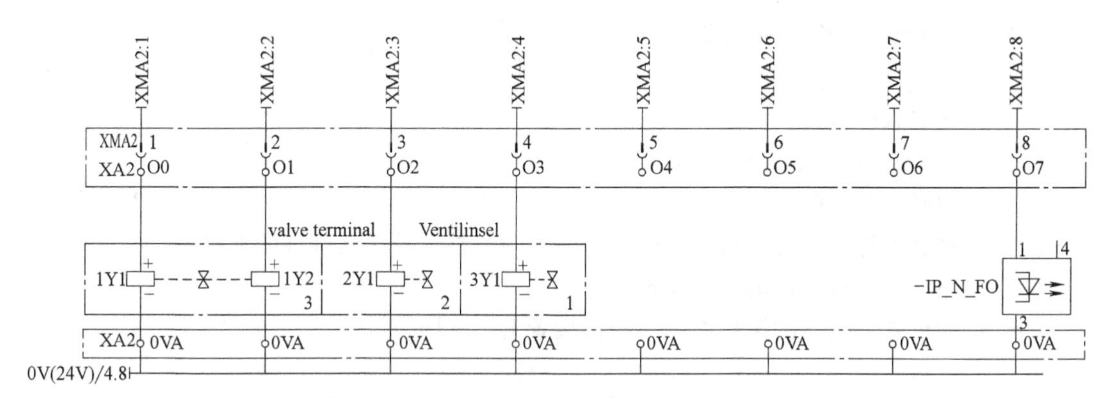

图 2-41 输出部分电气原理图

图 2-38 中，XMA2 为电缆插口，下面为 SysLink 接线端子及指示灯；左右矩形为走线槽；B5、XMA4 为位置比较器；1Y、2Y、3Y 为三片阀构成的阀岛。

图 2-39 为测量模块位置比较器接线图，具体可参照测量模块。

图 2-40 中，1B1 和 1B2 为检测升降气缸活塞位置的磁感应式接近开关，简称磁性开关。磁性开关采用 3 线制，0V 端为蓝色线，接 I/O 端口的三排一侧的 0V 端；24V 端为棕色线，接 I/O 端口的三排一侧的 24V 端；A 端为信号输出端，为黑色线，接 I/O 端口的三排一侧的 I 端，作为 PLC 输入信号；2B1 为检测推料缸活塞缩回位置的磁感应式接近开关；B2 为电感式传感器，用来检测工件是否为金属件；B4 为漫反射式光电传感器，用于检测工件的颜色，接线方法同 1B1；PART_AV 为电容式传感器，用来检测有没有工件放入工件托台；IP_FI 为光电传感器的接收端，和下一个单元的光电传感器的发射端相匹配，用于接收下一个单元有没有准备好的光电信号，并把信号作为本单元的一个输入信号。

图 2-41 中，1Y1、1Y2 为控制升降缸的电磁阀的电磁控制信号；2Y1 为控制推料缸的电磁阀的电磁控制信号；3Y1 为控制气动滑槽的电磁阀的控制信号。1Y1、1Y2、2Y1、3Y1 分别接 I/O 端口的两排一侧的 0V 端和 PLC 输出控制端 O 端。IP_N_FO 为光电传感器的发射端，和上一个单元的光电传感器的接收端相匹配，可以用于告诉上一个单元本单元已经准备好。

1.4 项目总结与练习

1. 项目总结

本项目完成了检测单元的分析，详细阐述了项目设备的功能、操作，及各个组成部分，分析了气动原理图与电气原理图，并重点讲解了常用的传感器原理及应用、磁耦合式无杆气缸原理及应用、测量模块的原理及应用、常用气动元件及系统设计与仿真等四个部分，为学生下一个项目的学习打下了基础。

2. 练习

(1) 漫反射式光电接近开关是利用光照射到__________后反射回来的光线而工作的，由于物体反射的光线为漫反射光，故该种传感器称为漫反射式光电接近开关。

(2) 气压传动系统由五个部分组成，包括：__________、__________、__________、__________、__________。

(3) MPS 检测单元组成主要包括：________、________、________、________、________、________、________等。

(4) 气动三联件包括：________、________、________。

(5) 请用 FluidSIM 软件自行设计检测单元的气动原理图并进行仿真。

(6) 绘制磁性开关的符号图并简述原理。

(7) 磁耦合无杆气缸是如何工作的？如何实现气缸内外运动部件的连接？

(8) 简述电感式传感器的工作原理。

(9) 说明位置比较器的工作原理，如何设置上、下限值？

项目 2　检测单元的硬件安装与调试

2.1　项目任务

2.1.1　任务描述

根据检测单元的气动与电气原理图，制订装调计划，掌握常用装调工具和仪器的使用。掌握安装调试规范、安全规范。小组协作完成检测单元的硬件安装与调试，并下载测试程序，完成功能测试。

2.1.2　教学目标

1. 知识目标

1) 掌握自动生产单元安装调试技术标准。

2) 掌握设备安装调试安全规范。

2. 技能目标

1) 能够正确识图。

2) 能够制订设备装调工作计划。

3) 能够正确使用常用的机械装调工具。

4) 能够正确使用常用的电工工具、仪器。

5) 会正确使用机械、电气安装工艺规范和相应的国家标准。

6) 能够编写安装调试报告。

3. 素质目标

1) 经济、安全、环保的职业素质。

2) 协调沟通能力、团队合作及敬业精神。

3) 查阅资料、勤于思考、勇于探索的良好作风。

4) 善于自学、善于归纳分析的能力。

2.2　硬件安装与调试

2.2.1　安装调试工作计划

设备在安装调试前，应该对一般机电设备的安装调试程序做深入了解。通常，设备安装调试程序包括以下几个步骤。

(1) 开箱验收

新设备到货后，由设备管理部门，会同购置单位、使用单位（或接收单位）进行开箱验收，检查设备在运输过程中有无损坏、丢失，附件、随机备件、专用工具、技术资料等是否与合同、装箱单相符，并填写设备开箱验收单，存入设备档案，若有缺损及不合格现象应立即向有关单位交涉处理，索取或索赔。

(2) 设备安装施工

按照工艺技术部门绘制的设备工艺平面布置图、安装施工图、基础图、设备轮廓尺寸以及相互间距等要求划线定位，组织基础施工及设备搬运工就位。

安装前要进行技术交底，组织施工人员认真学习设备的有关技术资料，了解设备性能及安全要求和施工中应注意的事项。

安装过程中，对基础的制作，装配连接、电气线路等项目的施工，要严格按照施工规范执行。安装工序中如果有恒温、防振、防尘、防潮、防火等特殊要求时，应采取措施，条件具备后方能进行该项工程的施工。

(3) 设备试运转

设备试运转一般可分为空转试验、负荷试验、精度试验三种。

(4) 设备试运行后的工作

首先断开设备的总电路和动力源，然后做好设备检查、记录工作，包括：

1）做好磨合后部件的调试，使设备进入最佳使用状态。

2）整理设备精度的检查记录和其他性能的试验记录。

3）整理设备试运转中的情况（包括故障排除）记录。

4）对于无法调整和消除的问题，分析原因，从设备设计、制造、运输、保管、安装等方面进行归纳。

5）对设备试运转给出评定结论，处理意见，办理移交生产的手续，并注明参加试运转的人员和日期。

(5) 设备安装工程的验收与移交使用

1）设备基础的施工验收由修建部门质量检查员会同土建施工员进行验收，填写施工验收单。基础的施工质量必须符合基础图和技术要求。

2）设备安装工程的最后验收，在设备调试合格后进行。由设备管理部门和工艺技术部门会同其他部门，在安装、检查、安全、使用等各方面有关人员共同参加下进行验收，做出鉴定，填写安装施工质量、精度检验、安全性能、试车运转记录等凭证和验收移交单，设备管理部门和使用部门签字方可竣工。

3）设备验收合格后办理移交手续。设备开箱验收单（或设备安装移交验收单）、设备运转试验记录单由参加验收的各方人员签字后，随设备带来的技术文件，由设备管理部门纳入设备档案管理；随设备的配件、备品，应填写备件入库单，送交设备仓库入库保管。安全管理部门应就安装试验中的安全问题进行建档。

4）设备移交完毕后，由设备管理部门签署设备投产通知书，并将副本分别交设备管理部门、使用单位、财务部门、生产管理部门，作为存档、设备启用、固定资产管理凭证、考核工程计划的依据。

以上是一般机电设备安装调试的程序，本课程设备安装调试可以省掉开箱验收、安装施工、设备安装工程的移交使用等步骤。但需要确定工作组织方式、划分工作阶段、分配工作任务、制定安装调试工艺流程、设备试运转、设备试运转后工作和设备安装工程的验收等步骤。

所以，安装调试工作计划一般进行如下规划，具体如流程图 2-42 所示。

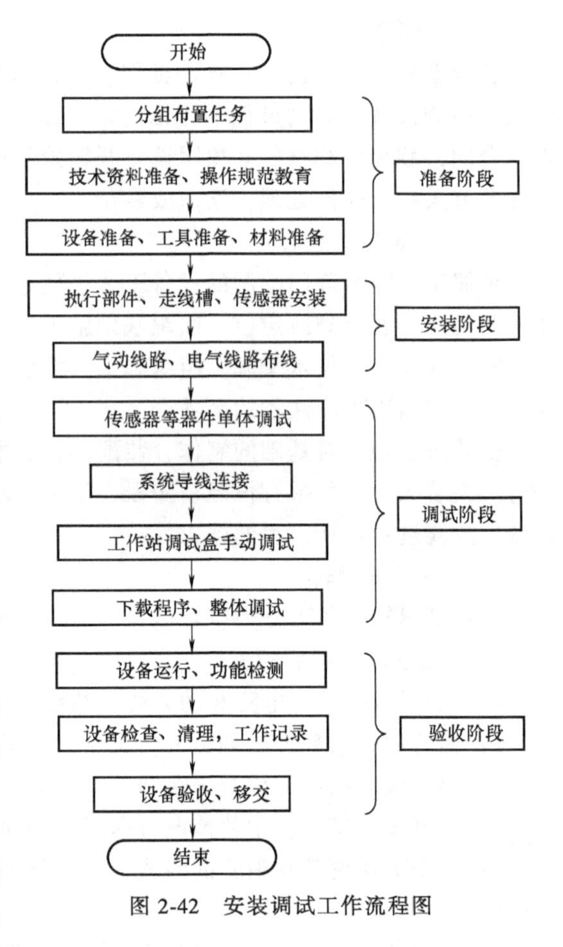

图 2-42　安装调试工作流程图

2.2.2　安装调试设备及工具介绍

1. 工具

安装所需工具包括：电工钳、圆嘴钳、斜口钳、剥线钳、压接钳、一字螺钉旋具、十字螺钉旋具（3.5mm）、电工刀、管子扳手（9mm×10mm）、套筒扳手（6mm×7mm，12mm×13mm，22mm×24mm）、内六角扳手（5mm）各 1 把，数字万用表 1 块。

2. 材料

导线 BV-0.75mm^2、BV-1.5mm^2、BVR 型多股铜芯软线各若干米，尼龙扎带、带垫圈螺栓各若干。

3. 设备

MPS 检测单元、按钮 5 个、开关电源 1 个、I/O 接线端口 1 个、升降缸 1 个、推料缸 1 个、位置比较器 1 个、线性位移量传感器 1 个、电容传感器 1 个、漫反射式光电传感器 1 个、磁感应式接近开关 2 个、气动滑槽 1 个、CPV 阀岛 1 个、消声器 1 个、气源处理组件 1 个、走线槽若干、铝合金板 1 块等。

4. 技术资料

检测单元气动原理图、电气原理图，工件材料清单，相关组件的技术资料，安装调试的相关作业指导书，项目实施工作计划。

具体工件、材料介绍见学习情境 1。

2.2.3　安装调试安全要求

要正确操作，确保人身安全，确保设备安全。具体见学习情境 1。

2.2.4　安装调试过程

1. 调试准备

1）读气动与电气原理图，明确线路连接关系。

2）选定技术资料要求的工具与元器件。

3）确保安装平台及元器件洁净。

2. 零部件安装

要从图 2-43 所示的铝合金底板开始安装，安装导轨，安装走线槽组件，安装电气 I/O、阀岛、气动二联件等组件，调整线夹位置，安装传感器、升降组件等，安装滑槽、拖链等，到最终完成图如图 2-44 所示，共经过 8 个步骤。模拟动画可扫描二维码进行分析学习。

2-02 检测单元机械零部件安装

3. 回路连接与接线

根据气动原理图与电气控制原理图进行回路连接与接线。

4. 系统连接

包括以下几个步骤：

1）PLC 控制板与铝合金工作平台连接。

2）PLC 控制板与控制面板连接。

3）PLC 控制板与电源连接，4mm 的安全插头插入电源插座中。

4）PLC 控制板与计算机连接。

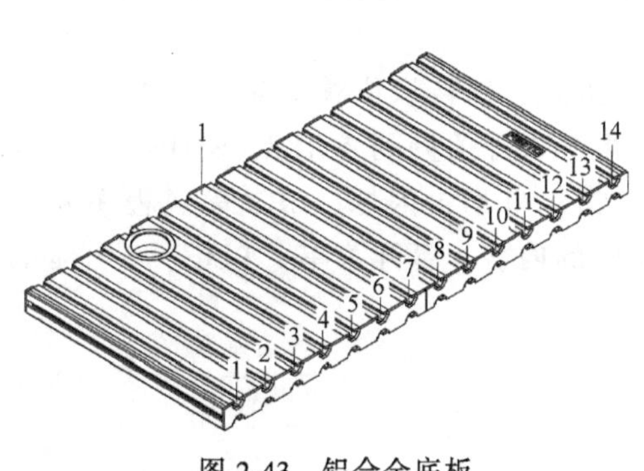

图 2-43 铝合金底板

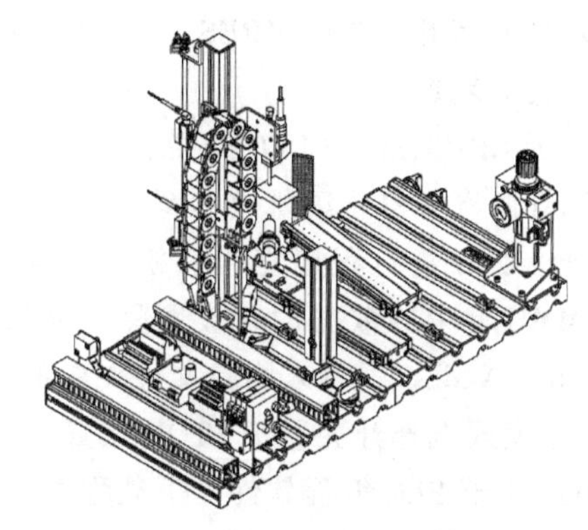

图 2-44 检测单元完成图

5）电源连接。

6）气动系统连接。

每个步骤的具体方法可参照“学习情境 1”中的“项目 2 供料单元的硬件安装与调试”中的“2.2.4 安装调试过程”中的系统连接。

5. 传感器、节流阀及阀岛等器件的调试

1）本项目传感器的调试包括：电感式传感器、电容式传感器、漫反射式光电传感器、磁感应式接近开关、位移传感器和位置比较器等的调试。

2）本项目的气动回路中有 4 个单向节流阀和 2 个气控单向阀，主要是调试单向节流阀的流量和气控单向阀的灵敏度。

3）本单元的 CPV 阀岛由 3 个电磁阀组成，其中 1 个为带手控开关的双侧电磁先导控制阀，其余 2 个均为带手控开关的单侧电磁先导控制阀。调试时，主要是手动调节测试阀岛中的 3 个电磁阀是否能控制气缸按照要求动作。

具体的器件调试方法可参照“学习情境 1”的“项目 2 供料单元的硬件安装与调试”中的“2.2.4 安装调试过程”中的传感器等检查器件的调试。

6. 整体调试

（1）外观检查 在进行调试前，必须进行外观检查！在开始起动系统前，必须检查：电气连接、气源、机械元件（是否损坏，是否连接牢固）。在起动系统前，要保证工作站没有任何损坏！

(2) 设备准备情况检查　已经准备好的设备应该包括：装调好的检测单元工作平台、连接好的控制面板、PLC 控制板、电源、装有 PLC 编程软件的计算机，连接好的气源等。

(3) 下载程序　设备所用控制器一般为：S7-315-2DP 或 S7-313c-2DP；设备所用编程软件一般为：Siemens STEP7 Version 5.1 或更高版本。具体步骤如下。

1) 接通电源。

2) 打开气源。

3) 松开急停按钮。

4) 将所有 PLC 内存程序复位。

对于 CPU31x 的 PLC 来说，系统上电后等待，直到 PLC 完成自检。将选择开关调到 MRES，保持该位置不动，直到 STOP LED 闪烁后不变。松开开关使其位于 STOP 位置，这时必须马上将开关调回 MRES，STOP LED 开始快速闪烁。松开选择开关，STOP LED 不再闪烁时，完成复位。

对于 CPU31xC 的 PLC 来说，将选择开关调到 MRES，保持该位置不动，直到 STOP 指示灯闪烁两次并停止闪烁（大约 3s）。松开开关，再次将开关调到 MRES，STOP 指示灯快速闪烁，CPU 进行程序复位。松开开关。当 STOP 指示灯不再闪烁，CPU 完成程序复位。这时 MMC 卡中的数据没有被删除。如果想删除卡中的内容，打开菜单“PLC”/“Display Accessible Nodes”，可以删除文件夹中的所有文件。

5) 模式选择开关置于 STOP 位置。

6) 打开 PLC 编程软件，下载程序。

(4) 试运行

1) 将 1 个工件放入识别模块中。工件的开口向上放置。

2) 检查电源电压和气源。

3) 手动复位前，将各模块运动路径上的工件拿走。

4) 进行复位。复位之前，RESET 指示灯亮，这时可以按下按钮。

5) 起动检测单元。按下 START 按钮，START 指示灯灭，即可起动该系统。

注意：

1) 任何时候按下急停按钮或 STOP 按钮，都可以中断系统工作。

2) 选择开关 AUTO/MAN 用钥匙控制，可以选择连续循环（AUTO）或单步循环(MAN)。

3) 在多个工作站组合时，要对每个工作站进行复位。

4) 如果在测试过程中出现问题，系统不能正常运行，则根据相应的信号显示和程序运行情况，查找原因，排除故障，重新测试系统功能。

5) 检查并清理工作现场，确认工作现场无遗留的元器件、工具和材料等。

完整的安装调试的步骤与学习情境 1 基本相同，具体可参照配套资源中的相关资料进行学习。

2.3　项目总结与练习

1. 项目总结

本项目完成了检测单元的安装与调试。训练使用了机电设备安装常用的工具与材料，复习了机电设备安装规范、机电设备安装调试安全要求，完成了设备的机械、气动、电气等零部件安装调试的全过程。

2. 练习

(1) 简述 MPS 检测单元拆装过程中常用的工具。

(2) 简述 MPS 检测单元拆装过程中常用的材料。

(3) 简述一般机电设备的安装调试程序包括哪几个步骤。

(4) 说明检测单元安装调试工作项目实施的四个阶段，并具体解释。

(5) 介绍 MPS 检测单元的安装过程。

项目 3 检测单元的控制程序设计

3.1 项目任务

3.1.1 任务描述

根据检测单元任务描述，编制设备动作流程，选择合适的编程语言，在计算机上进行检测单元的程序编制，并下载程序，完成程序的调试。

3.1.2 教学目标

1. 知识目标

1) 熟悉 PLC 的各个组成模块功能。

2) 熟悉 CPU 的工作模式及操作方法。

3) 掌握 STEP7 软件界面和硬件组态的方法。

4) 掌握 STEP7 常用的编程指令。

2. 技能目标

1) 根据控制要求，编制设备工艺（动作）流程。

2) 在 STEP7 软件上能够正确设置语言、通信口、PLC 参数等。

3) 在 STEP7 软件上编写调试程序，上传、下载程序。

4) 检测单元的各个功能的调试。

5) 能通过自主查阅网络、期刊、参考书籍、技术手册等获取相应信息。

3. 素质目标

1) 细心、耐心的职业素质。

2) 协调沟通能力、团队合作及敬业精神。

3) 善于自学、善于归纳分析。

4) 勤于查阅资料、勤于思考、锲而不舍的良好作风。

3.2 检测单元的控制程序设计

3.2.1 编程调试设备与技术资料

设备包括：安装调试后的检测单元设备一套、装有编程软件的计算机一台、下载电缆一根。

技术资料包括：检测单元的气动回路图、电气接线图；相关组件的技术资料；工作计划表；供料单元的 I/O 地址分配表。

I/O 地址分配表分为输入、输出两个部分，输入部分主要为电感式传感器、电容式传感器、光电式传感器、限位磁性开关、按钮等；输出部分主要是电磁阀、指示灯等。I/O 地址分配表见表 2-2。

表 2-2 I/O 地址分配表

输入名称	输入地址	输出名称	输出地址
金属检测	I0.0	料台升起	Q0.0
电容检测	I0.1	料台下降	Q0.1
光电检测	I0.2	弹出工件	Q0.2
下限位	I0.3	检测器伸出	Q0.3
上限位	I0.4	喷射气流	Q0.4
工件弹出	I0.5	开始指示灯	Q4.0
检测器到位	I0.6	复位指示灯	Q4.1
开始按钮	I4.0	辅助指示灯	Q4.2
复位按钮	I4.1		
位置按钮	I4.2		
AUTO/MAN 选择开关	I4.3		
停止按钮	I4.4		
Quit 按钮	I4.5		
通信开关	I4.6		

3.2.2 工艺流程分析

1. 工艺分析

在初始状态，按下开始按钮，检测单元进入到检测状态。有工件被放到检测工作平台上时，检测单元的电感式传感器、电容式传感器、光电传感器首先对工件的颜色及材质进行识别，并将识别的结果储存起来。然后升降缸动作，将工作平台升至上端，进行工件高度的测量，并根据测量结果对工件进行分流。如果工件满足某一个预先设定尺寸范围，则让该工件从上部的气动滑槽分流出去；如果工件不满足该尺寸范围，则将其从下部的滑槽分流出去。最后各执行机构返回到初始位置，进入待检测状态，等待检测下一个工件。

2. 步骤描述

（1）起动条件 识别工位有工件，工作区域无障碍物。

（2）初始位置 升降缸在下限位，推料缸缩回，气动导轨关闭。

（3）动作顺序

1）确定工件的颜色和材料，2）提升缸升起，3）测量工件高度。

测量结果合格：

4）气动导轨起动，5）推料缸伸出，6）推料缸缩回，7）气动导轨关闭，8）提升缸回到下限位，9）初始位置。

测量结果不合格：

10）缸回到下限位，11）推料缸伸出，12）推料缸缩回，13）初始位置。

3.2.3 程序流程图与顺序功能图调试

设备具体操作有开始、复位、停止。要求起动后全自动运行。程序流程图如图 2-45 所示。

1）PLC 在 RUN 模式时，按下复位按钮，设备在原位状态。

2）按下开始按钮，进入顺序控制，全自动运行。

3）按下停止按钮，无论工序处于什么位置，要求执行完一个完整的周期后停止。

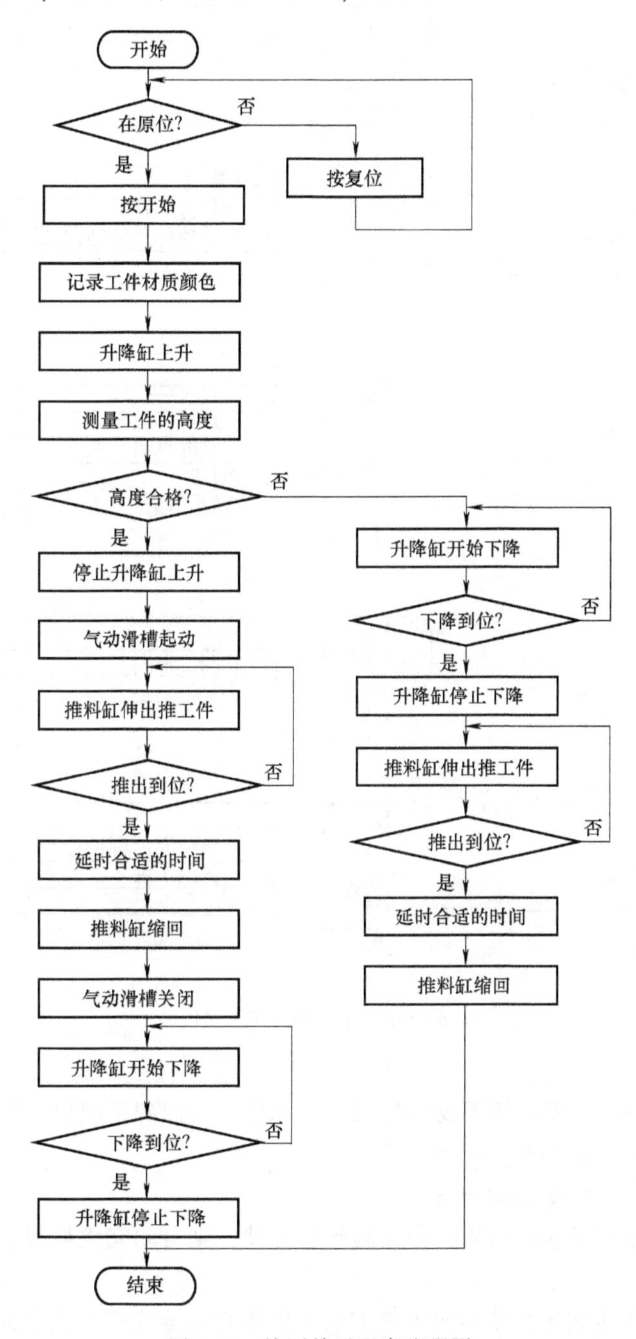

图 2-45 检测单元程序流程图

为了把整个用户程序按照功能进行结构化的组织，编写了两个子程序和一个主程序。FC1 是设备为初始状态后，按开始按钮，设备顺序动作的子程序；FC2 是设备回初始状态的子程序（复位子程序）。

注：弹出工件用的是一单作用气缸，PLC 输出为 1 时缸径弹出，为 0 时缸径缩回。

FC2 的顺序功能图如图 2-46 所示。

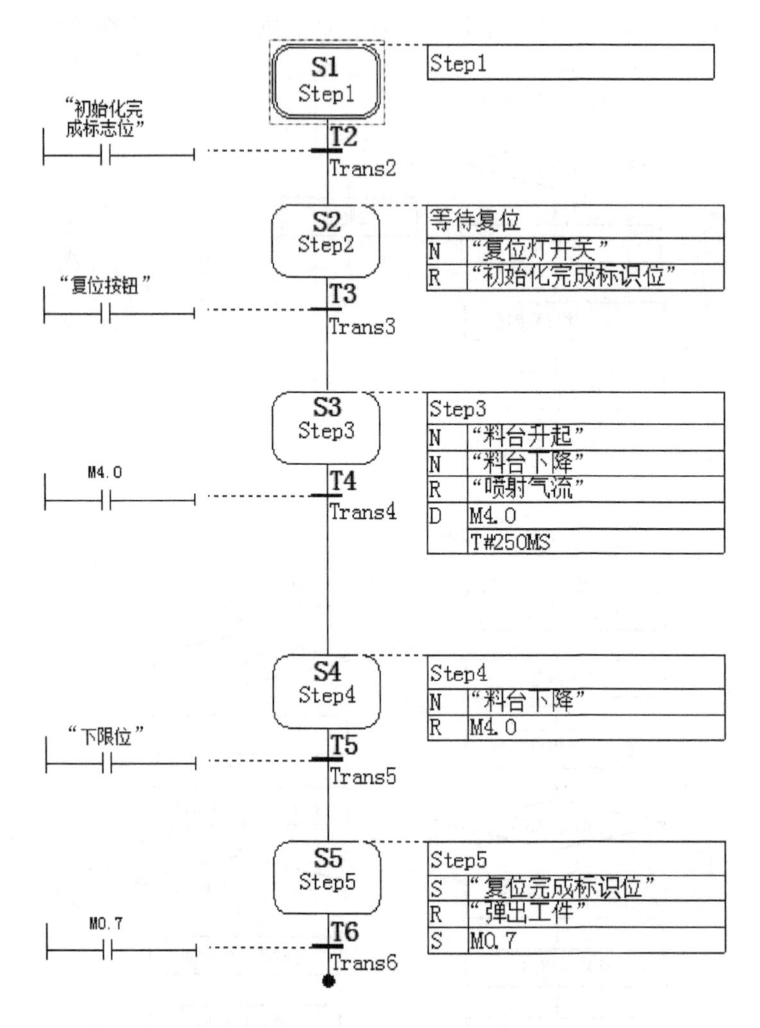

图 2-46　FC2 顺序功能图

FC2 子程序实现的功能：按下复位按钮后，工作平台回到下限位，推料缸缩回，开始指示灯亮，检测站工作之前的准备已经完成。

FC1 的顺序功能图如图 2-47 所示。

FC1 子程序：按下开始按钮后，若检测到有工件，则自动完成检测、识别、分拣任务。

3.2.4　梯形图设计

根据上述的顺序功能图，按照起保停方法可以很容易地完成检测单元梯形图的编写。具体梯形图解读请参照配套资源中的相关资料。

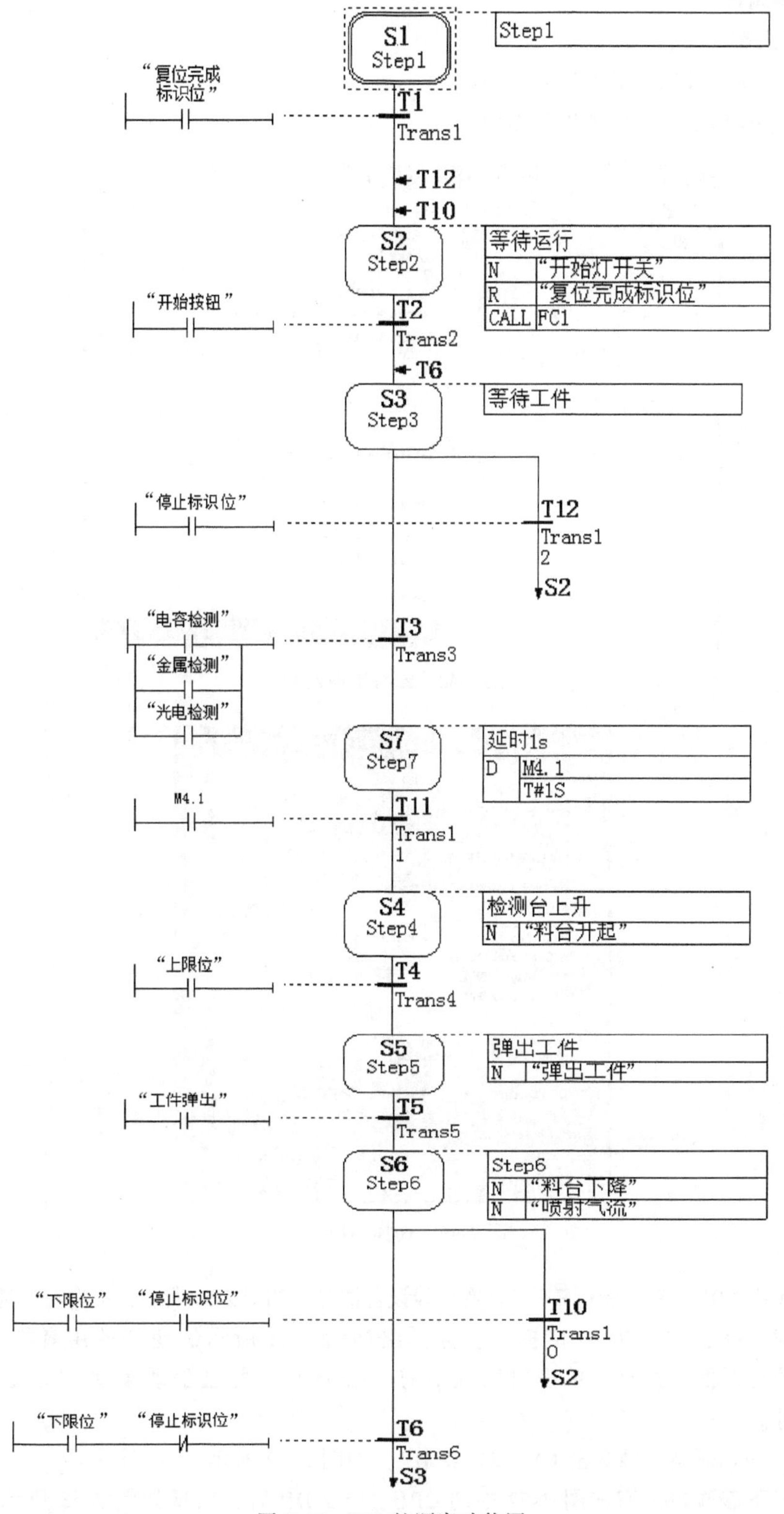

图 2-47 FC1 的顺序功能图

3.2.5 程序调试

1. 下载组态

1）设置下载端口，如图 2-48 所示。

2）选择 MPI 端口，如图 2-49 所示。

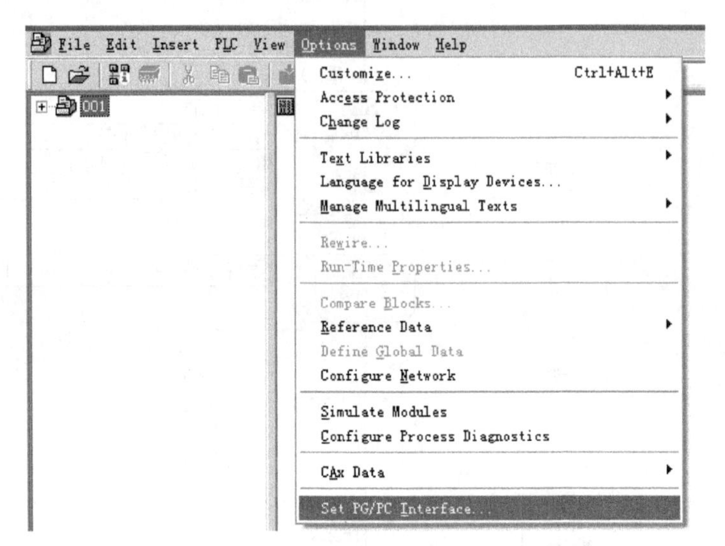

图 2-48　设置下载端口

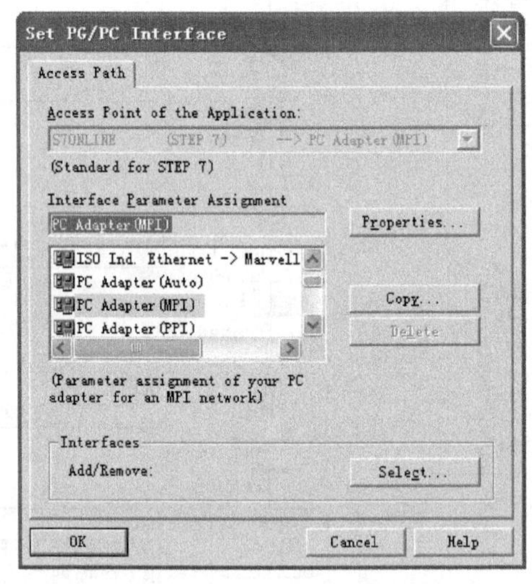

图 2-49　选择 MPI 端口

3）选择工程 001，单击图标，查看在线设备情况，如图 2-50 所示，单击右上角可以关掉。

4）下载 CPU，如果在 RUN 模式，会弹出如图 2-51 所示的建议使用者把 PLC 设置为 STOP 模式的对话框。这时，单击对话框中的“Cancel”，并且手动拨动 PLC 工作模式键到 STOP 模式键。

5）双击 hardware，再双击 CPU 315-2 DP，如图 2-52 所示。

6）选择下载端口。双击图 2-52 中的 CPU 315-2 DP 后，出现如图 2-53 所示对话框，单击“properties”。

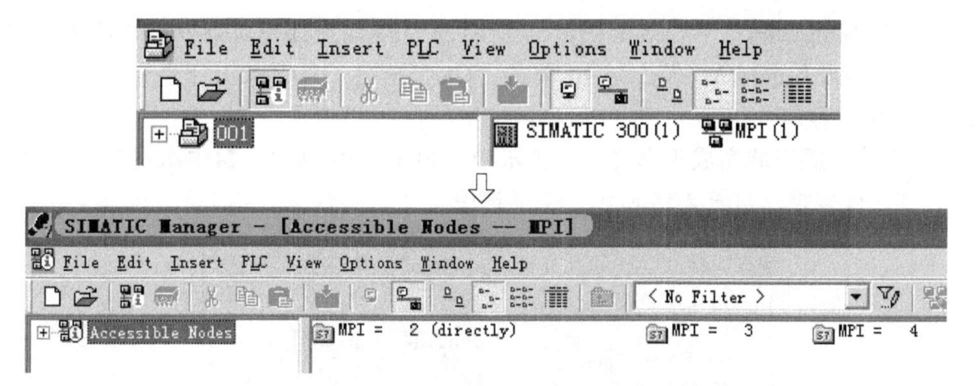

图 2-50 显示三个在线设备

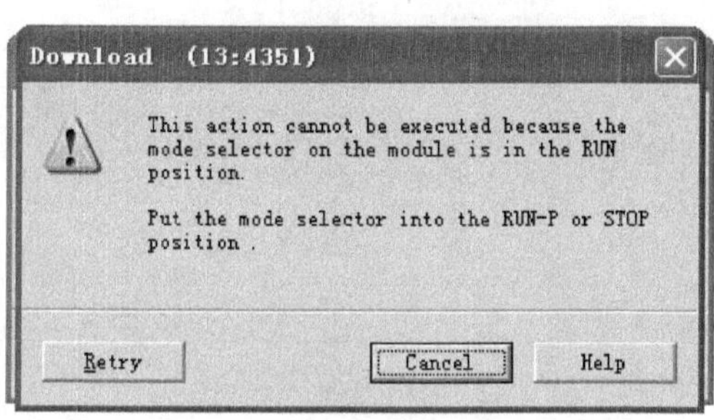

图 2-51 转到 STOP 模式

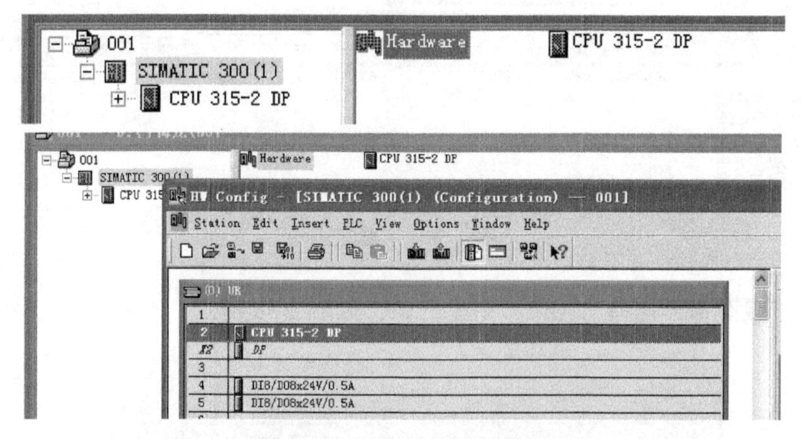

图 2-52 CPU 315-2 DP 界面

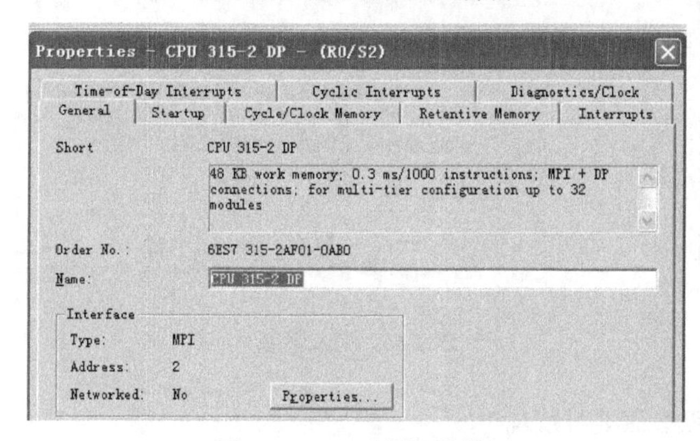

图 2-53 CPU 属性对话框

7）单击“properties”后出现如图 2-54 所示的 MPI 地址选择对话框，站地址分别为 2、3、4、……，本设备选择 3（第二站），单击“OK”按钮，完成 CPU 下载。

2. 下载调试程序

1）按上述步骤下载完成组态之后，单击项目树中“Blocks”，窗中出现右侧所示“System data”“OB1”等，如图 2-55 所示，全部选中。

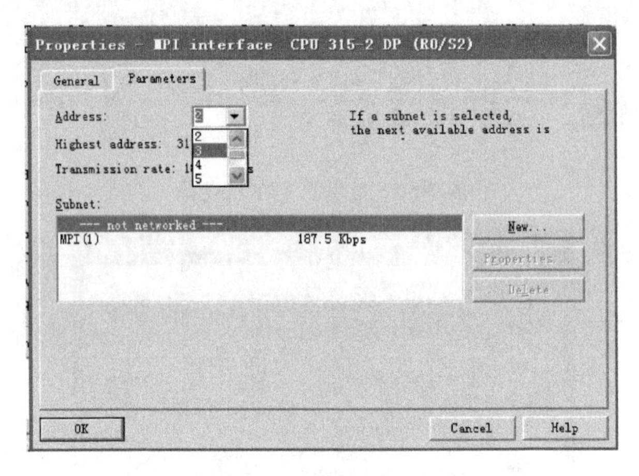

图 2-54　MPI 地址选择对话框

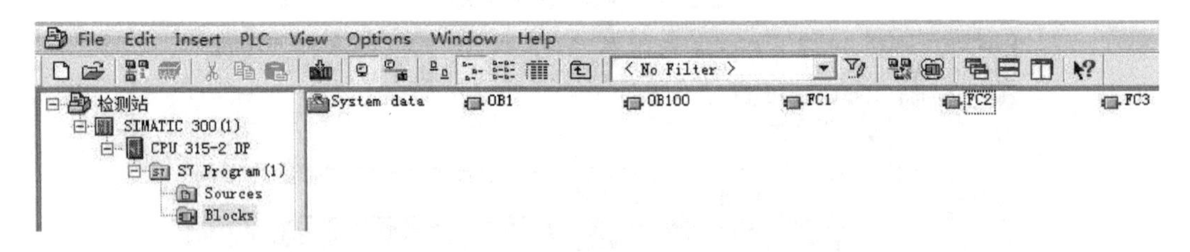

图 2-55　下载程序

2）单击下载图标，选择“All”，完成下载，如图 2-56 所示。

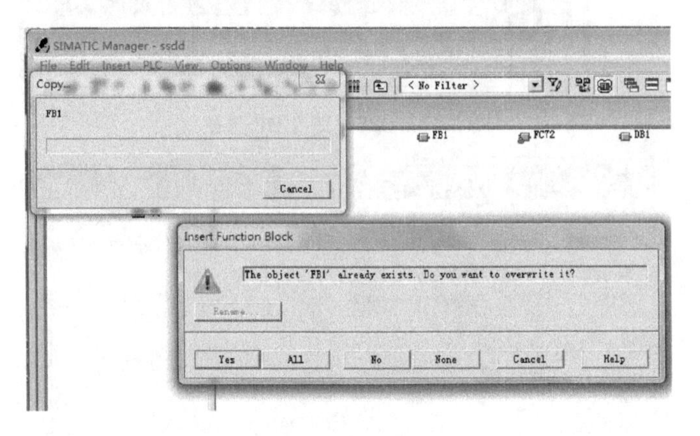

图 2-56　完成下载

调试程序的过程参照学习情境 1。

3.3 项目总结与练习

1. 项目总结

项目详细分析了检测单元的动作流程，给出了 I/O 地址分配表，最终完成了程序流程图、顺序功能图、梯形图的设计，并对程序下载中的要点做了阐述。学习者通过本项目的学习，会对 S7-300 PLC 的程序设计有一个更全面的了解。

2. 练习

简述检测单元的动作步骤，完成检测单元的硬件组态，并进行程序的调试。

学习情境 3

加工单元的装调与控制技术

项目1　加工单元的认知

1.1　项目任务

1.1.1　任务描述

通过观察加工单元的运行，了解 MPS 自动化生产线中对气缸缸体零件的检测、钻孔加工及物流传送等方法，掌握通过旋转工作台进行多工位工作的原理，掌握相关的加工、传送知识与技能，完成电气控制系统的分析与程序调试。

1.1.2　教学目标

1. 知识目标

1）进一步掌握 CPV 阀岛、电容式传感器、电感式传感器、光电传感器的工作原理。

2）掌握工作台、夹紧装置、检测模块、钻孔模块、分支模块的结构及工作原理。

3）掌握旋转工作台上的直流电动机的工作原理。

4）掌握旋转工作台上的直流电动机的驱动技术。

5）掌握分度定位技术和继电器控制技术。

6）进一步熟悉 I/O 端子和接线方法，掌握电气原理图的分析方法。

2. 素质目标

1）严谨、全面、高效、负责的职业素养。

2）良好的道德品质、协调沟通能力、团队合作及敬业精神。

3）勤于查阅资料、勤于思考、勇于探索的良好作风。

4）善于自学与归纳分析。

1.2　设备技术参数与运行

1.2.1　设备技术参数

1）电源：DC24V，4.5A。

2）温度：-10~40℃；环境相对湿度：≤90%（25℃）。

3）气源工作压力：最小值为 4bar，典型值为 6bar，最大值为 8bar（$1bar=10^5Pa$）。

4）2 个 SM323，共 16 点数字量输入、16 点数字量输出。

5）安全保护措施：具有接地保护、剩余电流保护功能，安全性符合相关的国家标准。

采用高绝缘安全型插座及带绝缘护套的高强度安全型实验导线。

1.2.2 设备运行与功能实现

1. 检查与起动

1）检查电源电压和气源。

2）手动复位前，将模块上的工件拿走。

3）进行复位。复位之前，复位（RESET）指示灯亮，这时可以按下复位按钮。复位后，起动指示灯亮。

4）起动加工单元。按下启动（START）按钮即可起动该系统。动作过程如图 3-1~图 3-4 所示。按停止（STOP）按钮，动作结束，回到初始状态。

读者可扫描二维码进行分析学习动作演示过程。

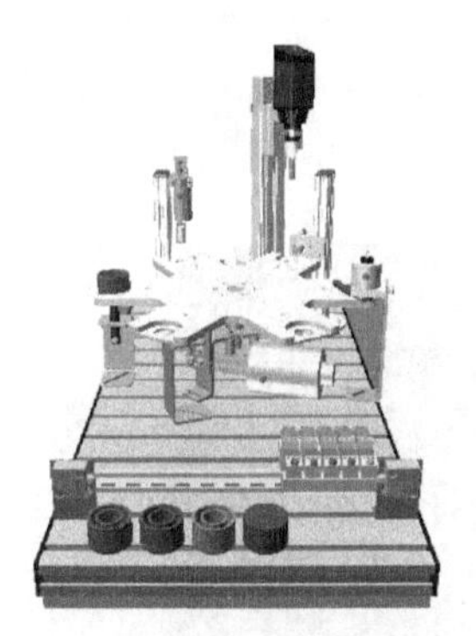

图 3-1 工位 1——起动

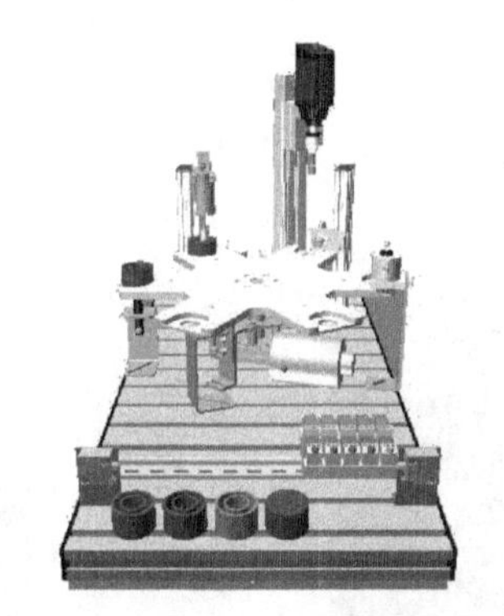

图 3-2 工位 2——检测工件深度

加工单元
纯电机 动画

加工单元
纯电机 视频

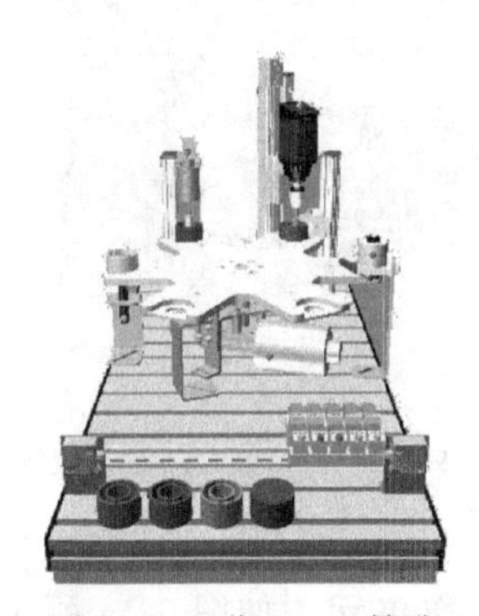

图 3-3 工位 3——钻孔

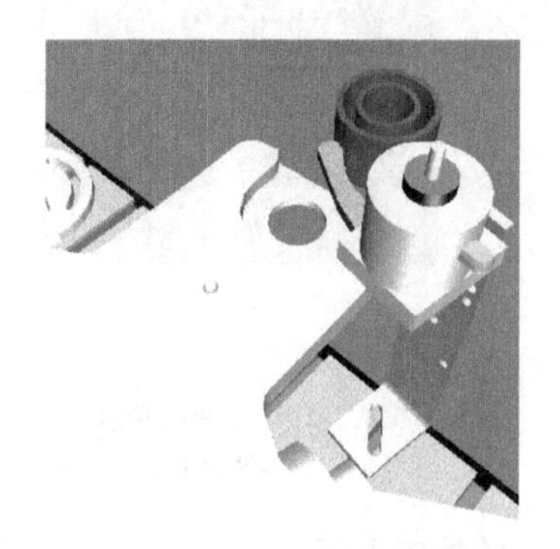

图 3-4 工位 4——将工件传送到下一单元

2. 运动过程

1）将工件放入图 3-1 所示的工位 1（左侧料仓），旋转工作台旋转。

2）工件继续放入工位 1，第一个工件旋转到工位 2，工位 2 处的检测头下降，检测工件深度，如图 3-2 所示。

3）工件继续放入工位 1，第二个工件旋转到工位 2，第一个工件旋转到工位 3，工位 3 处钻头下降，对工件进行钻孔，如图 3-3 所示。

4）工件继续放入工位 1，第三个工件旋转到工位 2，第二个工件旋转到工位 3，第一个工件旋转到工位 4，工位 4 处分支模块的拨块动作，将工件传送到下一个工件单元。

3. 注意事项

1）任何时候按下急停按钮或 STOP 按钮，可以中断系统工作。

2）选择 AUTO/MAN 开关，用钥匙控制，可以选择连续循环（AUTO）或单步循环（MAN）。

3）在多个工作站组合时，要对每个工作站进行复位。

4. 加工单元的功能

在此单元中，工件在旋转平台上平行地完成检测及钻孔的加工，加工完的工件通过拨块传送到下一个工作单元。

1.3 加工单元介绍

1.3.1 加工单元的组成

加工单元的结构如图 3-5 所示。

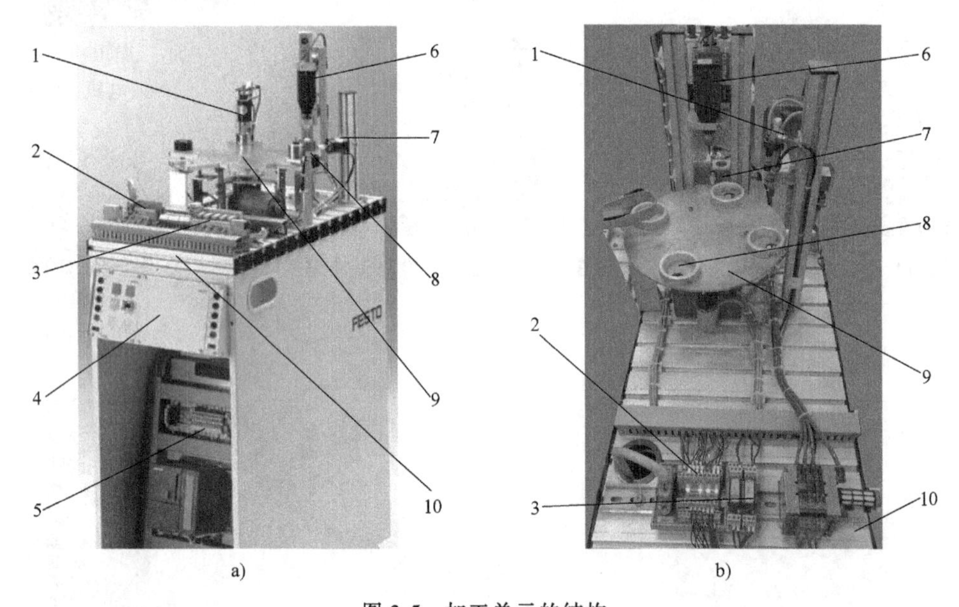

图 3-5 加工单元的结构

1—检测模块 2—I/O 接线端口 3—继电器模块 4—控制面板 5—PLC 控制板 6—钻孔模块 7—夹紧模块 8—分支模块 9—旋转工作台模块 10—铝合金板

常见的加工单元主要有两种，一种是纯电气驱动的工作单元，如图 3-5a 所示；另一种是气动与电气共同驱动的工作单元，如图 3-5b 所示。二者结构基本一样，主要由旋转工作台模块、钻孔模块、检测模块、夹紧模块、分支模块、继电器模块、I/O 接线端口、PLC 控制板、铝合金板等组成。

两种工作单元主要区别在于：

1）检测模块的上下运动实现不同，第一种是用直流电动机，第二种是用气缸。

2）钻孔模块的上下运动实现不同，第一种是用电缸，第二种是用气缸。

3）夹紧模块的夹紧动作实现不同，第一种是用电磁阀，第二种是用气缸。

4）第一种工作单元的旋转工作台有 6 个工位，第 4 个工位为出料，有专门的分支模块；

第二种工作单元有4个工位，第4个工位为出料，没有专门的分支模块，需要下一个单元（操作手单元）根据本单元的动作配合，取走工件。

下面以第一种为例进行介绍。

1. 旋转工作台模块

旋转工作台模块由直流电动机驱动，主要由旋转工作台、工作台固定底盘、传动齿轮、直流电动机、定位凸块、电容式传感器（接近开关）或电感式接近传感器（接近开关）、支架等组成，如图3-6所示。

旋转工作台有6个工位，每个工件存放槽的中心有一个圆孔，用于电感式传感器对工件的识别。工作台的6个工位分别由6个金属的定位凸块与之相对应，各凸块与工作台相对固定。

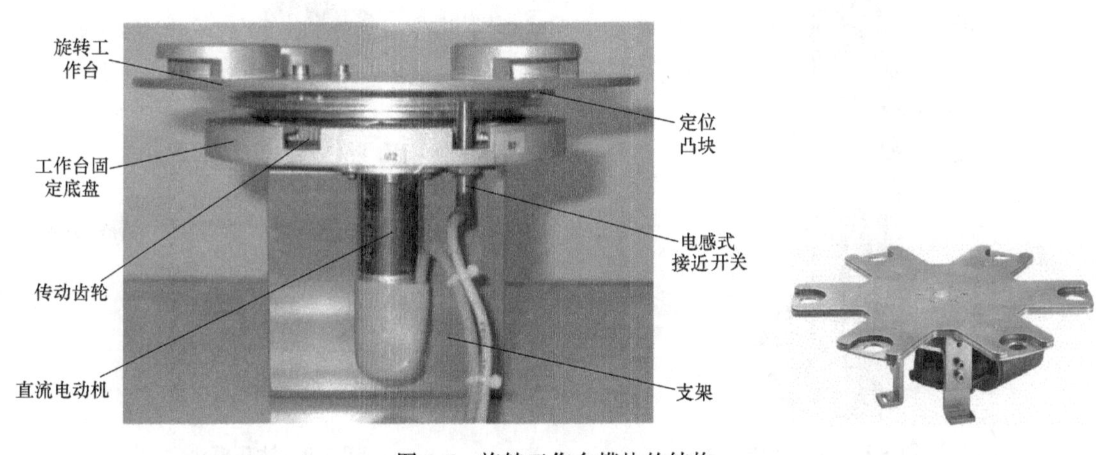

图3-6 旋转工作台模块的结构

当凸块接近电感式传感器时，就会使电感式传感器动作，输出信号“1”，用该信号即可判断工作台是否转到了工位，如图3-7所示。

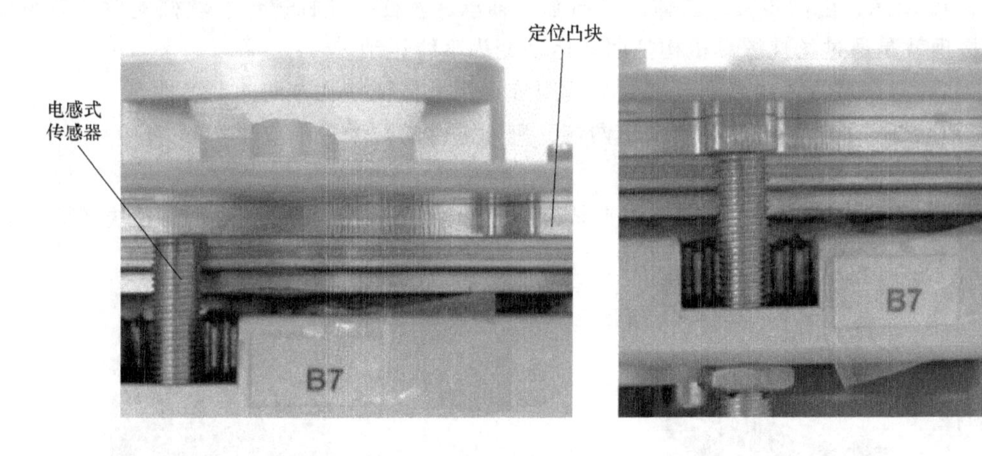

图3-7 定位凸块与电感式传感器

电感式传感器固定在加工单元的铝合金底板上，在工位1、2、3的下方。由于工作台在各个工位都留有圆孔，当工作台转到相应的工位时，如果没有工件则传感器会输出信号

"0"；如果此时在工位上放上工件，则传感器会输出信号"1"。

利用电感式传感器信号的变化即可判断是否有工件放到了工位上。

2. 检测模块

检测模块主要由直流电动机、电感式传感器、支架等组成，如图 3-8 所示。其主要检测该工件存放槽中的工件是否含有加工空孔。当检测模块杆到达下限位时，触发电感式传感器，输出信号"1"，杆下降到位，深度合格。

3. 钻孔模块

钻孔模块用于模拟对工件圆孔的抛光，主要由进给电动机、钻孔电动机、钻孔导向装置、钻孔模块支架、微动开关等组成，如图 3-9 所示。

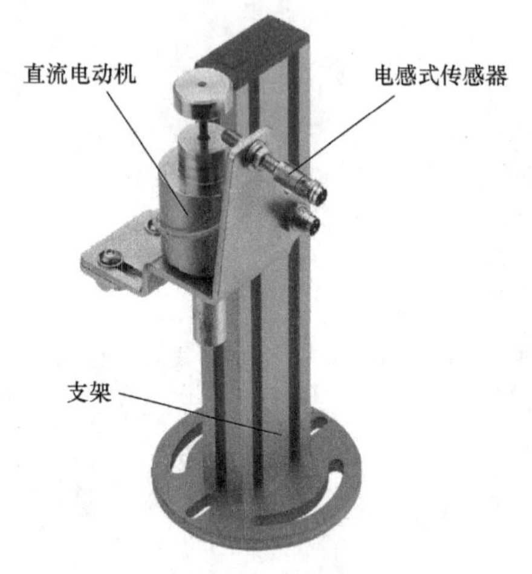

图 3-8　检测模块

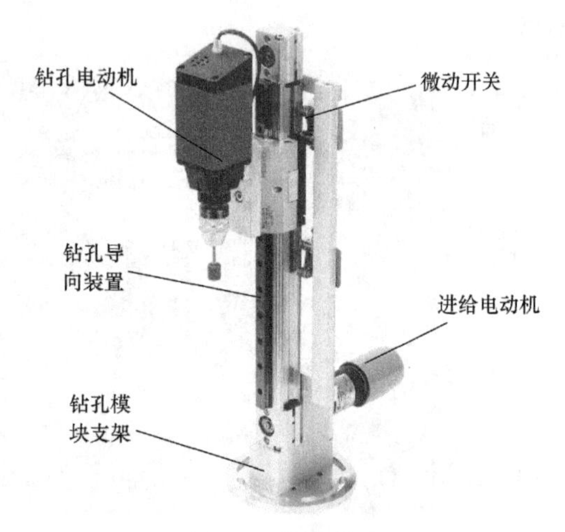

图 3-9　钻孔模块

1）钻孔电动机：DC24V 驱动的直流电动机，速度恒定，用于钻孔。

2）进给电动机：进给电动机驱动电缸运动，带动钻孔电动机的进给和缩回。电缸的结构如图 3-10 所示，由同步带、缸体、导向套、轴承、丝杠、丝杠螺母、丝杠支撑杆等组成。其工作原理就是通过丝杠螺母机构把回转运动变为直线运动。

3）钻孔导向装置：由导向柱和导向套组成，用来保证钻孔方向的准确性。

4）微动开关：安装在钻孔电动机两端，判断进给的两个极限位置。

4. 夹紧模块

夹紧模块如图 3-11 所示，在钻孔时夹紧工件，当电磁铁得电，夹头伸出时，模块夹紧工件。

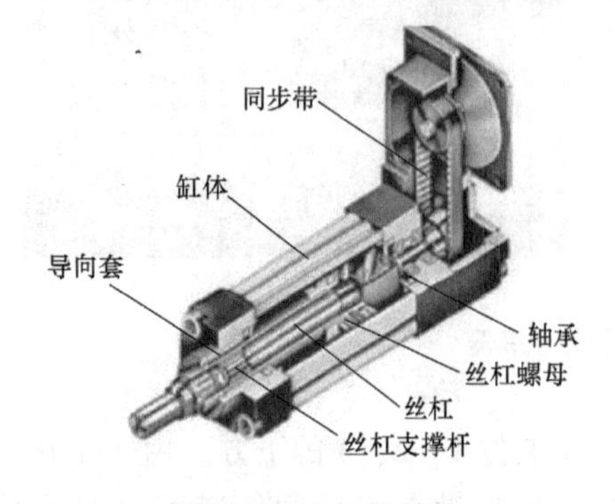

图 3-10　电缸的结构

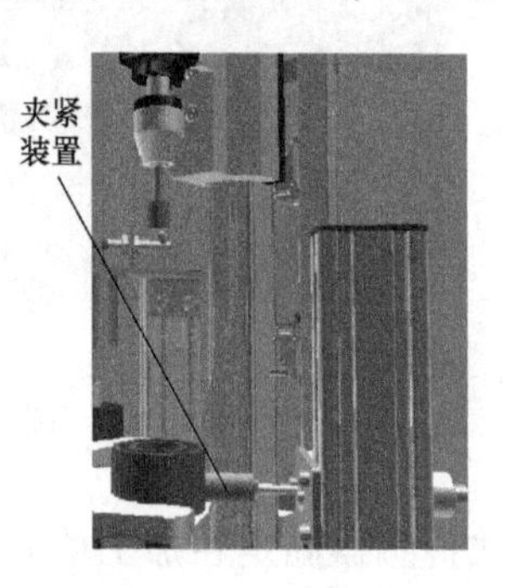

图 3-11　夹紧模块

5. 分支模块

分支模块如图 3-12 所示，由直流电动机、拨块、支架组成。工件经钻孔模块加工完成后，由分支模块通过拨块传送到下一站。

6. 继电器

本单元共使用 8 个继电器，分别为：K1（用于控制钻孔模块的钻头旋转电动机），K2（用于控制旋转工作台电动机）；K3（用于控制钻孔模块升降电缸的电动机正转）；K4（用于控制钻孔模块升降电缸的电动机反转）；K5（用于控制旋转工作台到位制动）；Y1（用于控制夹紧模块固定工件）；Y2（用于控制深度检测模块进行检查）；Y3（用于控制分支模块推出工件）。K1 和 K2 继电器如图 3-13 所示。

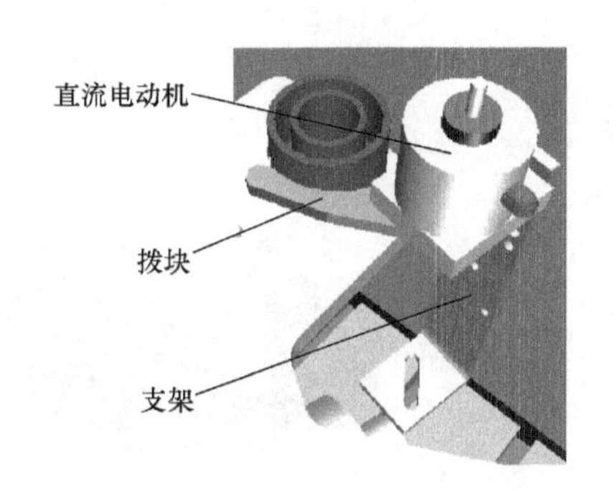

图 3-12　分支模块

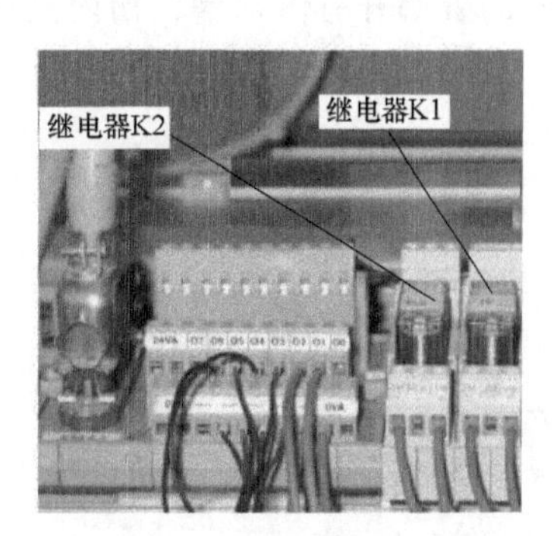

图 3-13　K1 和 K2 继电器

7. 直流电动机

(1) 直流电动机简介　直流电动机是将直流电能转换成机械能的装置。

主要应用场合：

1) 轧钢机、电气机车、中大型龙门刨床等调速范围大的设备。

2) 用蓄电池做电源的地方，如汽车、拖拉机等。

直流电动机优点：

1) 调速性能好、调速范围广、易于平滑调节。

2) 起动转矩和制动转矩大，易于快速起动和停车。

3) 易于控制。

直流电动机缺点：

1) 结构复杂，使用和维护不如异步电动机方便。

2) 要使用直流电源。

直流电动机的结构：主要由定子和转子等组成，其外形如图 3-14 所示。

图 3-14　直流电动机外形

其中，电刷的作用是连接转子上的绕组，通过它构成电流回路。换向器的作用是改变转子线圈电压的正负极方向，使转子持续转动。

(2) 直流电动机工作原理　利用通电导线在磁场中受力的原理。换向片和电枢线圈固定连接，线圈无论怎样转动，总是上半边的电流向里，下半边的电流向外（见图 3-15）。电刷压在换向片上。由图 3-16 左手定则，四指方向为通电电流方向，磁场穿过掌心，拇指方向为受力方向。所以，通电线圈在磁场的作用下逆时针旋转。

在图 3-15 中，当线圈呈如图竖直状态时，线圈产生最大转矩。但当线圈旋转到水平位置时，转矩为零，要继续旋转，只能靠线圈的惯性。为了克服此缺点，可以在 90°方向再加一个转子线圈，如图 3-17 所示。

为了更好地改善直流电动机的转动性能，实际上转子是由多个线圈组成的，如图 3-18a 所示。但实际转子绕组为图 3-18b 所示的电枢铁心。电枢铁心是主磁路的主要部分，同时用于嵌放电枢绕组。一般电枢铁心采用 0.5mm 厚的硅钢片冲制而成的冲片叠压而成，以降低电动机运行时电枢铁心中产生的涡流损耗和磁滞损耗。叠压成的铁心固定在转轴或转子支架上。铁心的外圆开有电枢槽，槽内嵌放电枢绕组。

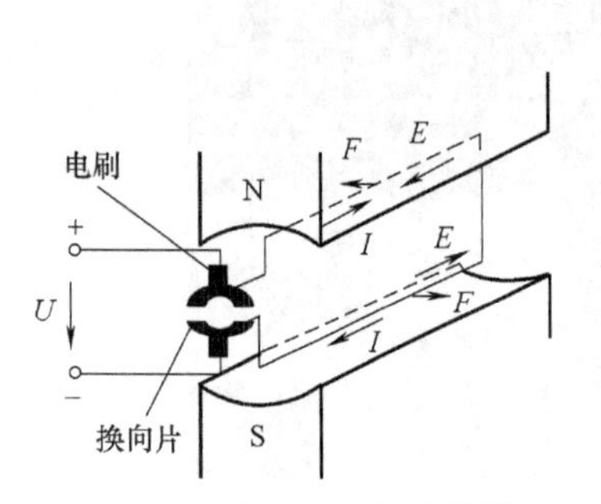

图 3-15 线圈在磁场中旋转

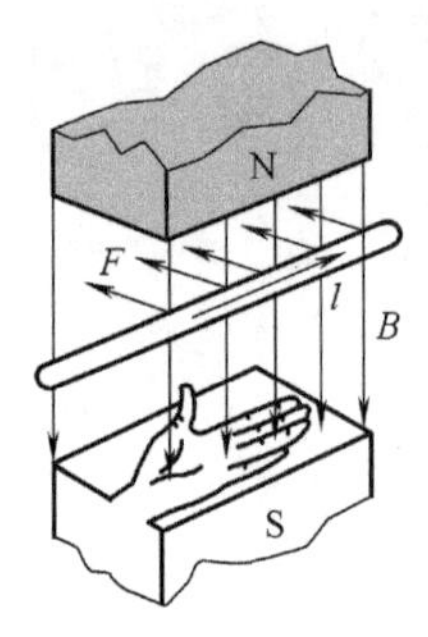

图 3-16 左手定则

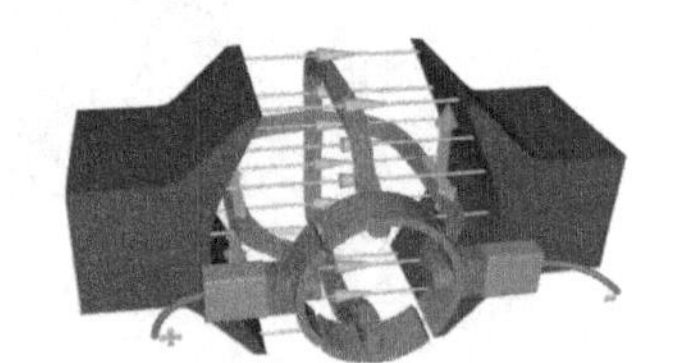

图 3-17 转子线圈

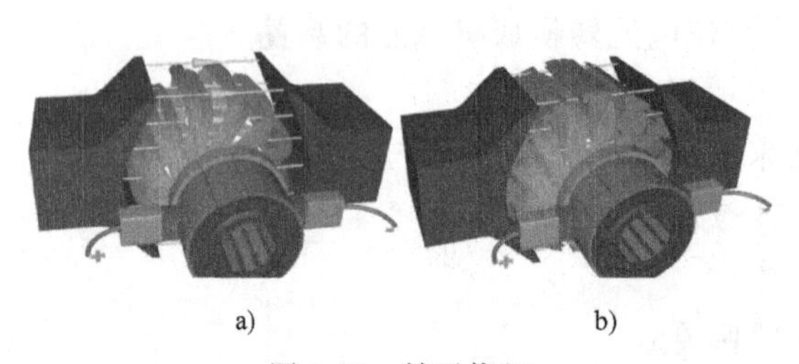

图 3-18 转子绕组

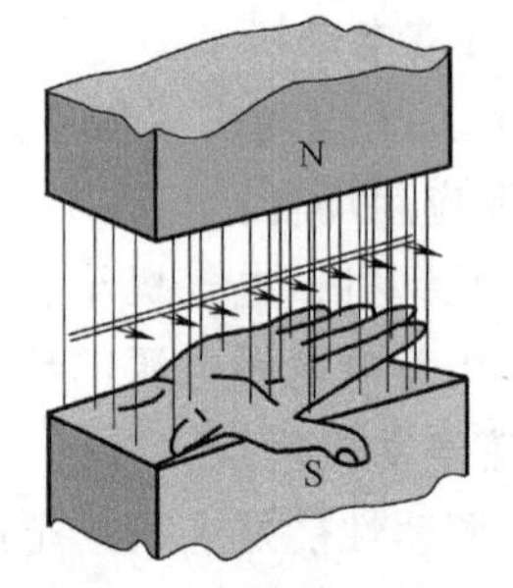

图 3-19 右手定则

（3）电枢平衡关系 线圈在磁场中运动会产生感应电动势。如图 3-19 所示，根据右手定则，大拇指方向为运动方向，磁场穿过掌心，四指方向为产生感应电动势方向。所以，线圈在磁场中旋转将产生感应电动势 E（见图 3-15），感应电动势的方向与电流 I 的方向相反。产生感应电动势大小按如下公式计算：

$$E=K_{E}\Phi n$$

式中，E 为感应电动势（V）；K_{E} 为与电动机结构有关的常数；Φ 为磁通（Wb）；n 为转子转速（r/min）。

（4）直流电动机工作的几点结论

1）外施电压、电流是直流电，电枢线圈内电流是交流电。

2）线圈中感应电动势与电流方向相反。

3）线圈是旋转的，电枢电流是交变的，但电枢电流产生的磁场在空间上是恒定不变的。

4）产生的电磁转矩与转子转动方向相同，属于驱动性质。

1.3.2 加工单元气动回路分析

图 3-5a 所示的加工单元为纯电气驱动工作单元，没有气动原理图。图 3-5b 所示的加工单元为气动与电气共同驱动的工作单元，有气动原理图，如图 3-20 所示。

A1 气缸为钻孔模块的上下运动执行元件。当 1Y1 得电时，电磁阀左位起作用，A1 气缸活塞杆伸出，进行下钻动作。当 1Y1 失电后，电磁阀右位起作用，A1 气缸活塞杆缩回。

A2 气缸为检测模块的上下运动执行元件。当 1Y2 得电时，电磁阀左位起作用，A2 气缸活塞杆伸出，进行深度检测动作。当 1Y2 失电后，电磁阀右位起作用，A2 气缸活塞杆缩回。

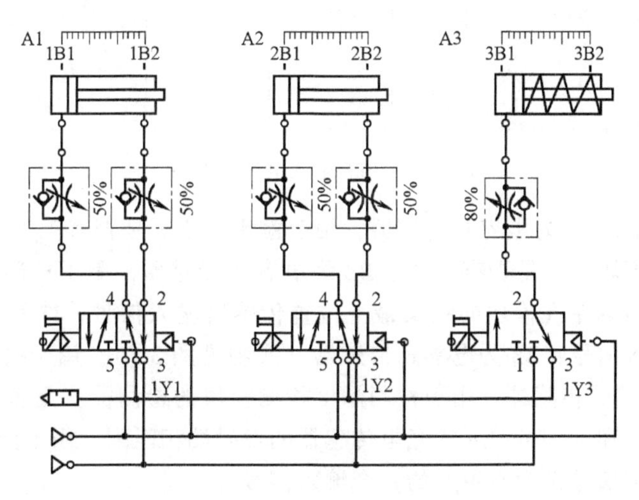

图 3-20 气动原理图

A3 气缸为夹紧模块的夹紧动作执行元件。当 1Y3 得电时，电磁阀左位起作用，A3 气缸活塞杆伸出，进行夹紧动作。当 1Y3 失电后，电磁阀右位起作用，压缩空气截止，单作用气缸 A3 活塞杆缩回。电磁换向阀的 1Y1、1Y2、1Y3 端由 PLC 输出点控制。

1.3.3 加工单元电气控制电路分析

加工单元的动作及状态是由 PLC 控制的，与 PLC 的通信是由“学习情境 1”介绍的 I/O 端口实现的。I/O 端口与设备上的元件连接实现了 PLC 与设备上的元件连接。加工单元的电气控制电路如图 3-21～图 3-25 所示。

在图 3-21 中，XMA2 为电缆插口，右边为 SysLink 接线端子及指示灯；上下矩形为走线槽；XA1～XA3 接图 3-23 的 Y1～Y3；中间为 24V 和 0V 电源；右边 K1～K5 为继电器。

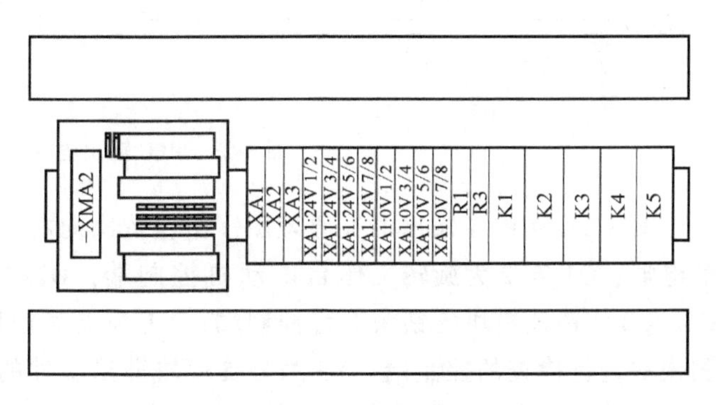

图 3-21 接线端子图

图 3-22 为 PLC 输入电气原理图。

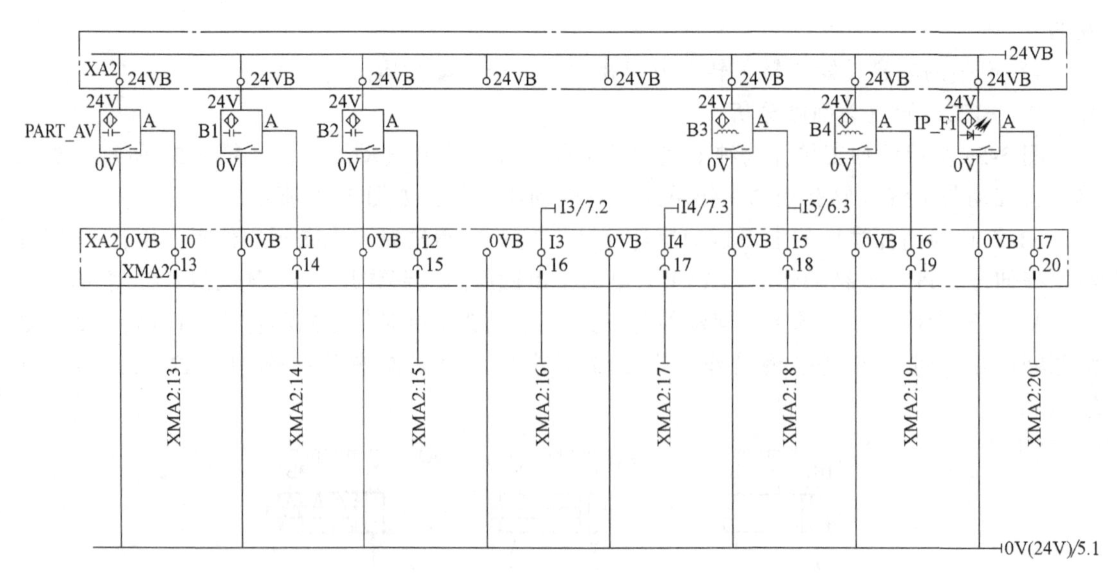

图 3-22　PLC 输入电气原理图

由左依次向右，PART-AV 为电容式传感器，用于检测工位 1 是否有工件；B1 为电容式传感器，用于检测钻孔模块工位是否有工件；B2 为电容式传感器，用于检测深度检测模块的工位是否有工件；I6 端为钻孔模块的钻头最上位置传感器输入信号；I7 端为钻孔模块的钻头最下位置传感器输入信号；B3 为电感式传感器（实物见图 3-7），用于检测旋转工作台是否旋转到位；B4 为电感式传感器，用于检测深度检测模块的检测深度是否合格；IP_ FI 为光电传感器的接收端，和下一个单元的光电传感器的发射端相匹配，用于接收下一个单元准备好的光电信号，并把信号作为本单元的一个输入信号。

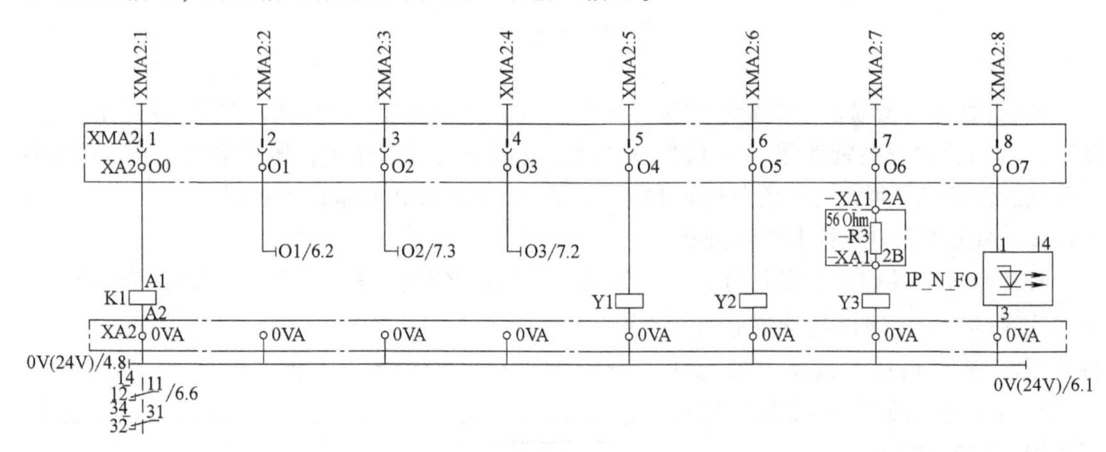

图 3-23　PLC 输出电气原理图

图 3-23 为 PLC 输出电气原理图。由左依次向右，K1 为钻孔模块钻头旋转电动机控制继电器；O1/6.2 为旋转工作台电动机控制端；O2/7.3 为钻孔模块的钻头下行控制端；O3/7.2 为钻孔模块的钻头上行控制端；Y1 为夹紧模块固定工件的控制端；Y2 为深度检测模块进行检查的控制端；Y3 为分支模块推出工件的控制端；IP_ N_ FO 为光电传感器的发射端，与上一个单元的光电传感器的接收端相匹配，可以用于通知上一个单元本单

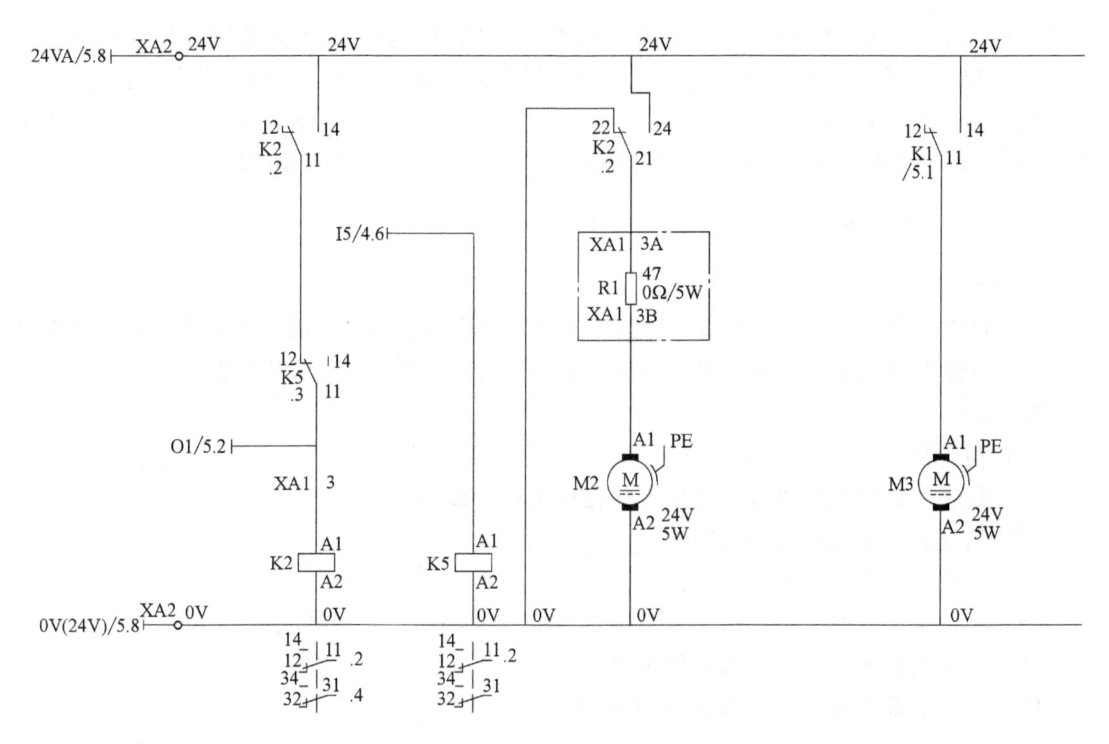

图 3-24 PLC 输出电气原理图

元已经准备好。

在图 3-24 中，K2 用于控制旋转工作台电动机 M2，当其控制信号（来自于图 3-23 中

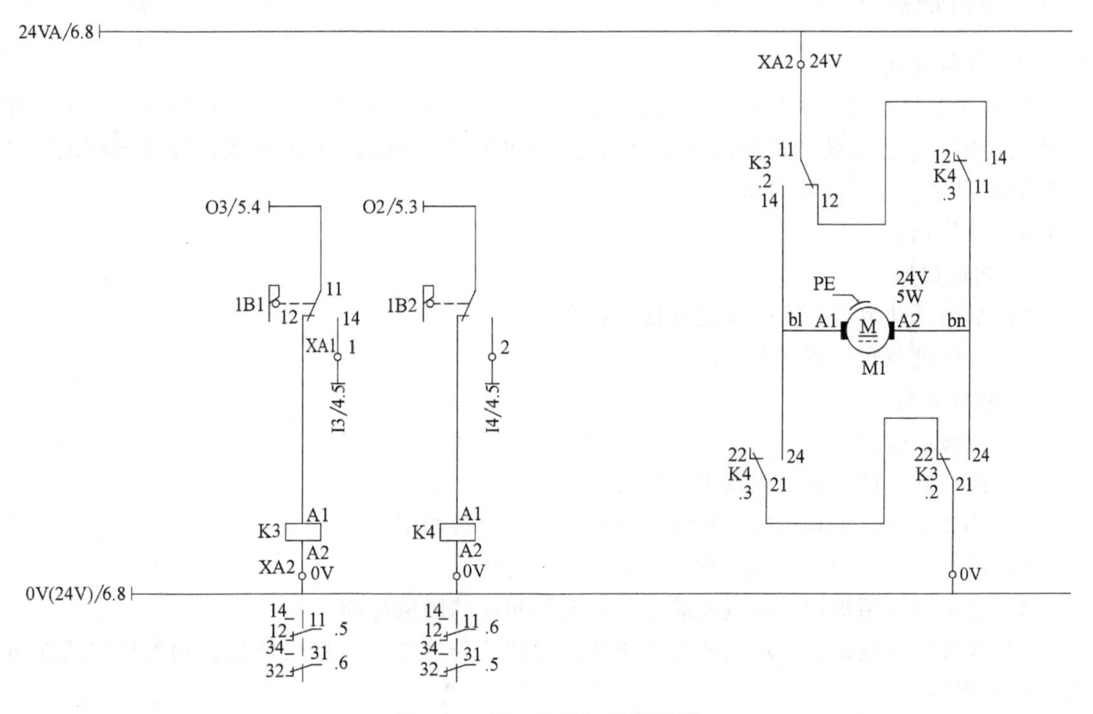

图 3-25 PLC 输出电气原理图

O1/6.2）为 1 时，K2 闭合并自锁，旋转工作台电动机 M2 运行；K5 为旋转工作台到位控制继电器；M3 为钻孔模块钻头旋转电动机，其起动与停止由图 3-23 中的 K1 继电器控制。

在图 3-25 中，K3 为继电器，控制钻孔模块升降电缸的上升；K4 为继电器，控制钻孔模块升降电缸的下降；M1 为钻孔模块升降电缸的电动机，其正反转由 K3、K4 控制。

1.4 项目总结与练习

1. 项目总结

本项目完成了加工单元的分析，详细阐述了项目设备的功能、操作及组成，并重点讲解了电缸和直流电动机的原理及应用。最后，分析了气动原理图与电气原理图。

2. 练习

（1）简述加工单元的组成。

（2）旋转工作台模块由什么组成？钻孔模块由什么组成？

（3）简述左手定则和右手定则。

（4）简述直流电动机的优缺点。

（5）驱动电动机时，为什么不用输出点 Q 直接驱动而是采用继电器？

（6）如何实现旋转工作台的工位识别？

（7）如何实现旋转工作台每次转动 60°？

项目 2　加工单元的硬件安装与调试

2.1 项目任务

2.1.1 任务描述

根据加工单元的气动与电气原理图，制订设备安装调试工作计划，掌握常用装调工具和仪器的使用，掌握安装调试规范和安全规范。小组协作完成加工单元的硬件安装与调试，并下载测试程序，完成功能测试。

2.1.2 教学目标

1. 知识目标

1）掌握自动生产单元安装调试技术标准。

2）掌握设备安装调试安全规范。

2. 技能目标

1）能够正确识图。

2）能够制订设备安装调试工作计划。

3）能够正确使用剥线钳、压线钳等常用的机械装调工具。

4）能够正确使用万用表等常用的电工工具与仪器。

5）能正确运用机械、电气安装工艺规范和相应的国家标准。

6）能够熟练装调加工单元的各个模块及电感式传感器、电容式传感器和磁感应式接近开关等元器件。

7）能够编写安装调试报告。

3. 素质目标

1）经济、安全、环保的职业素养。

2）协调沟通能力、团队合作及敬业精神。

3）勤于查阅资料、勤于思考、勇于探索的良好作风。

4）善于自学与归纳分析。

2.2 硬件安装与调试

2.2.1 安装调试工作计划

首先，确定工作组织方式，划分工作阶段，确定工作组与组长，分配工作任务，讨论安装调试工作计划与流程。

然后，具体制订安装调试工作计划，具体流程如图3-26所示。教师可按照流程图安排项目的实施。

2.2.2 安装调试设备及工具介绍

1. 工具

安装所需工具包括：电工钳、圆嘴钳、斜口钳、剥线钳、压接钳、一字螺钉旋具、十字螺钉旋具（3.5mm）、电工刀、管子扳手（9mm×10mm）、套筒扳手（6mm×7mm，12mm×13mm，22mm×24mm）、内六角扳手（5mm）各1把，数字万用表1块。

2. 材料

导线 BV—0.75mm^2、BV—1.5mm^2、BVR型多股铜芯软线各若干，尼龙扎带、带垫圈螺栓各若干。

3. 设备

MPS加工单元本体、按钮5只、开关电源1个、I/O接线端口1个、继电器5个、钻孔模块1个、旋转工作台模块1个、检测模块1个、夹紧模块1个，电感式传感器2个、电容式传感器3个、磁感应式接近开关2个、走线槽若干等。

4. 技术资料

技术资料包括加工单元气动与电气原理图，工件材料清单，相关组件的技术资料，安装调试的相关作业指导书，项目实施工作计划。

具体工件、材料介绍见“学习情境1”。

2.2.3 安装调试安全要求

要正确操作，确保人身及设备安全。具体见“学习情境1”。

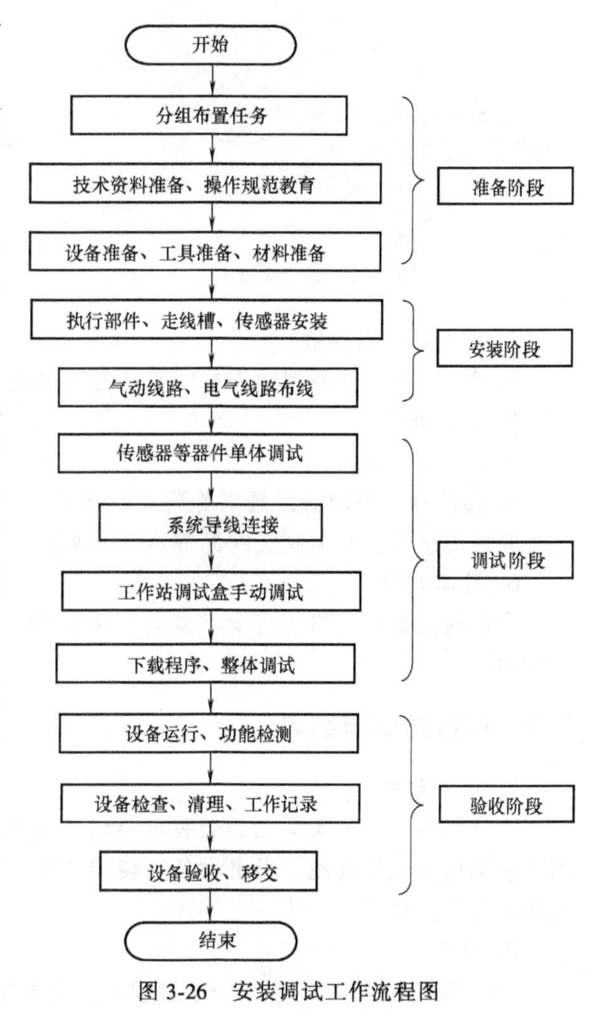

图3-26 安装调试工作流程图

2.2.4 安装调试过程

1. 调试准备

1）读气动与电气原理图，明确线路连接关系。

2）选定技术资料要求的工具与元器件。

3）确保安装平台及元器件洁净。

2. 零部件安装

零部件安装从安装铝合金底板（见图 3-27）开始，安装导轨，安装走线槽组件，安装电气 I/O 接线端口、调整线夹位置，安装传感器、分支模块，安装检测、钻孔、夹紧模块等，最终完成效果如图 3-28 所示。读者可扫描二维码进行分析学习。

3-02 加工单元机械部件安装

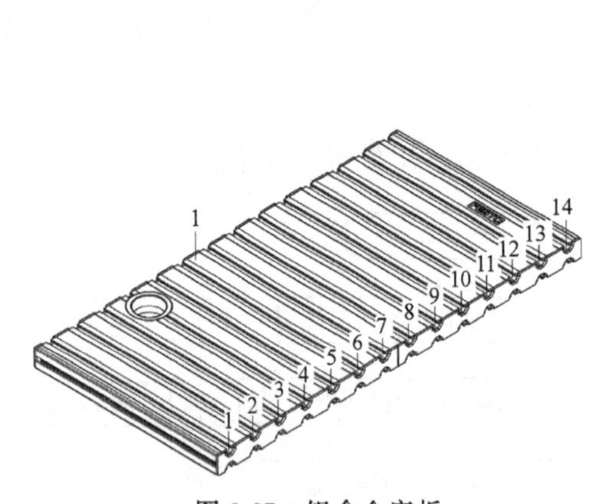

图 3-27 铝合金底板

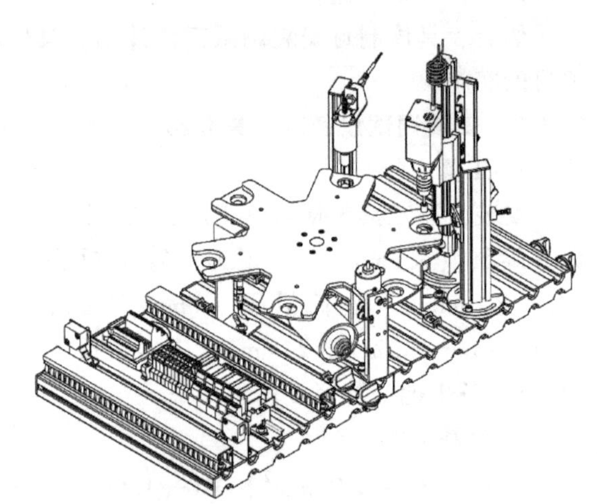

图 3-28 加工单元安装完成图

3. 回路连接与接线

根据气动与电气原理图进行回路连接与接线。

4. 系统连接

完成系统连接。

5. 传感器、节流阀及阀岛等器件的调试

完成传感器、节流阀及阀岛等器件的调试。

6. 整体调试

完整的安装调试步骤与学习情境 1 基本相同，具体详解可参照配套资源中的相关资料进行学习。

2.3 项目总结与练习

1. 项目总结

本项目完成了加工单元的安装与调试。训练使用了机电设备安装常用的工具与材料，复习了机电设备安装规范、机电设备安装调试安全要求，完成了设备的机械、电气等零部件安装调试的全过程。

2. 练习

（1）简述 MPS 加工单元安装过程及注意事项。

（2）简述加工单元安装调试过程的6个步骤。

（3）简述安装在旋转工作台模块的用于检测工位有无工件的电容式传感器的调试过程。

（4）简述安装在旋转工作台模块的用于工作台转角定位的电感式传感器的调试过程。

（5）简述安装在钻孔模块的用于检测钻机上下两个极限位置的微动开关的调试过程。

项目3 加工单元的控制程序设计

3.1 项目任务

3.1.1 任务描述

根据加工单元任务描述，编制设备动作流程，选择合适的编程语言，在计算机上进行加工单元的程序编制，并下载程序，完成程序的调试。

3.1.2 教学目标

1. 知识目标

1）掌握PLC的各个组成模块功能。

2）掌握STEP7软件界面和硬件组态的方法。

3）掌握STEP7常用的编程指令。

2. 技能目标

1）根据控制要求，编制设备工艺（动作）流程。

2）掌握在STEP7软件上正确设置语言、通信口、PLC参数等的方法。

3）掌握在STEP7软件上编写、调试程序的方法。

4）掌握加工单元的各个功能的设备联调。

5）能通过自主查阅网络、期刊、参考书籍、技术手册等获取相应信息。

3. 素质目标

1）细心、耐心的职业素养。

2）协调沟通能力、团队合作及敬业精神。

3）勤于查阅资料、勤于思考、锲而不舍的良好作风。

4）善于自学和归纳分析。

3.2 加工单元的控制程序设计

3.2.1 编程调试设备与技术资料

技术资料包括：加工单元的气动与电气接线图，相关组件的技术资料，工作计划表，供料单元的I/O地址分配表。I/O地址分配表分为输入和输出两个部分，输入部分主要为电感式传感器、电容式传感器、微动开关、按钮等器件；输出部分主要是阀岛、继电器、指示灯等器件。

此处编程所用的设备为图3-5b所示的气动与电气共同驱动的工作单元。其特点是：

1）检测模块的上下运动是用气缸实现的。

2）钻孔模块的上下运动是用无杆气缸实现的。

3）夹紧模块的夹紧动作是用气缸实现的。

4）旋转工作台有 4 个工位，工位 4 为出料工位，没有专门的分支模块，需要下一个单元（操作手单元）根据本单元的动作配合，取走工件。

5）电容式传感器只在工位 1 处有一个。

I/O 地址分配见表 3-1。

表 3-1　I/O 地址分配表

输入名称	输入地址	输出名称	输出地址
入口有工件	I0. 0	电钻起动	Q0. 1
工位确认	I0. 1	加工台转动	Q0. 2
工件自由	I0. 2	退钻	Q0. 3
工件固定	I0. 3	下钻	Q0. 4
电钻上限位	I0. 4	固定工件	Q0. 5
电钻下限位	I0. 5	检测工件	Q0. 6
检测器伸出	I0. 6	开始指示灯	Q4. 0
检测器缩回	I0. 7	复位指示灯	Q4. 1
开始按钮	I4. 0	辅助指示灯	Q4. 2
复位按钮	I4. 1		
消除警报	I4. 2		
AUTO/MAN 选择开关	I4. 3		
停止按钮	I4. 4		
Quit 按钮	I4. 5		
通信开关	I4. 6		

3. 2. 2　动作流程分析

设备的动作流程分析非常重要，正确的动作流程是程序流程图不可或缺的必备条件。具体分析如下：

1）PLC 在 Run 模式时，如果旋转工作台不在原位，复位灯闪，按下复位按钮。

如果旋转工作台不在工位确认处，旋转工作台转动，到达工位确认处后停止，之后当钻孔电动机不在上限位时，钻孔电动机退钻，完成复位。

2）复位后，按下开始按钮。

第一次判断工位 1 无工件时，旋转工作台静止不动。

当工位 1 放入工件时，工位处的电容式传感器判断有工件，旋转工作台旋转 90°，电感式传感器确认工位。

工位 2 的夹紧模块固定工件，钻孔模块的钻头旋转且下钻，到达下限位后退钻，回到上限位，夹紧模块使工件自由。

第二次判断工位 1 有工件时，旋转工作台旋转 90°，电感式传感器确认工位；夹紧模块完成固定工件，钻孔模块的钻头旋转且下钻，到达下限位后退钻，回到上限位，夹紧模块使工件自由；同时，工位 3 的检测模块完成对工件的检测。

再次判断工位 1 无工件时，调用最后一个工件运行子程序。

3）按下停止按钮。

当接收到停止信号时，加工单元并不是立即停止运行，程序要在完成一个完整的周期后停止。

4）按下急停按钮时，设备立即停止运行。

3.2.3 程序流程图与顺序功能图调试

设备具体操作有开始、复位、停止，要求起动后全自动运行。加工单元程序流程如图 3-29 所示。

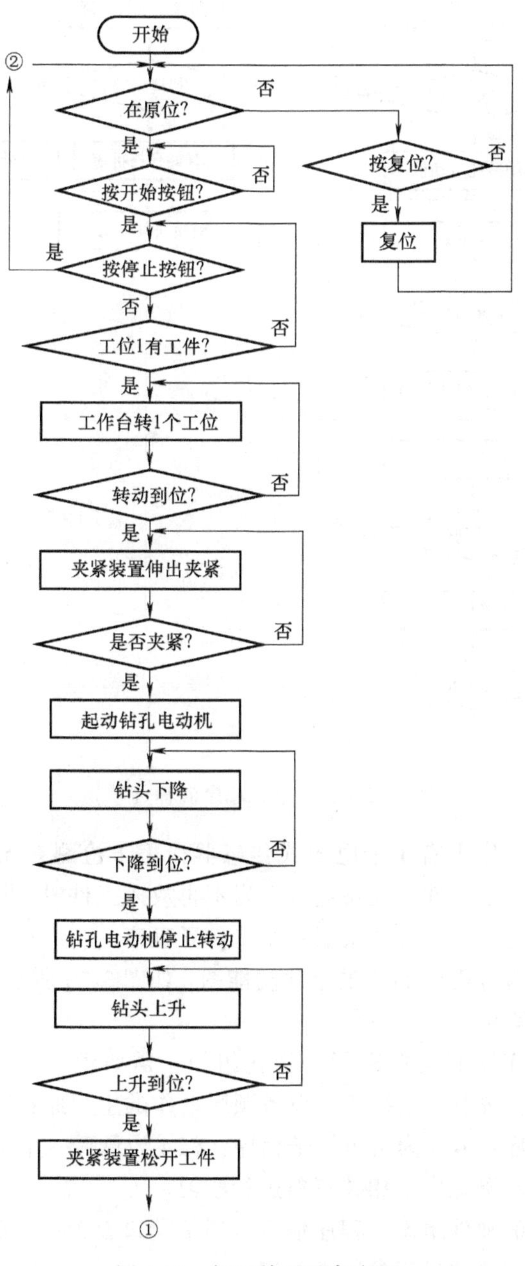

图 3-29 加工单元程序流程

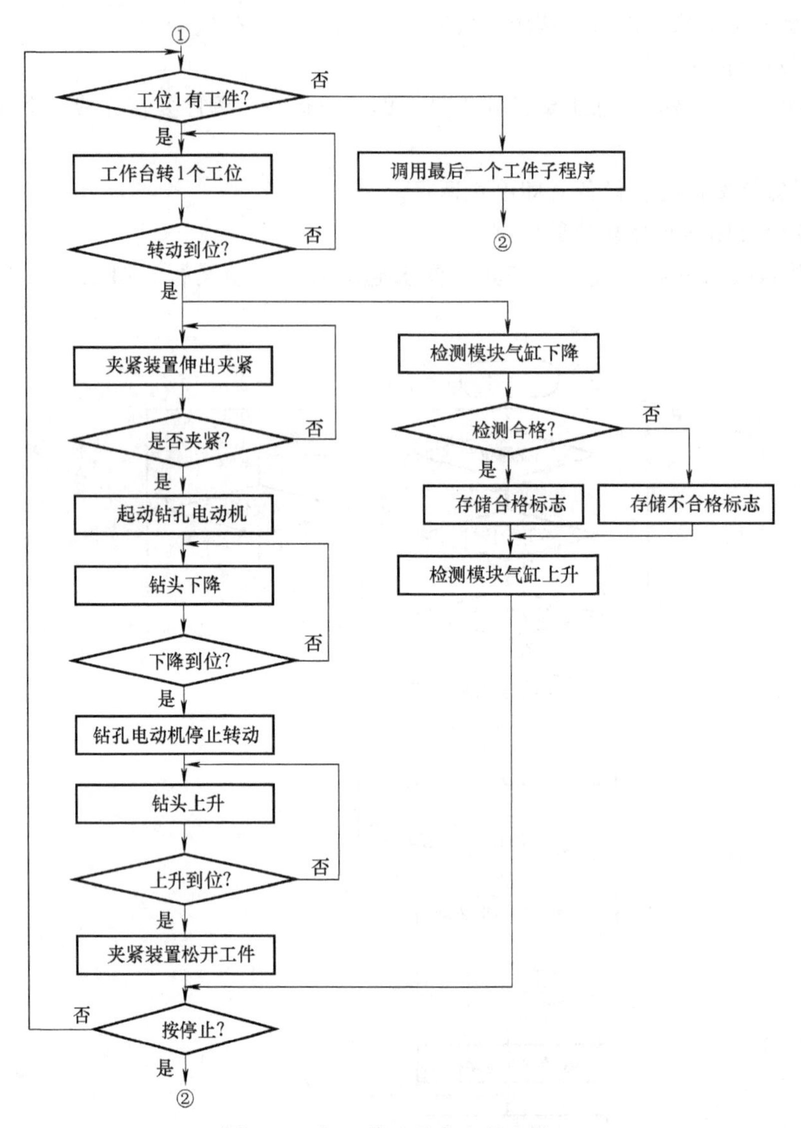

图 3-29 加工单元程序流程（续）

由于此设备中只在工位 1 有 1 个电容式传感器，用于检测有无工件，所以程序比较复杂。在工位 1 放入最后一个工件，设备运行。当不再放入工件时，就会有最后一个工件需要顺序处理，此时需要调用一个特殊的最后一个工件子程序。

此处给出自动顺序运行程序 FC1 的顺序功能图，如图 3-30 所示。

3.2.4 梯形图设计与程序调试

为了把整个用户程序按照功能进行结构化组织，需要编写 4 个子程序和 1 个主程序。FC1 是设备初始状态下，按下开始按钮，设备顺序动作的主程序；FC2 是设备回到初始状态的子程序，即复位子程序；FC3 为指示灯子程序；FC4 为最后一个工件子程序；OB1 是主程序。程序详解请参照配套资源中的相关资料进行学习。

程序调试包括项目的硬件组态、程序输入、通信端口设置、下载组态、下载程序、在线联调等过程。具体调试程序的过程参照学习情境 1。

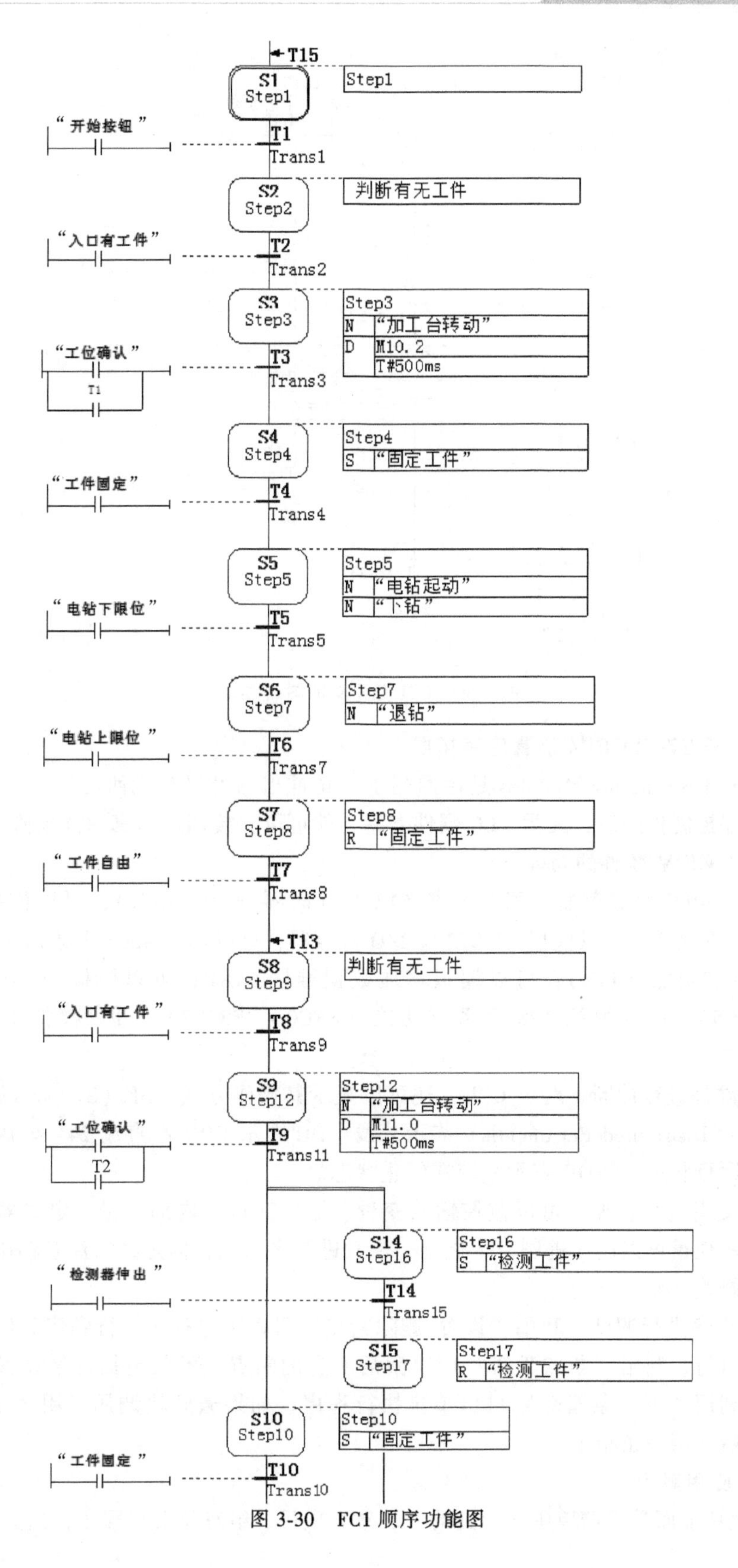

图 3-30 FC1 顺序功能图

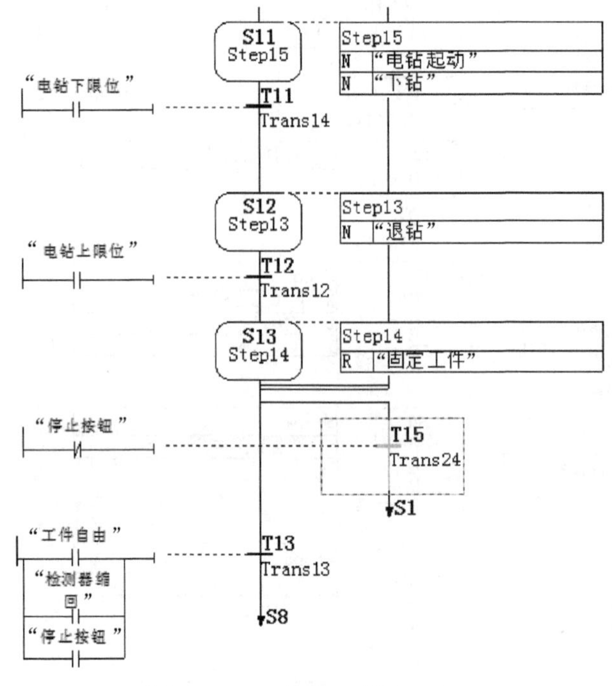

图 3-30　FC1 顺序功能图（续）

3.2.5　西门子 S7-PLCSIM 仿真应用拓展

S7-PLCSIM Simulating Modules 是由西门子公司推出的可以替代西门子 PLC 硬件的仿真软件，设计好控制程序后，无需 PLC 硬件支持，就可以直接调用仿真软件来验证。

1. S7-PLCSIM 软件的功能

（1）模拟 PLC 的寄存器　可以模拟 512 个计时器（T0～T511）；可以模拟 131072 位（二进制）M 寄存器；可以模拟 131072 位 I/O 寄存器；可以模拟 4095 个数据块、2048 个功能块（FBs）和功能（FCs）；可以模拟本地数据堆栈 64KB；可以模拟 66 个系统功能块（SFB0～SFB65）；可以模拟 128 个系统功能（SFC0～SFB127）；可以模拟 123 个组织块（OB0～OB122）。

（2）对硬件进行诊断　对于 CPU，还可以显示其操作方式。SF（System Fault）表示系统报警；DP（Distributed Peripherals）表示总线；DC 表示 CPU 由直流 24V 电源供给；RUN 表示系统在运行状态；STOP 表示系统在停止状态。

（3）对变量进行监控　可以监控输入变量、输出变量、内部变量、定时器变量、计数器变量。这些变量可以用二进制、十进制、十六进制来访问，但是必须注意输出变量（QB）一般不强制修改。

（4）对程序进行调试　利用“设置/删除断点”可以确定程序执行到何处停止，且断点处的指令不执行。利用“断点激活”可以激活所有的断点，不仅包括已经设置的，也包括要设置的。利用“下一条指令”可以单步执行程序。如果遇到块调用，用“下一条指令”可以跳到块后的第一条指令。

2. 软件应用案例

1）根据从前面学习情境中学习到的方法建立项目、组态及书写程序，如图 3-31 所示。

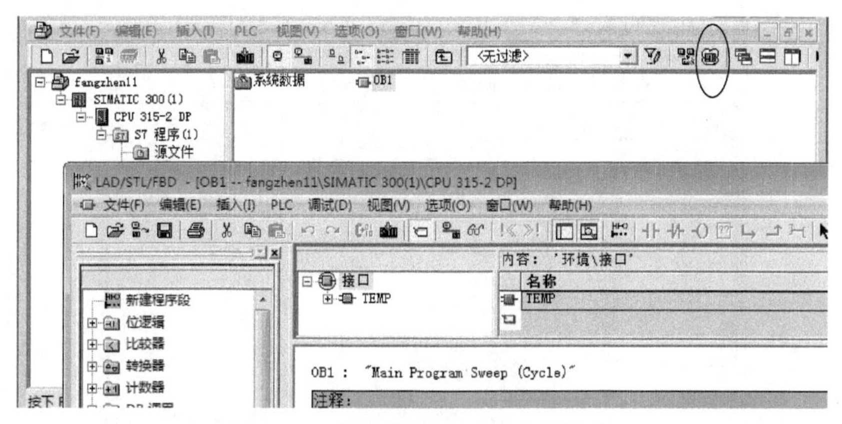

图 3-31 建立项目、组态及书写程序

2）双击图 3-31 中“仿真”图标，打开仿真界面，如图 3-32 所示。

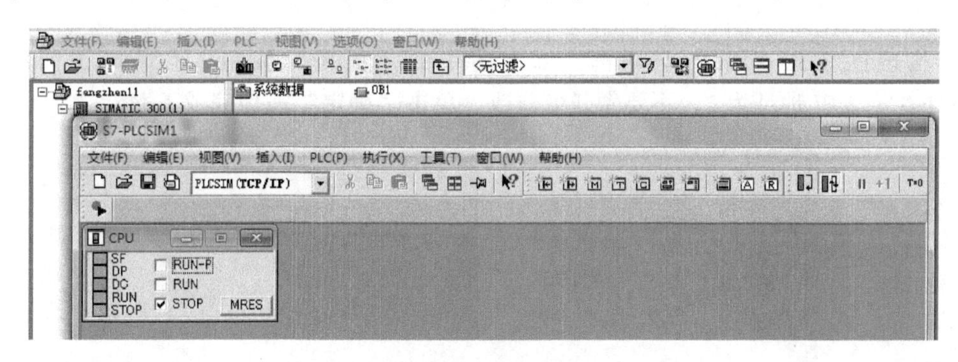

图 3-32 仿真界面

3）设置 PG/PC 接口，如图 3-33 所示。在弹出的图 3-34 所示的界面中选择“PLCSIM MPI. 1”，单击“确定”按钮。

4）下载组态好的硬件，如图 3-35 所示。单击椭圆标注的“下载”图标，在弹出的对话框中单击“确定”按钮。

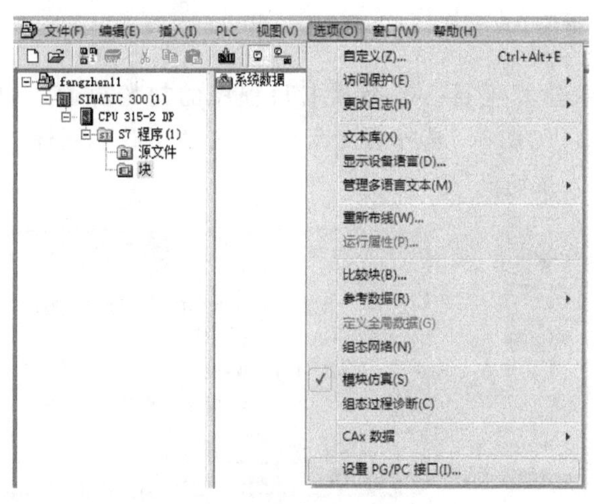

图 3-33 选择设置 PG/PC 接口

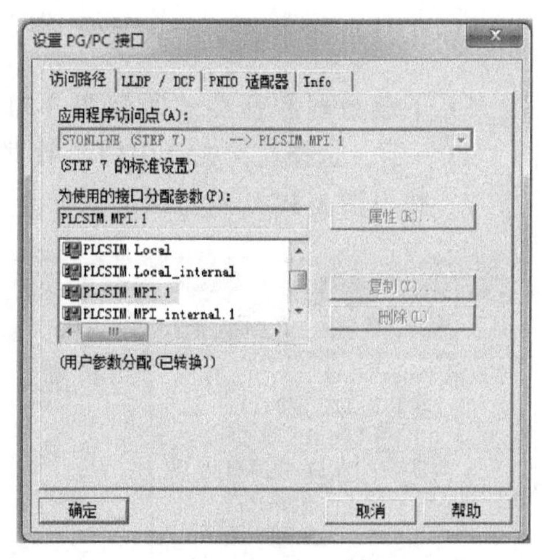

图 3-34 选择 PLCSIM MPI. 1 选项

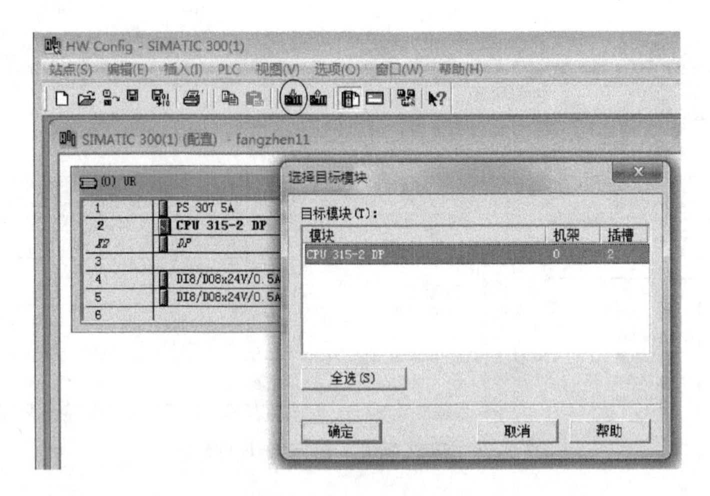

图 3-35　硬件组态下载

5）出现图 3-36 所示的对话框，单击图中的“更新”按钮，出现可访问的节点“CPU841-0”，MPI 地址为 2，不要做任何修改，单击“确定”按钮完成下载。

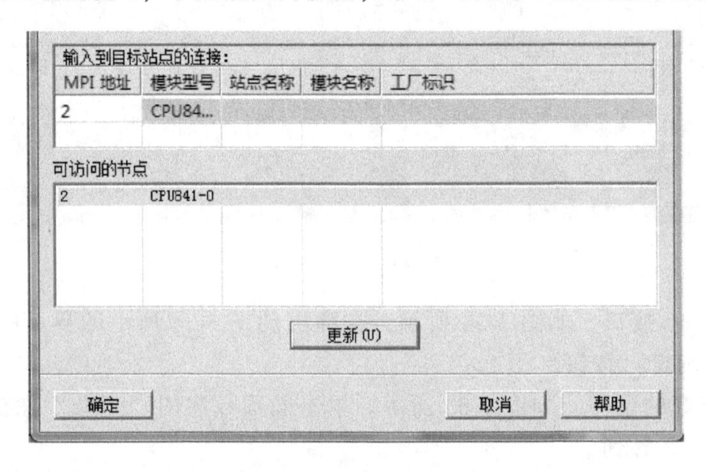

图 3-36　选择节点地址

6）下载数据和程序。回到图 3-31 所示建立项目、组态及书写程序的初始界面。如图 3-37 所示，选择右侧栏目中的“数据”和“OB1”（选择后变蓝），单击“下载”图标。

7）弹出图 3-38 所示对话框，单击“是”按钮。

图 3-37　选择数据和程序下载

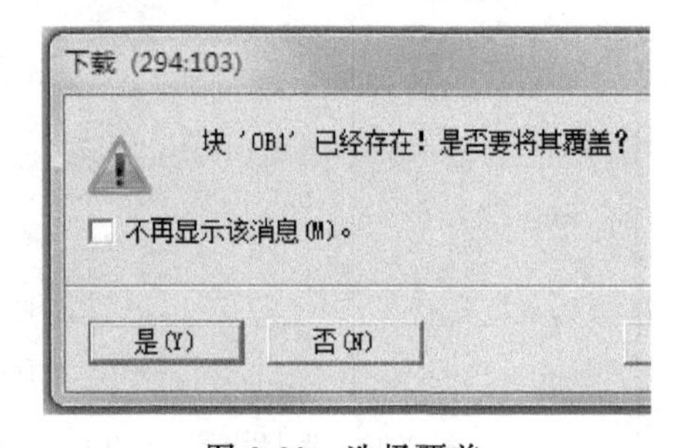

图 3-38　选择覆盖

8）弹出图 3-39 所示对话框，单击“是”按钮。

9）弹出图 3-40 所示对话框，单击“是”按钮，程序下载完成。

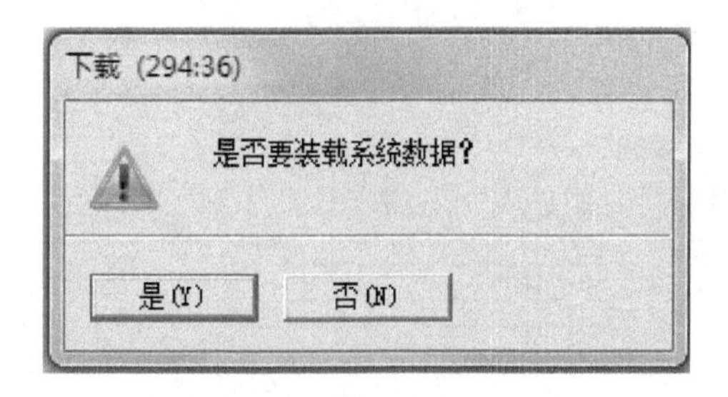

图 3-39 装载系统数据

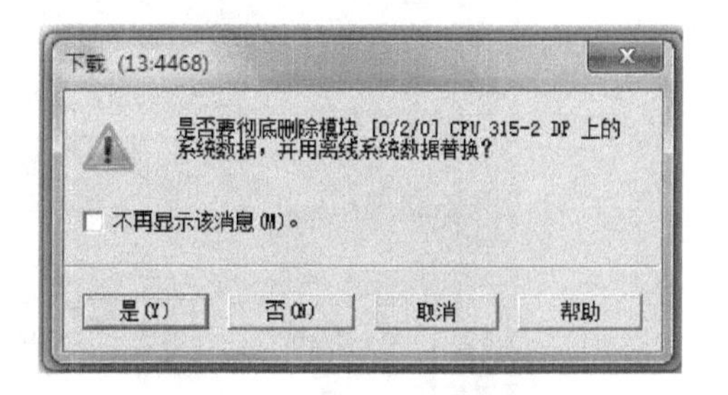

图 3-40 用离线系统数据替换

10）硬件和程序下载完毕后，把仿真界面设置成 RUN 模式，如图 3-41 椭圆处所示。

11）单击界面上监视（开/关）图标，程序执行部分变为绿色，如图 3-42 所示。

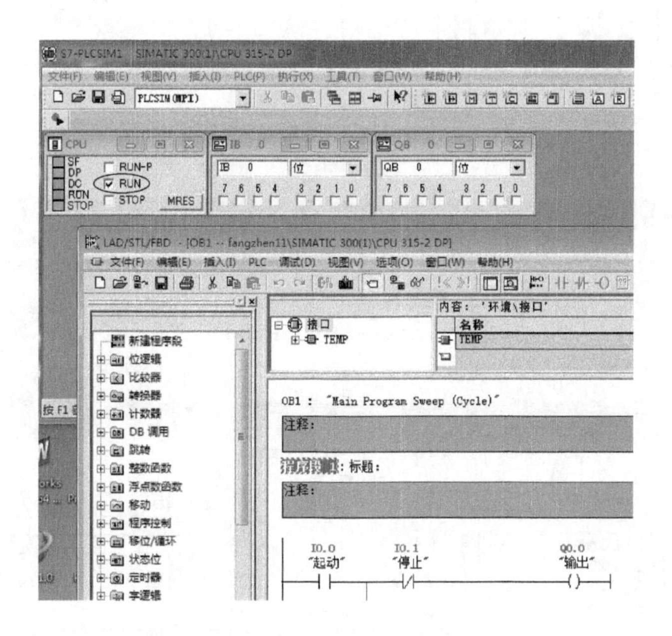

图 3-41 仿真界面设置成 RUN 模式

12）强制将 I0.0 设置为高电平 1，则 Q0.0 为高电平 1（变成实线、绿色），如图 3-43 所示。

13）再强制将 I0.0 设置为低电平 0，这时实现了起动保持功能，Q0.0 依然为高电平 1，如图 3-44 所示。

14）再强制将 I0.1 设置为低电平 1，这时实现了停止功能，Q0.0 为低电平 0，如图 3-45 所示。

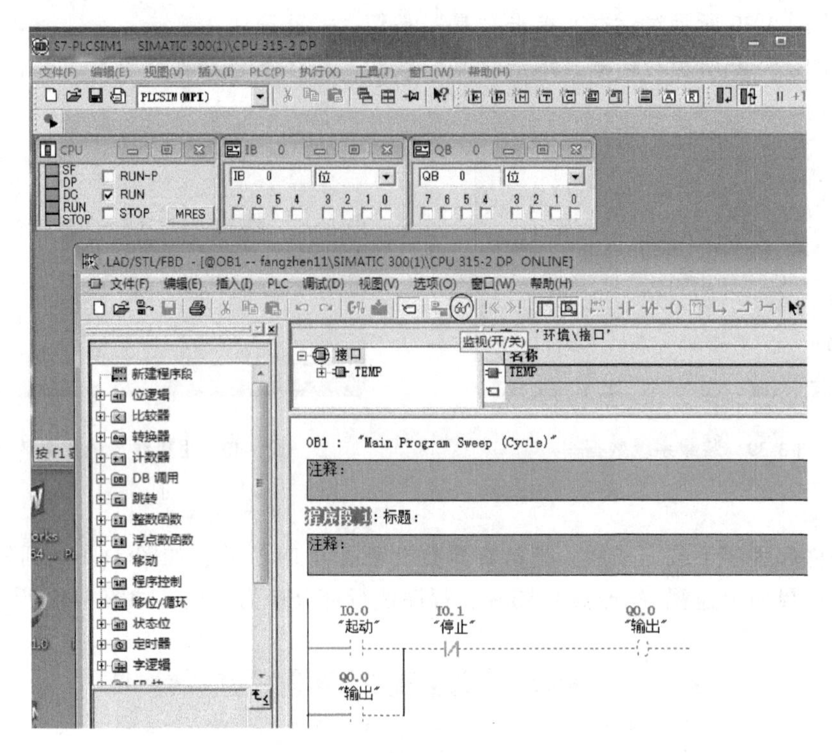

图 3-42 监视界面

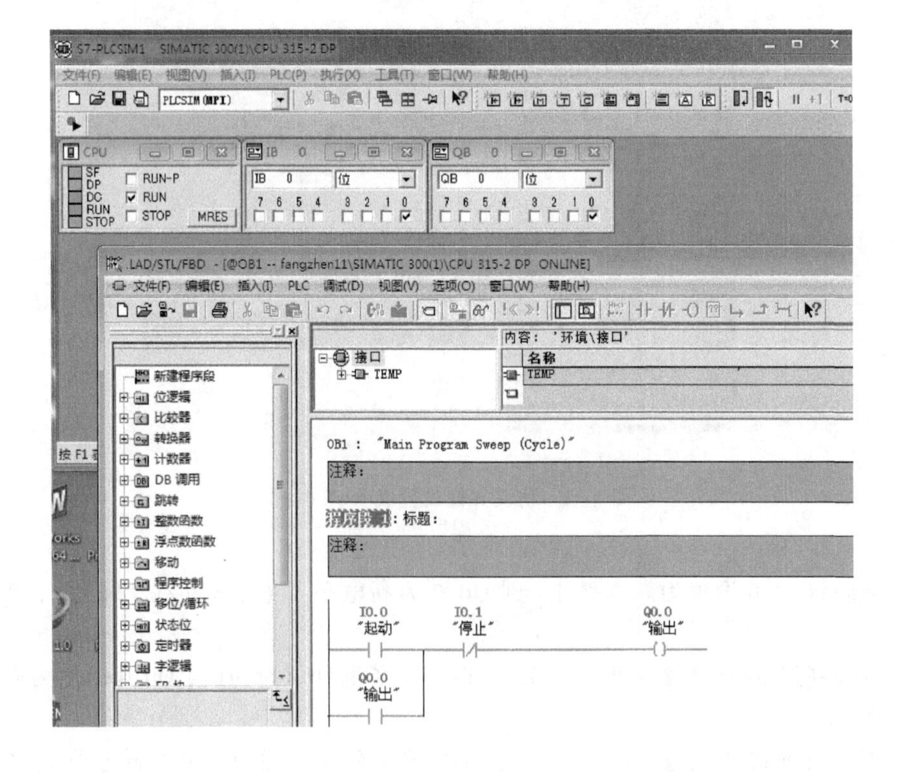

图 3-43 起动运行

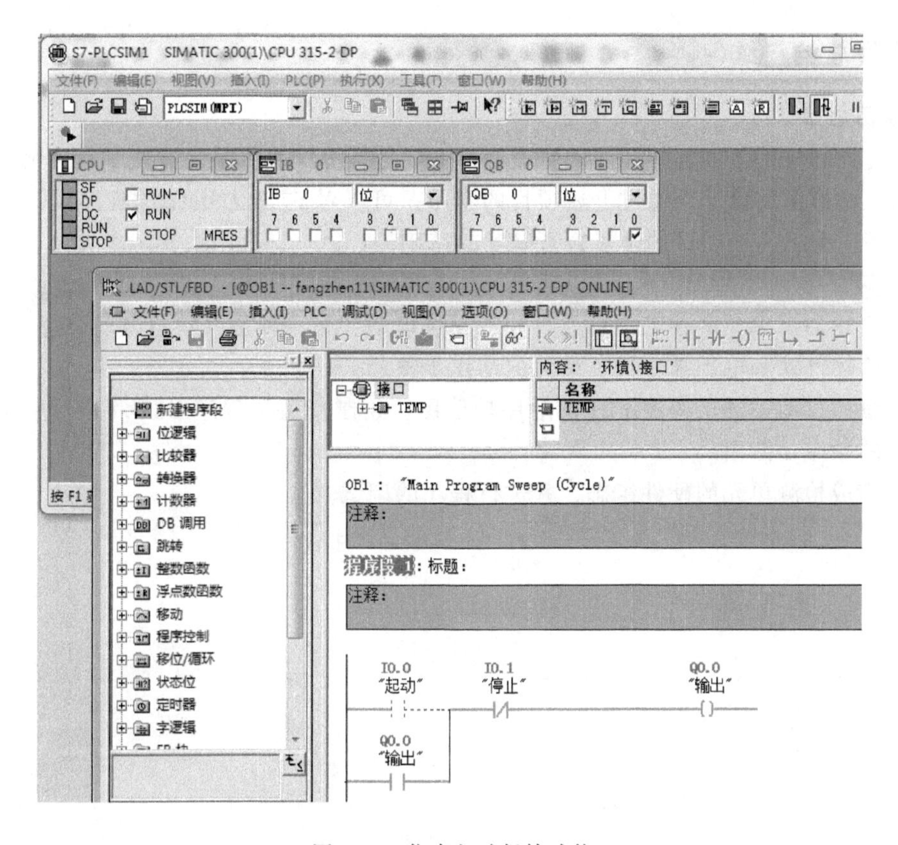

图 3-44 仿真起动保持功能

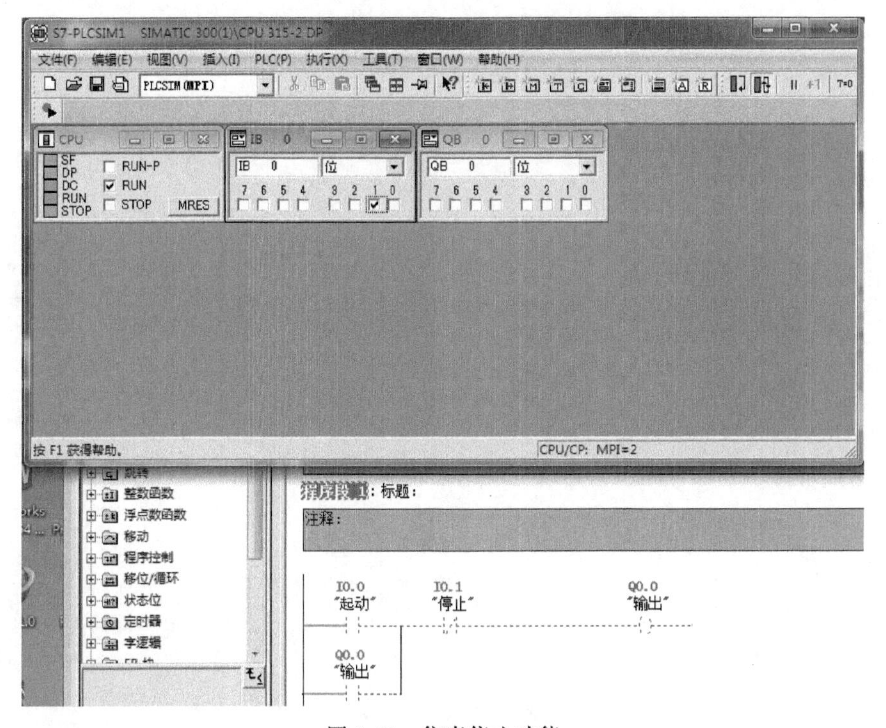

图 3-45 仿真停止功能

3.3 项目总结与练习

1. 项目总结

本项目详细分析了加工单元的动作流程与 I/O 地址分配表，最终完成了程序流程图、顺序功能图、梯形图的设计。通过上述项目的学习，可以对 S7-PLCSIM1 的程序设计有一个更全面的了解，为下一个项目的学习打下坚实的基础。

2. 练习

（1）简述加工单元两种工作单元（一种是纯电动，另一种是气动与电动结合）的不同。

（2）简述气动和电动结合加工单元的动作步骤。

（3）参照自动循环子程序 FC1 的顺序功能图，绘制复位子程序 FC2 和最后一个工件子程序 FC4 的顺序功能图。

（4）完成检测单元的硬件组态，并进行程序的调试。

学习情境 4

操作手单元的装调与控制技术

项目 1　操作手单元的认知

1.1　项目任务

1.1.1　任务描述

通过观察操作手单元的运行，了解 MPS 自动化生产线中对气缸缸体零件的检测、分类方法，掌握机械耦合式无杆气缸的原理、常见机械手爪的结构及原理，掌握其相关的知识与操作技能，完成电气控制系统的分析与程序调试。

1.1.2　教学目标

1. 知识目标

1）进一步掌握 CPV 阀岛、磁感应式接近开关、光电传感器的工作原理。

2）进一步熟悉 I/O 端子和接线方法，掌握电气原理图的分析方法。

3）掌握机械耦合式无杆气缸的结构和工作原理。

4）掌握气动线性驱动定位控制及气动回路原理。

5）掌握物料分配控制原理。

2. 素质目标

1）严谨、全面、高效、负责的职业素养。

2）良好的道德品质、协调沟通能力、团队合作及敬业精神。

3）勤于查阅资料、勤于思考、勇于探索的良好作风。

4）善于自学与归纳分析。

1.2　设备技术参数与运行

1.2.1　设备技术参数

1）电源：DC24V，4.5A。

2）温度：-10~40℃；环境湿度：≤90%（25℃）。

3）气源工作压力：最小值为 4bar，典型值为 6bar，最大值为 8bar。

4）2 个 SM323，共 16 点数字量输入、16 点数字量输出。

5）安全保护措施：具有接地保护、剩余电流保护功能，安全性符合相关的国家标准。

1.2.2 设备运行与功能实现

1. 检查与起动

1）检查电源电压和气源。

2）手动复位前，将模块上的工件拿走。

3）进行复位。复位之前，RESET 指示灯亮，这时可以按下复位按钮。复位后，起动指示灯亮。

4）起动操作手单元。按下 START 按钮即可起动该系统。动作过程如图 4-1～图 4-4 所示。按下“结束”按钮，动作结束，回到初始状态。读者可扫描二维码进行分析学习。

操作手单元 动画

操作手单元 视频

2. 运动过程

1）将工件放入图 4-1 所示的支架模块，操作手起动。

2）机械手爪检测并抓取工件，如图 4-2 所示。

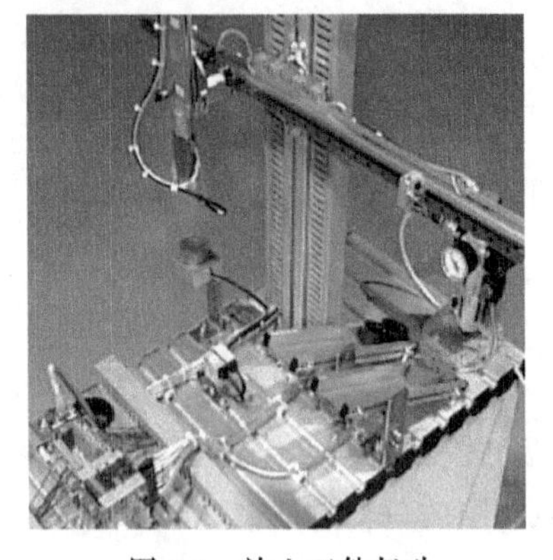

图 4-1　放入工件起动

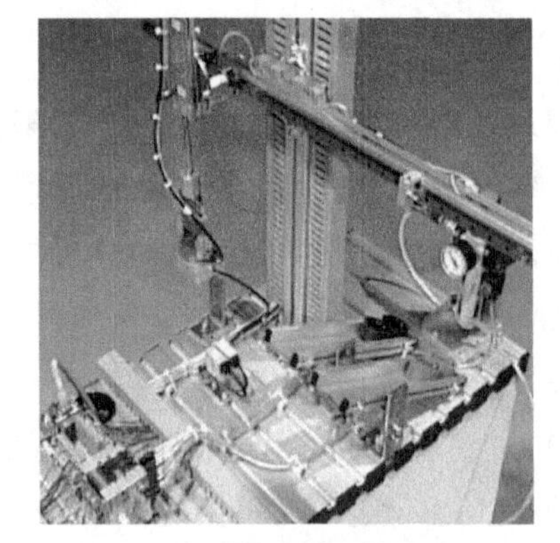

图 4-2　检测并抓取工件

3）机械手爪抓着工件向右运动，根据工件的颜色，选择在右侧的两个滑槽上方停止。此处为左侧滑槽存储黑色工件，右侧滑槽存储红色工件，如图 4-3 所示。

4）图示手爪抓取的是红色工件，所以停止在右侧滑槽上方，并下降、松开手爪，把工件放入右侧滑槽中，如图 4-4 所示。

图 4-3　运输

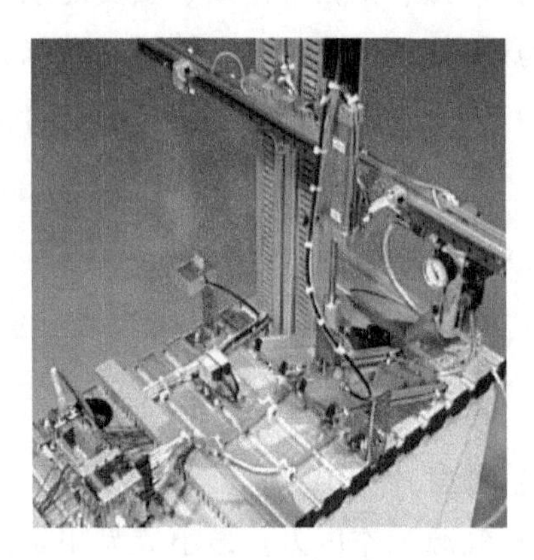

图 4-4　分类存放

3. 注意事项

1）任何时候按下急停按钮或 STOP 按钮，可以中断系统工作。

2）选择开关 AUTO/MAN 用钥匙控制，可以选择连续循环（AUTO）或单步循环（MAN）。

3）在多个工作站组合时，要对每个工作站进行复位。

1.3 操作手单元介绍

1.3.1 操作手单元的组成

操作手单元结构如图 4-5 所示，主要由 PicAlfa 模块、支架模块、滑槽模块、走线槽、气源处理组件、I/O 接线端口、CPV 阀岛、传感器组件、铝合金底板、底车、控制面板和 PLC 板等组成。

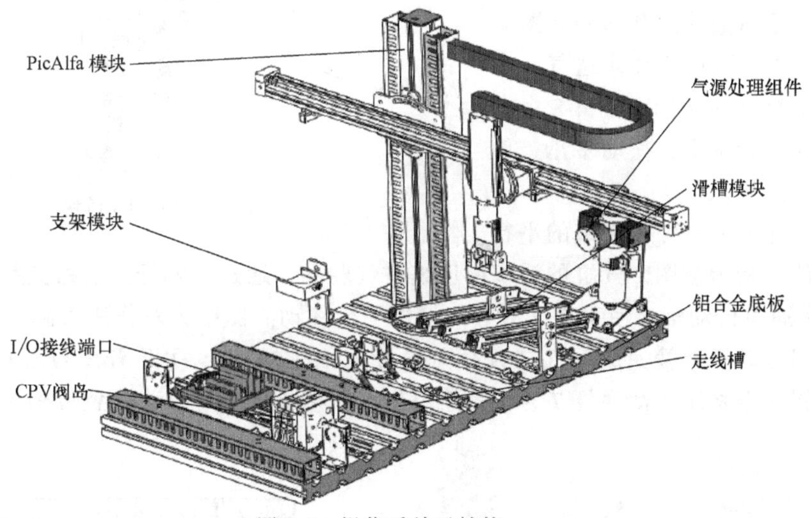

图 4-5 操作手单元结构

1. 支架模块

支架模块主要功能是接受上一工作站的工件，该模块将工件放入其中，在支架上有一个漫反射式光电传感器检测有无工件，如图 4-6 所示。

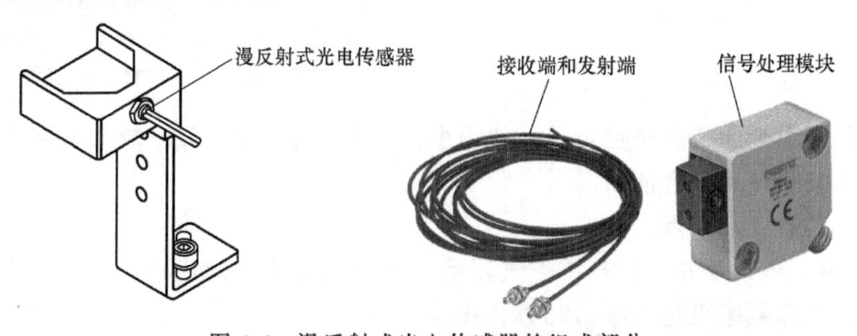

图 4-6 漫反射式光电传感器的组成部分

漫反射式光电传感器由两部分组成：一部分为发射端和接收端，由两根光纤连接；另一部分为信号处理模块，将两根光纤插入其中，把光信号转变为电信号。

2. PicAlfa 模块

PicAlfa 模块如图 4-7 所示。此模块具有高度的灵活性且行程短，末端位置传感器的安装位置可任意调节。其功能为搬运物体并将其传送到之后的滑槽模块中储存。

无杆气缸具有柔性可调节缓冲装置，从而确保末端位置及中间位置的快速定位。在提取装置上装有气动手爪。

(1) 气动手爪　在提取装置上装有气动手爪，气动手爪上还有一个漫反射式光电传感器，用于检测工件颜色。气动手爪的外形和结构如图 4-8 所示，通过给不同的缸体送气，实现气动手爪打开和关闭。图 4-8 由左至右依次为平行手爪、摆动手爪、旋转手爪和三点气爪。

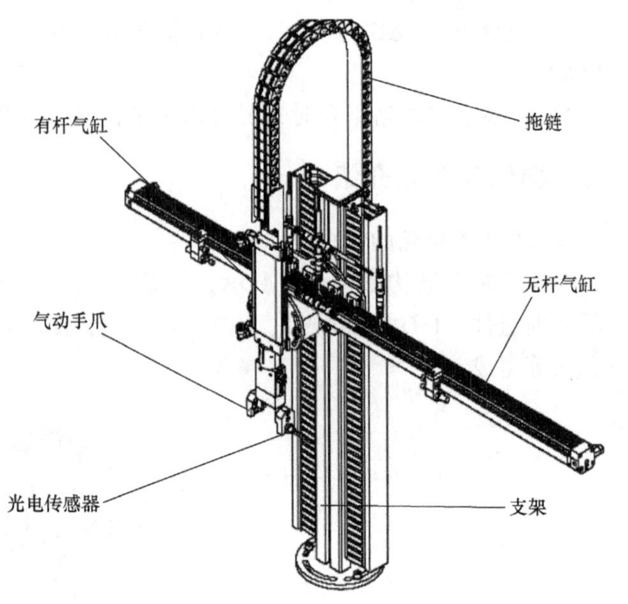

图 4-7　PicAlfa 模块

图 4-9 所示为一种较简单的平行开闭手爪的结构示意图。气缸的活塞由压缩空气驱动，通过活塞杆 7 上的支点轴 2 带动拨叉 3 转动，再通过传动轴 4 使手爪 1 沿导向槽做平行移动。图中为双作用气缸，也可为单作用气缸，返回运动靠弹簧完成。气缸直径可设计成 10~25mm，手爪开闭行程可为 5~15mm，气缸体为铝合金材质，活塞杆 7 为不锈钢材料。活塞上的磁环 9 为位置传感器的感应装置。

图 4-8　常用气动手爪

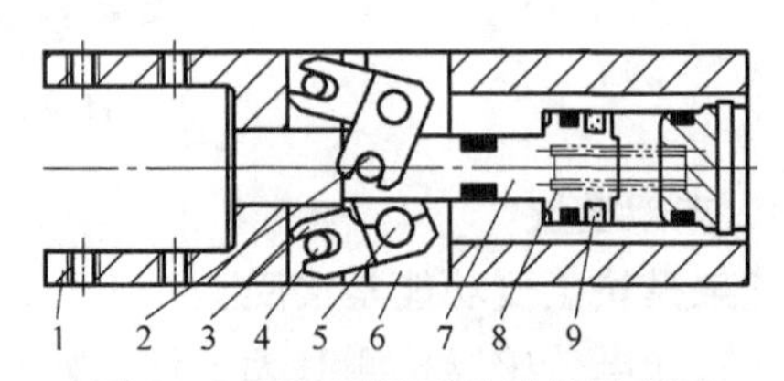

图 4-9　平行开闭手爪结构示意图

1—手爪　2—支点轴　3—拨叉　4—传动轴　5—支轴　6—拨叉座　7—活塞杆　8—弹簧　9—磁环

该平行开闭手爪的特点是重量轻、体积小，最小型重量为 75g，最大型重量为 300g。因此，可以与小型机械手配合使用。

气动手爪具有以下特点：

1）快速性。气动手爪通过压缩空气驱动，具有气压传动的优点，运动速度快，手爪的开闭时间短，工作频率可达 100~180 次/min。

2）体积小，重量轻，采用特殊密封结构，不必润滑。由于采用铝合金等轻型材质且设计紧凑，所以气动手爪一般重量为 300~1500g。

3）开闭动作均可用压缩空气驱动。工作压力可调，把持力稳定可靠。

4）具有内部磁性发信装置，手爪的开闭动作可得到确认，提高工作可靠性。

5）可以在各个方向上安装，并备有各种形状的手指，可以适应不同工件。

6）把持力受一定限制，当需要较大把持力时，手爪体积要增大。

（2）机械耦合式无杆气缸　如图4-10所示，在气缸筒轴向开有一条槽，在气缸两端设置空气缓冲装置。

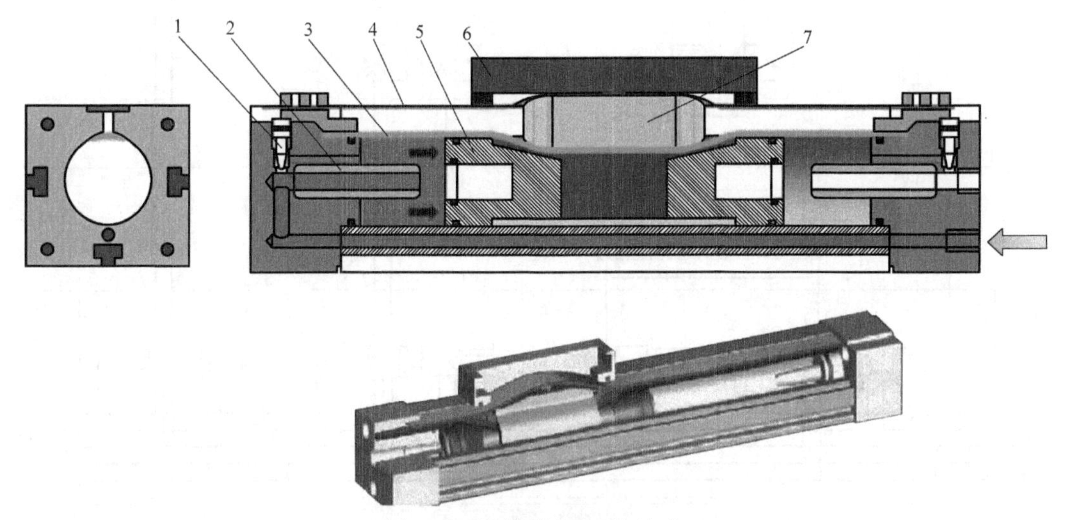

图4-10　机械耦合式无杆气缸

1—节流阀　2—缓冲柱塞　3—密封带　4—防尘不锈钢带　5—活塞　6—滑块　7—管状体

活塞5带动与负载相连的滑块6一起在槽内移动，且借助缸体上的一个管状沟槽防止其产生旋转。

因防泄漏和防尘的需要，在开口部采用聚氨酯密封带3和防尘不锈钢带4固定在两侧端盖上。无杆气缸具有柔性可调节缓冲装置，从而确保了末端位置及中间位置的快速定位。

无杆气缸具有以下特点：

1）与普通气缸相比，在同样行程下安装装置可缩小1/2。

2）不需设置防旋转机械装置。

3）适用缸径10~80mm，最大行程可达41.5m。

4）速度可达10m/s。

5）密封性能差，容易产生外漏，在使用三位阀时必须选用中压式。

6）承受负载能力小，为了增加负载能力，必须增加导向机械。

3. 滑槽模块

（具体参见学习情境2的图2-21）

用于传送和储存工件，可以存储5个工件。该模块的倾斜度和高度可以调节，应用范围很广。

在后续学习情境的成品分装单元中也使用了两组滑槽模块，工件在传送带上传送并存放在滑槽模块上。

1.3.2　操作手单元气动回路分析

操作手单元气动控制回路的工作原理图如图4-11所示。

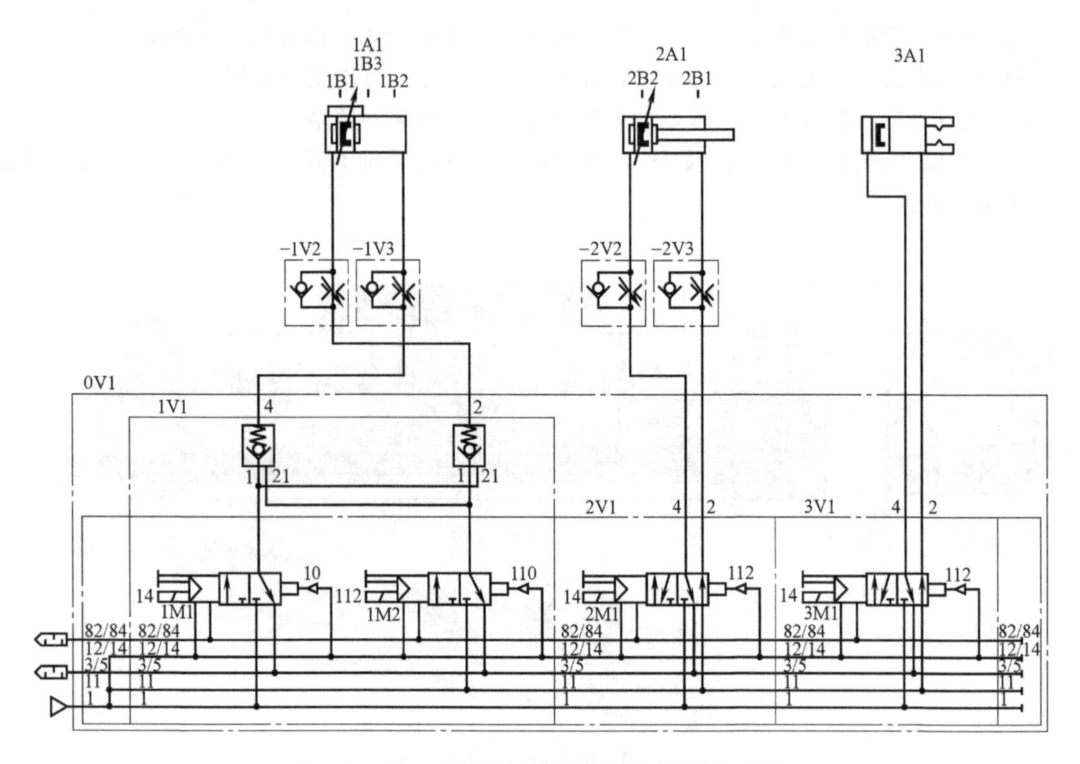

图 4-11　操作手单元气动控制回路的工作原理图

气动控制系统是该工作单元的执行机构，该执行机构的控制逻辑功能是由 PLC 实现的。在气动控制原理图中，0V1 点画线框为阀岛；1V1、2V1、3V1 分别被三个点画线框包围，为三片电磁换向阀，也就是第 1 片阀、第 2 片阀和第 3 片阀集成在一个阀岛中。

1A1 为无杆气缸，1B1、1B2 和 1B3 为安装在无杆气缸的两个极限工作位置和分拣位置的磁感应式接近开关，用它们发出的开关量信号可以判断气缸的三个工作位置；1V2、1V3、2V2、2V3 为单向可调节流阀，分别用于调节无杆气缸、提升气缸的运动速度。

2A1 为提升气缸，2B1、2B2 为安装在提升气缸的两个极限工作位置的磁感应式接近开关，用它发出的开关量信号可以判断气缸的两个极限工作位置。

3A1 为气动手爪；1M1、1M2 为控制无杆气缸电磁阀的电磁控制端；2M1 为控制提升气缸电磁阀的电磁控制端；3M1 为控制气动手爪电磁阀的控制端。

1.3.3　操作手单元电气控制电路分析

操作手单元的动作及状态是由 PLC 控制的，与 PLC 的通信是由前面介绍的 I/O 端口实现的。I/O 端口与设备上的元件连接就实现了 PLC 与设备上的元件连接。操作手单元的电气控制电路如图 4-12~图 4-14 所示。

在图 4-12 中，PART_ AV 为支架上检测有无工件的漫反射式光电传感器。1B1、1B2 和 1B3 为无杆气缸活塞位置的磁感应式接近开关，简称磁性开关，分别对应左侧位置、滑槽 1 位置和滑槽 2 位置。磁性开关采用三线制，0V 端为蓝色线，接 I/O 端口的三排一侧的 0V 端；24V 端为褐色线，接 I/O 端口的三排一侧的 24V 端；A 端为信号输出端，为黑色线，接 I/O 端口的三排一侧的 I 端，作为 PLC 输入信号。

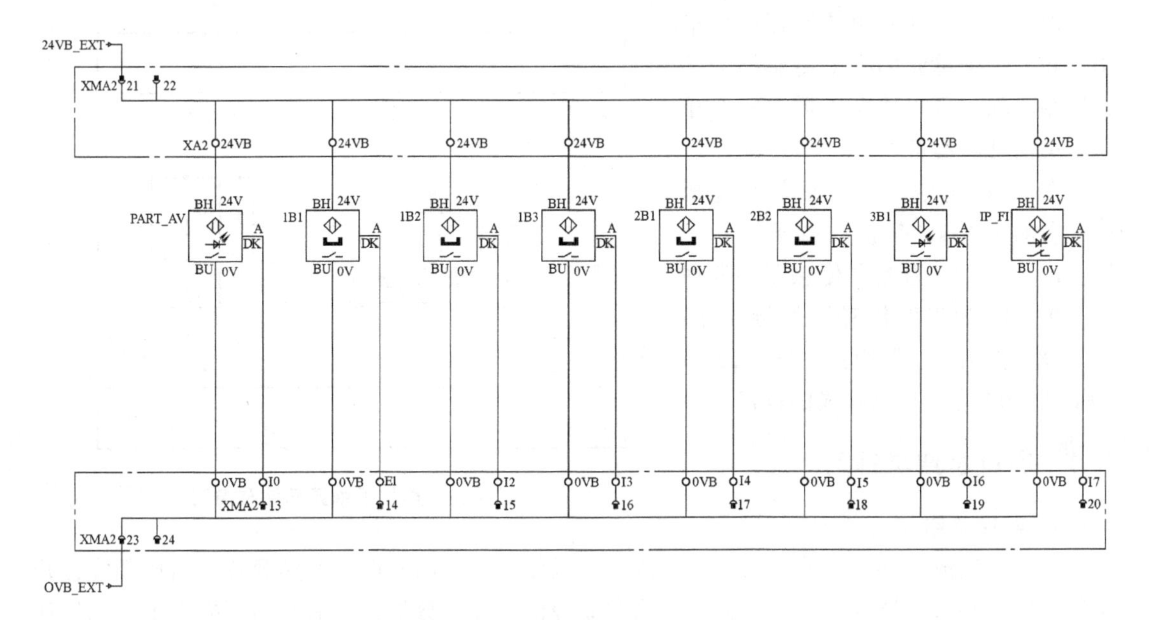

图 4-12　操作手单元输入电气原理图

2B1、2B2 为提升气缸两个极限位置的磁性开关，接线方法同 1B1。3B1 为安装在手爪上的漫反射式光电传感器，用于检测工件是黑色还是非黑色，接线方法同 1B1。IP_ FI 为光电传感器的接收端，和下一个单元的光电传感器的发射端相匹配，用于接收下一个单元准备好的光电信号，并把信号作为本单元的一个输入信号。

在图 4-13 中，1M1、1M2 为无杆气缸电磁阀的两个电磁控制信号，2M1 为控制提升气缸电磁阀的电磁控制信号，3M1 为控制气动手爪电磁阀的控制信号，分别接 I/O 端口的两排一侧的 0V 端和 PLC 输出控制端 O 端。

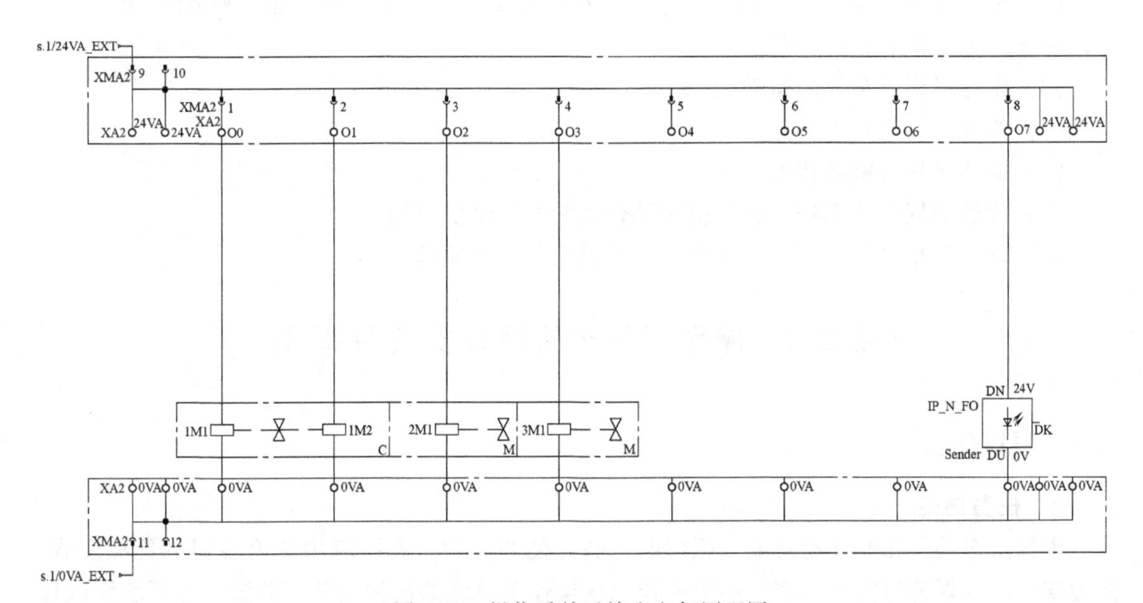

图 4-13　操作手单元输出电气原理图

IP_ N_ FO 为光电传感器的发射端，和上一个单元的光电传感器的接收端相匹配，可以用于告诉上一个单元本单元已经准备好。

在图 4-14 中，XMA2 为电缆插口，右侧为 SysLink 接线端子及指示灯；IP_ N_ FO 为光电传感器的发射端；IP_ FI 为光电传感器的接收端；上下矩形为走线槽；3M1、2M1、1M1 和 1M2 为三片阀构成的阀岛。

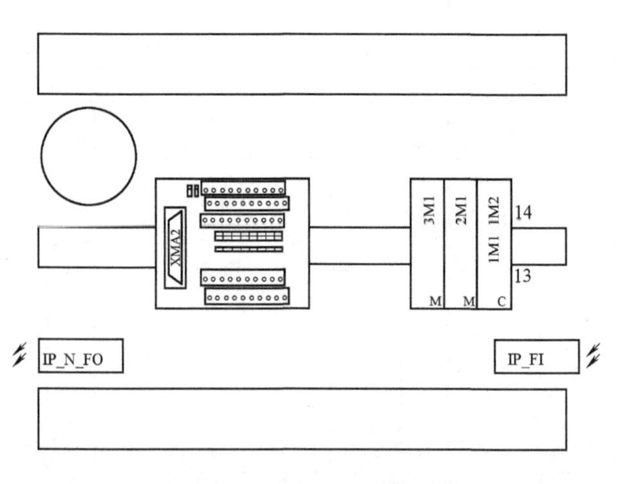

图 4-14　操作手单元元件布局图

1.4　项目总结与练习

1. 项目总结

本项目完成了操作手单元的分析，阐述了操作手单元的功能、操作及各个组成部分，并对气动手爪和机械耦合式无杆气缸的结构和原理做了详细分析，最后给出了操作手单元气动原理图与电气原理图，并进行了要点讲解，为学生下一个项目的学习打下了基础。

2. 练习

(1) MPS 操作手单元的结构组成主要包括：______、______、______、______、______、______、______、______等。

(2) 机械耦合式无杆气缸的气缸筒轴向开有一条槽，在气缸两端设置______装置。______带动与负载相连的______一起在槽内移动，且借助缸体上的一个管状沟槽防止其产生旋转。因防泄漏和防尘的需要，在开口部采用______和______固定在两侧端盖上。无杆气缸具有末端位置及中间位置______的特点。

(3) 滑槽模块用于______和储存工件，可以存储______个工件。由于该模块的______可以调节，所以应用范围很广。

(4) 阐述操作手单元的运动过程。

(5) 简述气动手爪的特点。

(6) 简述无杆气缸的特点。

(7) 比较磁耦合式无杆气缸与机械耦合式无杆气缸的异同。

(8) 画出简单平行开闭手爪示意图，并说明其工作原理。

项目 2　操作手单元的硬件安装与调试

2.1　项目任务

2.1.1　任务描述

根据操作手单元的气动与电气原理图，制订装调计划，熟练应用常用装调工具和仪器，熟悉安装调试规范与安全规范。小组协作完成操作手单元的硬件安装与调试，并下载测试程序，完成功能测试。

2.1.2 教学目标

1. 知识目标

1）掌握机械电气安装工艺规范和相应国家标准。

2）掌握设备安装调试安全规范。

2. 技能目标

1）能够正确识图。

2）能够制订设备装调技术方案和工作计划。

3）能够熟练使用常用的机械装调工具。

4）能够熟练使用常用的电工工具和仪器。

5）会正确安装相应的元器件。

6）能够编写安装调试报告。

3. 素质目标

1）经济、安全、环保的职业素养。

2）协调沟通能力、团队合作及敬业精神。

3）勤于查阅资料、勤于思考、勇于探索的良好作风。

4）善于自学与归纳分析。

2.2 硬件安装与调试

2.2.1 安装调试工作计划

机电设备安装调试所包括的程序步骤详见学习情境2。

此处介绍的设备安装调试省去开箱验收、安装施工、设备安装工程的移交使用等步骤，但需要确定工作组织方式、划分工作阶段、分配工作任务、制定安装调试工艺流程、设备试运转、设备试运转后工作和设备安装工程的验收等步骤。

安装调试工作流程如图4-15所示。教师可按照流程图安排项目的实施。

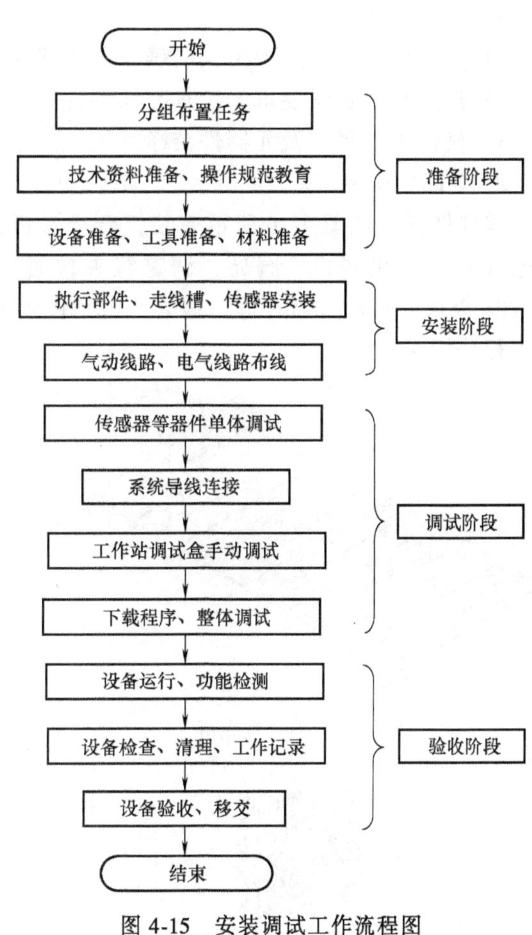

图4-15 安装调试工作流程图

2.2.2 安装调试设备及工具介绍

1. 工具

安装所需工具包括电工钳、圆嘴钳、斜口钳、剥线钳、压接钳、一字螺钉旋具、十字螺钉旋具（3.5mm）、电工刀、管子扳手（9mm × 10mm）、套筒扳手（6mm×7mm，9mm×10mm，12mm×13mm，22mm × 24mm）、内六角扳手（3mm，5mm）各1把，数字万用表1块。

2. 材料

导线 BV—0.75mm^2、BV—1.5mm^2、BVR 型多股铜芯软线各若干米，尼龙扎带、带垫圈螺栓各若干。

3. 设备

MPS 操作手单元主要包括按钮 5 只、开关电源 1 个、I/O 接线端口 1 个、升降缸 1 个、无杆气缸 1 个、气动手爪 1 个、漫射式光电传感器 2 个、磁感应式接近开关 5 个、普通滑槽 2 个、CPV 阀岛 1 个、消声器 1 个、气源处理组件 1 个、走线槽若干、铝合金板 1 个、PLC 控制板 1 个等。

4. 技术资料

技术资料包括操作手单元气动原理图、电气原理图，工件材料清单，相关组件的技术资料，安装调试的相关作业指导书，项目实施工作计划。

具体工件、材料介绍见学习情境 1，工具介绍见学习情境 2。

2.2.3 安装调试安全要求

要正确操作，确保人身安全，确保设备安全，具体见学习情境 1。

2.2.4 安装调试过程

1. 调试准备

1）读气动与电气原理图，明确线路连接关系。

2）选定技术资料要求的工具与元器件。

3）确保安装平台及元器件洁净。

2. 零部件安装

零部件安装从图 4-16 所示安装铝合金底板开始，然后安装导轨，安装走线槽组件，安装电气 I/O 接线端口、阀岛，调整线夹位置，安装 Station Link、滑槽、支架模块，安装 PicAlfa 模块、气动二联件等，最终完成如图 4-17 所示，共经过 8 个步骤。读者可扫描二维码进行分析学习。

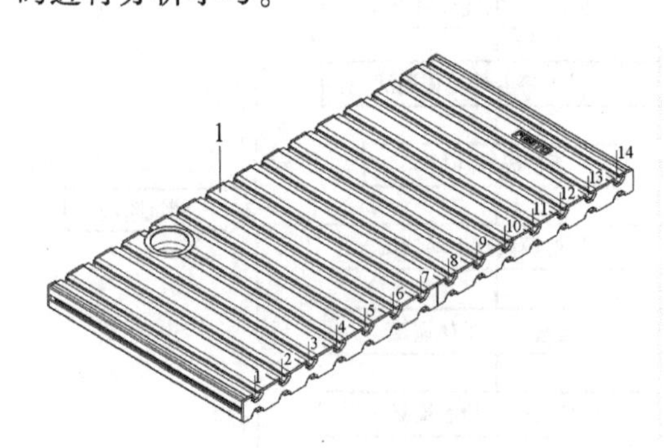

图 4-16 铝合金底板

操作手单元
机械装调 视频

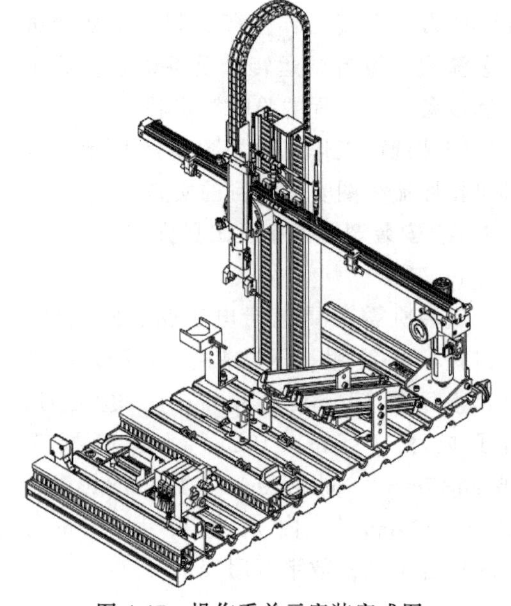

图 4-17 操作手单元安装完成图

3. 回路连接与接线

根据气动与电气原理图进行回路连接与接线。

4. 系统连接

完成系统连接。

5. 传感器、节流阀及阀岛等器件的调试

完成传感器、节流阀及阀岛等器件的调试。

6. 整体调试

完整的安装调试步骤与学习情境 1 内容基本相同，读者可结合配套资源中的相关资料进行学习。

2.3 项目总结与练习

1. 项目总结

本项目完成了操作手单元的安装与调试，训练使用了机电设备安装常用的工具与材料，复习了机电设备安装规范、机电设备安装调试安全要求，完成了设备的机械、气动、电气等零部件安装与调试。

2. 练习

(1) 简述 MPS 操作手单元拆装过程中常用的工具。

(2) 简述 MPS 操作手单元拆装过程中常用的材料。

(3) 说明操作手单元硬件安装调试工作项目实施的四个阶段并具体解释。

(4) 介绍 MPS 操作手单元的安装过程。

(5) 说明位于 PicAlfa 模块的提升气缸的两个极限位置的磁性开关的调试过程。

(6) 简述操作手单元安装调试的 6 个步骤。

项目 3 操作手单元的控制程序设计

3.1 项目任务

3.1.1 任务描述

根据操作手单元任务描述，编制设备动作流程，选择合适的编程语言，在计算机上进行操作手单元的程序编制，并下载程序，完成程序的调试。

3.1.2 教学目标

1. 知识目标

1) 掌握程序流程图的绘制标准。

2) 掌握顺序功能图的绘制标准。

3) 掌握 STEP7 符号表的应用方法。

4) 进一步掌握 STEP7 常用的编程指令。

2. 技能目标

1) 能够正确绘制程序流程图和顺序功能图。

2) 能够在 STEP7 软件上正确设置语言、通信口、PLC 参数等。

3）掌握在 STEP7 软件上应用变量表的方法。

4）掌握操作手单元的各个功能的设备联调。

5）能够自主编写技术报告。

3. 素质目标

1）协调沟通能力、团队合作及敬业精神。

2）勤于查阅资料、勤于思考、锲而不舍的良好作风。

3）善于自学与归纳分析。

3.2 操作手单元的控制程序设计

3.2.1 技术资料与编程调试设备

技术资料包括：操作手单元的气动原理图，电气接线图；相关组件的技术资料；工作计划表；供料单元的 I/O 地址分配表。I/O 地址分配表分为输入、输出两个部分，输入部分主要为漫反射式光电传感器、磁性开关、按钮等器件；输出部分主要是阀岛、指示灯等器件。

此处编程所用的设备是操作手单元，其特点：①支架模块可以检测有无工件；②PicAlfa 模块的提升气缸实现工件的上下运动；③PicAlfa 模块的无杆气缸实现工件的左右运动，并通过三个磁性开关确定“支架”“滑槽 1”“滑槽 2”三个工位；④气动手爪用来抓取工件，其上的光电传感器能够检测工件颜色；⑤滑槽用来存放不同颜色的工件。I/O 地址分配具体见表 4-1。

表 4-1 I/O 地址分配表

输入名称	输入地址	输出名称	输出地址
料槽有料	I0.0	左移气动手爪	Q0.0
气动手爪在料槽位置	I0.1	右移气动手爪	Q0.1
气动手爪在滑槽位置	I0.2	下降气动手爪	Q0.2
中间位置	I0.3	气动手爪打开	Q0.3
气动手爪在下位	I0.4	开始指示灯	Q1.0
气动手爪在上位	I0.5	复位指示灯	Q1.1
气动手爪工件非黑色	I0.6	辅助指示灯	Q1.2
开始按钮	I1.0		
停止按钮	I1.1		
自动/手动开关	I1.2		
复位按钮	I1.3		
消除报警	I1.4		
Quit 按钮	I1.5		
联网开关	I1.6		

3.2.2 动作流程分析

1. 操作手单元复位

PLC 在 Run 模式时，如果操作手单元不在原位，则复位灯闪烁，按下复位按钮，操作手单元复位。原位状态为气动手爪闭合，提升气缸在上位，无杆气缸在左位（料槽支架上方）。

2. 复位后按下开始按钮

检测料槽支架上是否有工件，有工件则进行顺序动作（此处直接放到滑槽 1，省略了判断工件颜色放不同滑槽的过程）。气动手爪打开，提升气缸下降，到位后气动手爪闭合，延时、抓取工件，提升气缸上升，到位后无杆气缸右移，到滑槽上方停止；提升气缸下降，到位后气动手爪打开，将工件放到滑槽上并延时，之后气动手爪闭合，提升气缸上升，到位后无杆气缸左移，到料槽支架上方停止，一个循环结束。如果料槽有工件则继续顺序动作，如果没有则等待。

3. 按下停止按钮

当接收到停止信号时，操作手单元并不是立即停止运行，程序要在完成一个完整的循环后停止。

4. 按下急停按钮

设备立即停止运行。

3.2.3 程序流程图与顺序功能图调试

1. 程序流程图

设备具体操作有开始、复位、停止，要求起动后全自动运行。程序流程图如图4-18所示。

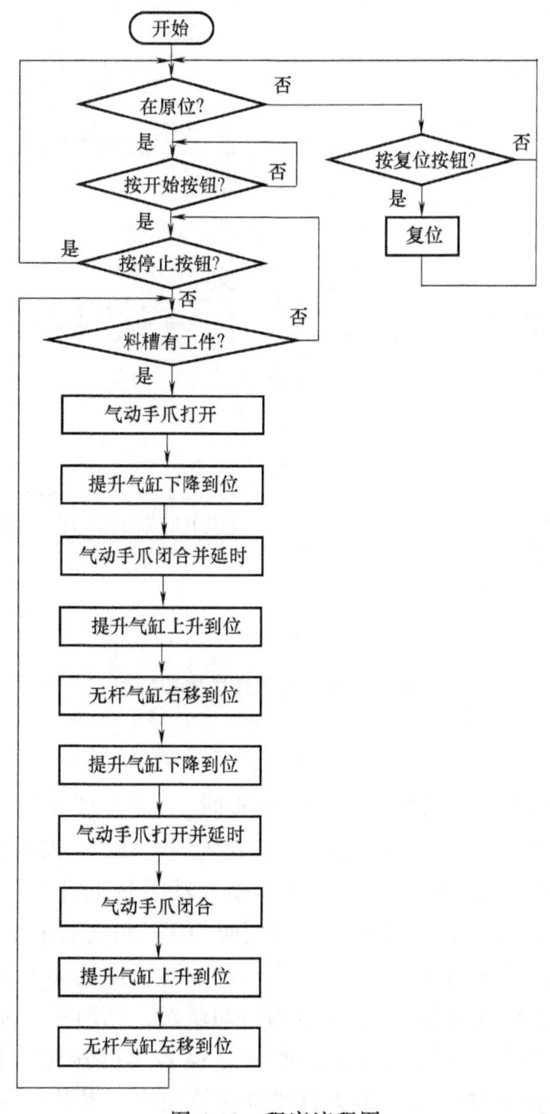

图4-18 程序流程图

2. 顺序功能图

根据程序流程图，把整个用户程序按照功能进行结构化的组织，编写复位子程序、顺序运行子程序、指示灯子程序和一个主程序。复位子程序的顺序功能图如图 4-19 所示。

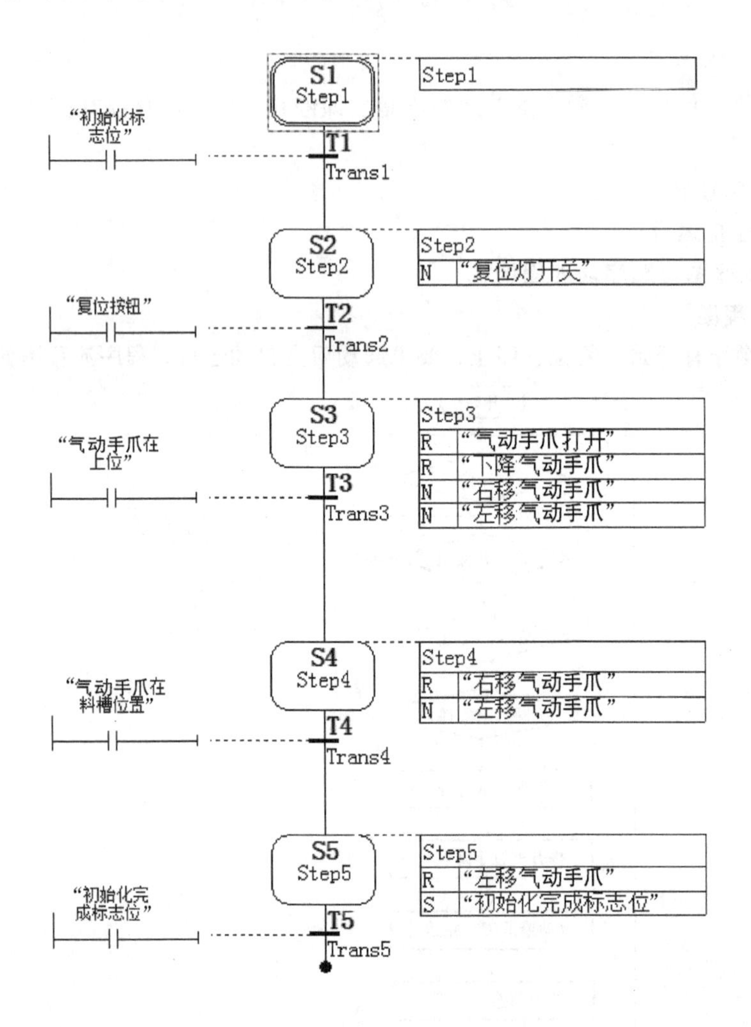

图 4-19　复位子程序顺序功能图

在图 4-19 中：

1）S2 步："N""复位灯开关"表示为活动步时，"复位灯开关"有效，复位灯亮。

2）S3 步：Q0.3 为 1 时，"气动手爪打开"，此处为"R"，表示使气动手爪闭合；Q0.2 为 1 时，"下降气动手爪"，此处为"R"，表示使气动手爪上升；同时"N""右移气动手爪""左移气动手爪"，表示为活动步时，左右同时为 1，则气动手爪左右不移动。

3）S4 步："N""左移气动手爪"，表示为活动步时，使气动手爪左移。

4）S5 步："R""左移气动手爪"，表示为活动步时，气动手爪左移结束。

顺序运行子程序的顺序功能图如图 4-20 所示。S4 步为打开气动手爪并下降；S5 步为保持下降状态气动手爪闭合延时；S6 步为无杆气缸保持左位，提升气缸上升。

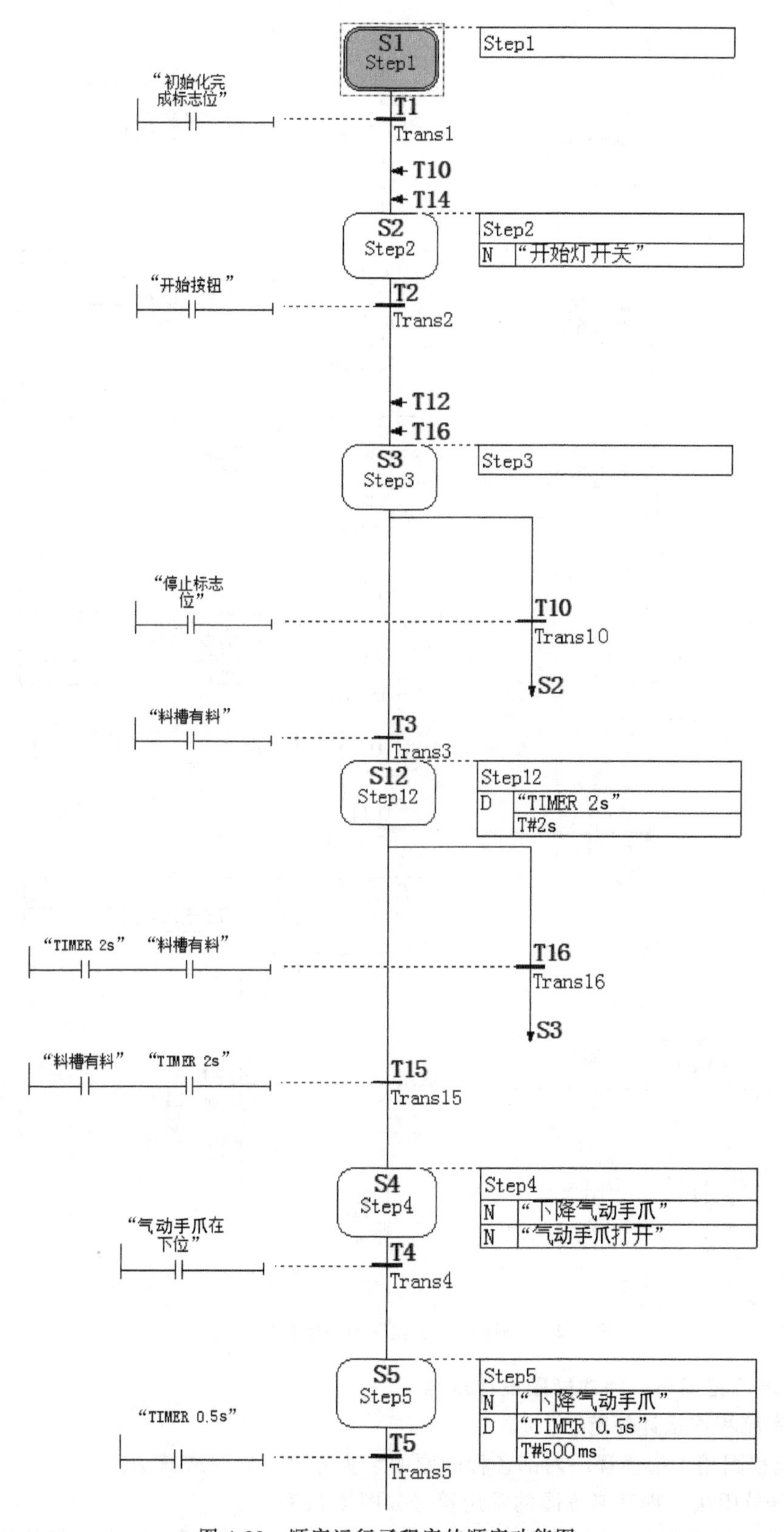

图 4-20　顺序运行子程序的顺序功能图

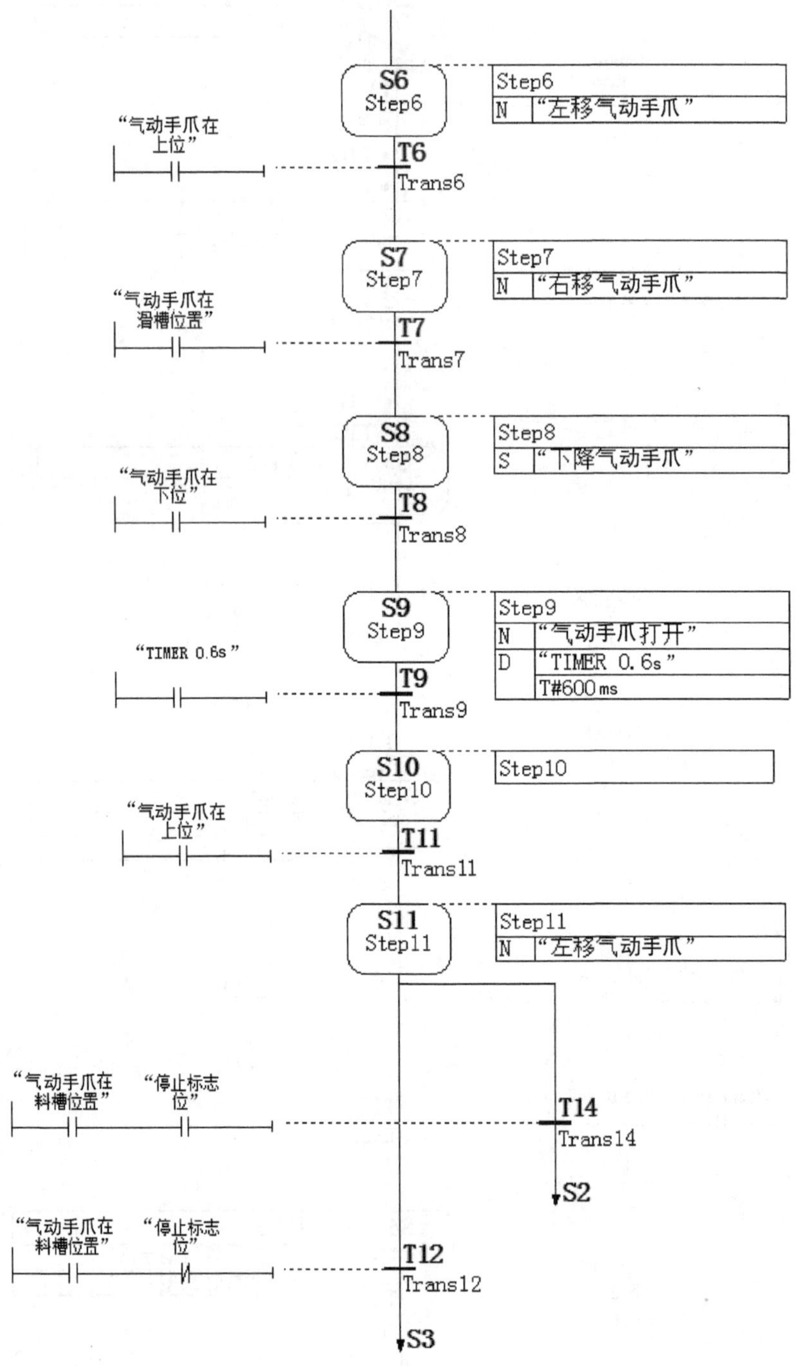

图 4-20　顺序运行子程序的顺序功能图（续）

3.2.4　程序流程图与顺序功能图设计规范

1. 程序流程图设计规范

程序流程图用于描述程序内部各种问题的解决方法、思路或算法。

（1）符号用法　程序流程图的常用符号如图 4-21 所示。

1）数据：平行四边形表示数据，其中可注明数据名、来源、用途或其他的文字说明。

此符号并不限定数据的媒体。

2）处理：矩形表示各种处理功能。例如，执行一个或一组特定的操作，从而使信息的值、信息形式或所在位置发生变化。矩形内可注明处理名或其简要功能。

3）特定处理：带有双纵边线的矩形表示已命名的特定处理。该处理为在另外地方已得到详细说明的一个操作或一组操作。此双纵边线矩形内可注明特定处理名或其简要功能。

4）准备：六边形表示准备。它表示修改一条指令或一组指令以影响随后的活动。例如，设置开关、修改变址寄存器、初始化例行程序。

5）判断：菱形内可注明判断的条件。它只有一个入口，但可以有若干个可供选择的出口，在对符号内定义各条件求值后，有且仅有一个出口被激活。

6）循环界限：循环界限为去上角矩形或去下角矩形，分别表示循环的开始和循环的结束。一对符号内应注明同一循环标识符。

7）连接符：圆表示连接符，用以表明转向流程图的他处，或从流程图他处转入，是流线的断点。在图内注明某一标识符，表明该流线将在具有相同标识符的另一连接符处继续下去。

8）端点符：扁圆形表示转向外部环境或从外部环境转入的端点符。例如，程序流程的起始或结束、数据的外部使用起点或终点。

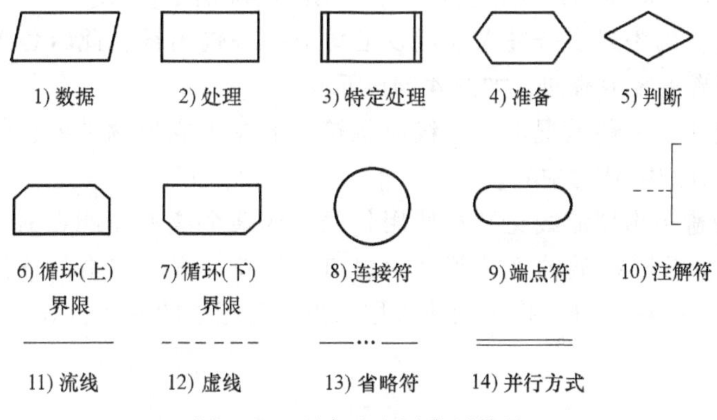

图 4-21 程序流程图常用符号

9）注解符：注解符由纵边线和虚线构成，用以标识注解的内容。虚线需连接到被注解的符号或符号组合上。注解的正文应靠近纵边线。应用如图 4-22a 所示。

10）流线：直线表示控制流的流线。流线上表示流向的箭头的使用如图 4-23 所示。

11）虚线：虚线用于表明被注解的范围或连接被注解部分与注解正文，如图 4-22a 所示。

12）省略符：若流程图中有些部分无需给出符号的具体形式和数量，可用三点构成的省略符。省略符应夹在流线符号之中或流线符号之间，如图 4-22b 所示。

（2）使用说明

1）符号的形状。流程图中多数符号内的空白供标注说明性文字。使用各种符号应注意符号的外形和各符号大小的统一，避免使符号变形或各符号大小比例不一。

2）符号内的说明文字。符号内的说明文字应尽可能简明，用动词或动词+名词表示做什么。通常按从左向右和从上向下方式书写。如果说明文字较多，符号内写不完，可使用注解符。若注解符干扰或影响到图形的流程，应将正文写在另外一页上，并注明引用符号。

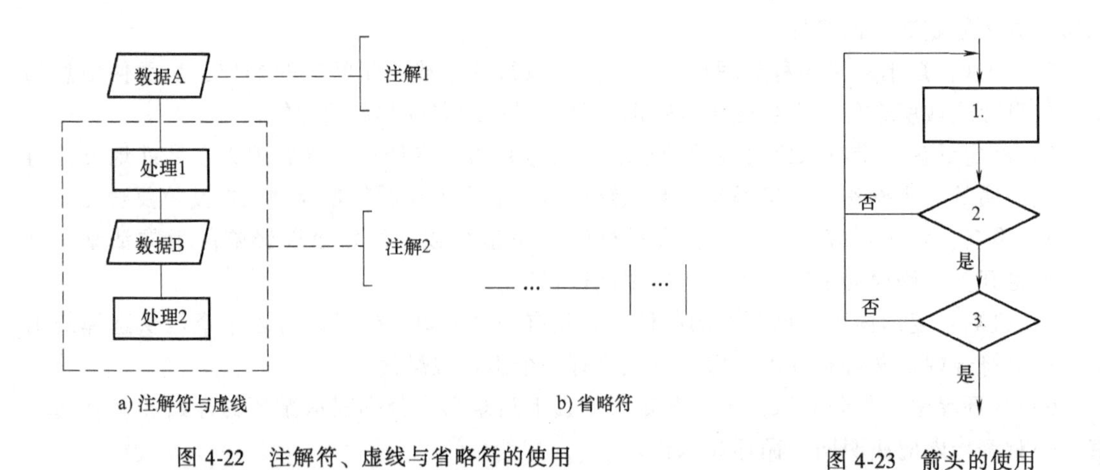

图 4-22　注解符、虚线与省略符的使用

图 4-23　箭头的使用

3）流线。

a. 标准流向与箭头的使用。流线的标准流向是从左到右和从上到下。同一路径符号的指示箭头应只有一个，如图 4-23 所示。

b. 流线的交叉。应当尽量避免流线的交叉。即使出现流线的交叉，交叉流线之间也没有任何逻辑关系，并不对流向产生任何影响，如图 4-24a 所示。

c. 流线的汇集。两条或多条进入线可以汇集成一条输出线，此时各连接点应要错开以提高清晰度，并用箭头表示流向，如图 4-24b 所示。

d. 流线符号进出。一般情况下，流线应从符号的左边或顶端进入，并从右边或底端离开，其进出点均应对准符号的中心。

e. 连接符。为避免出现流线交叉和使用长线，或某个流程图能在另一页上延续，可用连接符将流线截断。截断始端的连接符称为出口连接符，截断末端的连接符称为入口连接符。两连接符中用同一标识符。换页截断可用与连接符相连的注解符表示，如图 4-25 所示。

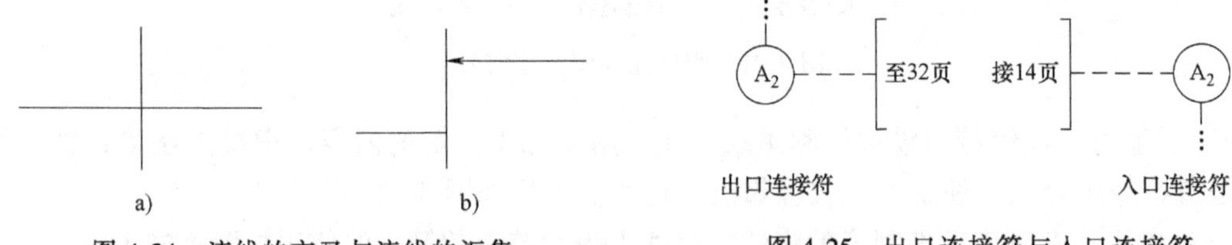

图 4-24　流线的交叉与流线的汇集

图 4-25　出口连接符与入口连接符

f. 多出口判断的两种表示方法。直接从判断符号引出多条流线，如图 4-26a 所示；从判断符号引入流线，再从它引出多条流线，如图 4-26b 所示。

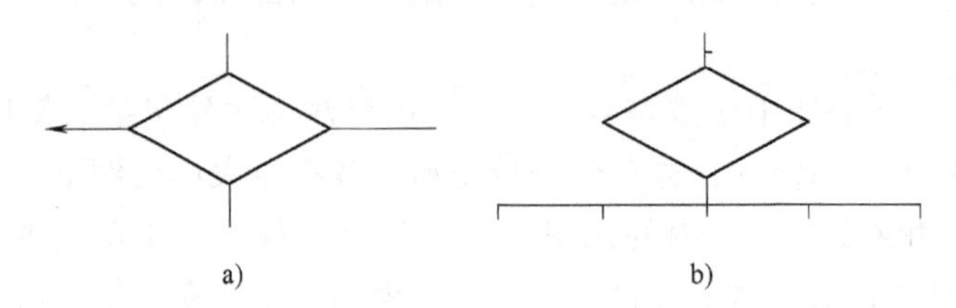

图 4-26　多出口判断

g. 多出口判断的每个出口都应标有相应的条件值，用以反映它所引出的逻辑路径，如图 4-27 所示。

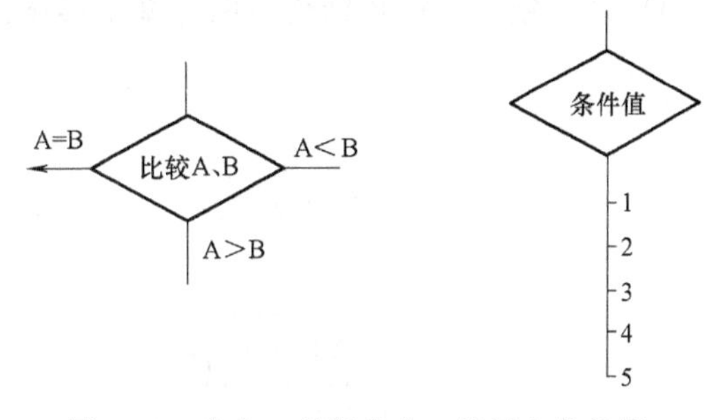

图 4-27 多出口判断的出口处标出条件值

(3) 常用结构

1) 顺序结构：是简单的线性结构，各处理单元按顺序执行，如图 4-28 所示。

语法：DO 处理程序 1

THEN DO 处理程序 2

2) 选择（分支）结构：对某个给定条件进行判断，条件为真或假时分别执行不同框的内容。

a. 二元选择结构（基本结构）。流程依据某些条件，分别进行不同处理程序，如图 4-29 所示。

语法：IF 条件

THEN DO 处理程序 1

ELSE DO 处理程序 2

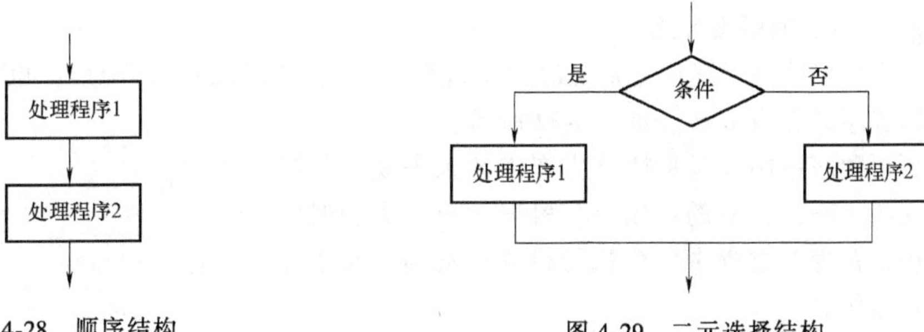

图 4-28 顺序结构

图 4-29 二元选择结构

b. 多重选择结构（二元选择结构的变化结构）。流程依据某些条件，分别进行不同处理程序，如图 4-30 所示。

语法：FOR 条件 P

CASE 1 DO 处理程序 1

CASE 2 DO 处理程序 2

……

CASE n DO 处理程序 n

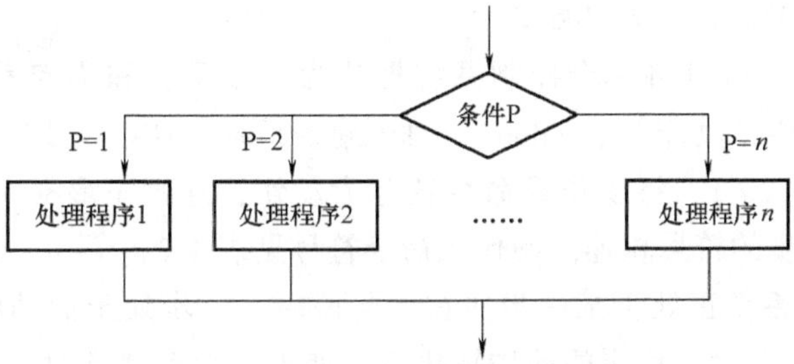

图 4-30 多重选择结构

3）循环结构：循环结构有两种基本形态，即 while 型循环和 do-while 型循环。

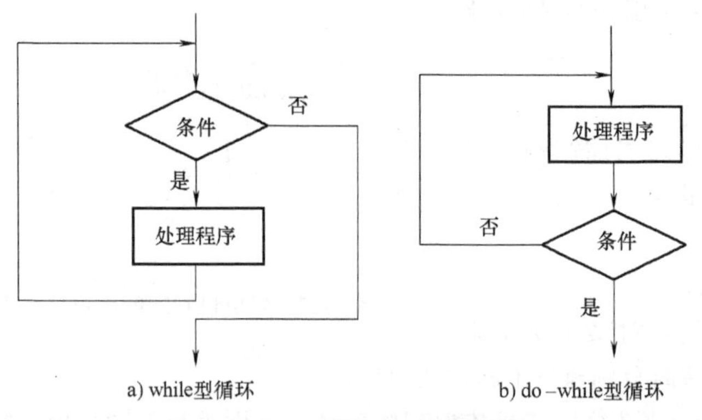

图 4-31　循环结构

a. while 型循环执行序列为，当条件为真时，反复执行处理程序，一旦条件为假，跳出循环，执行循环之后的语句，如图 4-31a 所示。

b. do-while 型循环执行序列为，首先执行处理程序，重复执行处理程序直到满足某一条件为止，即直到条件变成真（True）为止，结束循环，如图 4-31b 所示。

2. 顺序功能图设计规范

顺序功能图是描述控制系统的控制过程、功能和特性的一种图形，也是设计 PLC 的顺序控制程序的有力工具，如图 4-32 所示。

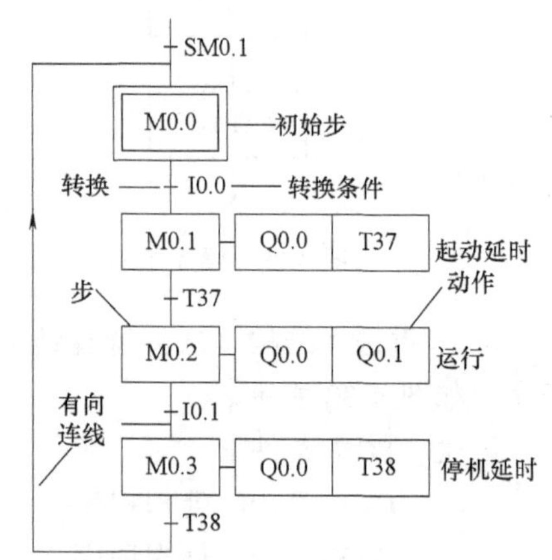

图 4-32　顺序功能图图例

所谓顺序控制，就是按照生产工艺预先规定的顺序，在各个输入信号的作用下，根据内部状态和时间的顺序，在生产过程中各个执行机构自动地、有秩序地进行操作。

（1）步　顺序控制设计法最基本的思想是将系统的一个工作周期划分为若干个顺序相连的阶段，这些阶段称为步（Step），并用编程元件来表示各步。

步是根据输出量的状态变化来划分的，在任何一步之内，各输出量的状态不变，但是相邻两步输出量总的状态是不同的。

（2）初始步　与系统的初始状态相对应的步称为初始步，初始状态一般是系统等待启动命令的相对静止的状态。初始步用双线方框表示，每一个顺序功能图至少应该有一个初始步。

（3）动作或命令　可以将一个控制系统划分为被控系统和施控系统。对于被控系统，在某一步中要完成某些“动作”（Action）；对于施控系统，在某一步中则要向被控系统发出某些“命令”（Command）。将动作或命令统称为动作，并用矩形框中的文字或符号表示，该矩形框应与相应的步的符号相连。动作或命令符号见表 4-2。

（4）活动步　当系统正处于某一步所在的阶段时，该步处于活动状态，称该步为“活动步”。步处于活动状态时，相应的动作被执行；处于不活动状态时，相应的非存储型动作被停止执行。

表 4-2 动作或命令符号

符号	名称	说　明
N	非存储型	当步变为不活动步时动作终止
S	置位(存储)	当步变为不活动步时动作继续,直到动作被复位
R	复位	被修饰词 S、SD、SL 或 DS 启动的动作被终止
L	时间限制	步变为活动步时动作被启动,直到步变为不活动步或设定时间到
D	时间延迟	步变为活动步时延迟定时器被启动
P	脉冲	当步变为活动步时,动作被启动并且只执行一次
SD	存储与时间延迟	在时间延迟之后动作被启动,一直到动作被复位
DS	延迟与存储	在延迟之后如果步仍然是活动的,动作被启动直到被复位
SL	存储与时间限制	步变为活动步时动作被启动,一直到设定的时间到或动作被复位

(5) 有向连线　在顺序功能图中，随着时间的推移和转换条件的实现，将会发生步的活动状态的进展，这种进展按有向连线规定的路线和方向进行。在画顺序功能图时，将代表各步的方框按它们成为活动步的先后次序顺序排列，并用有向连线将它们连接起来。步的活动状态习惯的进展方向是从上到下或从左至右，在这两个方向有向连线上的箭头可以省略。

(6) 转换　转换用有向连线上与有向连线垂直的短画线来表示，转换将相邻两步分隔开。步的活动状态的进展是由转换的实现来完成的，并与控制过程的发展相对应。

(7) 转换条件　使系统由当前步进入下一步的信号称为转换条件，转换条件可以是外部的输入信号，例如按钮、指令开关、限位开关的接通或断开等，也可以是 PLC 内部产生的信号，例如定时器、计数器动合触点的接通等，转换条件还可能是若干个信号的与、或、非逻辑组合。

(8) 顺序功能图的基本结构　顺序功能图的基本结构如图 4-33 所示。

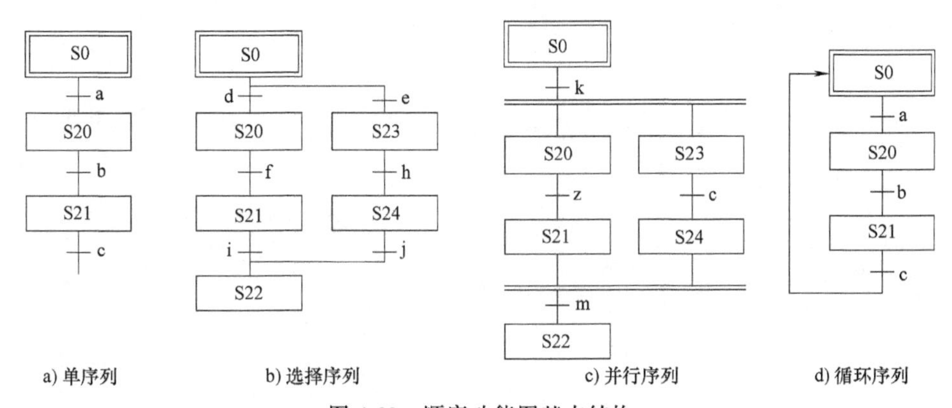

图 4-33　顺序功能图基本结构

3.2.5 梯形图设计

为了把整个用户程序按照功能进行结构化的组织，编写了 4 个子程序和一个主程序。程序详解请结合配套资源中的相关资料进行学习。

3.2.6 程序调试

程序调试包括：项目的硬件组态，程序输入，通信端口设置，下载组态，下载程序，在线联调等过程。具体调试程序的过程参照学习情境 1。

3.3 项目总结与练习

1. 项目总结

本项目详细分析了操作手单元的动作流程与 I/O 地址分配表，最终完成了程序流程图、顺序功能图、梯形图的设计，并且重点讲解了程序流程图和顺序功能图的设计规范。

2. 练习

(1) 说明程序流程图中流线的注意事项。

(2) 简述程序流程图的常用结构并画简图表示。

(3) 简述顺序功能图的常用结构并画简图表示。

(4) 简述操作手单元的动作步骤。

(5) 简述操作手单元程序调试的基本步骤。

学习情境 5

机器人单元的装调与控制技术

项目1　机器人单元的认知

1.1　项目任务

1.1.1　任务描述

通过观察机器人单元的运行，了解机器人的发展、应用及组成，掌握机器人坐标、自由度等知识原理，认识机器人控制器面板的各个部分，掌握示教盒操作机器人移动、定位等操作技能，完成气动和电气控制系统的分析。

1.1.2　教学目标

1. 知识目标

1）了解机器人的发展现状、应用及组成。

2）掌握机器人自由度及机器人坐标的基本原理。

3）掌握机器人控制器、示教盒各个按键的含义和使用方法。

4）掌握机器人装配站气动回路和电气控制回路的原理。

2. 素质目标

1）严谨、全面、高效、负责的职业素养。

2）良好的道德品质、协调沟通能力、团队合作及敬业精神。

3）勤于查阅资料、勤于思考、勇于探索的良好作风。

4）善于自学与归纳分析。

1.2　设备技术参数与运行

1.2.1　设备技术参数

1）电源：单相 AC 180~253V（驱动器），DC 24V、4.5A（电磁阀及控制部分）。

2）温度：0~40℃；环境相对湿度：≤85%（25℃）。

3）气源工作压力：最小 4bar（1bar=10^5Pa），典型值 6bar。

4）I/O：共 10 点数字量输入，4 点数字量输出，6 自由度。

5）安全保护措施：接地保护、漏电保护功能，安全性符合相关的国家标准。

1.2.2 设备运行与功能实现

1. 检查与起动

1）检查电源电压和气源。

2）手动复位前，将模块上的工件拿走。

3）进行复位。

4）起动机器人单元，待工件到位后起动。

2. 运动过程

1）将工件（红色）放入图 5-1 所示的滑槽，机器人单元检测到工件后起动，同时检测工件颜色。

2）机器人手爪（机械手）抓取工件，如图 5-2 所示。

3）机器人手爪把工件搬运到组装支架处检测工件方位，如图 5-3 所示。

4）如果机器人手爪抓取的是红色工件，则把工件放入左侧料仓；如果机器人手爪抓取的是黑色工件，则把工件放入右侧料仓，如图 5-4 所示。读者可扫描二维码观看视频进行学习。

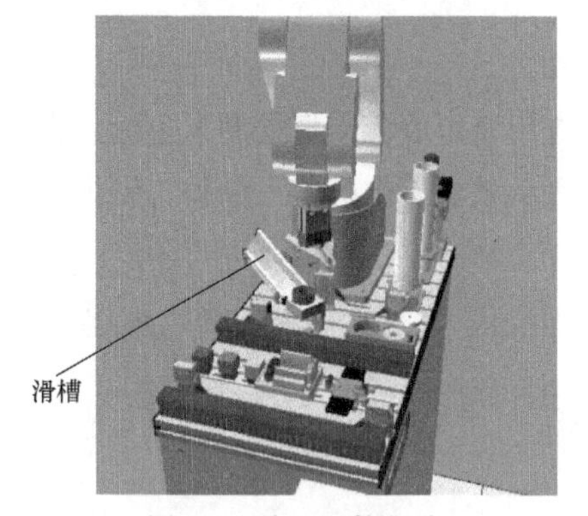

图 5-1 放入工件起动

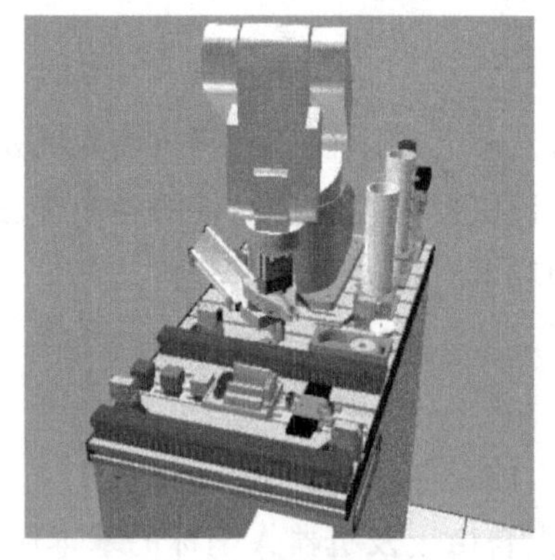

图 5-2 抓取工件

机器人单元动画视频

图 5-3 在组装支架处检测工件方位

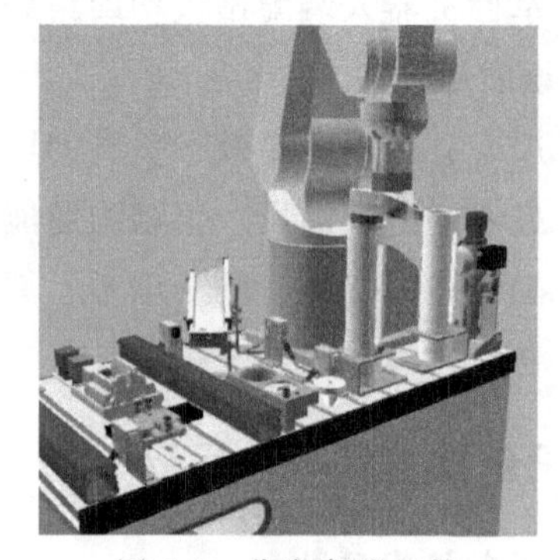

图 5-4 分类存放工件

3. 注意事项

1）任何时候按下急停按钮或 STOP 按钮，都可中断系统工作。

2）在多个工作站组合工况下，要对每个工作站进行复位。

4. 机器人单元的功能

机器人单元具有生产、组装和暂存功能。机器人单元的功能：一是为工件装配做准备；

二是检测和传送，首先，从滑槽上将工件取走，确定工件的材料特性，将工件存放在“红色/金属”料仓或者“黑色”料仓中。

1.2.3 工业机器人知识拓展

1. 定义

工业机器人是面向工业领域的多关节机械手或多自由度的机器人。工业机器人是自动执行工作的机械装置，是靠自身动力和控制能力实现各种功能的一种机器。它可以接受人类指挥，也可以按照预先编制的程序运行，现代的工业机器人还可以根据人工智能技术制定的规则运行。

机器人并不是在简单意义上代替人工的劳动，而是综合了人类特长和机器特长的一种仿人类电子机械装置。它既有人对环境状态的快速反应和分析判断能力，又有机器可长时间持续工作、精确度高、抗恶劣环境的能力。从某种意义上说，它也是机器进化过程的产物，是工业以及非产业界的重要生产和服务性设备，也是先进制造技术领域不可缺少的自动化设备。

2. 工业机器人的结构及组成

工业机器人的典型结构如图 5-5 所示。它主要由本体、控制器和示教器三部分组成。

其中，本体又包含以下几个部分。

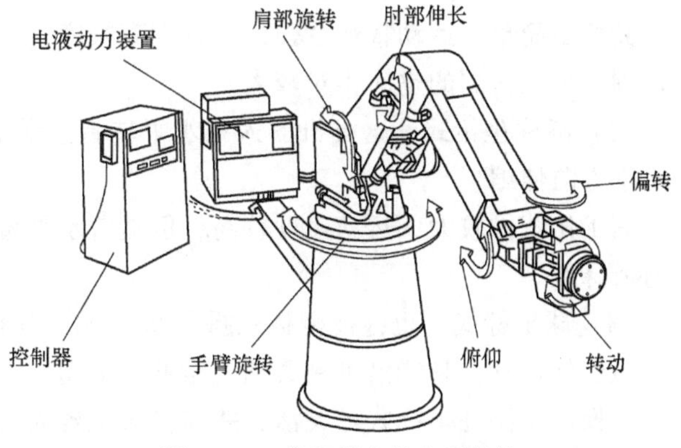

图 5-5 工业机器人的典型结构

1）机身部分：如同机床的床身结构一样，机器人机身构成了机器人的基础支承。有的机身底部安装了机器人行走机构；有的机身可以绕轴线回转，构成机器人的腰。

2）手臂部分：分为大臂、小臂和手腕，可完成多种动作。

3）末端操作器：可以是仿人类的手掌和手指，也可以是各种作业工具，如焊枪、喷漆枪等。

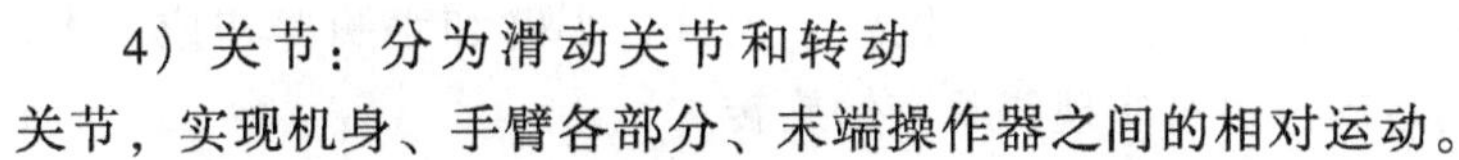

4）关节：分为滑动关节和转动关节，实现机身、手臂各部分、末端操作器之间的相对运动。

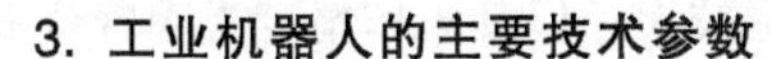

3. 工业机器人的主要技术参数

1）自由度。指机器人所具有的独立坐标轴运动的数目。自由度 F 的计算公式如下：

$$F=3n-2P_{\mathrm{L}}-P_{\mathrm{H}}$$

式中，n 为活动构建数；P_{L} 为低副数；P_{H} 为高副数。

2）工作精度。包括定位精度和重复定位精度。定位精度是指机器人实际到达的位置和设计的理想位置之间的差异。重复定位精度是指机器人重复到达某一目标位置的差异程度。

3）工作范围。指机器人末端操作器所能到达的区域。

4）工作速度。指机器人各个方向的移动速度或转动速度。这些速度可以相同，也可以不同。

5）承载能力。指机器人在工作范围内的任何位姿上所能承受的最大质量。

4. 工业机器人的运动形式

工业机器人的运动形式主要包括 4 种，如图 5-6 所示。

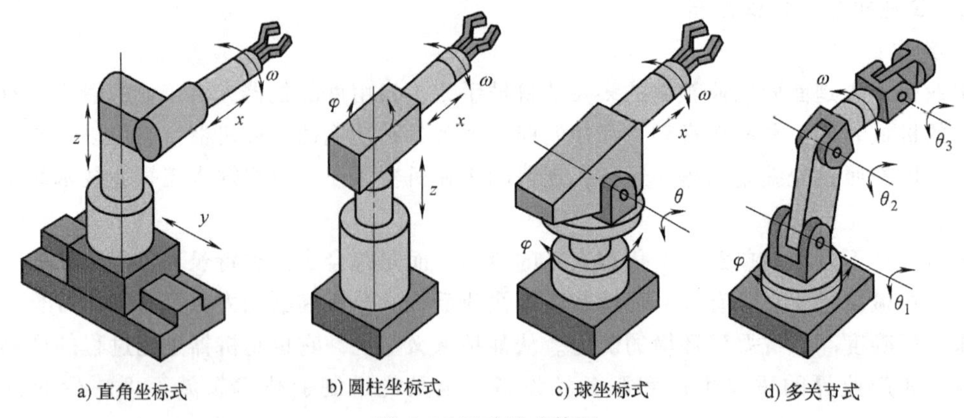

图 5-6　运动形式简图

（1）直角坐标式　这类机器人的手部在空间三个相互垂直的方向 X、Y、Z 上做直线运动，运动是相互独立的。

其控制简单，运动直观性强，易达到高精度，但操作灵活性较差，运动速度较低，可操作范围较小且占据的空间相对较大。

（2）圆柱坐标式　这类机器人在水平转台上装有立柱，水平臂可沿立柱上下运动并可在水平方向伸缩。

其工作范围较大，运动速度较高，但随着水平臂沿水平方向的伸长，其线位移分辨精度会有所降低。

（3）球坐标式　也称极坐标式操作机器人，其机械臂不仅可绕垂直轴旋转，还可绕水平轴做俯仰运动，且能沿机械臂轴线做伸缩运动。

其操作比圆柱坐标式更灵活，并能扩大机器人的工作空间，但旋转关节反映在末端执行器上的线位移分辨率是一个变量。

（4）多关节式　这类机器人由多个关节连接的机座、大臂、小臂和手腕等构成，大、小臂既可在垂直于机座的平面内运动，也可实现绕垂直轴旋转。

其操作灵活性较前三种好，运动速度较高，操作范围较大，但其工作精度受手臂位姿的影响，因而实现高精度运动较困难。

5. 工业机器人的应用类型

（1）焊接机器人　焊接机器人如图 5-7 所示。它主要用于点焊和弧焊。

点焊时，要求机器人手爪握持焊接工具，对准待焊接的焊点，焊枪不可与其他部位接触。通常，机器人所夹持的焊接工具大而重。此外，还要求机器人有一个比较大的活动范围。

弧焊是利用电弧作为热源的焊接方法。焊接前，首先要将复杂的运行轨迹示教给机器人，当需要处理较宽的焊缝时，可以通过编程使机器人作编织状的横摆运动。汽车工业中运用这种类型的机器人非常多。

（2）喷涂机器人　喷漆时易引发火灾，且有害于人体健康，因此，喷漆作业是机器人

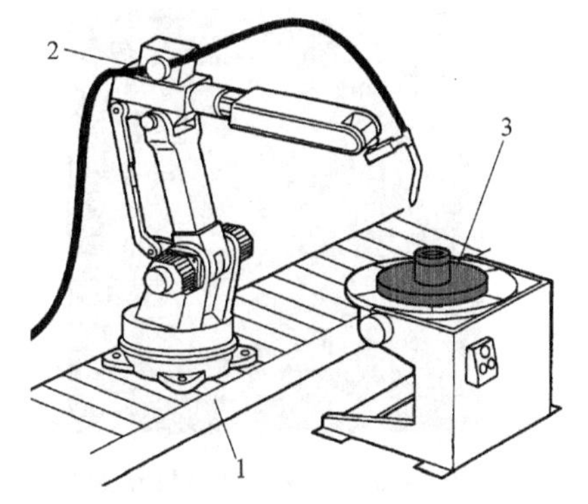

图 5-7 焊接机器人

1—基座轴（即行走轴，控制机器人行走轨迹） 2—机器人轴（即本体轴） 3—工装轴（夹具倾移回转等轴）

特有的用途。使用喷涂机器人的优点之一是涂层比人工喷涂的更加均匀。喷涂机器人的工作系统如图 5-8 所示。

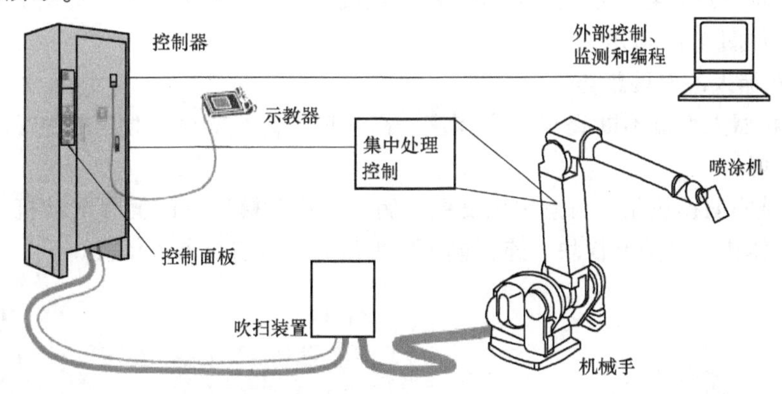

图 5-8 喷涂机器人的工作系统

(3) 磨削机器人 主要用于工件的表面磨削、抛光、棱角去飞边、焊缝打磨、内腔内孔去飞边、孔口及螺纹口加工等工作。

磨削加工是对工件的表面进行精加工，使其在精度和表面粗糙度等方面达到设计要求的工艺过程。按磨削精度的不同可分为粗磨、半精磨、精磨、镜面磨削和超精加工。

去飞边是清除工件已加工部位周围所形成的刺状物或飞边。

抛光是指使工件表面粗糙度降低，以获得光亮、平整表面的加工。它是利用抛光工具和磨料颗粒或其他抛光介质对工件表面进行的修饰加工。抛光不能提高工件的尺寸精度或几何形状精度，而是以得到光滑表面或镜面光泽为目的。

如图 5-9 所示，工具型打磨机器人是一种通过操纵末端执行器固连打磨工具，完成对工件打磨加工的自动化系统。

如图 5-10 所示，工件型打磨机器人是一种通过机器人手爪抓取工件，并把工件分别送达各种位置固定的打磨机床设备处，分别完成磨削、抛光等不同工艺和各种工序的打磨加工的自动化系统。

(4) 装配机器人 装配机器人是柔性自动化装配系统的核心设备。与一般工业机器人相比，装配机器人具有精度高、柔顺性好、工作范围小、能与其他系统配套使用等特点，主

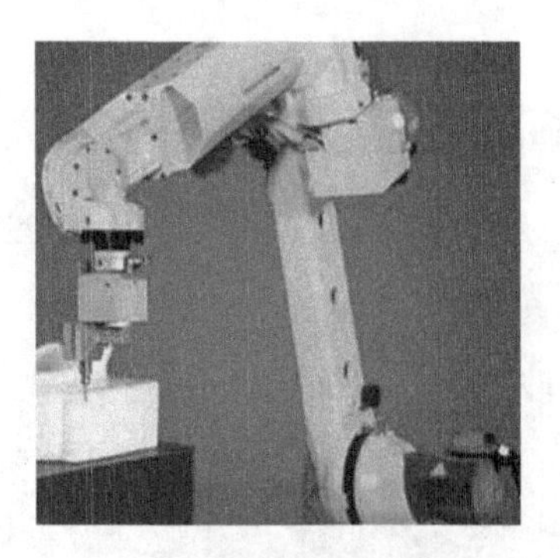

图 5-9　工具型打磨机器人

图 5-10　工件型打磨机器人

要用于各种电器的制造行业，如图 5-11 所示。

（5）自动上下料机器人　自动上下料机器人主要用于实现机床加工、制造过程的完全自动化。它采用了集成加工技术，适用于生产线的上下料、工件翻转、工件转序等。它采用模块化设计，可以进行各种形式的组合，从而组成多台联机的生产线，实现工业生产的自动化、一体化，如图 5-12 所示。

6. 工业机器人的发展趋势

1）工业机器人性能不断提高（高速度、高精度、高可靠性、便于操作和维修），而单机价格不断下降。

2）机械结构向模块化、可重构化发展。例如，关节模块中的伺服电动机、减速机、检测系统三位一体化；由关节模块、连杆模块用重组方式构造机器人整机。

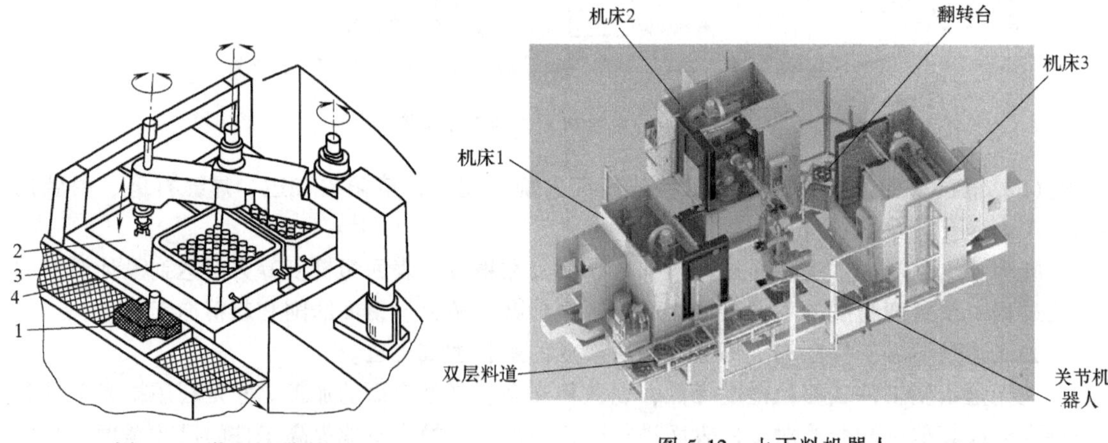

图 5-11　装配机器人

1—工作托盘　2—配合件预留位置

3—传送系统　4—配合件储备仓

图 5-12　上下料机器人

3）工业机器人控制系统向基于 PC 的开放型控制器方向发展，便于标准化、网络化；器件集成度提高，控制柜日见小巧，且采用模块化结构，从而使系统的可靠性、易操作性和可维修性提高。

4）机器人中的传感器作用日益重要，除采用传统的位置、速度、加速度等传感器外，装配、焊接机器人还采用了视觉、力觉等传感器，而遥控机器人则采用视觉、声觉、力觉、触觉等多传感器的融合技术进行环境建模及决策控制。

5）虚拟现实技术在机器人中的作用已从仿真、预演发展到过程控制，如使遥控机器人操纵者产生置身于远端作业环境中的感觉来操纵机器人。

6）当代遥控机器人系统的发展特点不是追求全自治系统，而是致力于操作者与机器人的人机交互控制，即遥控加局部自主系统构成完整的监控遥控操作系统。美国发射到火星上的“索杰纳”机器人就是这种系统成功应用的实例。

7）机器人化机械开始兴起。从1994年美国开发出虚拟轴机床以来，这种新型装置已成为国际研究的热点之一。

1.3 机器人单元介绍

1.3.1 机器人单元硬件结构

机器人单元的结构如图5-13所示。它主要由工业机器人模块、气动手爪、滑槽模块、料仓模块、组装支架模块、走线槽、气源处理组件、I/O接线端口、电磁换向阀、传感器、铝合金底板等组成。

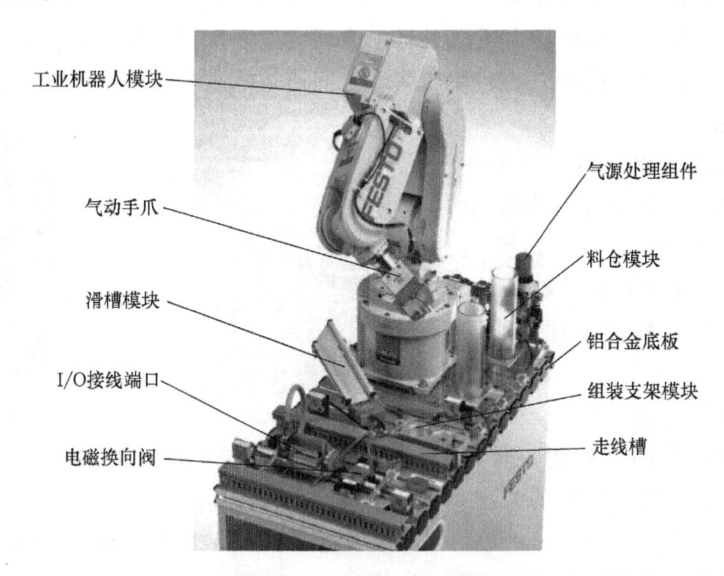

图5-13 机器人单元结构

1. 工业机器人模块

(1) 机器人本体 此处采用的是三菱公司的RV-2SD型工业机器人，如图5-14所示。垂直放置的机器人手臂用于传送工件。

本单元的机器人是6轴机器人，机器人主体重量小于20kg，其定位精度为±0.02mm；最大工作速度为2200mm/s；最大工作范围是410mm。

机器人本体采用交流伺服和绝对编码器驱动控制，采用64位CPU，可以通过工业以太网和CC-Link组成网络系统，具有终端位置和过载监测。

(2) 机器人控制器 机器人控制器如图5-15所示，它能与PC通信，完成程序下载调试功能。机器人控制器主要对机器人本体的操作模式、伺服关闭、伺服起动、循环起动、循环停止、循环结束、急停等进行控制，并在其左上角设有5位LED显示屏，用于显示相关信息。

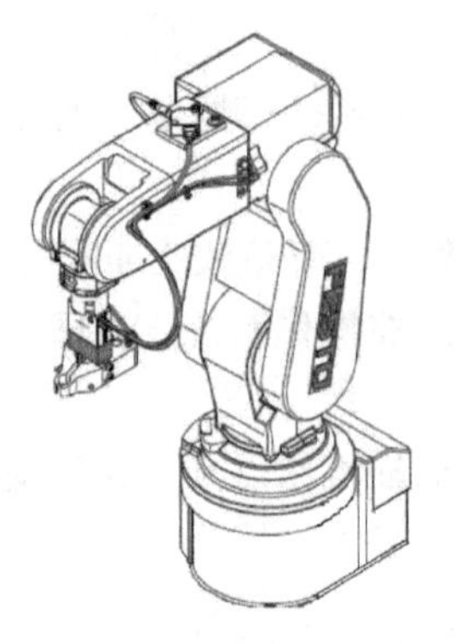

图 5-14 机器人本体

图 5-15 机器人控制器

(3) 示教盒 如图 5-16 所示，示教盒的英文缩写是 T/B（Teach Box）、也称为手控盒，主要用于示教机器人。示教盒正面包括一个 LCD 显示屏、钥匙选择开关（示教盒使能开关）、急停按钮、操控面板等。示教盒背面有一个伺服电源开关（图中正中间白色部分），当示教机器人时，必须按下此开关，如果松开，伺服系统就会断电。示教机器人时须双手操作示教盒。这样设计是考虑机器人运行过程中出现突发情况时，操作者可以及时松开伺服电源开关，起到保护作用。机器人的运动速度、方向通过示教盒操控面板控制。

2. 气动手爪

气动手爪如图 5-17 所示，安装在机器人手臂的法兰上。气动手爪包括小手爪、中间手爪、外手爪，可以定位三种大小不同的工件。小手爪用于抓取活塞/弹簧，中间手爪用于抓取工件，外手爪用于抓取端盖。

a) 示教盒正面

b) 示教盒背面

图 5-16 机器人示教盒

在气动手爪上安装了两个漫射式光电传感器，其中一个用于检测工件，另一个用于检测颜色。检测颜色的原理是：光纤导线与光栅相连，光栅发出红色可见光，传感器检测被反射回来的光线，工件的表面颜色不同，被反射的光线亮度也不同。

3. 组装支架模块

工件在组装支架模块上进行装配，组装支架模块的结构如图 5-18 所示。放入工件的方位通过插入平台上的一个定位栓来确定。在示教开始前，机械手移动到参考点上。从参考点出发，组装支架模块上的每个工作位置都可以确定。组装支架模块上的光电传感器用于识别工件的装配孔。

4. 料仓模块

料仓模块如图 5-19 所示，本单元共有两个料仓，分别用于存放不同颜色的工件，每个料仓最多存放 8 个工件。

5. 电磁换向阀

电磁换向阀如图 5-20 所示，本单元选用了一个三位五通带手控开关的双作用电磁先导控制阀，用于控制气动手爪的松开和收紧。

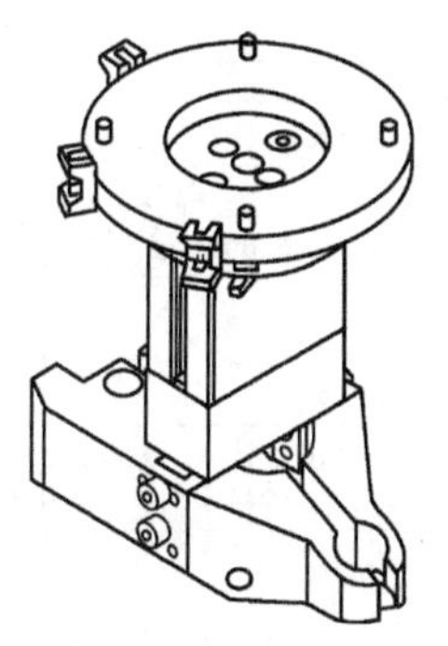

图 5-17 气动手爪

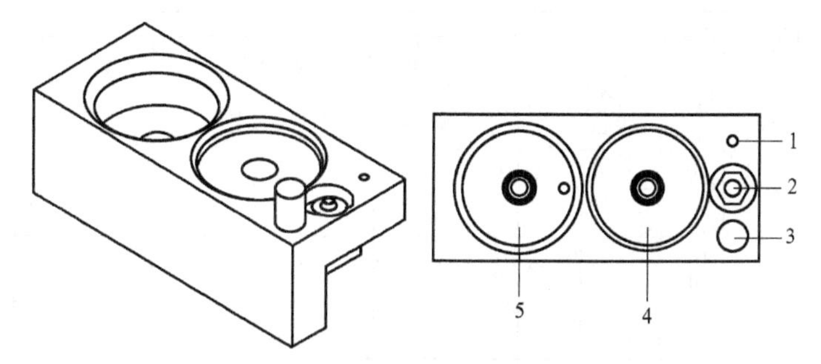

图 5-18 组装支架模块

1—参考点 2—光电传感器 3—定位栓 4—调整气动手爪位置 5—组装位置

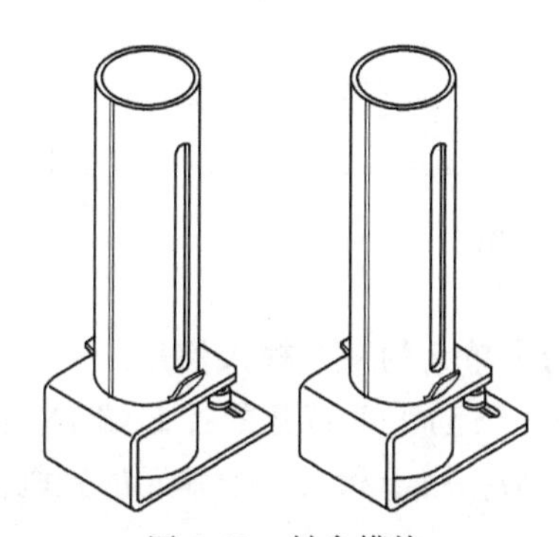

图 5-19 料仓模块

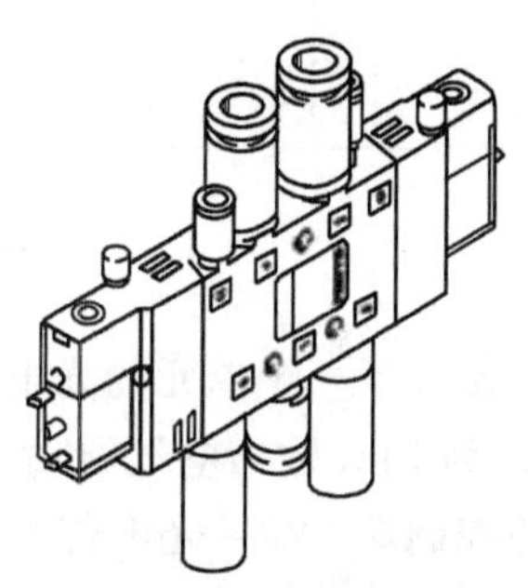

图 5-20 电磁换向阀

1.3.2 机器人单元气动回路分析

由于机器人单元只有气动手爪使用了气压驱动，所以回路比较简单，如图 5-21 所示。

1A1 为气动手爪，1V1 为电磁阀，0Z1 为气动二联件和气动开关。

当 1Y1 得电时，电磁阀左位起作用，气动手爪松开；当 1Y1 失电、1Y2 得电时，电磁阀右位起作用，气动手爪收紧；中间位时保持原状态。

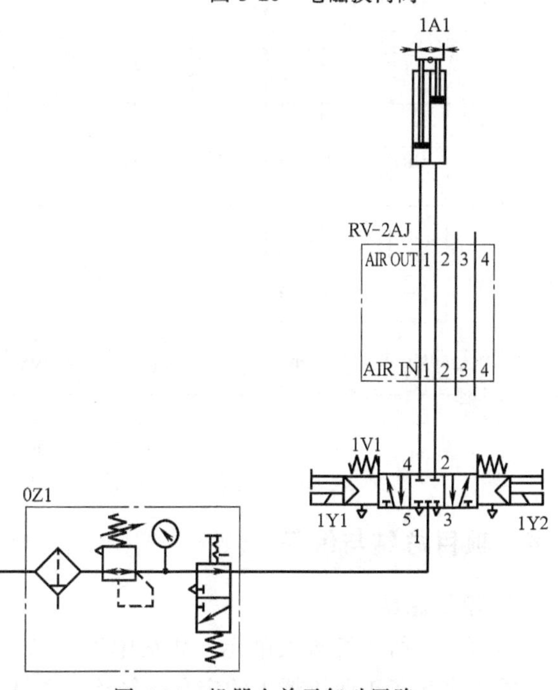

图 5-21 机器人单元气动回路

1.3.3 机器人单元电气控制电路分析

气动手爪的动作及状态是由机器人 I/O 控制的，如图 5-22、图 5-23 所示。

图 5-22 为 PLC 输入电气原理图。由左向右依次为：漫反射式光电传感器 PART-AV，用于检测工位是否有工件；漫反射式光电传感器 B1，用于检测工件是否非黑色；漫反射式光电传感器 B2，用于检测工件的装配孔；为光电传感器的接收端 IP_ FI，用于和下一个单元的光电传感器的发射

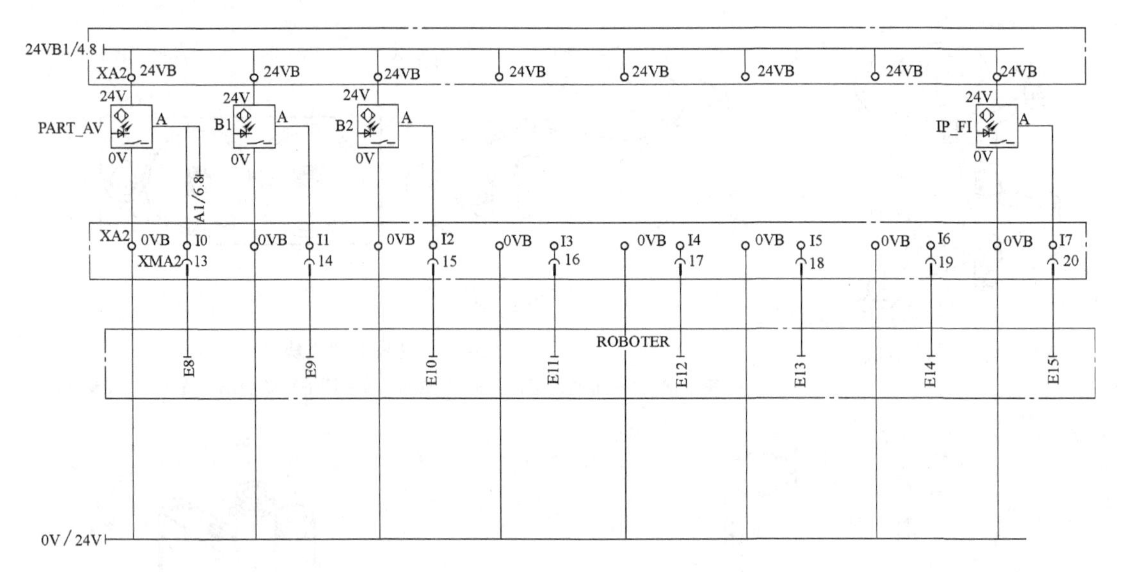

图 5-22　PLC 输入电气原理图

端相匹配，接收下一个单元的光电信号，并把信号作为本单元的一个输入信号。

图 5-23 为 PLC 输出电气原理图。由左向右依次为：气动手爪打开的控制端 1Y1；气动手爪闭合的控制端 1Y2；光电传感器的发射端 IP_ N_ FO，用于和上一个单元的光电传感器的接收端相匹配，通知上一个单元本单元已经准备好。

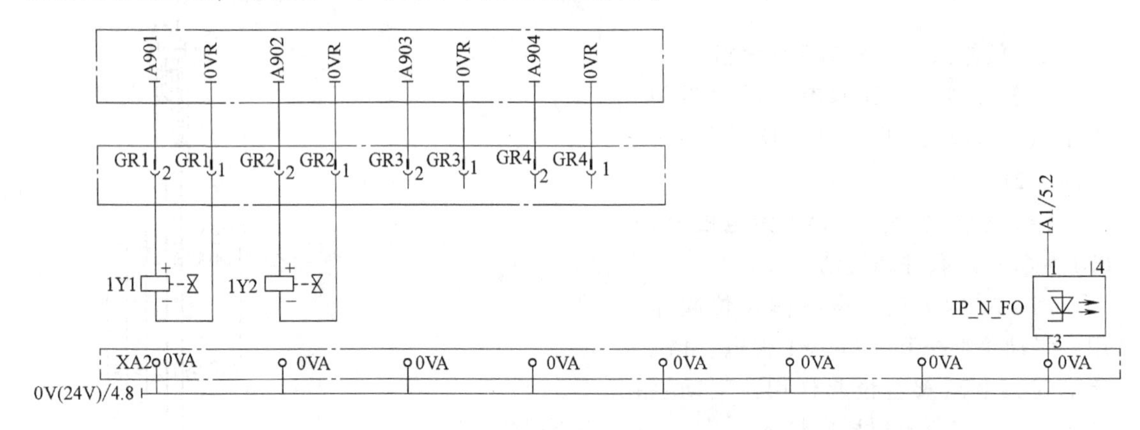

图 5-23　PLC 输出电气原理图

1.4　项目总结与练习

1. 项目总结

本项目分析了机器人单元，详细阐述了项目所选机器人单元的功能、操作及各组成部分，重点讲解了工业机器人的定义、结构、参数、运动形式、应用类型及发展。最后分析了气动回路与电气原理图，为学生下一个项目的学习打下了基础。

2. 练习

（1）本项目的机器人单元主要由______、______、______、______、______、______、

______、______、______、______、______、______和______等组成。

（2）工业机器人的主要技术参数包括______、______、______、______和______。

（3）工业机器人的主要运动形式包括______、______、______和______。

（4）三菱公司的 RV-2SD 型工业机器人是__________轴机器人，机器人主体重量小于____________kg，其定位精度为__________；最大工作速度为______________；最大工作范围是____________。

（5）简述常用工业机器人的主要类型。

（6）简述工业机器人的发展趋势。

（7）说明工具型打磨机器人与工件型打磨机器人的异同。

（8）简述喷涂机器人的工作原理。

（9）简述本项目 RV-2SD 型工业机器人的特点。

（10）说明示教盒是如何对操作过程中的突发情况起保护作用的。

项目 2 机器人单元的硬件安装与调试

2.1 项目任务

2.1.1 任务描述

根据机器人单元的气动与电气原理图制订装调计划，熟悉机器人运输安装的调试要点，掌握常用装调工具和仪器的使用，熟记安装调试规范、安全规范。小组协作完成机器人单元的调试，并下载测试程序，完成功能测试。

2.1.2 教学目标

1. 知识目标

1）掌握机械及电气安装工艺规范和相应国家标准。

2）掌握设备安装调试安全规范。

3）掌握常用机械工具、电气仪器的使用方法。

2. 技能目标

1）能够正确识图。

2）能够制定设备装调技术方案和工作计划。

3）能够熟练使用常用的机械装调工具。

4）能够熟练使用常用的电工工具和仪器。

5）会正确安装相应的控制器、示教盒、机械手、传感器等元器件。

6）能够编写安装调试报告。

3. 素质目标

1）操作经济、安全、环保的职业素养。

2）协调沟通能力、团队合作及敬业精神。

3）勤于查阅资料、勤于思考、勇于探索的良好作风。

4）善于自学与归纳分析。

2.2 硬件安装与调试

2.2.1 安装调试工作计划

工业机器人的安装调试过程包括：开箱验收、安装施工、设备安装工程的移交使用等步骤。在安装施工及移交中，需要详细确定工作组织方式、划分工作阶段、分配工作任务、确定安装调试工艺流程、设备试运转、设备试运转后工作和设备安装工程的验收等步骤。

安装调试工作计划的具体流程如图 5-24 所示。其中，尤其要注意开箱要领、人工搬运要领、设备安全及接地要领等。教师可按照流程图安排项目的实施。

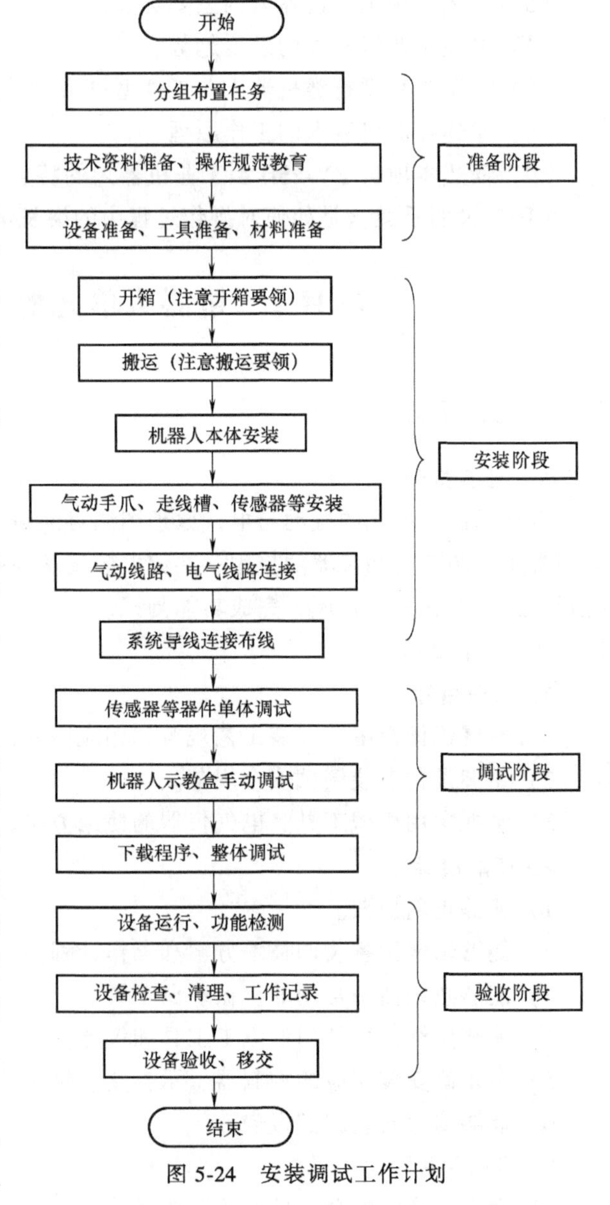

图 5-24 安装调试工作计划

2.2.2 安装调试设备及工具介绍

1. 工具

安装所需工具包括：电工钳、圆嘴钳、斜口钳、剥线钳、压接钳、一字螺钉旋具、十字螺钉旋具（3.5mm）、电工刀、管子扳手（9mm×10mm）、套筒扳手（6mm×7mm，12mm×13mm，22mm×24mm）、内六角扳手（5mm）各 1 把，数字万用表 1 块。

2. 材料

BV-0.75mm^2 导线、BV-1.5mm^2 导线、BVR 型多股铜芯软线各若干米，尼龙扎带、带垫圈螺栓各若干。

3. 设备

RV-2SD 型工业机器人单元主体还包括：按钮 5 只、开关电源 1 个、I/O 接线端口 1 个、气动手爪 1 个、漫反射式光电传感器 3 个、滑槽 1 个、组装支架模块 1 个、料仓 2 个、三位五通带手控开关的双作用电磁先导控制阀 1 个、消声器 1 个、气源处理组件 1 个、走线槽若干、铝合金底板 1 个等。

4. 技术资料

技术资料包括机器人单元气动与电气原理图，工件材料清单，相关机器人本体、控制器、示教盒、气动手爪等组件的技术资料，机器人编程调试软件 CIROS Programming，安装调试的相关作业指导书，项目实施工作计划。

具体材料介绍见学习情境 1；工具介绍见学习情境 2；机器人相关组件介绍见本学习情

境的项目 1。

2.2.3 安装调试安全要求

要正确操作，确保人身安全，确保设备安全。具体见学习情境 1。

2.2.4 安装调试过程

1. 调试准备

1）读气动与电气原理图，明确线路的连接关系。

2）选定技术资料要求的工具与元器件。

3）确保安装平台及元器件洁净。

2. 开箱

出厂时的机器人是用纸板及胶合板进行包装的，开箱过程如图 5-25 所示。

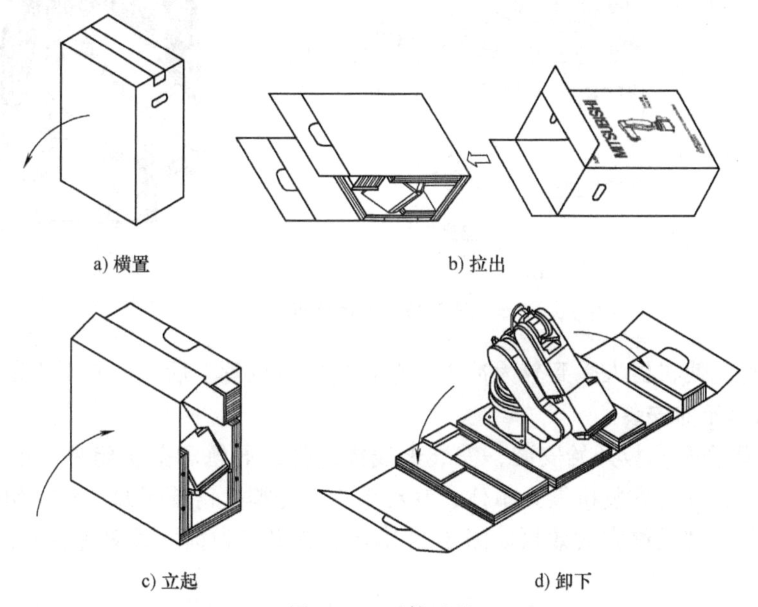

a) 横置　b) 拉出　c) 立起　d) 卸下

图 5-25　开箱过程

机器人的开箱必须在平坦的地方进行，在不平稳的地方机器人有可能会倾倒。再次运输时，需要使用外包装材料，因此应妥善保存外包装。开箱步骤如下所述。

1）将纸板箱缓慢倾倒平放于地面（见图 5-25a）。

2）使用小刀等切开纸板开口面上的胶带。

3）握住内箱的拉手将其水平拉出（见图 5-25b）。

4）将内箱及机器人同时立起（见图 5-25c）。

5）取出内箱中的机器人（见图 5-25d）。

3. 人工搬运

搬运机器人时，应双手握住图 5-26b 所示位置。应严格按照以下搬运要领对机器人进行搬运。

1）运输时，应在安装了固定附件的状况下由 1 人进行作业。

2）搬运者一只手握住机器人基座部位的边缘（A）（见图 5-26a），另一只手握住机器人肘部下段（B）（见图 5-26a），将机器人本体的左侧用身体撑住向上抬起。将机器人搬运到台架或台车上，停放到预定位置。然后借助台车等搬运到安装位置附近。

注意：不要抬机器人的前后侧或盖板，否则可能导致机器人翻倒、盖板破损或掉落，从而引发事故。

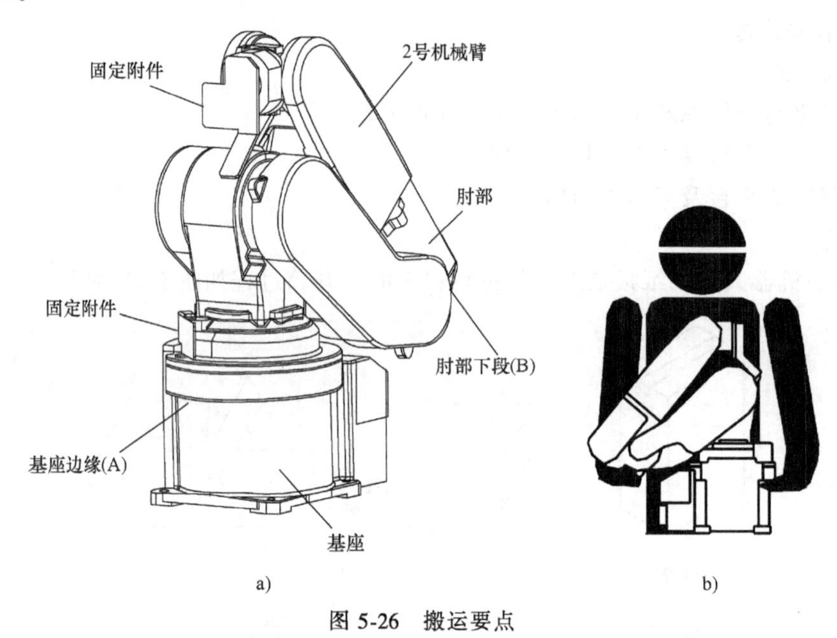

a)　　b)

图 5-26　搬运要点

搬运时应避免使机器人受到较大冲击。搬运到安装位置上后，应卸下固定附件。

4. 机器人单元的安装

从图 5-27 铝合金底板开始安装，安装走线槽组件、导轨和盖板组件、电气 I/O 接线端口、机器人安装台等，安装机器人本体、气动手爪、光栅、滑槽承盘、气动组件、滑槽、料仓模块、线夹等，到最终完成效果如图 5-28 所示。读者可扫描二维码进行分析学习。

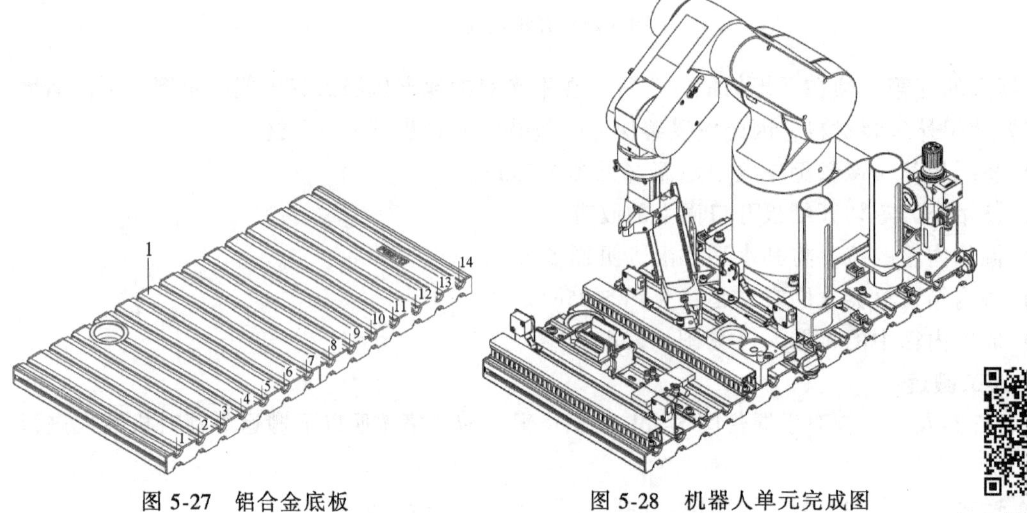

图 5-27　铝合金底板

图 5-28　机器人单元完成图

机器人单元机械部件装调

完整的机器人安装步骤与学习情境 1 基本相同，具体详解读者可结合配套资源中的相关资料进行学习。

5. 回路连接与接线

根据气动与电气原理图进行回路连接与接线。

6. 系统连接

（1）接地方式简介

1）接地方式有图 5-29 所示的 3 种方法，机器人本体及机器人控制器应尽量采用专用接地（见图 5-29a）。

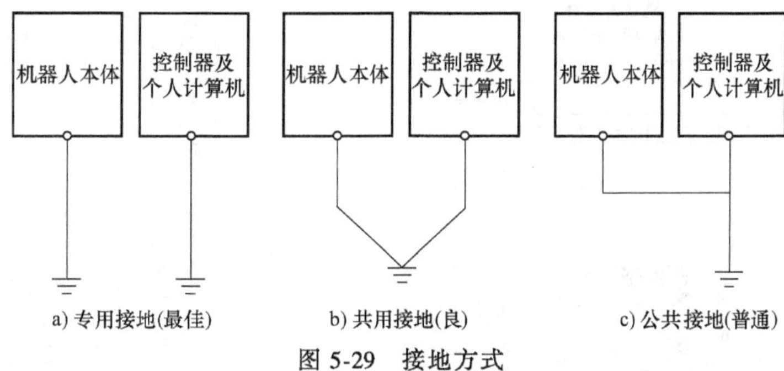

图 5-29 接地方式

2）接地工程应连接接地电阻（100Ω 以下），以与其他设备分开的专用接地最佳。

3）接地用的导线应使用 AWG#11（3.5mm^2）以上的导线。接地点应尽量靠近机器人本体、控制器，以缩短接地导线的长度。

（2）机器人单元接地要领

1）准备 AWG#14（2mm^2）以上的接地用电缆及机器人侧的安装螺栓及垫圈。

2）接地螺栓部位（A）（见图 5-30）有锈或油漆的情况下，应通过锉刀等去除。

3）将接地电缆连接到接地螺栓部位。

（3）机器人本体与控制器的连接 连接示意图如图 5-31 所示。安装或拆卸前一定要注意以下几点。

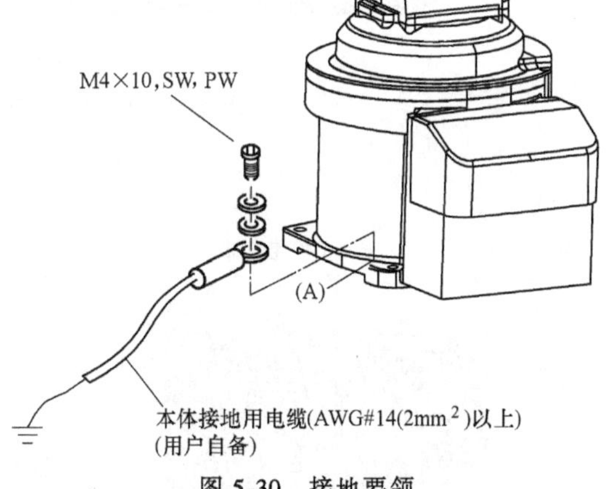

图 5-30 接地要领

1）应切实地连接连接器。如果强力插入，针会被损坏并造成连接不良。

2）设备间电缆的连接器分为机器人控制器侧用及机器人本体侧用，连接时应充分确认。如果连接错误，则有可能导致连接器的针弯曲或折断，这时，即使正常连接，机器人也无法正确动作，从而引发危险。

3）应充分注意保护连接电缆，如果电缆受到强力拉扯或过度弯曲，则有可能导致电缆断线或连接器破损。

4）应注意在安装和卸下时不要夹到手。

下面对控制器的安装方法进行说明。

1）确认控制器的电源开关处于 OFF 位置。

2）将设备间电缆连接到机器人本体侧对应的连接器上。安装时，首先安装 CN2；卸下时，应首先卸下 CN1。

3）将 CN 与相应连接器的键槽对准后插入，旋转连接环使之固定。捏住 CN2 连接器两侧的锁扣后插入相应插槽，松开锁扣后将被固定。

（4）示教单元（T/B）的连接 连接示意图如图 5-32 所示。安装或拆卸前一定要注意以下几点。

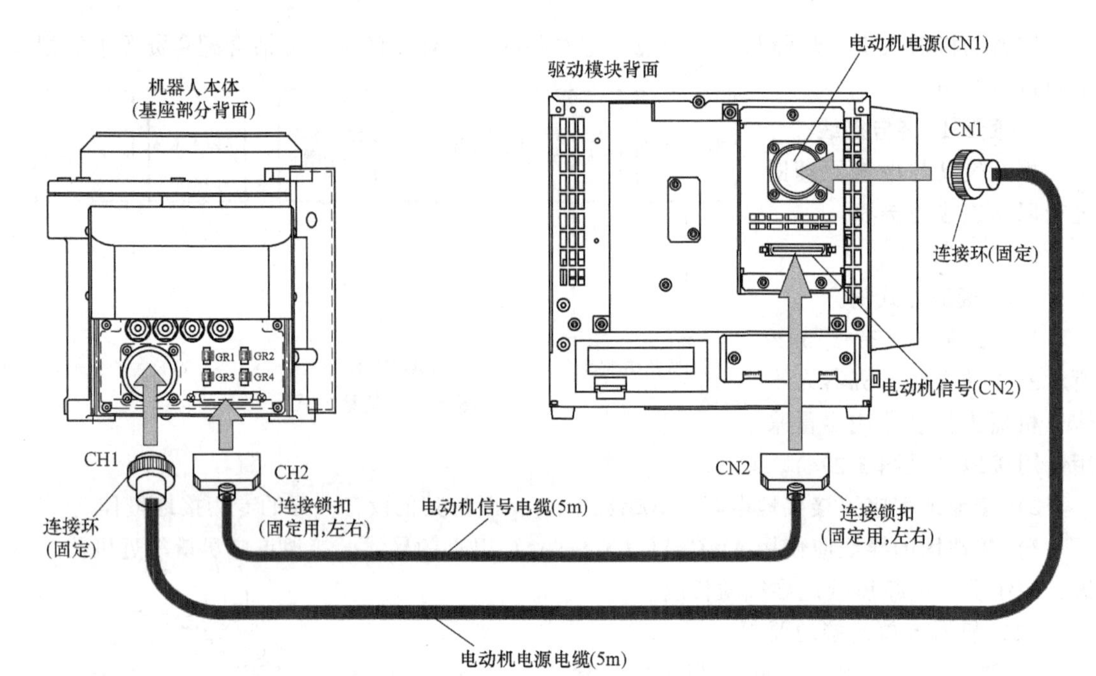

图 5-31　机器人本体与控制器连接示意图

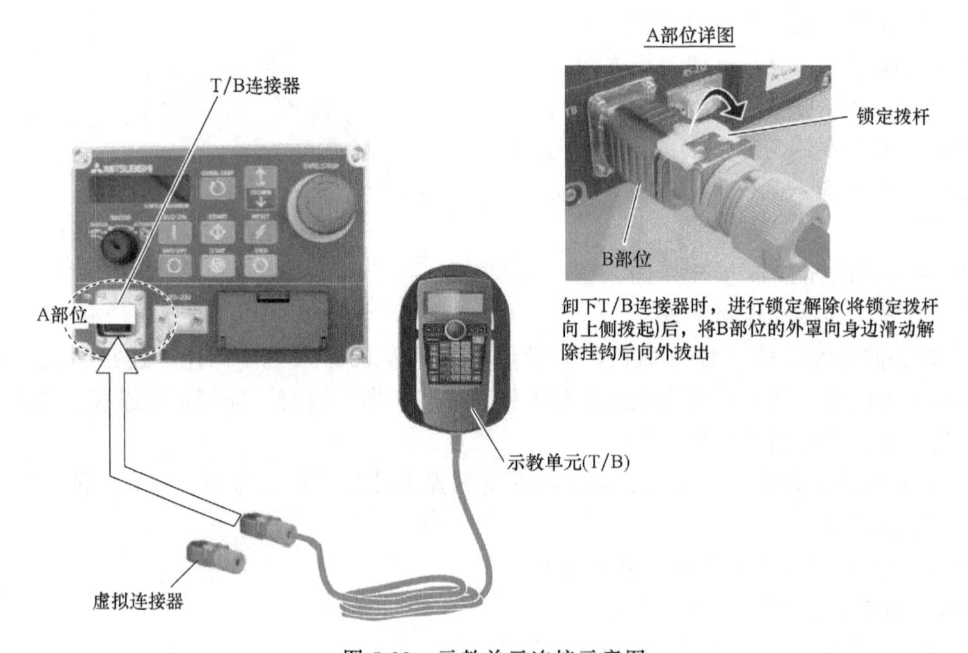

图 5-32　示教单元连接示意图

1）T/B 的拆装应在将控制器的控制电源置为 OFF 的状态下进行。如果在控制电源 ON 状态下进行 T/B 的拆装，将发生紧急停止报警。

2）在卸下 T/B 的状态下使用机器人时，应将随产品附带的虚拟连接器作为 T/B 的替代品进行安装。虚拟连接器的拆装方法是：握住连接器本身进行插入或拔出。

3）如果对 T/B 的电缆进行强力拉扯或过度弯曲，将有可能导致电缆断线或连接器破损，应加以注意。

4）进行拆装时，应握住连接器本身进行操作，不要对电缆施加应力。

下面对 T/B 的安装方法进行说明。

1）确认机器人控制器的电源开关处于 OFF 状态。

2）将 T/B 的连接器与机器人控制器的 T/B 连接器相连。按图 5-32 中所示将锁定拨杆往上拨起，插入连接器直至发出“咔嚓”声。

（5）气动手爪的安装　气动手爪通过电磁阀控制，控制原理如图 5-33 所示。

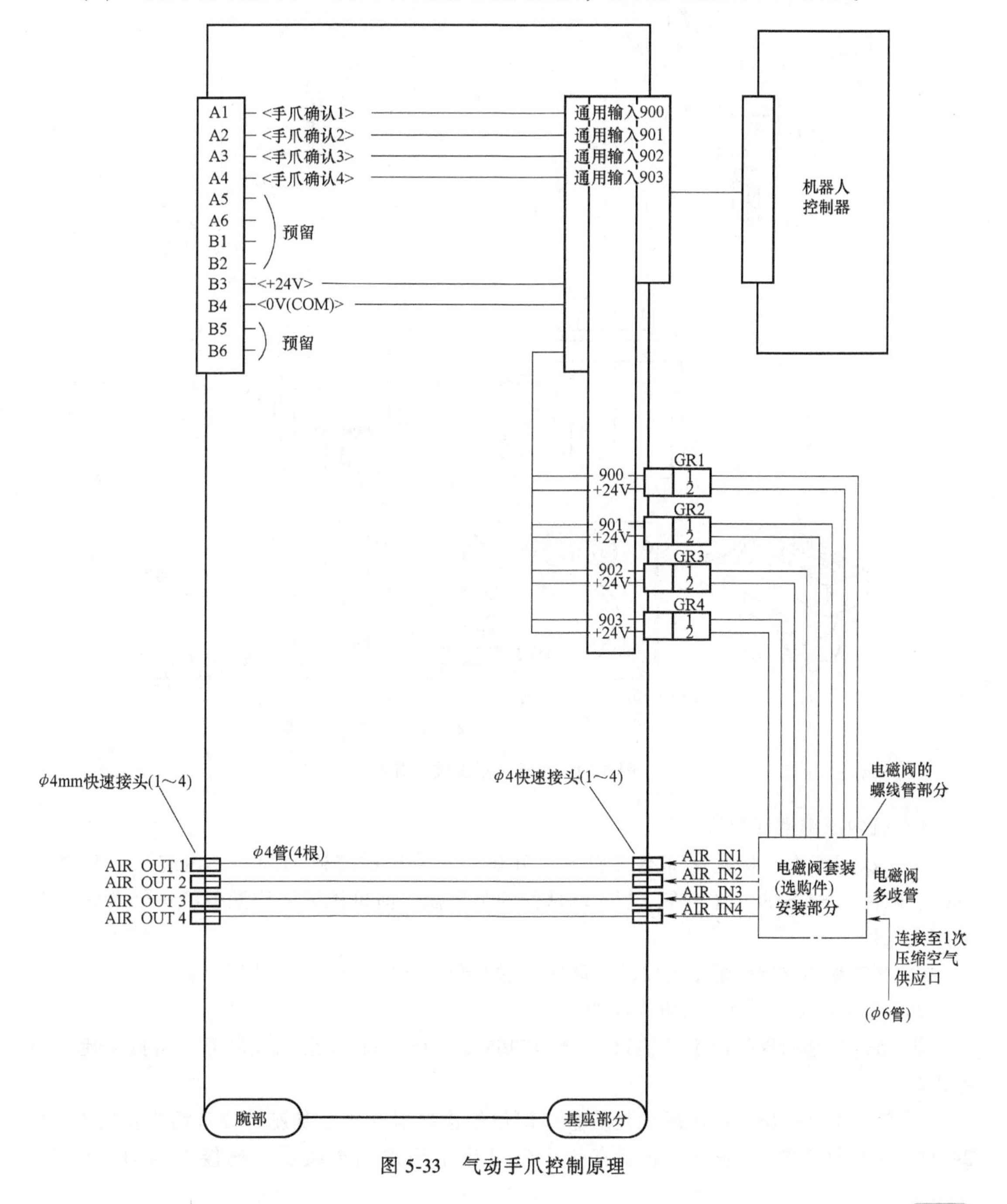

图 5-33　气动手爪控制原理

控制器和机器人本体连接，机器人本体上有和电磁阀相连的 I/O，A1、A2、A3、A4 为手爪状态控制器；GR1、GR2、GR3、GR4 为输出控制电磁阀；AIR IN1～AIR IN4 为电磁阀输出，经过机器人本体 AIR OUT1～AIR OUT4 接气动手爪，从而进行手爪动作的实质控制。

具体安装如图 5-34 所示。

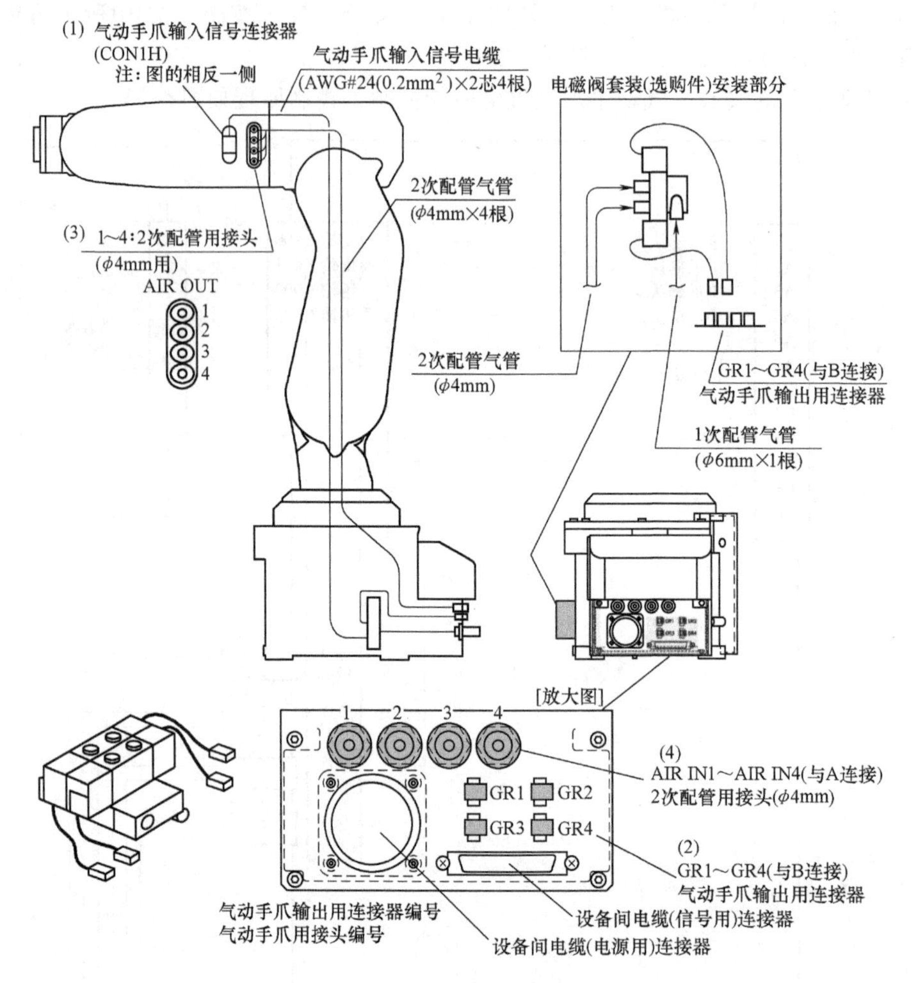

图 5-34　气动手爪安装示意图

1）机内压缩空气配管。

① 1 次配管中，从基座部空气引入口开始，至前机械臂侧面为止，内装了 4 根外径 4mm、内径 2.5mm 的气管。在气管末端部位的基座侧、前机械臂侧均配备了 4 个 Φ4mm 气管用空气接头。

② 在基座部位侧面最多可安装 2 联的电磁阀套装（图 5-34 左下角所示）。

2）气动手爪输出电缆的机内配线。

① 通过将选购件气动手爪接口（2A-RZ365/2A-RZ375）安装到控制器上可以使用气动手爪输出。

② 气动手爪输出电缆的配线是从基座部位的连接器开始至基座部位背面为止（AWG# 24（0.2mm^2）×2 芯，8 根）。末端有 4 个气动手爪输出用连接器。连接器名为“GR1～

GR4”。

3）气动手爪输入电缆的机内配线。抓手输入电缆的配线是从基座开始至前机械臂侧面为止配备了4条线。至机械臂外部的引出配线需要另外配备电缆（推荐选购件“气动手爪输入电缆1S-HC30C-11”）。

（6）控制器与工作站的I/O连接　控制器与铝合金工作平台（工作站）的I/O连接如图5-35所示。接线端XMA2通过特殊的I/O导线（红色导线，一端24针，另一端50针）连接到机器人控制器的外部I/O。

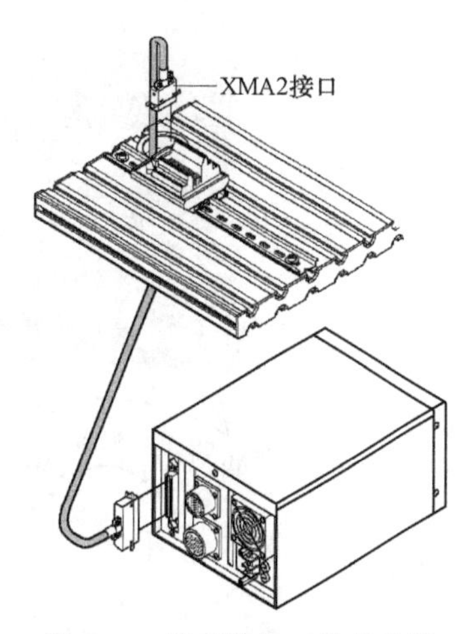

图5-35　控制器与工作站连接

（7）气动系统的连接　将气泵与过滤调压组件连接。在过滤调压组件上设定压力：6bar（600kPa）。

（8）原点设置　为了使机器人高精度地工作，初步安装完成后必须对其进行原点设置。另外，在机器人与控制器组合改变的情况下，也必须进行原点设置。

购买机器人后首次接通电源时将发生错误：C0150（未设置机器人本体的生产编号）。应在参数RBSERIAL中输入机器人本体的序列号。

1）原点数据表。需要输入的原点数据记录在机器人本体的J1盖板里面粘贴的原点数据表中，见表5-1。

表5-1　机器人原点数据

日期(Date)	出厂时(Default)	…	…	…
D	V!%S29			
J1	06DTYY			
J2	2? HL9X			
J3	1CP55V			
J4	T6!M $Y			
J5	Z21J%Z			
J6	A12%Z0			
方式(Method)	E	E·N·SP	E·N·SP	E·N·SP

机器人出厂时的记录值是在出厂时通过分度夹具方式进行的原点设置值。

2）控制电源的接入。①将控制器的“POWER”开关置为ON。②接入控制电源后，控制器前面的“STATUS NUMBER”将显示“0.100”。

注意： *应确认机器人本体的周边无人之后再执行本操作。*

3）示教器（T/B）的准备。如图5-36所示，须将机器人控制器前面板的“MODE”开关（模式选择开关）设置为“MANUAL”之后，再将示教器背面的“ENABLE”开关置为“ENABLE”。

T/B有效时，只能通过T/B进行操作，无法通过机器人控制器或外部信号进行操作。对于紧急停止等置停操作，与装置的“有效/无效”无关。

4）原点设置方式的选择。使用示教器键盘进行设置，如图5-37～图5-40所示。

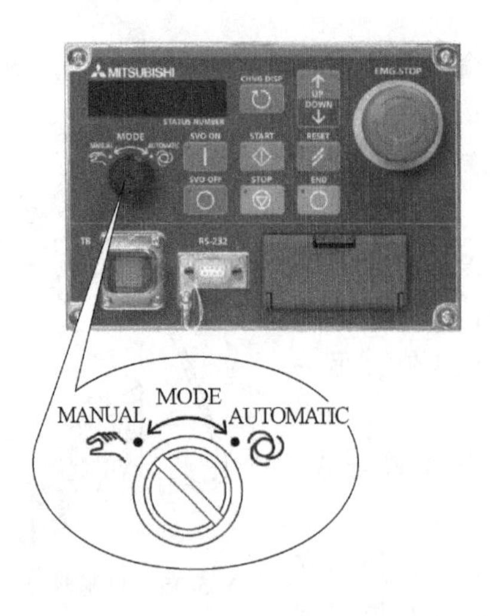

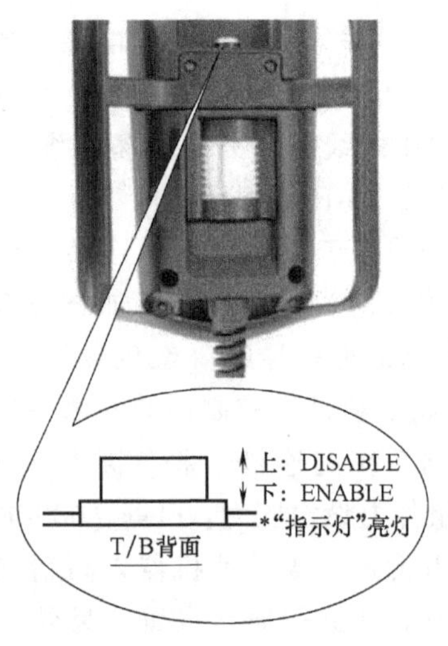

图 5-36　示教器的准备

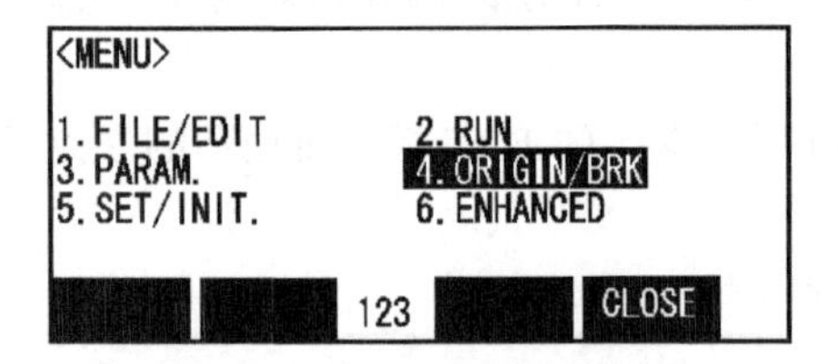

图 5-37　选择原点/制动画面

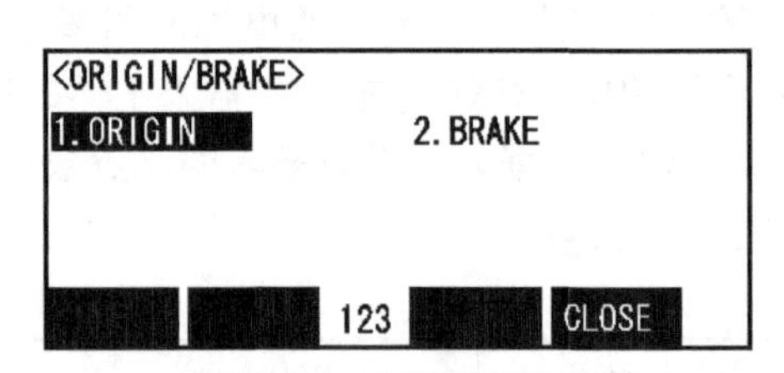

图 5-38　选择原点画面

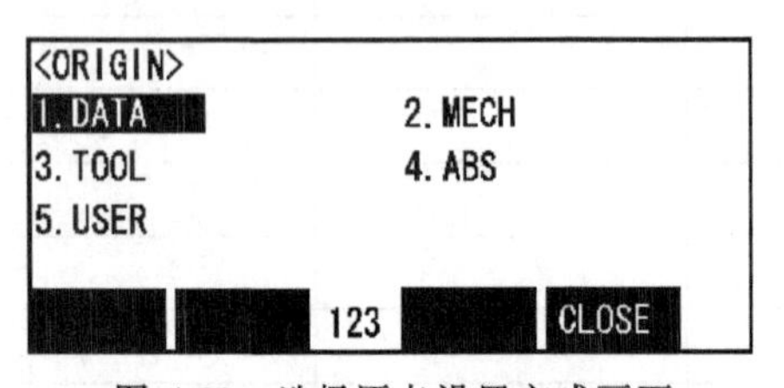

图 5-39　选择原点设置方式画面

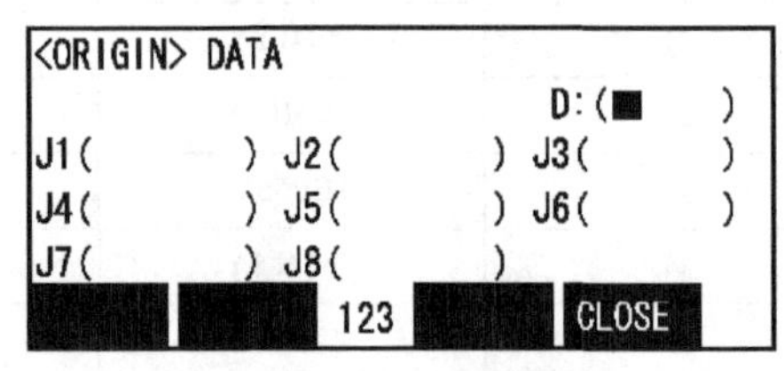

图 5-40　输入原点画面

① 在图 5-37 所示的菜单画面中按压［4］键，显示原点/制动画面。

② 在图 5-38 所示的原点/制动画面中按压［1］键，显示原点设置方式选择画面。

③ 在图 5-39 所示的原点设置方式的选择画面中按压［1］键，选择数据输入方式。

④ 输入原点数据的画面如图 5-40 所示。

可以通过以下两种方法进行菜单选择。① 按压希望选择的项目编号的数字键。② 通过［↓］、［↑］等键将光标移动至希望选择的项目上后按压［EXE］键。

按压［CHARACTER］键，显示"123"的状态时进入数字输入模式。可以输入各键左下方的数字。

5）原点的数据输入。输入表 5-1 中确认的值。原点数据表的值与输入的对应如图 5-41 所示。具体参见 RV-2SD（2SDB）使用说明书。

7. 传感器、节流阀等器件的调试

主要是漫反射式传感器的调试：在滑槽模块中，用于检测有无工件；在气动手爪模块中，用于区分工件是否为黑色。漫反射式传感器和节流阀的调节方法可参见学习情境 1。

8. 整体调试

（1）外观检查　在进行调试前，必须进行外观检查。在开始起动系统前，必须检查电气连接、气源、机械元件（损坏与否、连接牢固与否）。在起动系统前，要保证工作站没有任何损坏。

T/B的画面　原点数据表的符号
(D, J1, J2, J3, J4, J5, J6, J7, J8)

```
<ORIGIN> DATA
                              D:(■     )
J1(        ) J2(        ) J3(        )
J4(        ) J5(        ) J6(        )
J7(        ) J8(        )
                123            CLOSE
```

图 5-41　原点对应图

（2）设备准备情况检查　已经准备好的设备应该包括装调好的机器人单元工作平台，连接好的控制器、示教器、电源，连接好的气源等。

（3）试运行

1）示教器操作试运行。

2）下载程序，利用控制器进行试运行。

注意：

1）任何时候按下急停按钮，都可以中断系统工作。

2）如果在测试过程中出现问题，系统不能正常运行，则应根据相应的显示和运行情况查找原因，排除故障后重新测试系统功能。

3）检查并清理工作现场，确认工作现场无遗留的元器件、工具和材料等。

2.2.5　更换电池

由于机械手位置使用绝对编码器，因此电源断开后是通过备份电池供电实现编码器位置数据的存储。此外，控制器中的程序等存储也是使用备份电池供电实现的。这些电池在产品出厂时由工厂安装，但由于是消耗品，用户应定期进行更换。

在机械手的控制器里有一块电池，机器人本体里有五块电池。电池的有效使用时间可达 14000h，它们在控制器电源关闭后开始供电。

当电池的剩余电量接近 0 时，控制器就会报警。这时，应及时更换电池，且必须在不关闭控制器电源的情况下更换。所以建议定期检查电池电量，一般一个月检查一次，最好在电池容量小于 1500h 时更换电池。且应在未更换电池前的时间里保持机械手通电。更换电池的过程如下。

1. 用示教盒检查电池剩余电量

如图 5-42 所示，按［MENU］键，显示屏显示菜单（见图 5-42a），在“MEUN”菜单下按数字键［5］，显示屏显示“MAINT”菜单（见图 5-42b）。在“MAINT”菜单下按数字键［5］，显示“HOUR DATA”菜单（见图 5-42c）。其中“POWER ON”显示机器人总共通电时间，“BATTERY”显示机器人电池剩余电量。

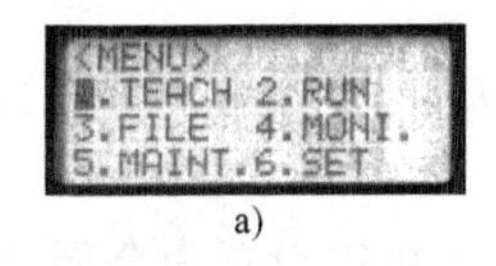

a)

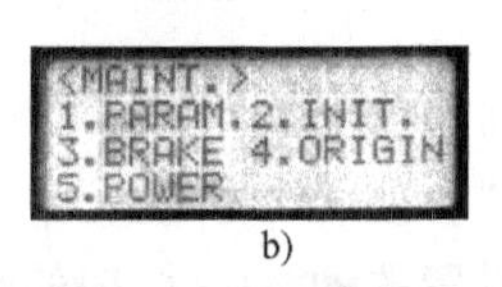

b)

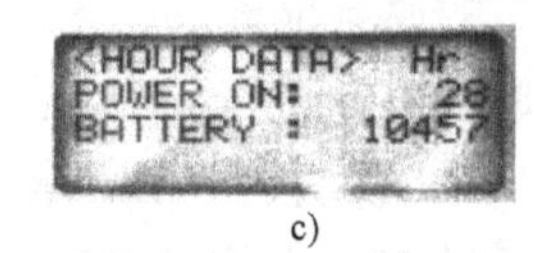

c)

图 5-42　查看电池信息

2. 找到机器人电池具体位置

机器人电池包括机器人本体电池和控制器电池，都应及时更换。机器人本体电池的位置如图 5-43 所示，控制器电池的位置如图 5-44 所示。

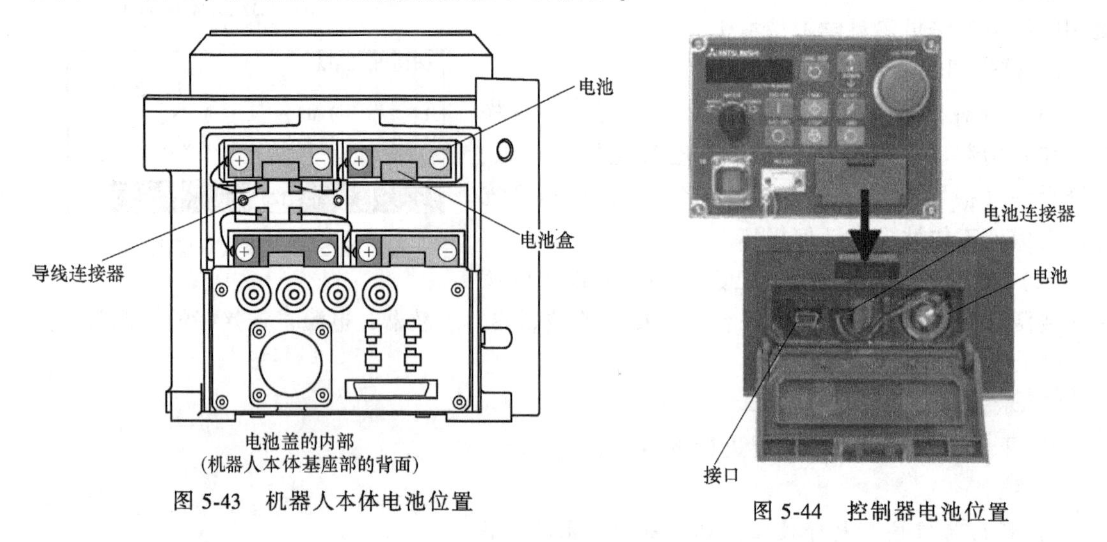

图 5-43 机器人本体电池位置

图 5-44 控制器电池位置

3. 复位电池消耗的时间（激活新电池）

更换完机器人电池后，要复位电池用量，这样才能显示新电池电量。具体步骤如下。

1）按示教盒［MENU］键，显示屏显示菜单（见图 5-45a），在“MENU”菜单下按数字键［5］，显示屏显示“MAINT”菜单（见图 5-45b）。在“MAINT”菜单下按数字键［2］，显示屏显示“INIT”菜单（见图 5-45c）。

2）在“INIT”菜单下按数字键［2］，出现电池自定义时间初始化界面（见图 5-45d），按数字键［1］，电池自定义时间初始化开始。

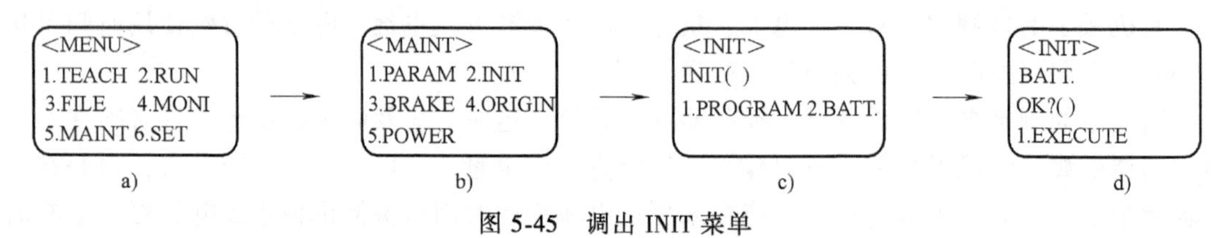

图 5-45 调出 INIT 菜单

4. 设置原点

在本产品中，初次进行机器人的原点设置时，将原点位置位于编码器 1 个旋转内的那个角度位置作为偏置量进行存储。由于电池耗尽而更换电池时，必须重新设置原点，应该采用 ABS 原点方式，其原点标记如图 5-46 所示。

通过 ABS 原点方式进行原点设置时，通过使用该值可以抑制原点设置作业的偏差，正确地再现初次的原点位置。

本操作通过 T/B 进行。应将控制器前面的“MODE”开关置为“MANUAL”后，将 T/B 的“ENABLE”开关置为“ENABLE”，使 T/B 有效。

首先，通过 JOG 操作对准原点设置的轴 ABS 标记的箭头。可以设置为全部轴同时进行，也可设置为每个轴分别进行。

对准 ABS 标记时，必须从正面进行操作，对准三角标记的前端。关于 JOG 操作请参阅三菱 RV-2SD（2SDB）型机器人使用说明书。

2.3 项目总结与练习

1. 项目总结

本项目完成了机器人单元的安装与调试。训练学生使用了机电设备安装常用的工具与材料，复习了机电设备的安装规范、机电设备安装调试安全要求，完成了机器人设备的本体、气动、电气等零部件安装调试的全过程。学习中，尤其要重点掌握机器人本体与控制器的连接、控制器与示教器的连接、接地保护、气动手爪电磁阀的连接、原点设置等知识技能。

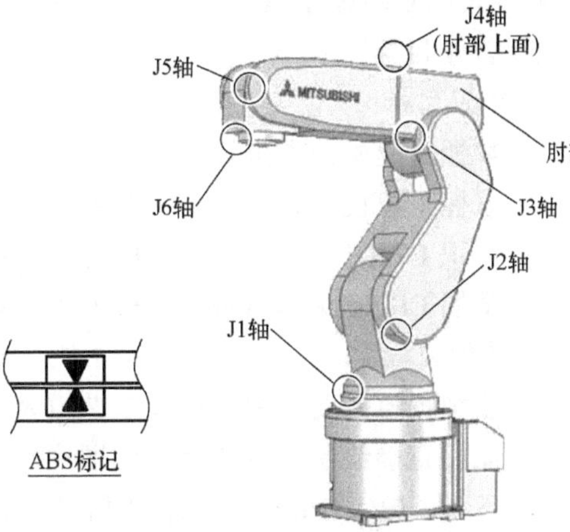

图 5-46 ABS 原点标记

2. 练习

（1）机器人的开箱必须在平坦的地方进行，经过______、______、______、______过程。

（2）为了防止事故，人工搬运机器人时，不要抬机器人的______或______部位。

（3）接地方式有 3 种，包括______、______、______。接地工程应连接接地电阻，其大小在______Ω 以下，以与其他设备分开的专用接地为最佳。

（4）接地用的导线应使用截面积为________以上的导线。接地点应尽量靠近________、________以缩短接地导线的长度。

（5）购买机器人后首次接通电源时将发生错误：__________（未设置机器人本体的生产编号）。应在参数__________中输入机器人本体的序列号。

（6）控制器与铝合金工作平台（工作站）的 I/O 连接时，接线端__________通过特殊的 I/O 导线（红色导线，一端 24 针，另一端 50 针）连接到__________的外部 I/O。

（7）说出机器人单元拆装过程中常用的工具。

（8）简述搬运机器人的工作要点。

（9）简述安装机器人本体时的 8 个要点。

（10）简述机器人工作站机械部分的安装调试过程。

（11）简述机器人本体与控制器连接的要点。

（12）简述控制器与示教器连接的要点。

（13）简述气动手爪电磁阀连接的要点。

（14）为什么要进行原点设置？

（15）简述机器人原点设置的过程。

项目 3　机器人单元的控制程序设计

3.1 项目任务

3.1.1 任务描述

根据机器人单元的任务内容。编制设备动作流程，熟悉 CIROS Programming 编程软件，进行机器人单元的程序编制，并下载程序，通过示教器和控制器完成程序的调试运行。

3.1.2 教学目标

1. 知识目标

1）掌握工业机器人坐标。

2）掌握工业机器人示教器的基本构成。

3）认识 CIROS Programming 的软件界面并掌握应用方法。

4）掌握 CIROS Programming 的常用编程指令。

2. 技能目标

1）能根据控制要求编制设备工艺（动作）流程。

2）能够正确绘制程序流程图和顺序功能图。

3）掌握 CIROS Programming 通信口参数的设置方法。

4）掌握示教器的使用方法。

5）掌握控制器的操作方法。

6）掌握 CIROS Programming 软件上载和下载程序的方法。

7）能自主查阅网络、期刊、参考书籍、技术手册等。

8）能自主编写技术报告。

3. 素质目标

1）细心的职业素养、团队合作及敬业精神。

2）善于自学、善于归纳分析。

3）勤于查阅资料、勤于思考、锲而不舍的良好作风。

3.2 程序设计

3.2.1 技术资料

技术资料包括：机器人单元的气动原理图、电气接线图，RV-2SD（2SDB）使用说明书，RV-2SD（2SDB）控制器标准规格书等。可结合配套资源中的相关资料进行学习。

3.2.2 工业机器人示教器的应用

1. 示教器介绍

示教器是机器人的主要组成部分。示教过程是依靠操作员观察机器人及其夹持工具相对于作业对象的位姿，通过对示教盒的操作，反复调整示教点处机器人的作业位姿、运动参数和工艺参数，然后将满足作业要求的这些数据记录下来，再转入下一点的示教。整个示教过程结束后，机器人实际运行时就使用这些被记录的数据，经过插补运算，就可以再现在示教点上记录的机器人位姿。示教器如图 5-47 所示。

1—[EMG. STOP] 开关（急停开关）：进行伺服 OFF，使机器人立即停止。

2—[TB ENABLE] 开关：对示教单元的按键操作进行有效或无效切换的开关。

3—有效开关：示教单元按键操作有效时，如果松开或强力按压本开关，将进行伺服 OFF，动作中的机器人将立即停止。

4—显示面板：显示机器人的状态及各菜单。

5—状态显示灯：显示示教单元及机器人的状态。

6—[F1][F2]F3][F4] 键：执行显示面板中显示的功能。

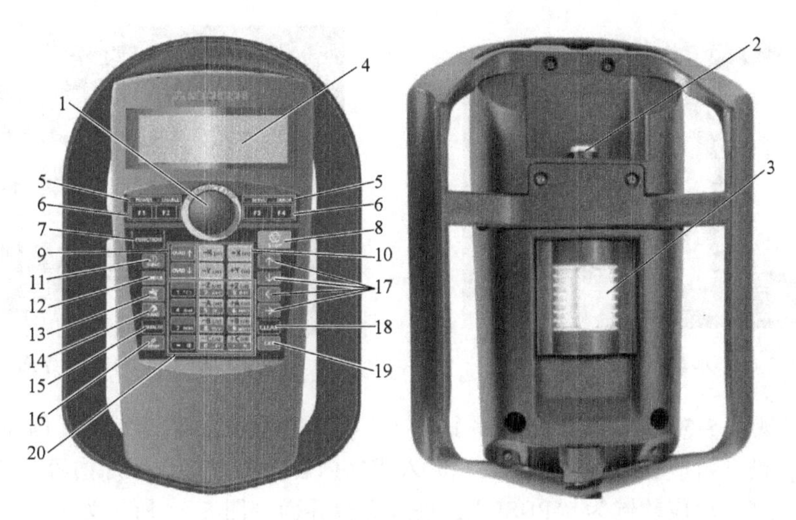

图 5-47 示教器

7—[FUNCTION] 键：在 1 个操作中，[F1][F2][F3][F4] 键中分配的功能有 5 种以上时，对功能显示进行切换。

8—[STOP] 键：使程序中断，使机器人减速停止。

9—[OVRD↑][OVRD↓] 键：改变机器人的速度手工变动值。按压 [OVRD↑] 键时，手工变动值将增加；按压 [OVRD↓] 键时，手工变动值将减少。

10—[JOG 操作] 键：按照 JOG 模式使机器人动作。此外，可用于各数值的输入。

11—[SERVO] 键：在轻按 [TB ENABLE 开关] 的同时，如果按压该键，机器人将进行伺服 ON。

12—[MONITOR] 键：按压该键时，将进入监视模式，显示监视菜单。

13—[JOG] 键：按压该键时，将进入 JOG 模式，显示 JOG 画面。

14—[HAND] 键：按压该键时，将进入手爪操作模式，显示手爪操作画面。

15—[CHARACTER] 键：示教单元可进行字符输入或数字输入时，按压此键可在数字输入及字符输入之间进行切换。

16—[RESET] 键：对出错显示进行解除。在按压该键的同时按压 [EXE] 键，将进行程序复位。

17—[↑][↓][←] [→] 键：将光标向箭头方向移动。

18—[CLEAR] 键：按压该键可删除光标所在位置 1 个字符。

19—[EXE] 键：对输入操作进行确定。此外，直接执行时，在持续按压该键期间，机器人将动作。

20—[数字/字符] 键：可进行数字输入或者字符输入时，按压该键时将显示数字或者字符。

2. 示教器应用举例

(1) 找到所编写程序中要示教的点　闭合驱动器电源一段时间后，示教盒处于初始状态，如图 5-48 所示。按 [F1] 键，出现图 5-49 所示的界面，单击数字键 [1]，选择界面中“1. FILE/EDIT”。

图 5-48　示教器初始界面

图 5-49　MENU 界面

此时，出现图 5-50 所示界面。按［↑］［↓］键，选择要示教的程序，例如，4 号程序。

按［F1］键，对应软键为“EDIT”，进入程序内容，可以修改程序内容。

按［F2］键，对应软键为“POSI.”，进入点位界面，图 5-51 所示为 P1 点，其中的 X、Y、Z、A、B、C 为 P1 点的位置数据，X、Y、Z 单位为 mm，A、B、C 单位为 deg。L1、L2 为附加轴数据，选择“NEXT”即可切换到下一点。

把所要示教的点通过示教确定合适的位置，以避免程序执行不准确，引发事故及其他事件。进行示教的目的：由于操作人员不了解程序执行所要经过点的位置坐标，所以要先规划好机器人的路径以及所经过的点，这样，通过示教盒进行点位示教后便可确定精确路径坐标这时再让机器人自动执行程序。

图 5-50　选择程序界面

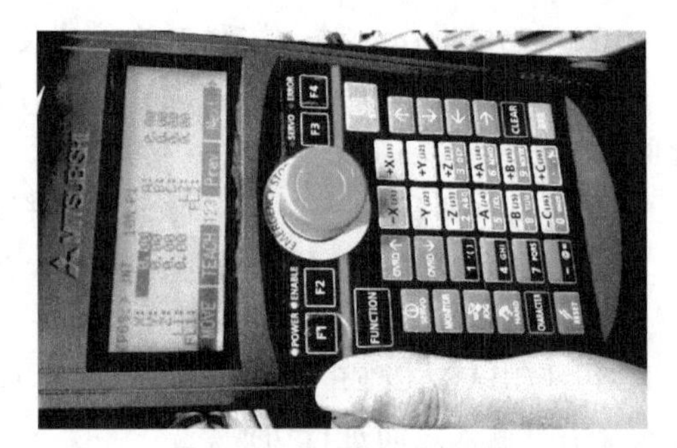

图 5-51　示教点 P1 界面

（2）示教过程　首先按示教器上的［SERVO］键，给机器人上电，当听到“嘀”的一声，表示机器人上电完毕。

按示教器上的［JOG］键，进入图 5-52 所示界面。其中，“XYZ”用于切换坐标轴（根据需要），此时正确操作［TB ENABLE］开关（在示教盒背面）。按动操作面板中的 X、Y、Z、A、B、C（+，-）键即可使机器人运动，直到找到合适的 P1 点后停止操作。

然后保存此点。按示教器上的［JOG］键，显示的界面如图 5-53 所示，按［F2］键，对应软键为“TEACH”。显示图 5-54 所示界面，按［F1］键，对应软键为“Yes”，即保存当前的点。会听到一声较长的“嘀”声，显示图 5-55 所示界面。

P1 点示教结束。接着可以进行 P2 点示教，在图 5-55 所示界面，按［↑］［↓］［←］［→］键，将光标移到“P1”，改为“P2”，按示教器上的［EXE］键，到 P2 点界面，进行 P2 点示教。同理，可进行 P3、P4 等点的示教。

图 5-52 示教界面

图 5-53 示教点 P1 界面

图 5-54 保存点

图 5-55 保存后 P1 点的坐标

(3) 设置速度 注意，当完成所有点的示教后，按操作面板上的［OVRD↓］键，可降低机器人运行速度，可以通过图 5-56 中的箭头所指数据判断机器人的速度变化情况，也可以通过观察机器人控制器界面上的速度变化（速度以百分比的形式显示机器速度）判断机器人的速度。

因为在程序首次运行时会发生很多意想不到的情况，降低速度（减少至 30%以下）可以提供反应时间，以便及时按下急停按钮，降低事故的发生概率。

3.2.3 机器人程序设计

1. CIROS Programming 软件应用介绍

CIROS Programming 软件是一个工业用、功能强大的开发平台，集成了三菱工业机器人编程、调试功能，带有功能强大的三菱机器人控制器接口，通过以太网 TCP/IP、USB 或串行接口实现。它具有方便的程序编辑器，具有程序的下载和上传、机器人系统数据的在线浏览、单步和自动模式的程序跟踪以及项目备份功能。

图 5-56 设置速度

2. 项目建立

项目建立的演示可结合配套资源中的相关资料进行学习。

1）打开软件，选择“File”→“New Project”菜单命令，界面如图 5-57 所示，在弹出的对话框中的“Project Name”处输入文件名，单击“Browse”按钮设置文件路径。单击“Next”按钮，弹出图 5-58 所示对话框。选择机器人型号“RV-2SD/SDB/SQ”，单击“Next”按钮。

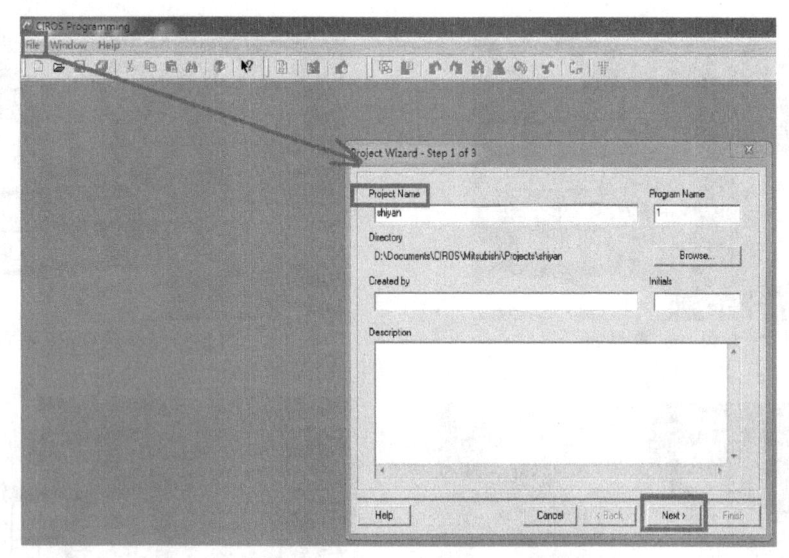

图 5-57　建立新项目界面

2）弹出图 5-59 所示界面。单击“Finish”按钮，完成项目建立。

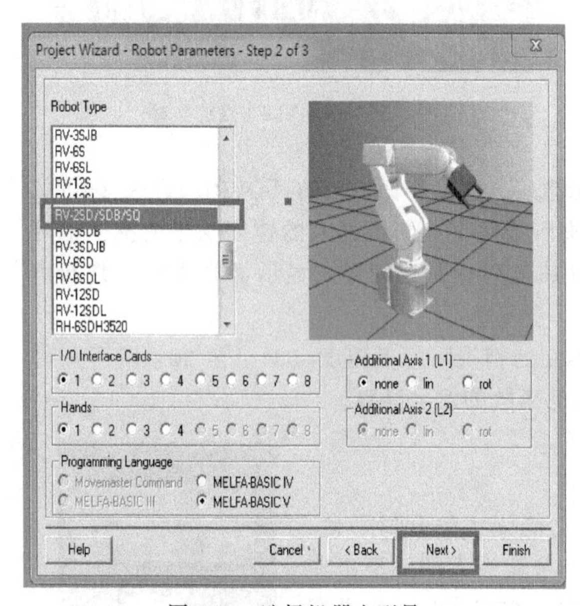

图 5-58　选择机器人型号

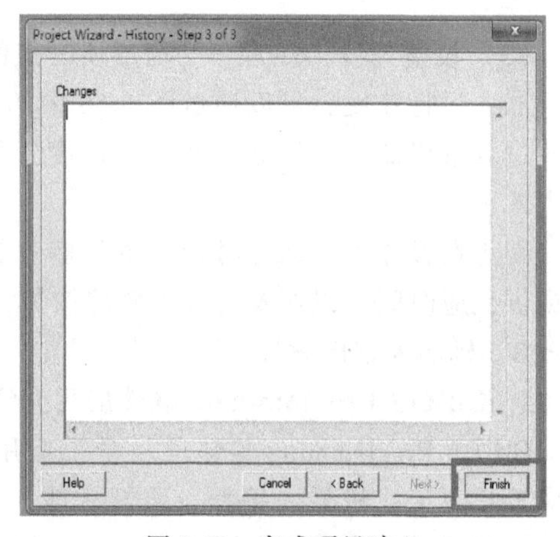

图 5-59　完成项目建立

3）界面如图 5-60 所示。该界面包括机器人模型区、管理区、程序区、点位区和消息区。在程序区右击，弹出的指令可供编程选择应用。

另外，还有一些快捷键。例如，<Ctrl+C>用于复制，<Ctrl+V>用于粘贴，<Ctrl+X>用于剪切，<Ctrl+F>用于查找，<Ctrl+H>用于替换，<Ctrl+F9>用于编译（检测程序是否有错）。

4）项目建立完成之后，就可以在“程序区”写程序了。

3. 编程与解读

我们通过一个项目来学习常用的编程指令及编程过程。其余指令可参见机器人应用说明书。

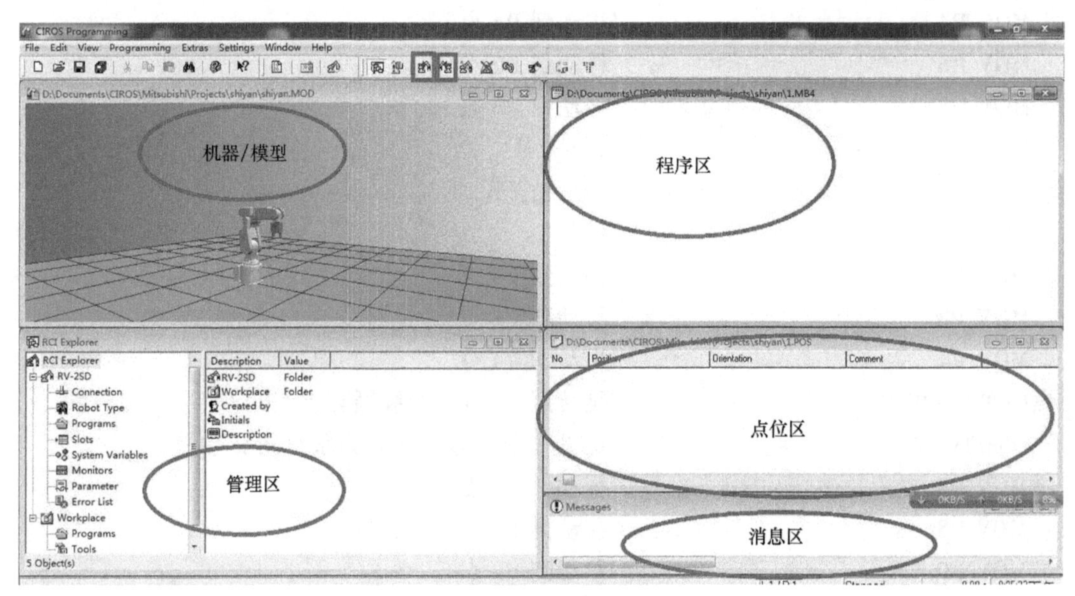

图 5-60 软件编程界面

项目要求：把下面的程序写在“程序区”，点位区可先不写，待示教完成后，点位区会出现坐标。

(1) 程序及注解（“'”符号后面的为注释）

```
DEF IO PORT1=BIT，8           '定义外部输入点 8 ，在机器人与 PC 通信后检测
DEF IO PORT2=BIT，10          '定义外部输入点 10
*0001                         '定义一个标号
MOV P99                       '移动到 P99 点
MOV P2                        '移动到 P2 点
WAIT PORT1= 1                 '等待此信号为 1，否则一直等待
MOV P3                        '移动到 P3 点
DLY 1                         '延时 1s
HCLOSE 1                      '手爪 1（扩展的起动手爪）收紧，进行抓料
MOV P2                        '移动到 P2 点
MOV P99                       '经过 P99 点
MOV P4                        '移动到 P4 点
MOV P5                        '移动到 P5 点
DLY 1                         '延时 1s
IF  PORT2=1 THEN GOTO  *0002 ELSE GOTO  *0003
                              '如果 PORT2=1 则跳转到 *002，
                              '即判断为金属制品；否则跳转到 *003，即判断为
                              '塑料制品

*0002                         '定义一个标号，此时为金属制品
```

```
MOV P4          '移动到 P4 点
MOV P6          '移动到 P6 点
MOV P7          '移动到 P7 点
DLY 1           '延时 1s
HOPEN 1         '手爪松开
DLY 1           '延时 1s
MOV P6          '移动到 P6 点
MOV P8          '移动到 P8 点
MOV P4          '移动到 P4 点
GOTO *0001      '跳转到 *001，继续循环
*0003           '定义一个标号，此时为塑料制品
MOV P4          '移动到 P4 点
MOV P8          '移动到 P8 点
MOV P9          '移动到 P9 点
DLY 1           '延时 1s
HOPEN 1         '手爪松开
DLY 1           '延时 1s
MOV P8          '移动到 P8 点
GOTO *0001      '跳转到 *001 继续循环
```

（2）常用指令介绍　三菱工业机器人常用指令见表 5-2。

表 5-2　三菱工业机器人常用指令

序号	项目	内容	相关指令
1	机器人动作控制	关节插补动作	MOV
2		直线插补动作	MVS
3		圆弧插补动作	MVR,MVR2,MVC
4		最佳加、减速动作	OAD1
5		手爪控制	HOPEN,HCLOSE
6	托盘运算		DEF PLT,PLT
7	程序控制	无条件分支·条件分支	GOTO,IF THEN ELSE
8		循环	FOR NEXT
9		中断	DEF ACT,ACT
10		子程序	GOSUB,CALLP
11		定时器	DLY
12		停止	END,HLT
13	外部信号	输入输出信号	M_IN,M_OUT

1）MOV 指令。通过关节插补动作进行移动，直至到达目标位置，如图 5-61 所示。

2）MVS 指令。通过直线插补动作进行移动，直至到达目标位置，如图 5-62 所示。

3）WAIT 指令。在变量的数据变为程序中指定的值之前，在此处等待，用于进行连锁

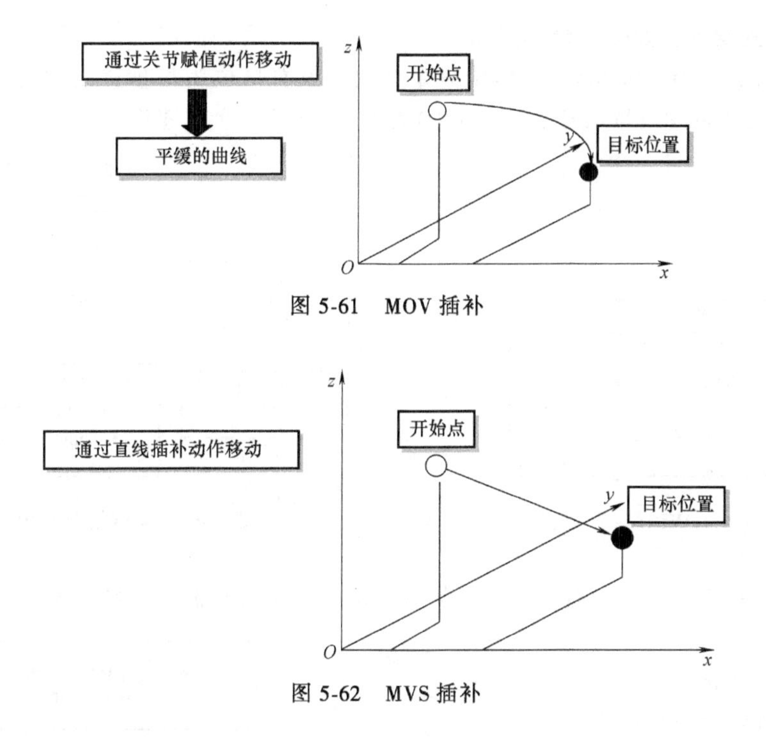

图 5-61 MOV 插补

图 5-62 MVS 插补

控制等情况，如图 5-63 所示。

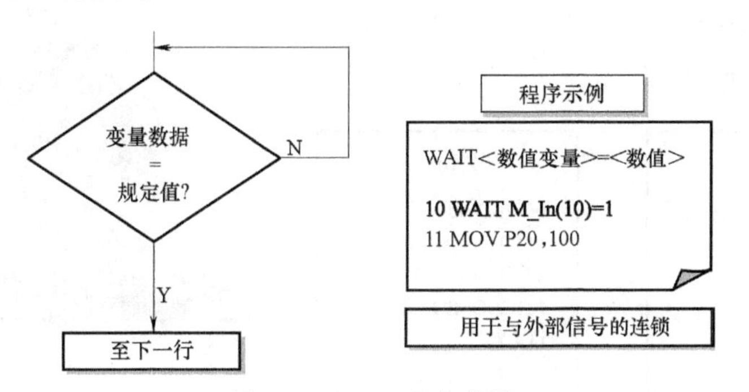

图 5-63 WAIT 指令应用

4）END 指令。对程序的最终行进行定义。如果将循环停止置于 ON，运行将在执行 1 个循环后结束，如图 5-64 所示。

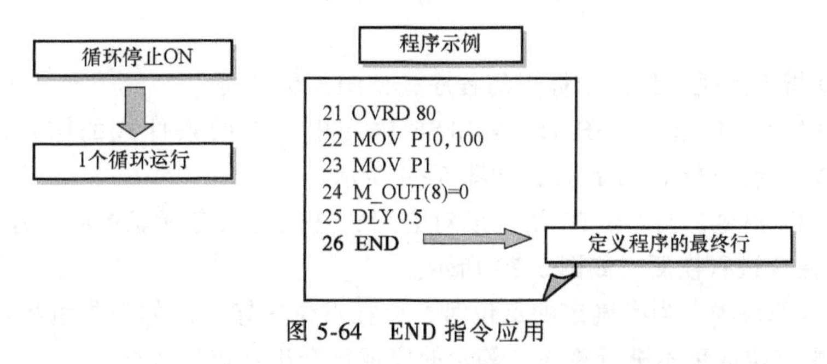

图 5-64 END 指令应用

5）速度指令 OVRD（手工变动）。对所有的插补命令有效。对运行的全体速度（最高速度）进行比例设置，如图 5-65 所示。

6）速度指令 SPD。对 MVS、MVR 命令有效。设置单位为每秒移动的距离，如图 5-66 所示。机器人移动的速度取决于：① OVRD 命令；② 控制盘点速度。

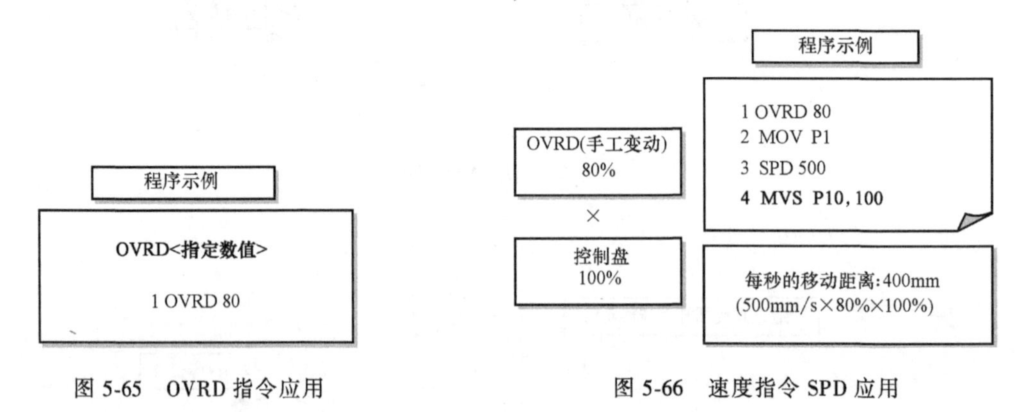

图 5-65　OVRD 指令应用　　图 5-66　速度指令 SPD 应用

7）手爪控制指令。用于对安装在机器人上的工具进行控制，如图 5-67 所示。

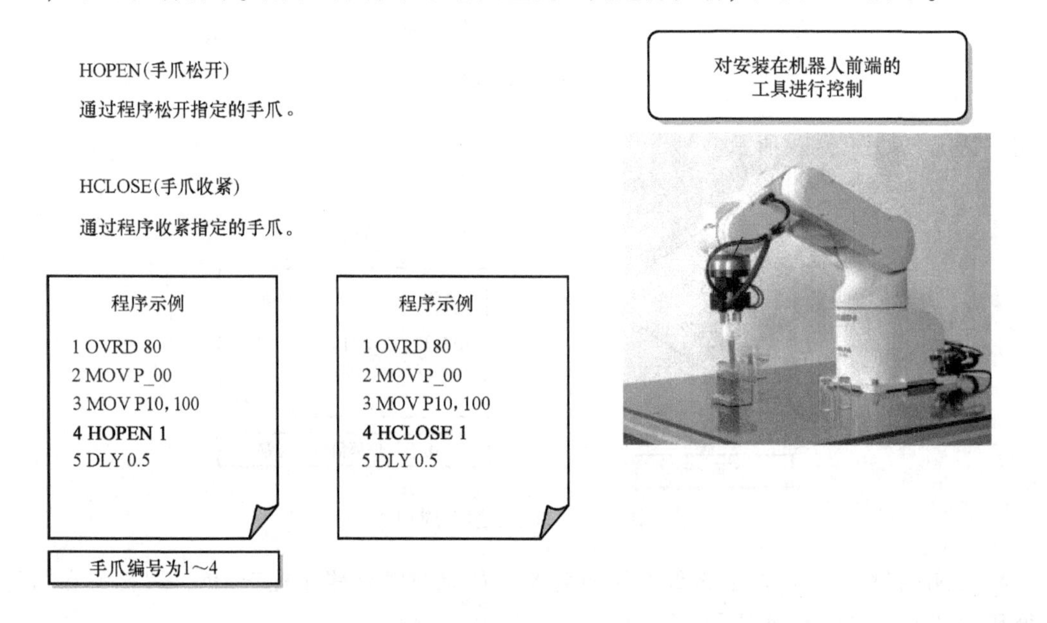

图 5-67　手爪控制指令应用

8）GO TO 指令。跳转到指定标识的程序，如图 5-68 所示。

9）IF THEN ELSE 指令。IF THEN ELSE 语句中指定的条件式的结果成立时跳转到 THEN 行，不成立时跳转到 ELSE 行，如图 5-69 所示。

10）RETURN 指令。与 GO TO 指令成对应用，是执行指定标识的副程序，通过副程序中的 RETURN 指令进行恢复，如图 5-70 所示。

（3）编程其他事项　当有确定的点位时，可在点位区输入。如果先编程设定动作过程，再进行示教，则点位区可不进行输入，等示教完成后会出现点位数据。

在程序管理区可以查看相关信息。

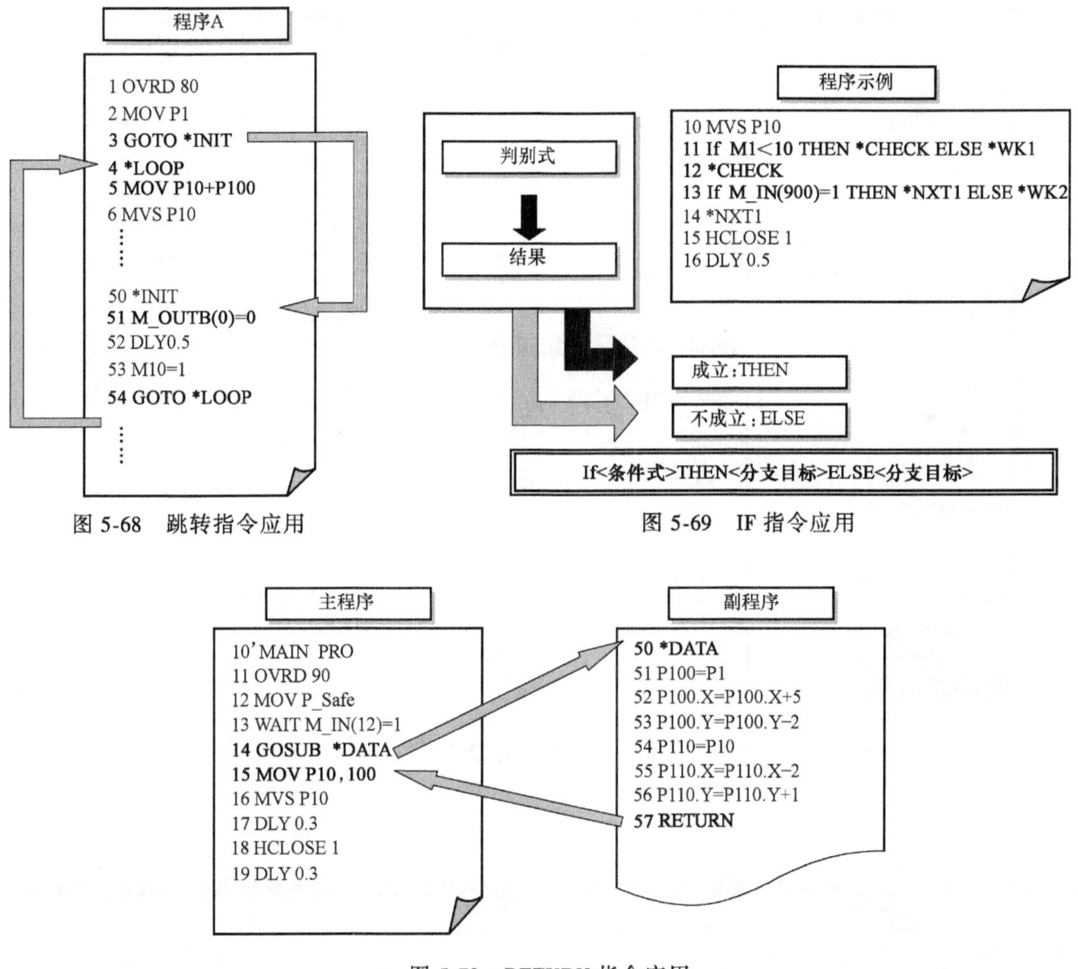

图 5-68 跳转指令应用

图 5-69 IF 指令应用

图 5-70 RETURN 指令应用

3.2.4 程序下载

1. 通信设置

程序编制完成后要把程序下载到机器人控制器中。通过以太网将三菱机器人与 PC 通信，以便以后下载程序与程序中定义的点位。

1）在机器人与计算机都连好网线后，双击计算机控制面板中的“网络连接”选项，单击“属性”按钮，选择 TCP/IP 协议并双击打开。设置 IP 地址为与机器人 IP 不同但相近的地址（如机器人为 192.168.0.20，计算机可设为 192.168.0.18），单击“确定”按钮，即完成了计算机 IP 设定初始工作，如图 5-71 所示。

注意：*此时计算机的防火墙应该是关闭状态，否则会阻止连接。*

2）选择软件界面中的“Setting”→“communication Port”菜单命令，如图 5-72 所示。选择“TCP/IP Interface”，单击“确定”按钮。出现图 5-73 所示界面。如果使用串行通信，则选择“Serial Interface”选项卡下的“RV-M1/RV-M2”，进行图示参数设置。

现在一般用工业以太网通信，则选择“TCP/IP”选项卡，设置 IP Address 与机器人地址相同（如 192.168.1.20），如图 5-74 所示。

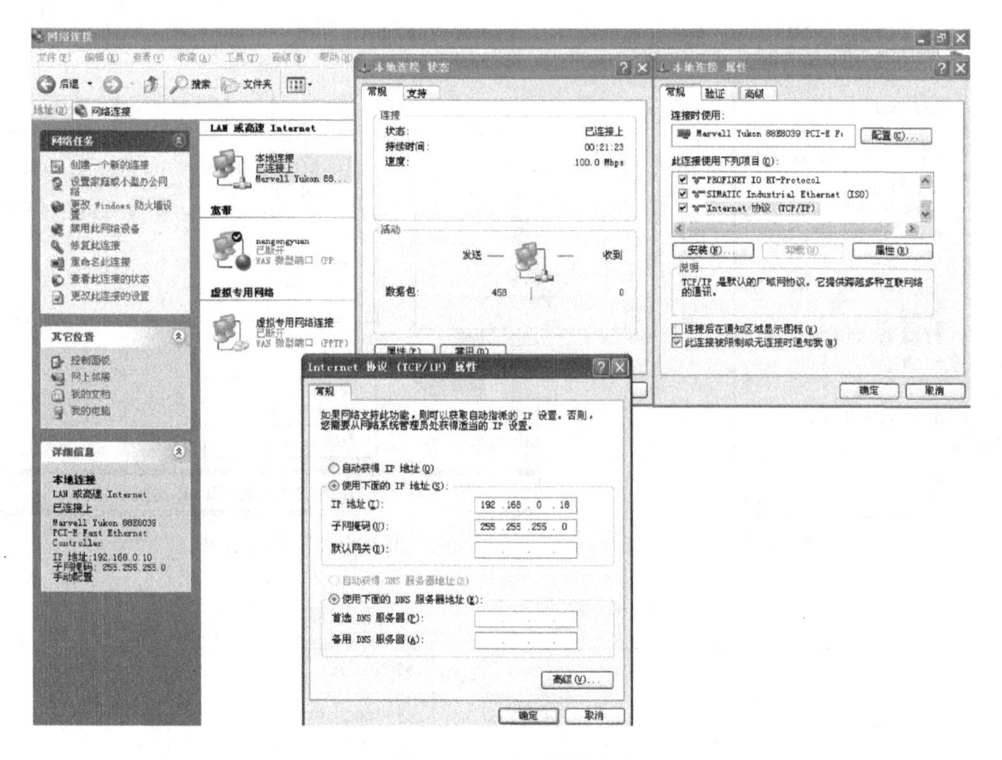

图 5-71　IP 初始设置

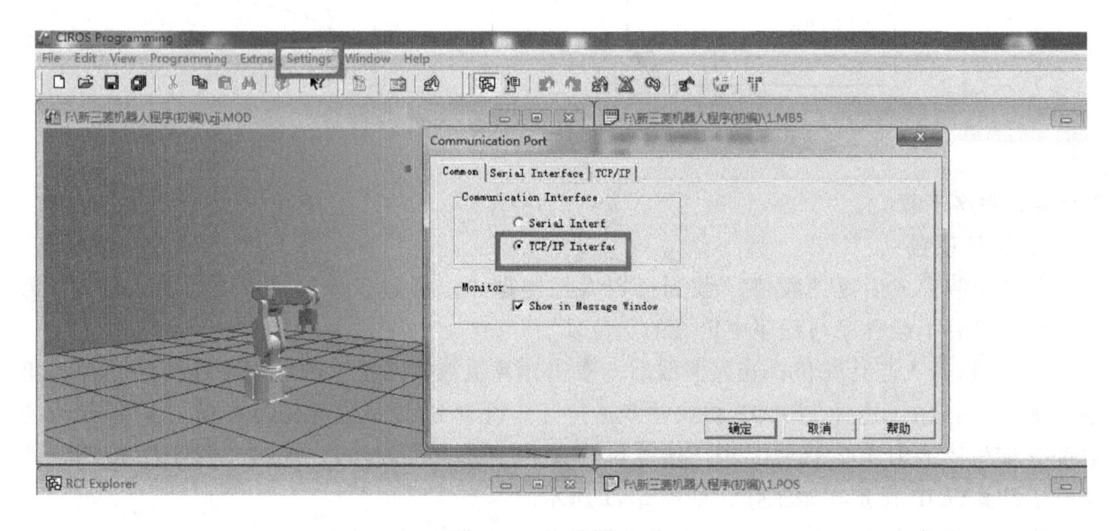

图 5-72　设置 TCP/IP

3）单击菜单栏的 init connection 图标（如图 5-75a 中红色圆圈标示，进行初始化连接），可以检测是否通信成功，通信成功如图 5-75b 所示。

如果通信不成功，则会弹出图 5-76 所示警告，需要检查硬件连接、地址匹配等，重新通信。

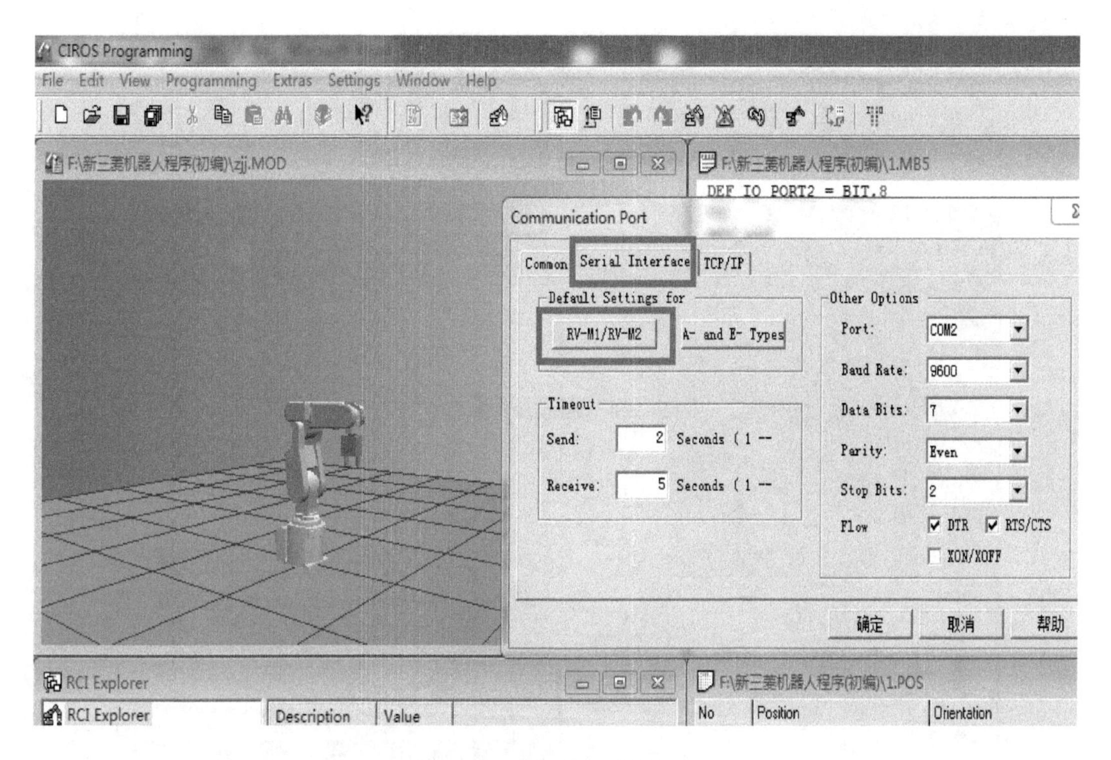

图 5-73 串行通信设置界面

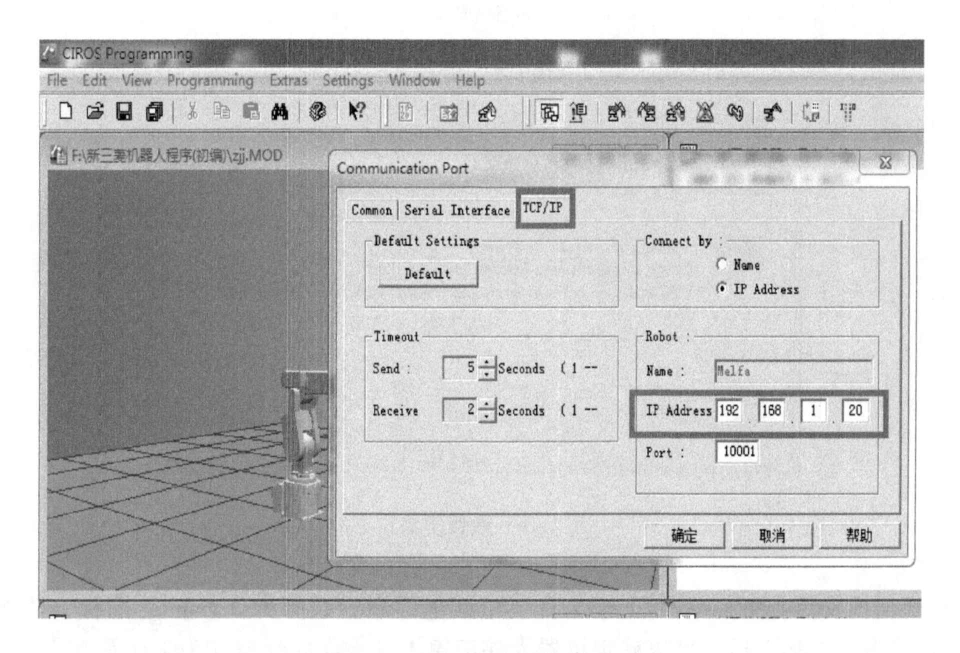

图 5-74 TCP/IP 通信设置界面

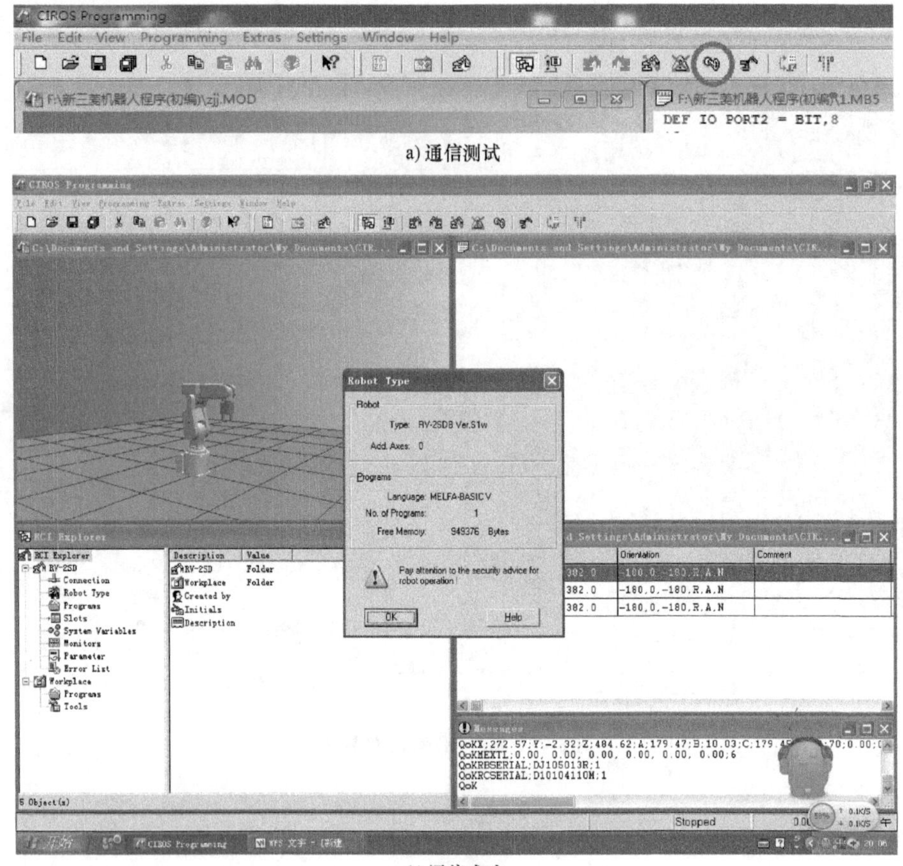

a) 通信测试

b) 通信成功

图 5-75　通信

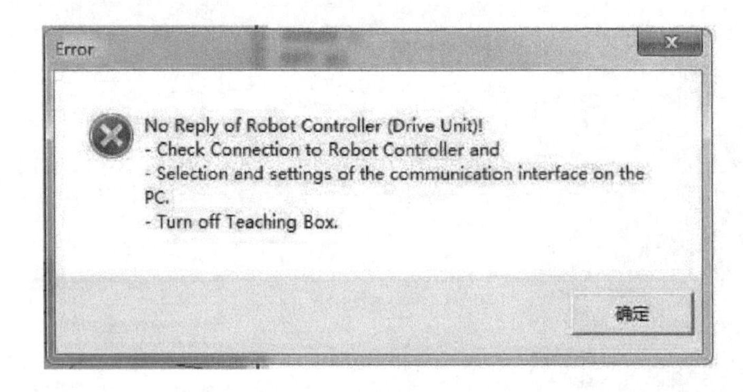

图 5-76　通信不成功

4）通信成功后，可以单击图 5-77 右上角红色圆圈标识的 I/O monitor 图标，监测机器人的 I/O 状态。连接上后，可以确定机器人外部输入点 I/O 的状态（为 1 还是 0）和输入点的绝对地址，以便于编程使用。图中 1 是输入点列表，2 是输出点列表。

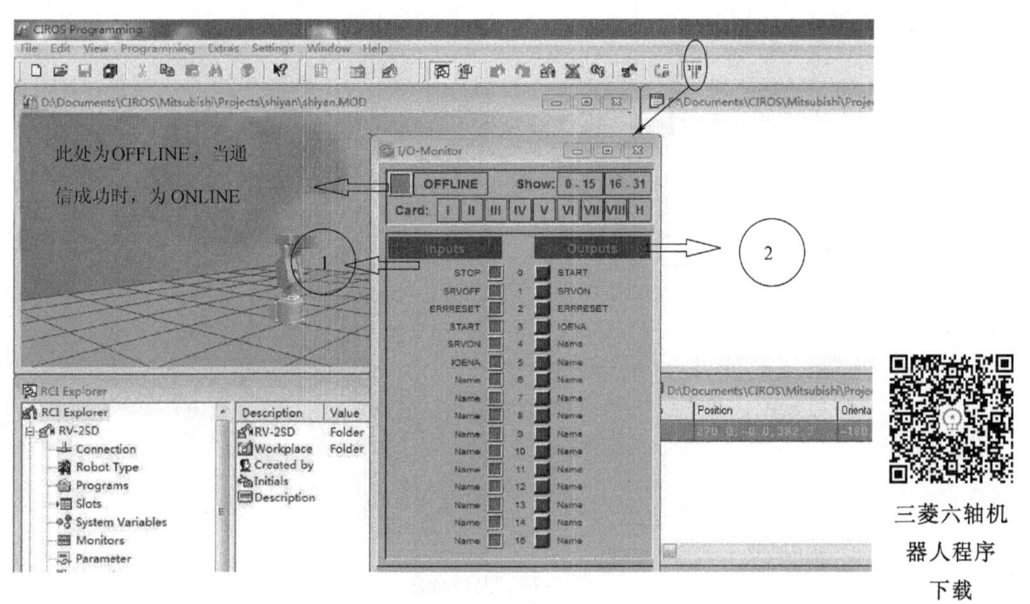

三菱六轴机器人程序下载

图 5-77 监测 I/O 状态

2. 下载程序与上载程序

关于程序的下载演示可以扫描二维码进行学习。

1）当 PC 与机器人建立连接后，即可下载程序。在图 5-78 所示对话框中单击“OK”按钮。

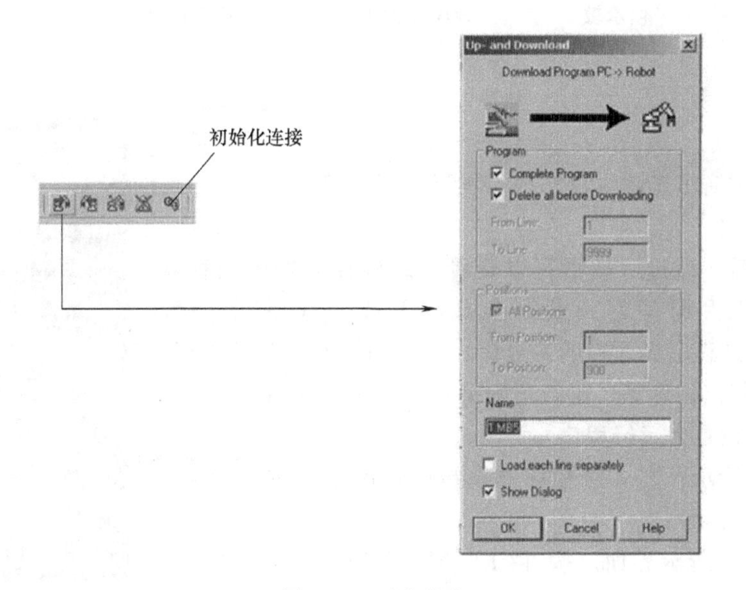

图 5-78 下载程序

2）当 PC 与机器人建立连接后，也可以把机器人的程序上传到 PC 中，成为上载程序。在图 5-79 所示的对话框中单击“OK”按钮。

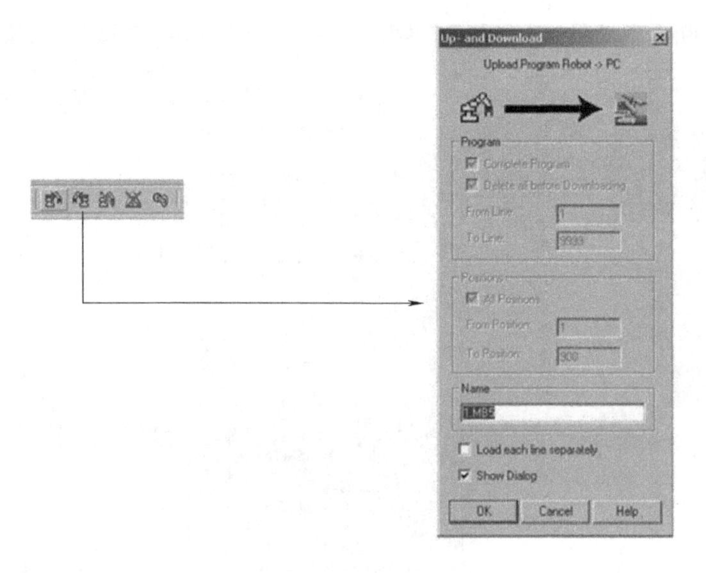

图 5-79 上载程序

查找电脑下载程序

机器人点位示教

选择示教器中程序 4 作为机器人运行程序

机器人操作面板介绍

用控制器运行程序

3.2.5 程序调试

程序的调试演示过程可以扫描二维码进行学习。

1. 点位示教

程序下载后，通过示教器可以查看下载到控制器中的程序(可以根据日期和时间等判断哪个是刚下载的程序)。假设图 5-80 所示选择程序界面中的 4 号程序是我们刚刚下载的程序，则对此程序进行点位示教，示教过程见示教器应用举例。

图 5-80 选择设置

2. 把程序设置为运行程序

如图 5-80 所示，在 4 号程序被选择的情况下，按 [FUNCTION]+[EXE] 组合键。

出现图 5-81 所示界面。按 [F1] 键，即选择软键“Yes”，则这个程序就作为运行任务。选择后的界面如图 5-82 所示。

3. 运行程序

1) 松开示教器使能按键，如图 5-83 所示。机器人控制器通过图 5-84 所示的左下角钥匙向右拨，由手动状态改为自动状态。

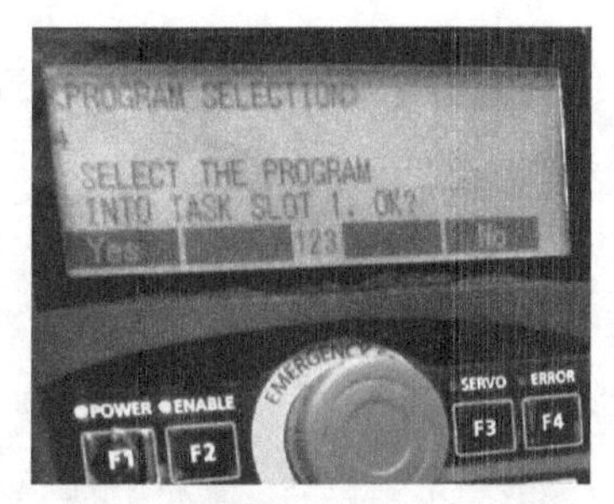

图 5-81　按 F1

图 5-82　设置后界面

图 5-83　松开使能按键

图 5-84　控制器自动模式

2）按［SVO ON］键伺服上电。按［DOWN］键调低机器人运行速度，此处非常重要，因为初始运行速度一定要低，避免设备碰撞损坏。一般设置成 10%，如图 5-85 中的 LED 显示。按［START］键，机器人运行，如图 5-86 所示。

图 5-85　上电与设置速度

图 5-86　机器人运行

4. 机器人控制器认知拓展

在上一环节中，我们已经通过控制器完成了机器人运动模式的设置。此处对控制器做一个比较全面的介绍。控制器面板如图 5-87 所示。主要组成如下所述。

1）START 按钮：执行程序时按压此按钮（进行重复运行）。

2）STOP 按钮：停止机器人时按压此按钮（不断开伺服电源）。

3）RESET 按钮：解除当前发生中的错误时按压此按钮。此外，对执行中（中途停止的）的程序进行复位，程序返回至起始处。

4）END 按钮：如果按压此按钮，将执行程序的结束（END）命令，停止程序运行。在使机器人的动作在 1 个循环结束后停止时使用此按钮。

5）UP/DOWN 按钮：用于在 STATUS NUMBER 中进行程序编号选择及速度的上下调节

设置。

6）SVO ON 开关：接通伺服电动机的电源。

7）SVO OFF 开关：断开伺服电动机的电源。

8）EMG. STOP 开关（紧急停止）：使机器人立即停止，或者断开伺服电源。

9）MODE 切换开关：使机器人操作有效的选择开关，对通过示教单元、操作盘或者外部开关执行的动作进行切换。

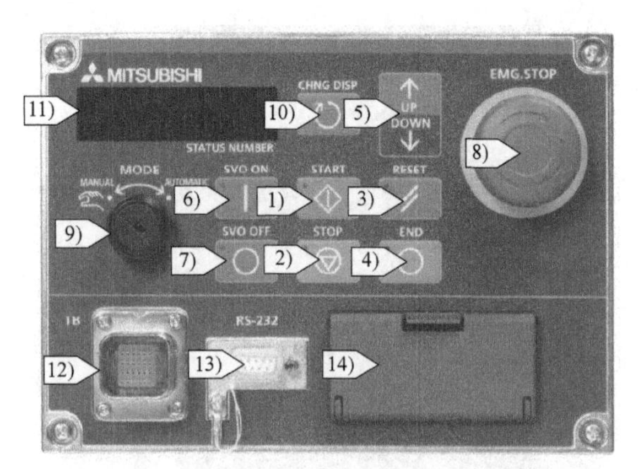

图 5-87　控制器界面

10）CHNG DISP（CHANGING DISPLAY）：对显示菜单（STATUS NUMBER 显示）按程序编号、行编号、速度的顺序进行切换显示。

11）STATUS NUMBER 显示：进行程序编号、出错编号、行编号、速度等的状态显示。

12）TB 连接器：用于连接示教单元的连接器。

13）RS-232 连接器：用于连接控制器及个人计算机的专用连接器。

14）USB 接口、电池：配备了用于与个人计算机连接的 USB 接口及备份电池。

3.2.6　机器人坐标及 JOG 操作拓展

1. 关节 JOG 坐标及操作

大地坐标和基坐标是一致的。关节 JOG 坐标的特点是各轴能独立运动，关节 JOG 坐标如图 5-88 所示，设置操作过程如图 5-89 所示。

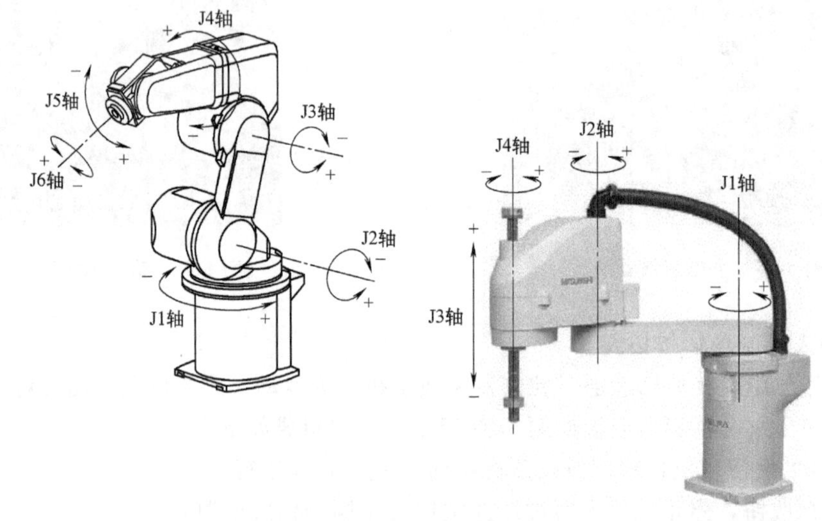

图 5-88　关节 JOG 坐标

1）按压［JOG］键显示 JOG 画面（画面下侧显示“JOG”）。确认画面上方显示为 JOG 模式的“关节”。

2）显示为其他 JOG 模式的情况下，应按压“关节”对应的功能键（在画面下方未显示希望的 JOG 模式的情况下，按压［FUNCTION］键可使其显示）。

3）结束 JOG 操作时，再次按压［JOG］键，或按压“关闭”对应的功能键。

4）每次按压［OVRD↑］键手工变动将按 LOW→HIGH→3%→5%→10%→30%→50%→70%→100%的顺序增大，每次按压［OVRD↓］键时将按相反的方向减少。

5）当前的设置速度显示在画面右上方及控制器的“STATUS NUMBER”中。在此为了确认作业应以 10%速度进行操作。

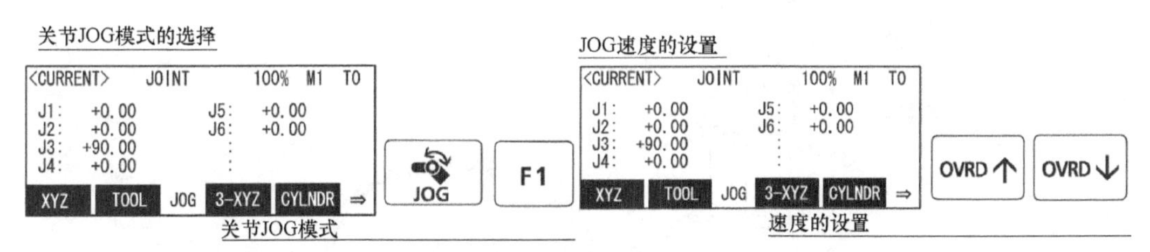

图 5-89 关节 JOG 设置

动作操作如下所示：

按压［+X(J1)］键时，J1 轴向正方向旋转；按压［-X(J1)］键时，J1 轴向负方向旋转。

按压［+Y(J2)］键时，J2 轴向正方向旋转；按压［-Y(J2)］键时，J2 轴向负方向旋转。

按压［+Z(J3)］键时，J3 轴向正方向旋转；按压［-Z(J3)］键时，J3 轴向负方向旋转。

按压［+A(J4)］键时，J4 轴向正方向旋转；按压［-A(J4)］键时，J4 轴向负方向旋转。

按压［+B(J5)］键时，J5 轴向正方向旋转；按压［-B(J5)］键时，J5 轴向负方向旋转。

按压［+C(J6)］键时，J6 轴向正方向旋转；按压［-C(J6)］键时，J6 轴向负方向旋转。

试图使机器人进行超出动作范围的移动时，T/B 的蜂鸣器将鸣响，机器人将无法动作。在这种情况下，应使其向相反的方向移动。

2. 交直 JOG 坐标及操作

交直 JOG 坐标的特点是控制点位置不变，如图 5-90 所示。设置过程类似于关节 JOG 坐标，操作详见说明书。

按压［+X(J1)］键时，沿着 *X* 轴的正方向移动；按压［-X(J1)］键时，沿着 *X* 轴的负方向移动。

按压［+Y(J2)］键时，沿着 *Y* 轴的正方向移动；按压［-Y(J2)］键时，沿着 *Y* 轴的负方向移动。

按压［+Z(J3)］键时，沿着 *Z* 轴的正方向移动动；按压［-Z(J3)］键时，沿着 *Z* 轴的负方向移动。

按压［+A(J4)］键时，向 *X* 轴的正方向旋转；按压［-A(J4)］键时，向 *X* 轴的负方向旋转。

按压［+B(J5)］键时，向 *Y* 轴的正方向旋转；按压［-B(J5)］键时，向 *Y* 轴的负方向旋转。

按压［+C(J6)］键时，向 *Z* 轴的正方向旋转；按压［-C(J6)］键时，向 *Z* 轴的负方向旋转。

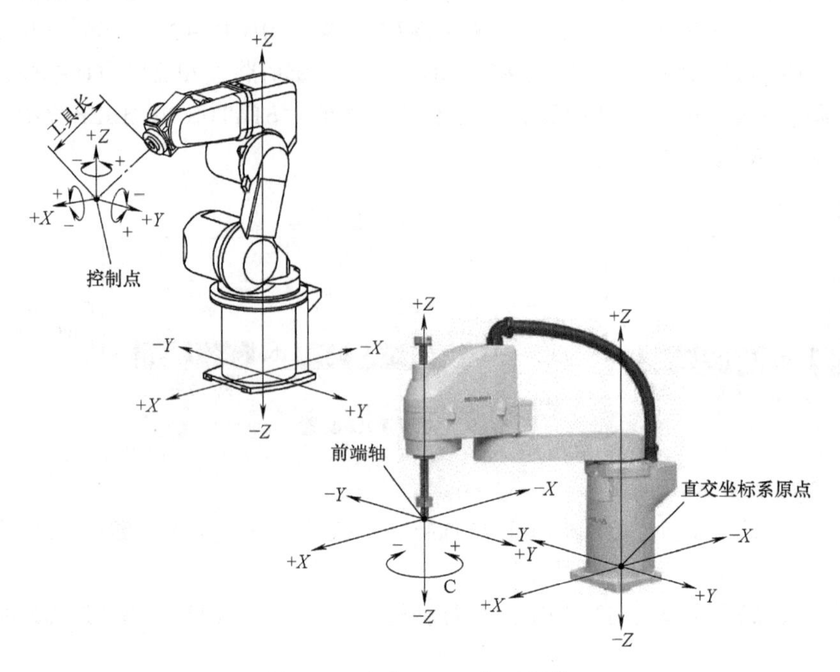

图 5-90 交直 JOG 坐标及操作

3. 工具 JOG 坐标及操作

工具 JOG 坐标及操作如图 5-91 所示。在保持法兰面姿势不变的状况下，基于工具坐标系笔直执行动作，即法兰方向不变。此外，可在保持控制点位置不变的状况下更改法兰面的方向。设置过程类似于关节 JOG 坐标设置，具体参见说明书。

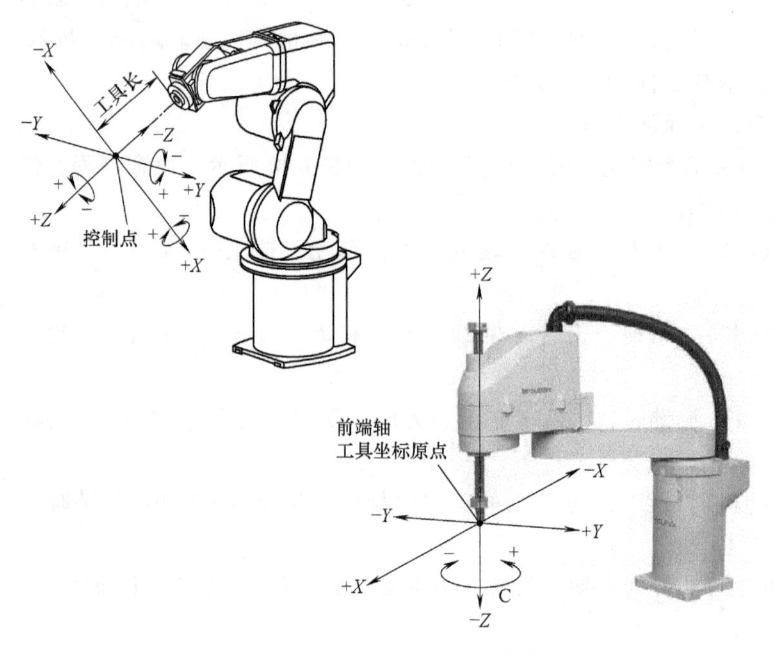

图 5-91 工具 JOG 坐标及操作

（1）法兰方向不改变

按压［+X(J1)］键时，沿着工具坐标系的 X 轴正方向移动。

按压［-X(J1)］键时，沿着工具坐标系的 X 轴负方向移动。

按压［+Y(J2)］键时，沿着工具坐标系的 Y 轴正方向移动。

按压［-Y(J2)］键时，沿着工具坐标系的 Y 轴负方向移动。

按压［+Z(J3)］键时，沿着工具坐标系的 Z 轴正方向移动。

按压［-Z(J3)］键时，沿着工具坐标系的 Z 轴负方向移动。

（2）控制点位置不改变

按压［+A(J4)］键时，向工具坐标系的 X 轴正方向旋转。

按压［-A(J4)］键时，向工具坐标系的 X 轴负方向旋转。

按压［+B(J5)］键时，向工具坐标系的 Y 轴正方向旋转。

按压［-B(J5)］键时，向工具坐标系的 Y 轴负方向旋转。

按压［+C(J6)］键时，向工具坐标系的 Z 轴正方向旋转。

按压［-C(J6)］键时，向工具坐标系的 Z 轴负方向旋转。

3.3 项目总结与练习

1. 项目总结

项目详细分析了机器人单元的程序设计过程，并重点讲解了工业机器人示教器的应用、程序设计的常用指令、软件与机器人的通信设置、下载方法、选择程序运行、控制器的应用等内容。通过本项目的学习，学生可以初步完成三菱工业机器人的编程、下载及设备调试运行。

2. 练习

（1）机器人示教过程是依靠______观察机器人及其______相对于作业对象的位姿，通过对______的操作，反复调整________处机器人的______、________和________，然后将满足作业要求的这些数据记录下来。

（2）示教完成后，机器人实际运行时使用示教时被记录的数据，经过______，就可以再现在______记录的机器人位姿。

（3）因为在程序首次运行时会发生很多意想不到的情况，________可以提供反应时间，以便及时按下__________，降低事故的发生概率。

（4）在机器人与计算机都连好网线后，双击计算机控制面板中的______选项，单击“属性”按钮，选择协议并双击打开。设置 IP 地址与机器人 IP______地址，单击“确定”按钮，即完成了计算机 IP 设定初始工作。

（5）关节 JOG 坐标的特点是____________；交直 JOG 坐标的特点是________________；工具 JOG 坐标在保持法兰面姿势不变的状况下，基于工具坐标系__________动作，即法兰方向不变。此外，可在保持控制点位置不变的状况下更改__________的方向。

（6）简述一个点位示教的几个步骤。

（7）简述机器人程序项目创建、下载与运行的过程。

（8）结合学习情境五编写符合图 5-92 所示程序流程图的机器人的程序，并进行调试。

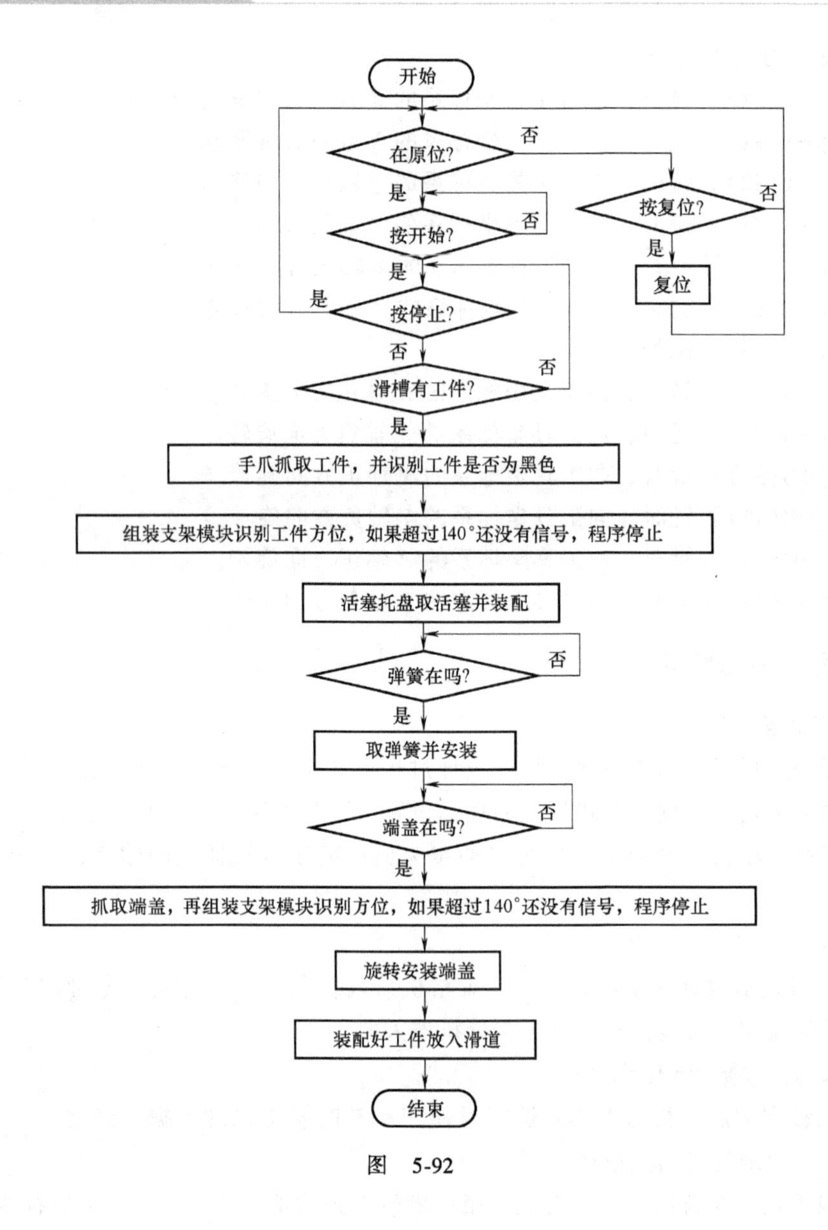
开始
在原位?
否
是
按复位?
否
是
复位
按开始?
否
是
是
按停止?
否
否
滑槽有工件?
是
手爪抓取工件，并识别工件是否为黑色
组装支架模块识别工件方位，如果超过140°还没有信号，程序停止
活塞托盘取活塞并装配
弹簧在吗?
否
是
取弹簧并安装
端盖在吗?
否
是
抓取端盖，再组装支架模块识别方位，如果超过140°还没有信号，程序停止
旋转安装端盖
装配好工件放入滑道
结束

图 5-92

学习情境 6

组装单元的装调与控制技术

项目1　组装单元的认知

1.1　项目任务

1.1.1　任务描述

通过观察组装单元的运行，根据前面学习的模块化单元和工业机器人，掌握组装单元的运行操作方法，掌握其相关的气动知识与技能，完成气动系统与电气控制系统的分析。

1.1.2　教学目标

1. 知识目标

1）熟练掌握 CPV 阀岛、各个模块等组件的结构、工作原理。

2）熟练掌握磁性开关、光电传感器、微动开关等检测组件的工作原理。

3）熟练掌握 I/O 端子、电缆接口的引脚定义和接线方法。

4）掌握气动与电气原理图的分析方法。

2. 素质目标

1）严谨、全面、高效、负责的职业素养。

2）良好的道德品质、协调沟通能力、团队合作及敬业精神。

3）勤于查阅资料、勤于思考、勇于探索的良好作风。

4）善于自学与归纳分析。

1.2　设备运行与自动生产线简介

1.2.1　设备技术参数

1）电源：DC 24V，4.5A。

2）温度：-10~40℃；环境相对湿度：≤90%（25℃）。

3）气源工作压力：最小 4bar㊀，典型值 6bar，最大 8bar。

4）2 个 SM323，共 16 点数字量输入、16 点数字量输出。

5）安全保护措施：具有接地保护、漏电保护功能，安全性符合相关的国家标准。采用高绝缘的安全型插座及带绝缘护套的高强度安全型实验导线。

㊀ $1bar=10^5Pa$。

1.2.2 设备运行与功能实现

1. 起动

1）检查电源电压和气源。

2）手动复位前，将各模块运动路径上的工件拿走。

3）进行复位。复位之前，复位（RESET）指示灯亮，这时可以按下按钮。

4）如果在送料缸的工作路径上有多余工件，要把它拿走。

5）起动供料单元。按下 启动（START）按钮即可起动该系统。

2. 动作过程

1）将需要进行组装的气缸的缸体工件放置在机器人单元。机器人的气动手爪抓取缸体工件，并区分黑色和非黑色工件。机器人进一步判断出工件的方位，并以正确的方位将其放在组装支架模块中的组装位置上。之后机器人的气动手爪抓取活塞托盘上的活塞，如图 6-1 所示。之后，机器人把活塞装配到工件缸体中。

2）弹簧料仓模块准备好弹簧，机器人气动手爪抓取弹簧，如图 6-2 所示。之后，机器人把弹簧装配到工件缸体中的活塞上。

3）端盖料仓模块准备好端盖，机器人气动手爪抓取端盖，如图 6-3 所示。之后，机器人把端盖装配到工件缸体上。

4）装配好的工件由机器人放到滑槽模块，如图 6-4 所示。

读者可扫描二维码进行学习。

图 6-1　抓取活塞

图 6-2　抓取弹簧

组装单元配合机器人视频

组装单元配合机器人动画

图 6-3　抓取端盖

图 6-4　放到滑槽模块的成品工件

3. 注意事项

1）任何时候按下急停按钮或停止（STOP）按钮，可以中断系统工作。

2）选择开关 AUTO/ MAN 用钥匙控制，可以选择连续循环（AUTO）或单步循环（MAN）。

3）在多个工作站组合时，要对每个工作站进行复位。

4）如果料仓内没有工件，警告指示灯报警，EMPTY 指示灯亮。放入工件后，按下 START 按钮即可。

4. 功能描述

组装单元与机器人单元一起工作，给机械人单元提供活塞、弹簧和端盖等零件，协助机器人单元完成气缸组装任务。

1.3 组装单元介绍

1.3.1 组装单元的组成

图 6-5 为组装单元构成，主要包括活塞料仓模块、弹簧料仓模块、滑槽模块、端盖料仓模块、I/O 接线端口、CPV 阀岛、气源处理组件、走线槽、铝合金底板、底车等。

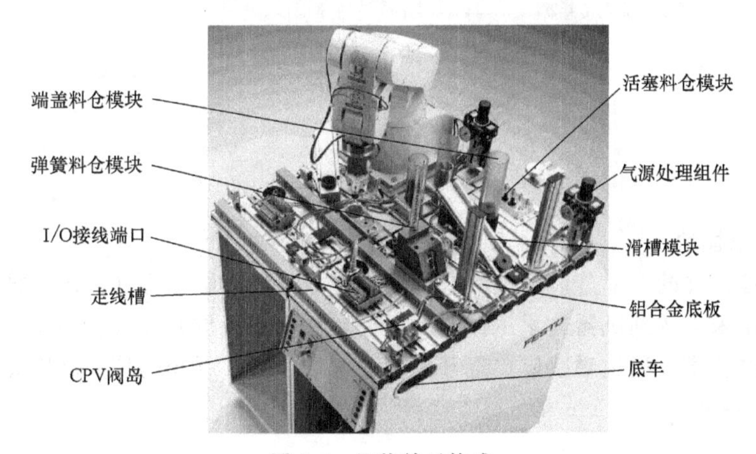

图 6-5 组装单元构成

1. 活塞料仓模块

活塞是本学习项目组装工件的一部分。活塞料仓模块可以存放两种不同尺寸的活塞共 8 个，如图 6-6 所示。

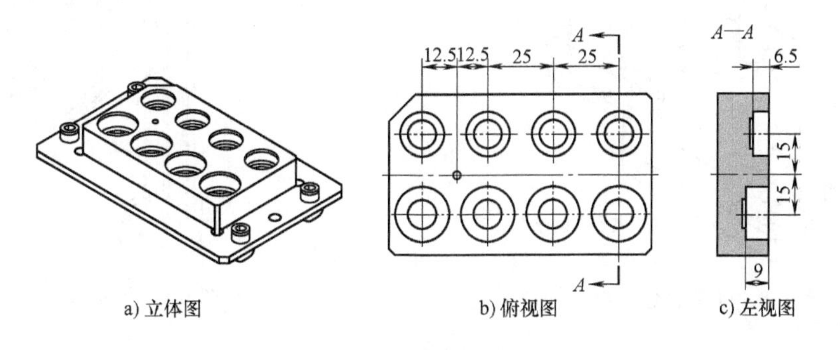

图 6-6 活塞料仓模块

图 6-6a 所示为立体图，图 6-6b、c 所示为模块的俯视图和左视图。料仓之间的横向距离

为 25mm，纵向距离为 30mm，深度为 6.5mm 和 9mm 两种。上边一排可以存放 4 个直径为 16mm 的金属活塞，下边一排可以存放 4 个直径为 20mm 的黑色活塞。

2. 端盖料仓模块

端盖料仓模块可以根据控制动作将用于组装的端盖从料仓中推出来，送到机器人手爪抓取的位置上。料仓中最多可以放置 10 个端盖，且端盖必须平面朝上放置，如图 6-7 所示。

图中一个双作用气缸活塞杆收缩时通过推料杆将最底层的端盖从端盖料仓中推出，通过一个检测到位光电传感器检测端盖是否到位。双作用气缸通过磁感应接近开关检测末端装置。料仓中有无端盖通过一个有无料光电传感器进行检测。

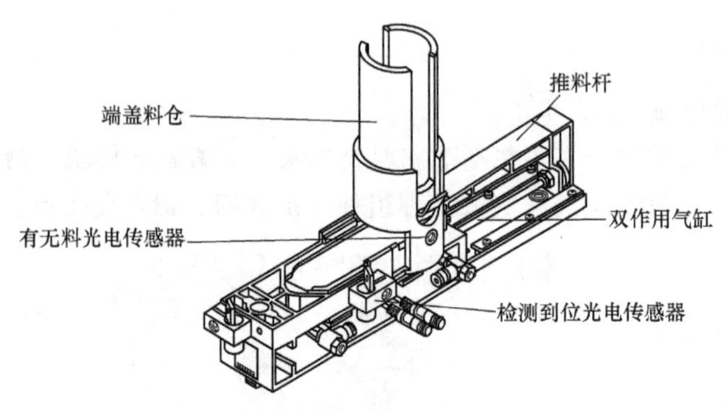

图 6-7　端盖料仓模块

3. 弹簧料仓模块

弹簧是组装工件的一部分。弹簧料仓模块通过双作用气缸活塞杆伸出，推料杆将弹簧从弹簧料仓中推出来，送到机器人手爪抓取位置上。由电子限位开关检测弹簧是否到达传送位置。双作用气缸活塞杆通过磁感应接近开关检测末端位置。料仓的填充高度无法检测。弹簧料仓模块如图 6-8 所示。

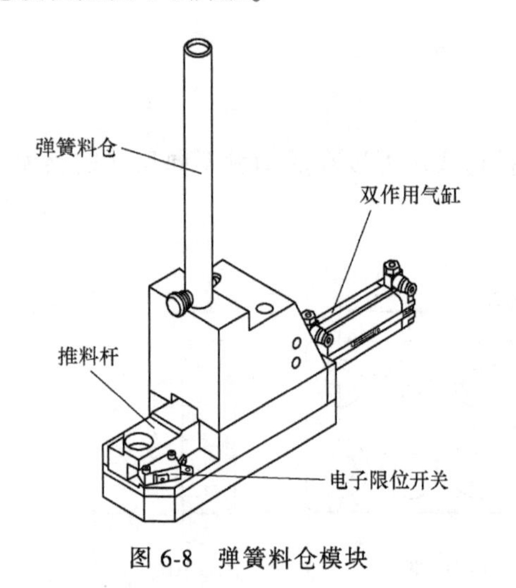

图 6-8　弹簧料仓模块

图 6-9　滑槽模块

4. 滑槽模块

滑槽模块用于传送或存储工件，如图 6-9 所示。由于该模块的高度和倾斜角度可以调节，所以使用范围很广。如果按照图 6-9 安装机械挡块，可以放置 6 个工件。如果组装单元后面还有其他工作站，必须把滑槽模块末端的机械挡块拆掉。模块高度和倾斜角度可以调节，以保证工件可以安全地滑入到下一工作站。

1.3.2 组装单元气动回路分析

1. 元件分析

该工作单元的执行机构是气动控制系统，气动原理图如图 6-10 所示。

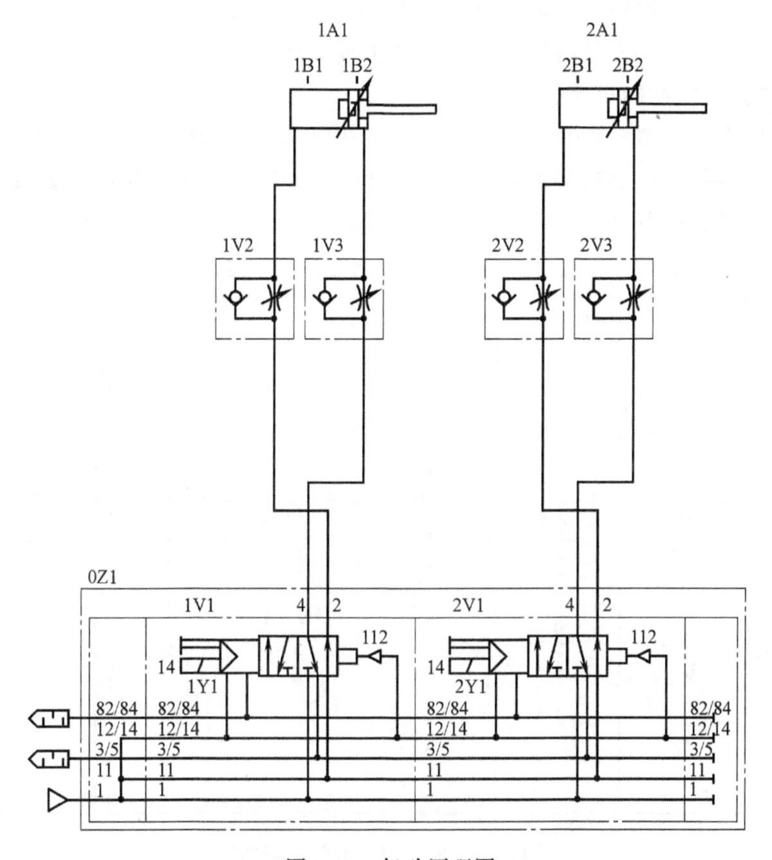

图 6-10 气动原理图

在气动控制原理图中，0Z1 点画线框为阀岛；1V1、2V1 分别被 2 个点画线框包围，为 2 个带手动控制的单作用电磁先导式两位五通换向阀，也就是阀岛上的第一片阀和第二片阀。

1A1 为弹簧料仓双作用气缸，1B1、1B2 为安装的两个极限工作位置的磁感应式接近开关；2A1 为端盖料仓双作用气缸，2B1、2B2 为安装在气缸的两个极限工作位置的磁感应式接近开关；1V2、1V3，2V2、2V3 为两组单向可调节流阀，分别控制弹簧料仓双作用气缸和端盖料仓双作用气缸的速度。

2. 动作分析

当 1Y1 失电，1V1 阀体的气控端 112 起作用，即右位起作用，压缩空气经由单向节流阀 1V2 的单向阀到达气缸 1A1 左端，从气缸右端经由单向节流阀 1V3 的节流阀排气，实现排气节流，控制气缸速度，最后经 1V1 阀体由 3/5 气路排出，气缸处于伸出状态。

当 1Y1 得电，1V1 阀体的左位起作用，压缩空气经由单向节流阀 1V3 的单向阀到达气缸 1A1 右端，气体从气缸左端经由单向节流阀 1V2 的节流阀，实现排气节流，控制气缸速度，最后经 1V1 阀体由 3/5 气路排出，气缸处于收缩状态。

当 2Y1 失电，2V1 阀体的气控端 112 起作用，即右位起作用，压缩空气经由单向节流阀 2V2 的单向阀到达气缸 2A1 左端，从气缸右端经由单向节流阀 2V3 的节流阀排出，实现排气节流，控制气缸速度，最后经 2V1 阀体由 3/5 气路排出，气缸处于伸出状态。

当 2Y1 得电，2V1 阀体的左位起作用，压缩空气经由单向节流阀 2V3 的单向阀到达气缸 2A1 右端，从气缸左端经由单向节流阀 2V2 的节流阀排出，实现排气节流，控制气缸速度，最后经 2V1 阀体由 3/5 气路排出，气缸处于收缩状态。

1.3.3 组装单元电气控制电路分析

组装单元的动作及状态是由 PLC 控制的，与 PLC 的通信是由前面介绍的 I/O 端口实现的。I/O 端口与设备上的元件连接也就实现了 PLC 与设备上的元件连接。组装单元的电气原理图如图 6-11、图 6-12 所示。

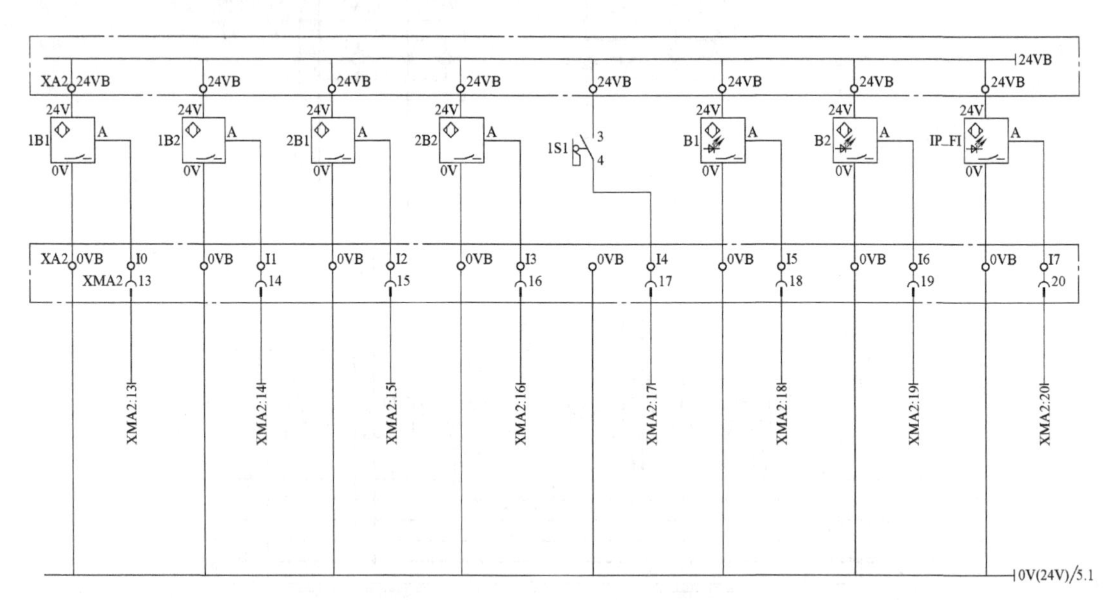

图 6-11　输入部分电气原理图

图 6-11 中，1B1 和 1B2 为弹簧料仓模块推料气缸活塞位置的磁感应式接近开关，简称磁性开关。磁性开关采用 3 线制，0V 端为蓝色线，接 I/O 端口的三排一侧的 0V 端；24V 端为褐色线，接 I/O 端口的三排一侧的 24V 端；A 端为信号输出端，为黑色线，接 I/O 端口的三排一侧的 I 端，作为 PLC 输入信号；1S1 是电子行程开关，检测弹簧是否到达传送位置。

2B1 和 2B2 为端盖料仓模块推料气缸活塞位置的磁感应式接近开关；B1 为漫反射式光电传感器（检测到位光电传感器），用来检测端盖是否到位；B2 为对射式光电传感器（有无料光电传感器），用来检测端盖料仓模块是否有料。

IP_ FI 为光电传感器的接收端，和下一个单元的光电传感器的发射端相匹配，用于接收下一个单元的光电信号，并把信号作为本单元的一个输入信号。

图 6-12 中，1Y1 为控制弹簧料仓模块双作用推料缸的电磁阀的电磁控制信号；2Y1 为控制端盖料仓模块双作用推料缸的电磁阀的电磁控制信号。1Y1 和 2Y1 两端分别接 I/O 端口的两排一侧的 0V 端和 PLC 输出控制端 O 端。

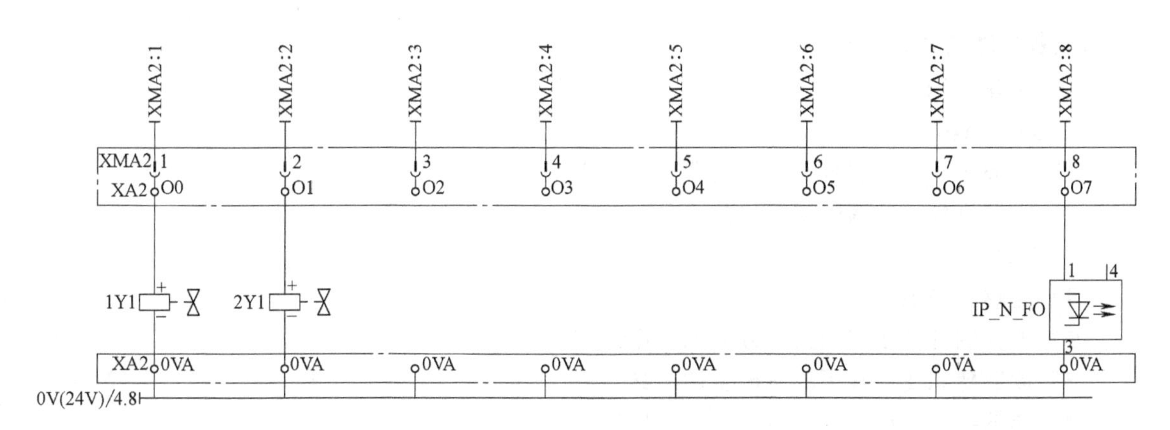

图 6-12 输出部分电气原理图

IP_ N_ FO 为光电传感器的发射端，和上一个单元的光电传感器的接收端相匹配，可以用于告诉上一个单元本单元已经准备好。

1.4 项目总结与练习

1. 项目总结

本项目完成了组装单元的分析，详细阐述了项目设备的功能、操作及各个组成部分。最后分析了气动原理图和输入/输出电气原理图，为学生下一个项目的学习打下了基础。

2. 练习

（1）MPS 的组装单元的结构组成主要包括：______、______、______、______、______、______、______、______等。

（2）端盖料仓模块包括：______、______、______、______、______等。

（3）弹簧料仓模块包括：______、______、______、______等。

（4）活塞料仓模块存放活塞工件的槽深度为______和______两种。上边一排可以存放______个直径为 16mm 的______活塞，下边一排可以存放______个直径为 20mm 的______活塞。

（5）说明气动回路的元件及动作过程。

（6）说明输入电气原理图的控制原理。

项目 2 组装单元的硬件安装与调试

2.1 项目任务

2.1.1 任务描述

根据组装单元的气动与电气原理图，制订装调计划，熟练应用常用装调工具和仪器，熟悉安装调试规范和安全规范。小组协作完成组装单元的硬件安装与调试，并下载测试程序，完成设备功能测试。

2.1.2 教学目标

1. 知识目标

1）掌握机械电气安装工艺规范和相应国家标准。

2）掌握设备安装调试安全规范。

2. 技能目标

1）能够正确识图。

2）能够制订设备装调技术方案和工作计划。

3）能够熟练使用常用的机械装调工具。

4）能够熟练使用常用的电工工具、仪器。

5）会正确安装相应的元器件。

6）能够编写安装调试报告。

3. 素质目标

1）经济、安全、环保的职业素质。

2）协调沟通能力、团队合作及敬业精神。

3）勤于查阅资料、勤于思考、勇于探索的良好作风。

4）善于自学与归纳分析。

2.2 硬件安装与调试

2.2.1 安装调试工作计划

本课程组装单元的设备安装调试省掉了开箱验收、安装施工、设备安装工程的移交使用等步骤。但需要确定工作组织方式、划分工作阶段、分配工作任务、制定安装调试工艺流程、设备试运转、设备试运转后工作和设备安装工程验收等步骤。

具体流程图参照学习情境 4，请读者自行绘制。

2.2.2 安装调试设备及工具介绍

1. 工具

安装所需工具包括：电工钳、圆嘴钳、斜口钳、剥线钳、压接钳、一字螺钉旋具、十字螺钉旋具（3.5mm）、电工刀、管子扳手（9mm×10mm）、套筒扳手（6mm×7mm、12mm×13mm、22mm×24mm）、内六角扳手（3mm、5mm）各 1 把，数字万用表 1 块。

2. 材料

导线 BV-0.75mm^2、BV-1.5mm^2、BVR 型多股铜芯软线各若干米，尼龙扎带，相应的螺栓。

3. 设备

MPS 组装单元，主要包括：按钮 5 个、开关电源 1 个、I/O 接线端口 1 个、弹簧料仓模块推料缸 1 个、端盖料仓模块推料缸 1 个、活塞料仓模块 1 个、漫射式光电传感器 1 个、对射式光电传感器 1 个、磁感应式接近开关 4 个、IP_ FI 光电传感器的接收端 1 个、IP_ N_ FO 光电传感器的发射端 1 个、电子行程开关 1 个、普通滑槽 1 个、CPV 阀岛 1 个、消声器 1 个、气源处理组件 1 个、走线槽若干、铝合金板 1 块、PLC 控制板 1 块等。

4. 技术资料

组装单元气动原理图、电气原理图，工件材料清单，相关组件的技术资料，安装调试的相关作业指导书，项目实施工作计划。

具体工件、材料介绍见学习情境 1；工具介绍见学习情境 2。

2.2.3 安装调试安全要求

1）人员分好组别，相关工作条件具备。

2）要正确操作，确保人身安全，确保设备安全。具体见学习情境 1。

2.2.4 安装调试过程

1. 调试准备

1）读气动原理图与电气原理图，明确线路连接关系。

2）选定技术资料要求的工具与元器件。

3）确保安装平台及元器件洁净。

2. 零部件安装

要从图 6-13 安装铝合金板开始，安装走线槽、导轨，安装盖板，安装电气 I/O 端口、阀岛等部件，调整线夹位置，安装端盖料仓、弹簧料仓、滑槽模块等，安装线夹，到最终完成，如图 6-14 所示，其中要经过 8 个步骤。读者可扫描二维码进行分析学习。

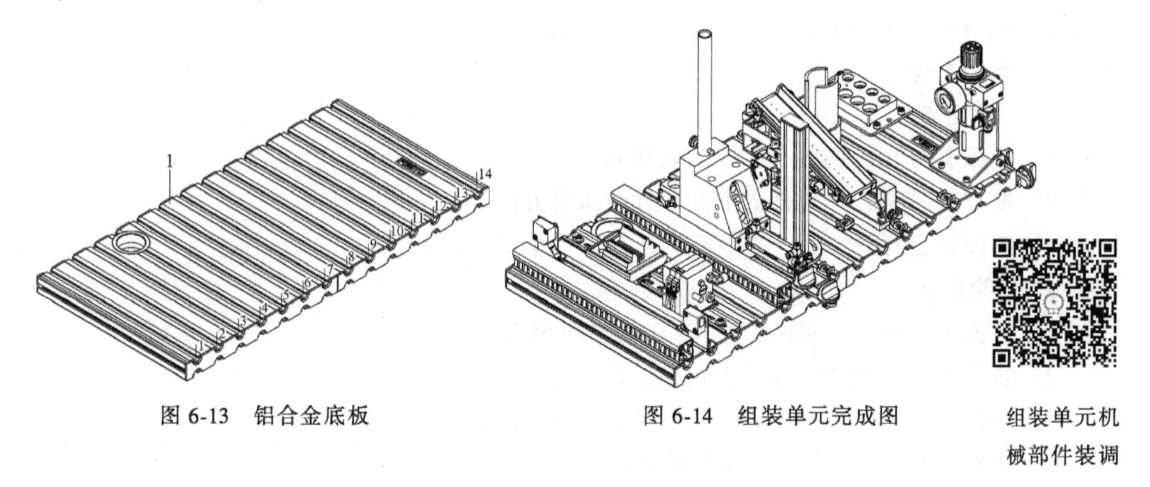

图 6-13 铝合金底板

图 6-14 组装单元完成图

组装单元机械部件装调

3. 回路连接与接线

根据气动原理图与电气原理图进行回路连接与接线。

4. 系统连接

完成系统连接。

5. 传感器、节流阀及阀岛等器件的调试

完成传感器、节流阀及阀岛等器件的调试。

6. 整体调试

完整的安装调试的步骤与学习情境 1 基本相同，具体详解可参照本书配套资源进行学习。

2.3 项目总结与练习

1. 项目总结

本项目完成了组装单元的安装与调试。训练使用了机电设备安装常用的工具与材料，复习了机电设备安装规范及机电设备安装调试安全要求，完成了设备的机械、气动、电气等零部件安装调试的全过程。

2. 练习

（1）介绍 MPS 组装单元的安装过程。

（2）说明弹簧料仓模块的电子限位开关（用来检测弹簧是否达到传送位置）的调试过程。

（3）简述程序下载的 6 个步骤。

项目 3　组装单元的控制程序设计

3.1　项目任务

3.1.1　任务描述

根据组装单元任务描述，编制设备动作流程，选择合适的编程语言，在 PC 上进行组装单元的程序编制，并下载程序，完成程序的调试。

3.1.2　教学目标

1. 知识目标

1）熟练掌握 PLC 的各个组成模块功能。

2）熟练掌握 STEP7 软件界面和硬件组态的方法。

3）掌握相应的顺序功能图语言 S7-Graph 的使用方法。

2. 技能目标

1）根据控制要求，编制设备工艺（动作）流程。

2）熟练掌握在 STEP7 软件上正确设置语言、通信口、PLC 参数等方法。

3）掌握在 STEP7 软件上编写、调试顺序功能图语言 S7-Graph 的方法。

4）掌握组装单元的各个功能的设备联调。

5）能通过自主查阅网络、期刊、参考书籍、技术手册等获取相应信息。

3. 素质目标

1）细心、耐心的职业素养。

2）协调沟通能力、团队合作及敬业精神。

3）善于自学与归纳分析。

4）勤于查阅资料、勤于思考、锲而不舍的良好作风。

3.2　组装单元的控制程序设计

3.2.1　编程调试设备与技术资料

技术资料包括：组装单元的气动原理图、电气接线图；相关组件的技术资料；工作计划表；组装单元的 I/O 分配表。I/O 表见表 6-1。

I/O 分配表分为输入/输出两个部分，输入部分主要为传感器、微动开关、按钮等信号；输出部分主要是阀岛、指示灯等器件。

表 6-1 I/O 分配表

输入名称	输入地址	输出名称	输出地址
大活塞准备	I0.0	提供小活塞	Q0.0
小活塞准备	I0.1	提供大活塞	Q0.1
弹簧料仓气缸缩回	I0.2	送出弹簧	Q0.2
弹簧准备到位	I0.3	固定工件	Q0.3
端盖料仓模块气缸伸出	I0.4	送出端盖	Q0.4
端盖准备到位	I0.5	开始指示灯	Q4.0
盖子用尽	I0.6	复位指示灯	Q4.1
大口径工件	I0.7	辅助指示灯	Q4.2
开始按钮	I4.0	使能机器人	Q8.3
复位按钮	I4.1	通知机器人弹簧不可装配	Q8.4
消除警报	I4.2	通知机器人,端盖不可装配	Q8.5
AUTO/MAN 选择开关	I4.3	允许机器人放开工件	Q8.6
停止按钮	I4.4		
通信开关	I4.6		
机器人工作完毕	I8.4		
机器人发出要装配信号	I8.5		

3.2.2 动作流程分析

1）PLC 在 Run 模式时，如果组装单元的各构件不在原位，复位灯闪，则按下复位按钮，开始复位。当弹簧推料杆在收缩位（此时气缸活塞杆在收缩位），端盖推料杆在收缩位（此时气缸活塞杆在伸出位），固定工件位的气缸活塞杆在缩回位时，完成复位。

2）复位后，按下开始按钮。

检测机器人对活塞的需求。如果需要的是大口径工件，则提供黑色活塞（直径 20mm）；如果是小口径工件，则提供金属活塞（直径 16mm）。

检测弹簧。如果弹簧没有准备到位，则推出弹簧（此过程中，给机器人信号工件不可加工），弹簧推出到位后，弹簧推料杆缩回；如果检测弹簧已经到位，则直接到下一步。

检测端盖。如果端盖没有准备到位，再检测料仓有没有端盖，若没有端盖，则等待，报警灯亮；如果有端盖，则推料杆推出端盖（此过程中，给机器人信号工件不可加工），端盖推出到位后，端盖推料杆缩回（此时气缸活塞伸出）；如果检测端盖已经到位，则直接到下一步。

检测机器人发出的要进行装配的信号。如果有，则固定工件。没有则不操作，当机器人发出“机器人工作完毕”信号，组装单元进入下一个循环。

3）按下停止按钮。

当接收到停止信号时，加工单元并不是立即停止运行，程序要在完成一个完整的周期后停止。

4）按下急停按钮时，设备立即停止运行。

3.2.3 程序流程图设计

程序流程图能方便地反映设备的动作流程，对程序的编制与调试有很大的帮助。组装单元具体操作有开始、复位、停止。要求起动后全自动运行。

程序流程图如图 6-15 所示。

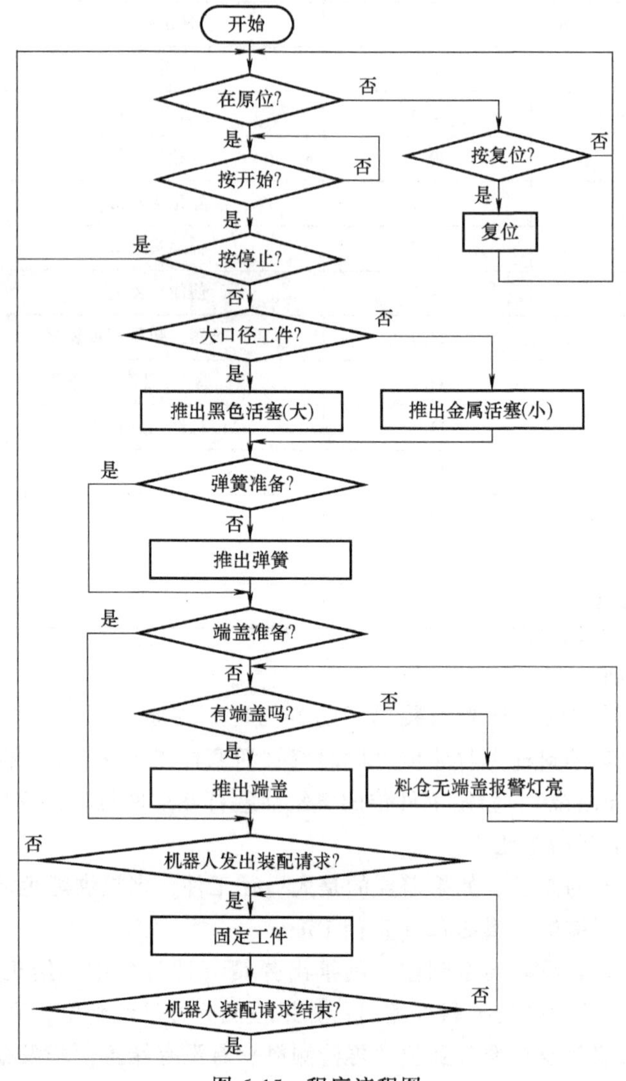

图 6-15　程序流程图

3.2.4 顺序功能图与程序设计

通常，我们根据程序流程图写出顺序功能图，然后再翻译成梯形图运行。实际上，西门子编程软件 STEP7 v5.5 可以直接运行顺序功能图，为了掌握这种方法，此单元不再写出全部的梯形图，复位和顺序运行子程序直接给出顺序功能图。

为了把整个用户程序按照功能进行结构化组织，编写了 3 个子程序和 1 个主程序：

1）FB2 是设备初始状态后，按开始按钮，设备顺序动作的子程序。

2）FB1 是复位子程序。

3）FB4 为指示灯子程序。

1. 顺序控制子程序 FB2

顺序控制子程序如图 6-16 所示。

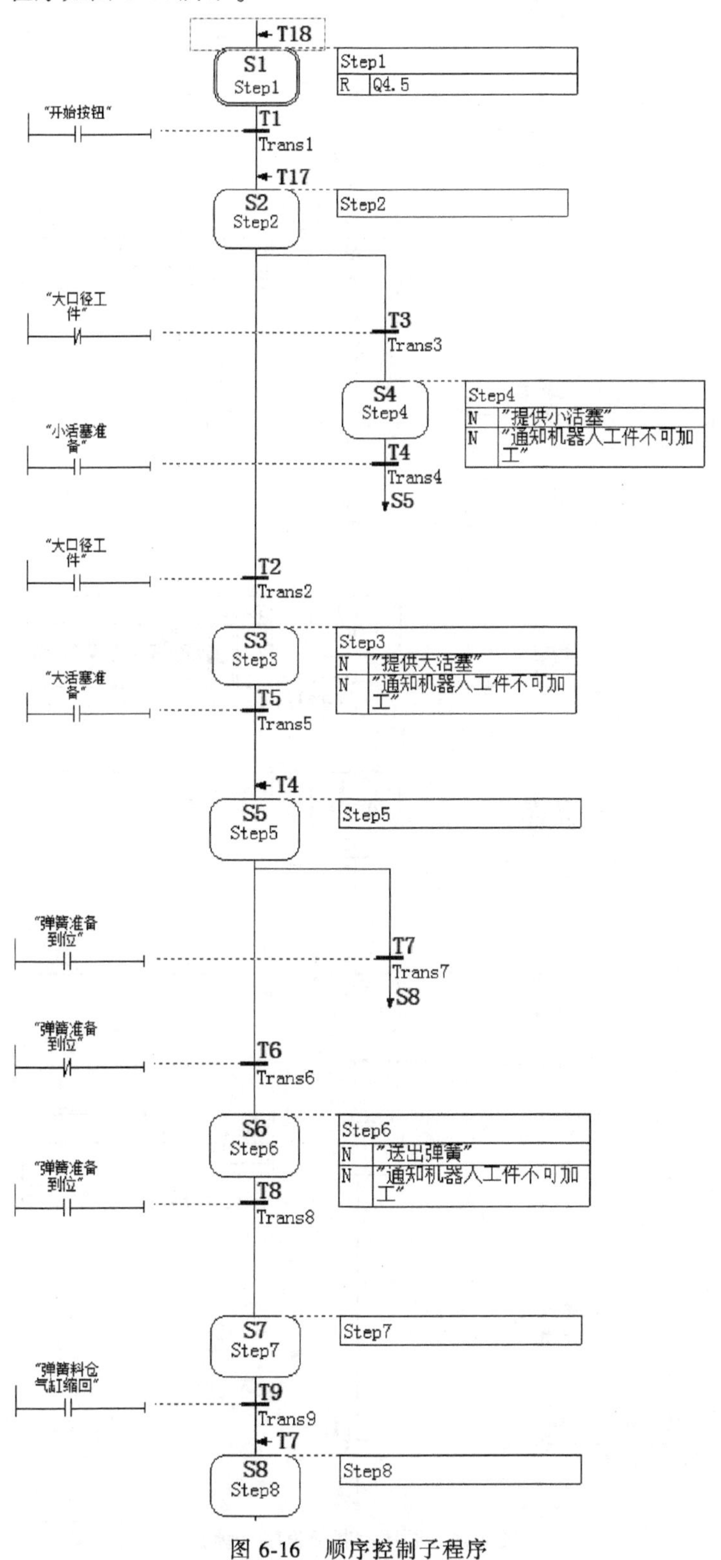

图 6-16 顺序控制子程序

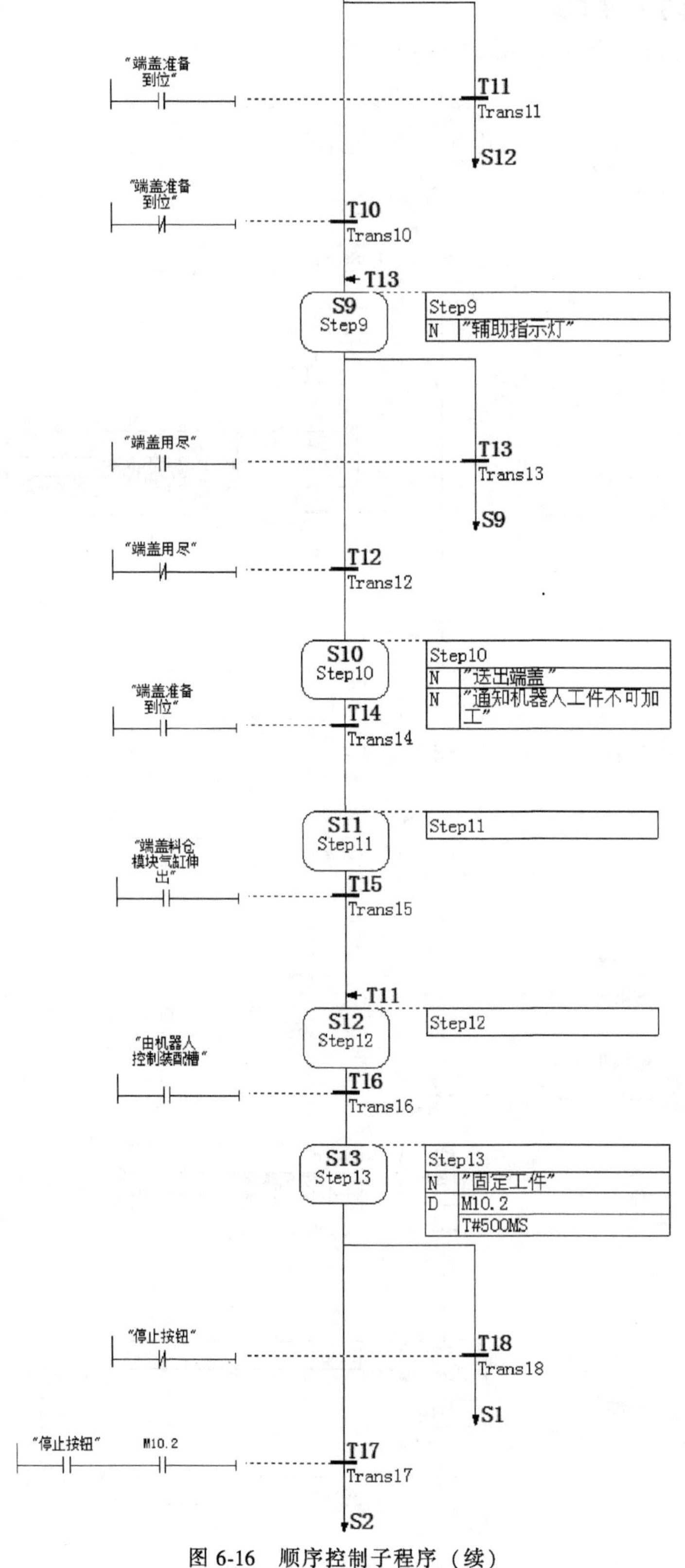

图 6-16　顺序控制子程序（续）

2. 复位子程序 FB1

复位子程序如图 6-17 所示。

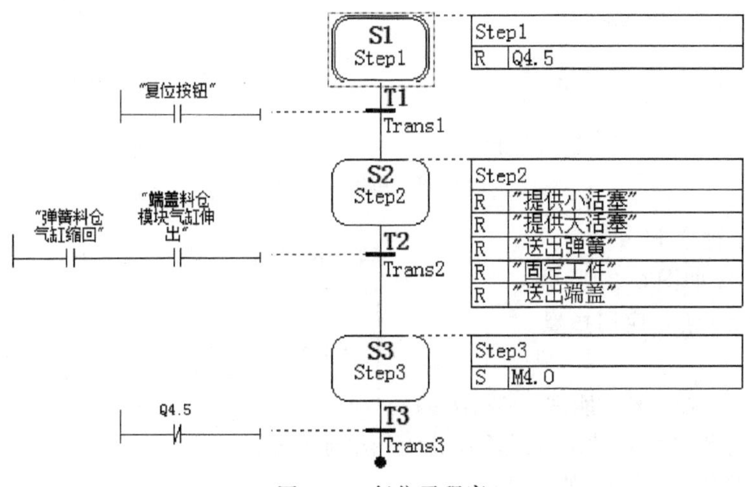

图 6-17 复位子程序

3. 主程序 OB1

主程序如图 6-18 所示。

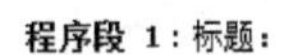

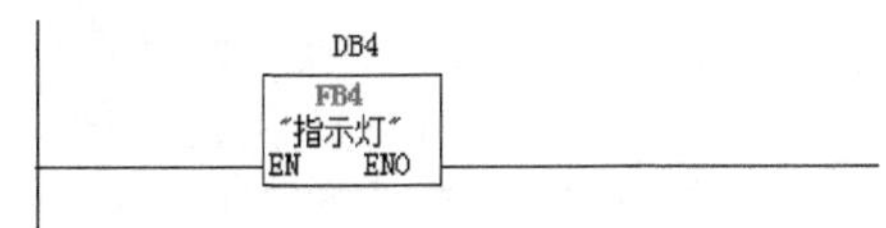

程序段 2：标题：

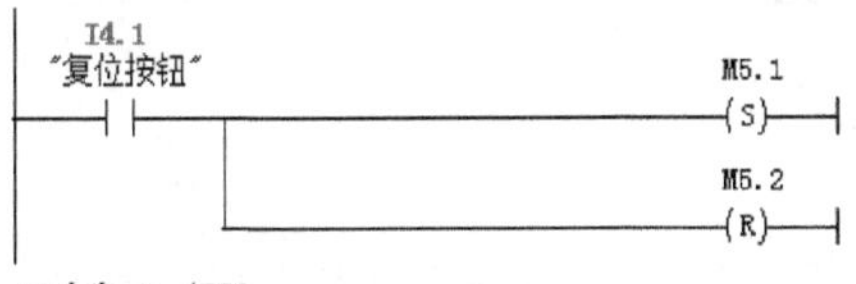

程序段 3：标题：

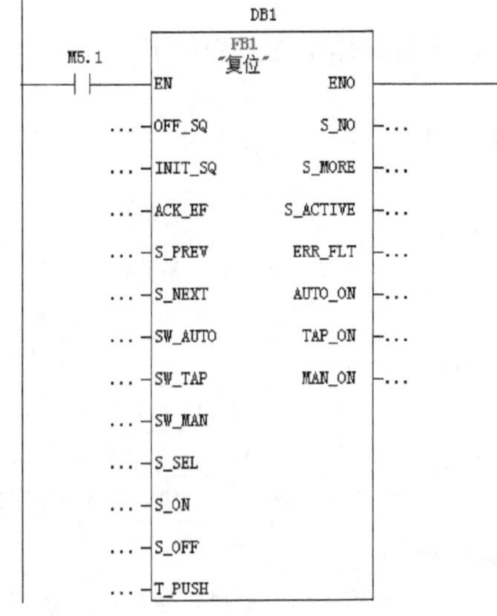

程序段 4：标题：

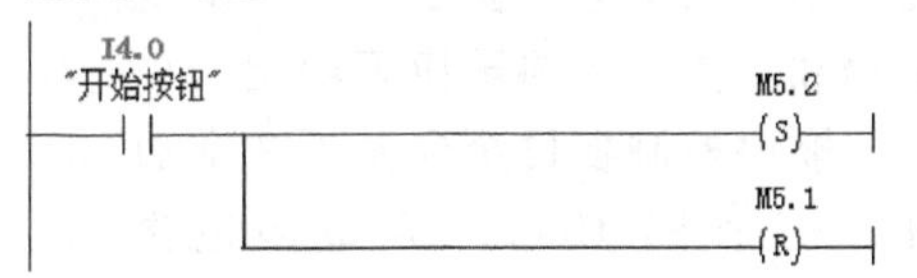

程序段 5：标题：

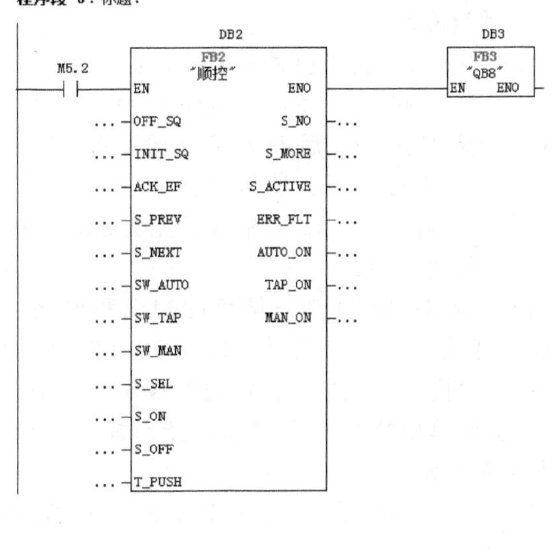

图 6-18 主程序

4. 初始化程序 OB100

初始化程序如图 6-19 所示。

程序段 1：标题：

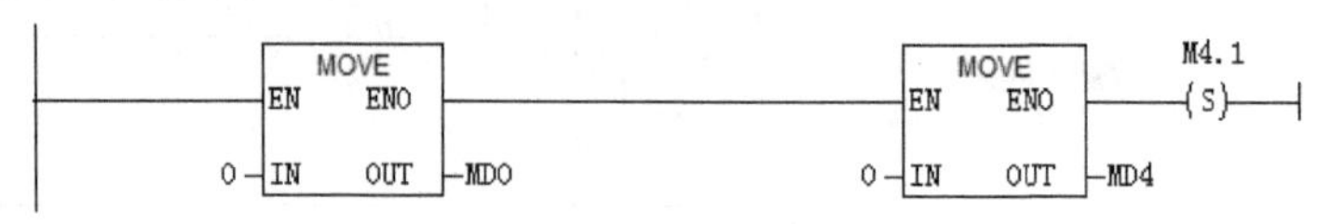

图 6-19　初始化程序

5. 指示灯子程序 FB4

指示灯子程序如图 6-20 所示。

程序段 1：标题：

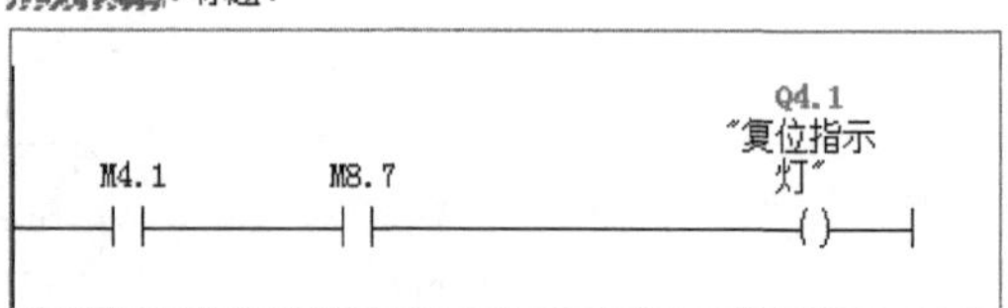

程序段 2：标题：

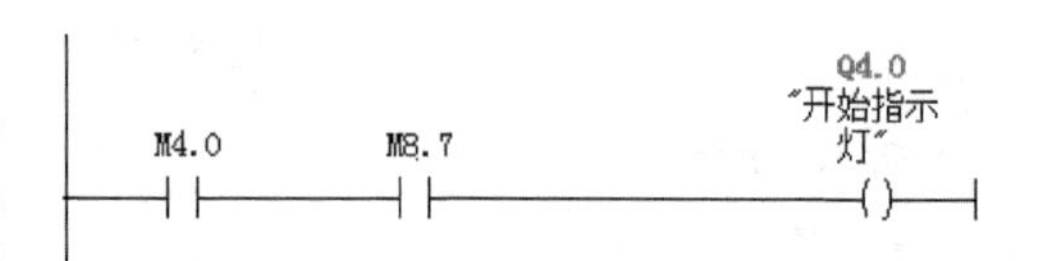

程序段 3：标题：

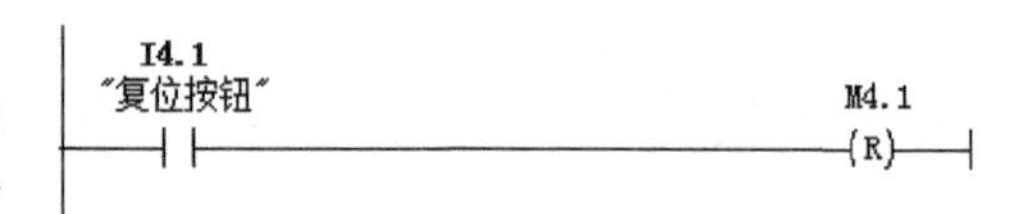

程序段 4：标题：

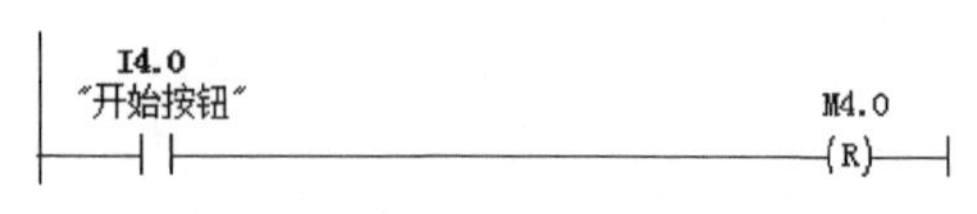

图 6-20　指示灯子程序

3.2.5　S7 Graph 语言应用拓展

1. 概述

S7 Graph 语言（顺序功能图）是 S7-300 用于顺序控制程序设计的一种语言，遵从 IEC 61131-3 标准中的顺序控制语言的规定。

用 S7 Graph 编写的顺序功能图程序以功能块（FB）的形式被主程序 OB1 调用。S7 Graph FB 包含许多系统定义的参数，通过参数设置对整个系统进行控制，从而实现系统的初始化和工作方式的转换等功能。

对于一个顺序控制项目至少需要 3 个功能块。其中，一个 S7 Graph FB 最多包含 250 步和 250 个转换。

2. 项目应用

以锅炉的鼓风机和引风机的控制要求为例，其工作过程是：按下起动按钮 I0.0 后，引风机开始工作，5s 后鼓风机开始工作；按下停止按钮 I0.1 后，鼓风机停止工作，5s 后引风机再停止工作。其顺序功能图如图 6-21 所示。项目具体实施过程如下：

（1）创建 FB 块

1）首先根据前面学习情境的知识和训练，进行项目建立和硬件组态。组态之后，打开 SIMATIC 管理器，找到目录中的“块”并选中，在右边的区域内单击右键，在弹出的快捷菜单中执行命令“插入新对象”→“功能块”，如图 6-22 所示。

2）在弹出的对话框中，选择语言为 S7 GRAPH，如图 6-23 所示。

3）单击“确定”按钮后，界面如图 6-24 所示。可以看出在右侧区域多了一个 FB1 块。

4）双击 FB1 打开，进入 S7 Graph 编辑环境，如图 6-25 所示。FB1 自动生成第 1 步（Step1）和第 1 个转换（Trans1）。

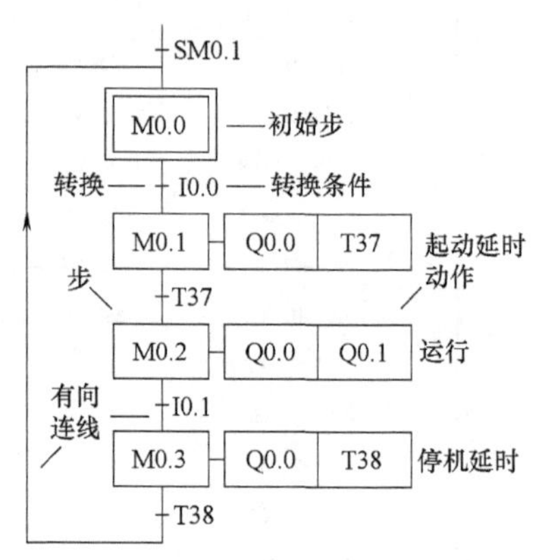

图 6-21　鼓风机运行顺序功能图

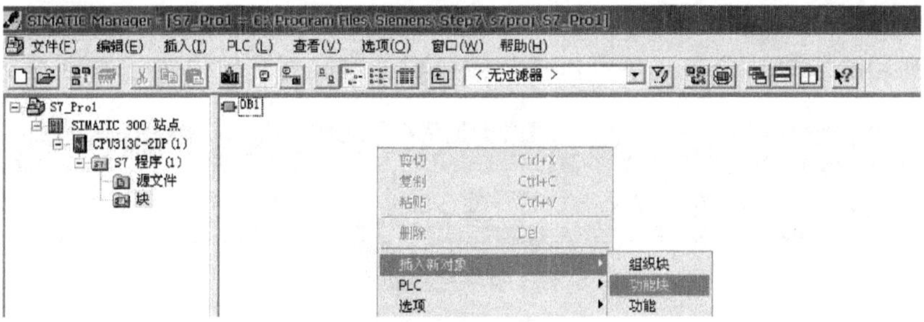

图 6-22 插入功能块 FB

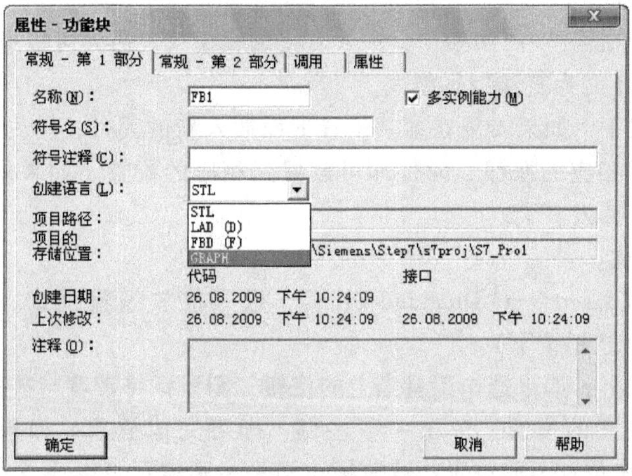

图 6-23 选择编程语言

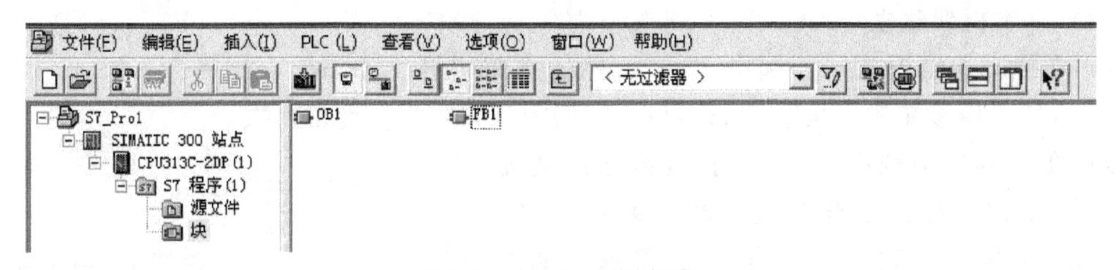

图 6-24 FB1 添加完成

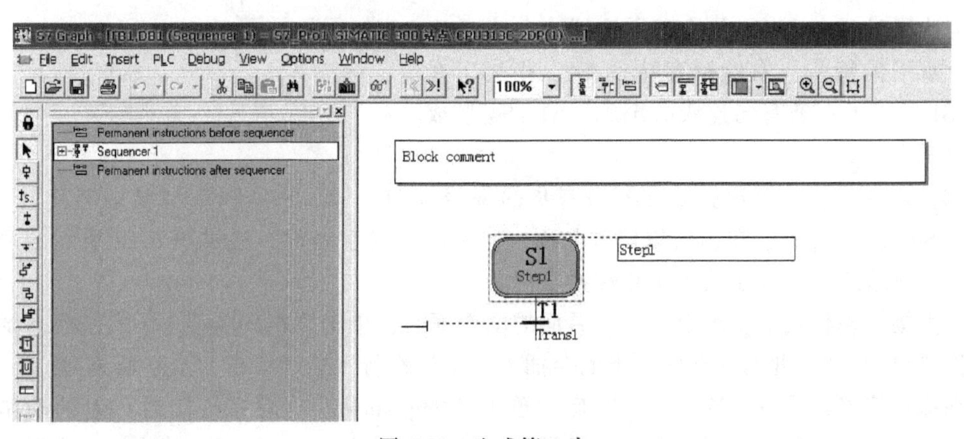

图 6-25 生成第 1 步

图中，左侧的“Sequencer”（顺序控制器）工具条上的按钮用来放置步、转换、选择序列、并行序列和跳步等。该工具条可以任意拖放到工作区的其他位置，如图 6-26 所示。

图 6-26　顺序控制器工具条

（2）编辑模式

1）直接编辑模式。

执行菜单命令“Insert”→“Direct”，进入直接编辑模式。另外可以通过图 6-26 中第一个图标（最左），未按下时为直接编辑模式。

在直接编辑模式下，如果希望在某一位置下面插入新的元件，首先用鼠标选中该位置，然后在工具条中选择相应的按钮，元件即可放置到相应的位置。如果想连续插入相同的元件，可以连续单击，插入多个。

2）拖放编辑模式。

执行菜单命令“Insert”→“Drag-and-Drop”，进入拖放编辑模式。另外，可以选中图 6-26 中第一个按钮（按钮按下）。

在拖放编辑模式下，如果选中工具条上的按钮，则鼠标将带着与被单击的按钮相类似的光标移动。在需要放置的位置，单击一下左键，即可完成放置。如果拖动鼠标时，带有“⊘”标志，表示在该位置不能放置；若该标志消失，则表示可以放置。放置完毕，可按下“ESC”键，取消放置。

（3）基本框架建立

1）在拖动编辑模式下，选中“![]”，然后在编辑区“Trans1”处单击，添加“Step2”和“Trans2”；继续单击，可连续添加步。本例中，共 4 步，单击 3 次。

2）在工具栏中选中“ts..”，拖动到顺序功能图的转换“T4”处，松开左键，输入编号“1”，回车，在 T4 下方出现一个标有 S1 的箭头，如图 6-27 所示。

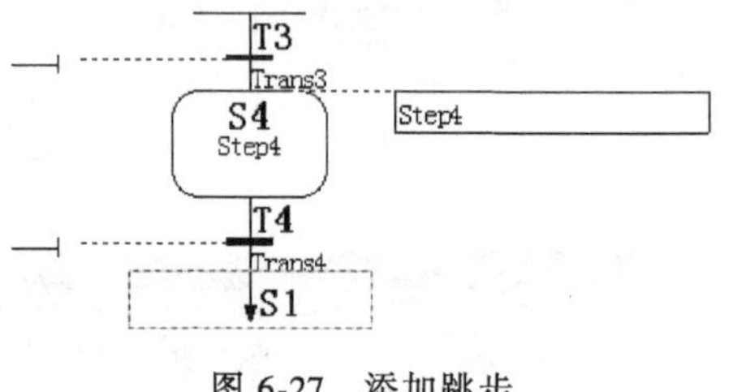

图 6-27　添加跳步

与此同时，在 S1 上方的有向连线上，自动出现一个水平的箭头，右侧标有转换 T4。相当于在 S4 到 S1 形成了一条有向连线。至此，S1～S4 形成了一个闭环。

（4）步与动作　表示步的方框内有步的编号（S1、S2、S3、S4）和步的名称（Step1、Step2、Step3、Step4），单击可以修改名称，但不能用汉字名称。通过图 6-28 所示的两种方式，可以显示或关闭各步的动作和转换条件。

在直接编辑模式下，选中某一步后面的动作框后，单击“Sequencer”（顺序控制器）上的动作按钮“▭”，此时在动作框下面会插入一个动作行，连续单击，会不断添加。

在拖动编辑模式下，选中“![]”后，单击“Sequencer”（顺序控制器）上的动作按钮“▭”，此时动作随鼠标进行放置。当鼠标指向“Step1”处，“⊘”标志消失时，表示该处可以放置动作，单击左键，即可放置一个动作；若连续单击，可连续放置多个动作。

因为图 6-16 中的 Q0.0 在第 2、3 和 4 步都出现，所以用了“S”（置位）指令；而在初始步（S1），将 Q0.0 复位。对于第 2 步和第 4 步，需要延时 5s，输入命令 D（延时），地址输入 M1.0 和 M1.1，在地址下面的空格中输入时间常数“T#5s”；其中，M1.0 和 M1.1 作为转换的条件，即延时时间到的标志。

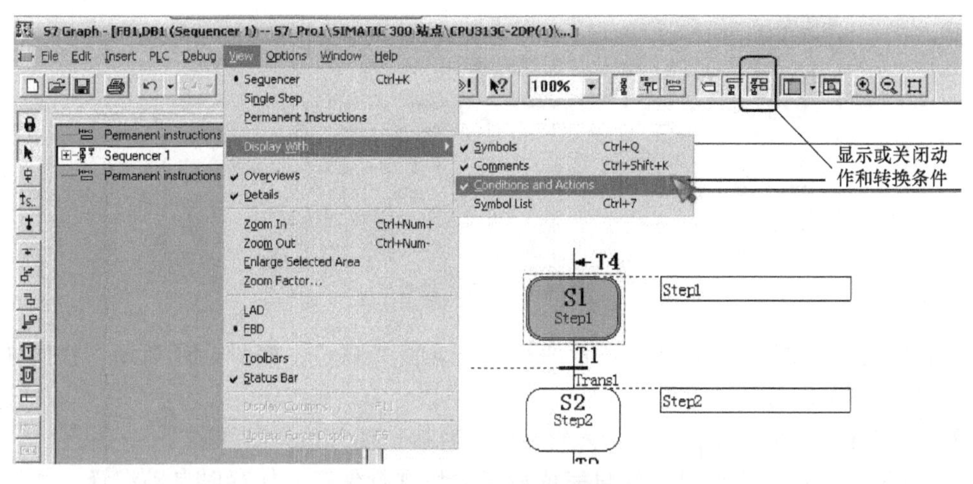

图 6-28 显示和关闭转换条件

（5）转换条件 转换条件采用梯形图和功能块图来表示，选择“View”（视图）菜单的“LAD”或“FBD”命令，切换两种表示方法。选择“LAD”来生成转换条件，如图 6-29 所示。

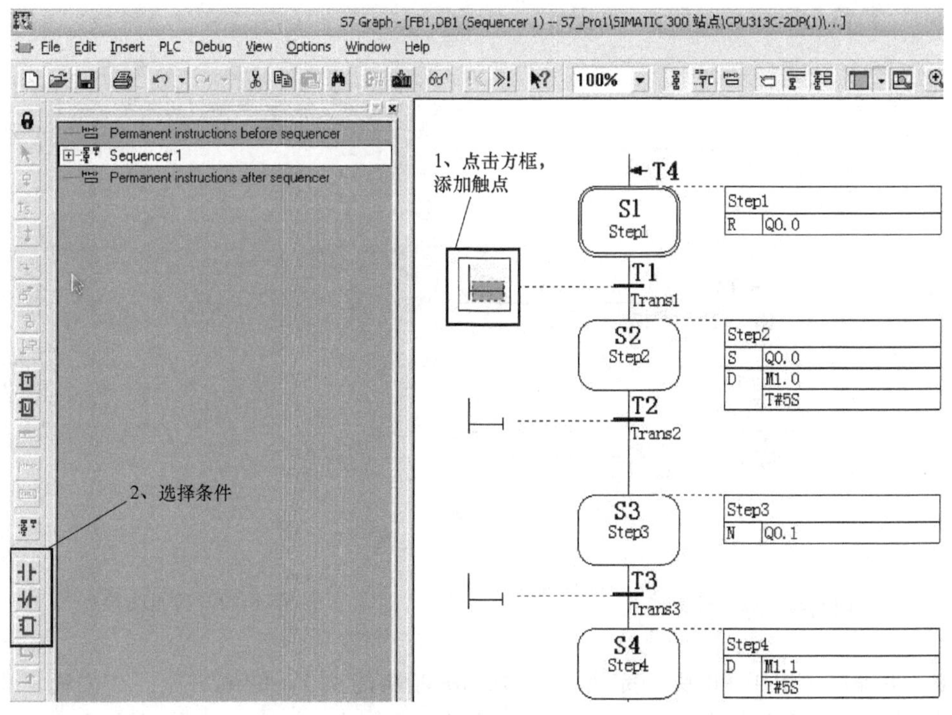

图 6-29 转换条件

单击图示的粗线框，添加触点；然后单击窗口最左边垂直放置的工具条中的“┤├”“┤/├”和比较器按钮“□”（相当于一个触点），用它们的串并联电路作为转换的条件。生成触点后，单击触点上方的“??.?”，输入绝对地址。例如设置步S1到步S2的转换条件时，插入一个常开触点，单击“??.?”并输入“I0.0”。右键单击该地址，选择“编辑符号”，在出现的对话框中输入地址对应的符号、数据类型和注释等，如图6-30所示。

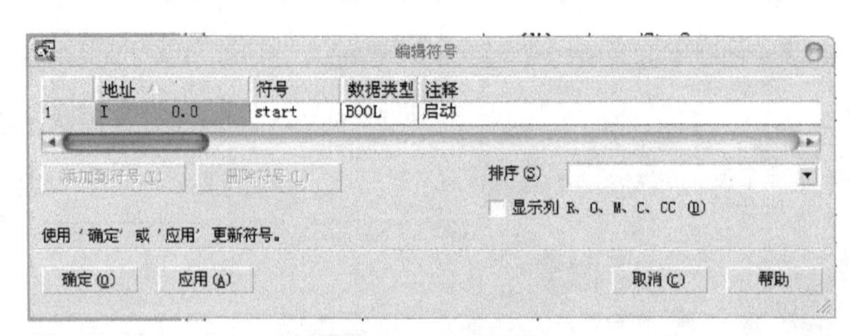

图6-30　插入符号

单击“确定”按钮后，在图中显示的是符号地址“start”，如图6-31所示。按同样的方法，添加后几步的转换条件。

最好事先建立好地址表，这样插入符号时会直接出现，选择即可。

（6）保存和关闭编辑窗口　编辑完成后，对块进行保存，保存时自动编译。如果程序有误，则在下面的对话框中显示错误提示和报警，改正后保存。保存后，可以关闭该块。

（7）设置参数集　在S7 Graph编辑器中，执行菜单命令“Option”（选项）→“Block Setting”（块设置），在出现的对话框中“Compile/Save”（编译/保存）选项卡的“FB Parameters”（FB参数）区，将FB1的参数设置为“Minimum”（最小），仅有一个输入参数INIT_ SQ（初始化顺序控制器），如图6-32所示。

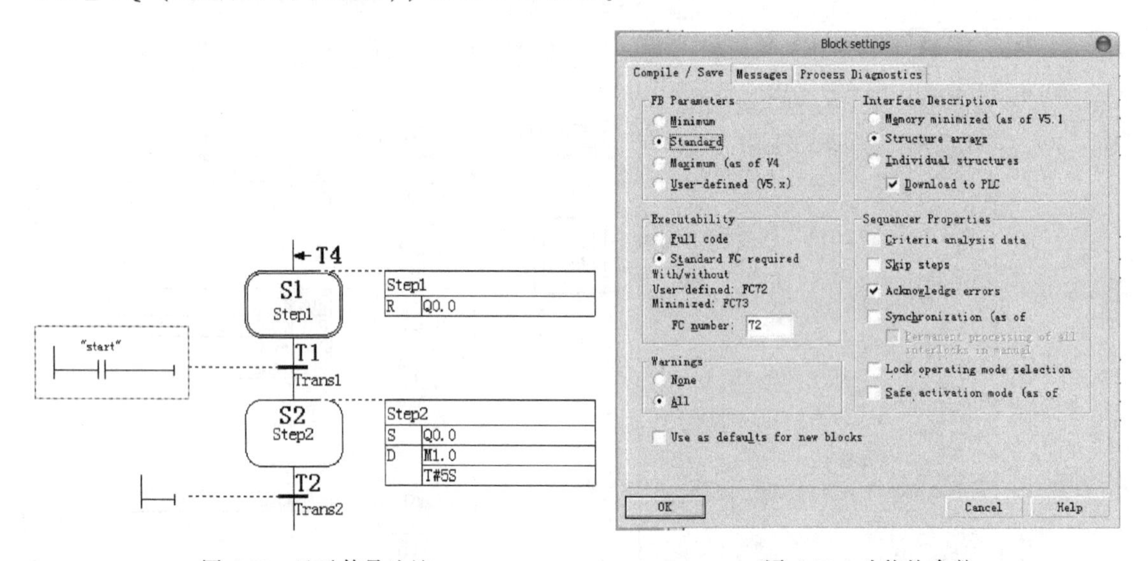

图6-31　显示符号地址　　　　图6-32　功能块参数

（8）主程序中调用FB块　完成了对S7 Graph功能块FB的编程后，在主程序中调用FB1。打开OB1，设置为梯形图语言。打开左侧的“FB块”文件夹，将其中的FB1拖放到程序编辑区，如图 6-33 所示。

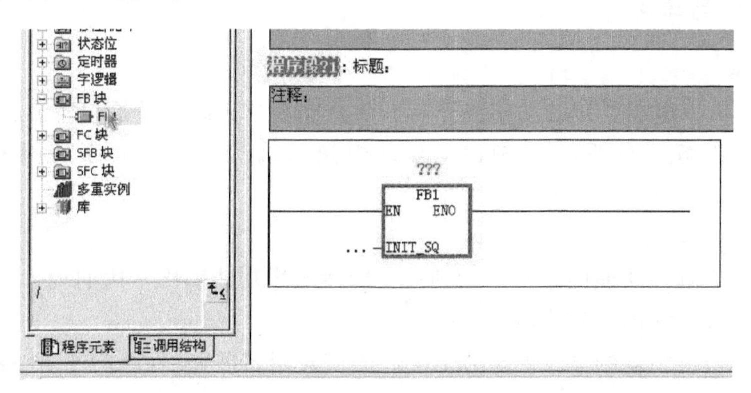

图 6-33 调用 FB1

输入 INIT-SQ 的实参 M0.0，并在 FB1 上方的“???”处填入一个背景数据块，比如说“DB1”。如果 DB1 尚未生成，确认后则自动生成它。

(9) 用 S7-PLCSIM 仿真调试 S7-Graph 程序 打开仿真器，将块的所有内容进行下载，将仿真器的状态开关切换到“Run”，则程序开始运行。图 6-34、图 6-35 分别是运行时 FB1 块的监控画面。上电后，第 1 步为初始步，处于活动状态（活动步为绿色）。当按下起动按钮“start”后，第 2 步成为活动步。同时起动定时器，定时时间到，则 M1.0 置位，第 3 步成为活动步。当按下停止按钮时，第 4 步变为活动步。定时时间到，则返回到初始步，初始步变为活动步。

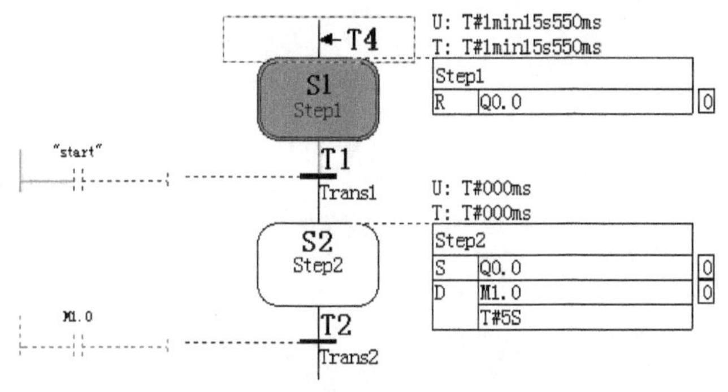

图 6-34 程序运行 S1 活动步

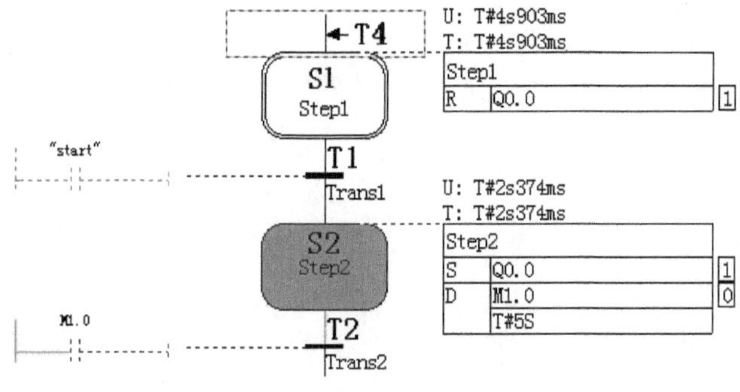

图 6-35 程序运行 S2 活动步

3.3 项目总结与练习

1. 项目总结

项目详细分析了组装单元的动作流程与I/O分配表，最终完成了程序流程图和顺序功能图。并且，重点讲解了在西门子STEP7软件中如何编写和调试顺序功能图（S7 Graph）程序。

2. 练习

（1）命令S为顺序功能图中常用的动作，简述顺序功能图中常用的动作。

（2）简述组装单元的动作步骤。

（3）根据本学习情境的“3.2.5 S7 Graph语言应用拓展”，在西门子STEP7软件中编写组装单元程序，并调试。

学习情境 7

成品分装单元的装调与控制技术

项目1　成品分装单元的认知

1.1　项目任务

1.1.1　任务描述

通过观察成品分装单元的运行，根据前面学习的模块化单元知识，掌握成品分装单元的运行操作方法，掌握其相关的气动知识与技能，完成气动系统与电气控制系统的分析。

1.1.2　教学目标

1. 知识目标

1）熟练掌握 CPV 阀岛、各个模块等组件的结构、工作原理。

2）掌握对射式光电传感器、反射式光电传感器等检测组件的工作原理。

3）掌握分拣模块工作原理。

4）掌握气动与电气原理图的分析方法。

2. 素质目标

1）严谨、全面、高效、负责的职业素养。

2）良好的道德品质、协调沟通能力、团队合作及敬业精神。

3）勤于查阅资料、勤于思考、勇于探索的良好作风。

4）善于自学与归纳分析。

1.2　设备运行与自动生产线简介

1.2.1　设备技术参数

1）电源：DC 24V，4.5A。

2）温度：-10~40℃；环境相对湿度：≤90%（25℃）。

3）气源工作压力：最小 4bar，典型值 6bar，最大 8bar。

4）S7-1214 PLC 1 台。

5）安全保护措施：具有接地保护、漏电保护功能，安全性符合相关的国家标准。采用高绝缘的安全型插座及带绝缘护套的高强度安全型实验导线。

1.2.2　设备运行与功能实现

1. 起动

1）检查电源电压和气源。

2）手动复位前，将各模块运动路径上的工件拿走。

3）进行复位。复位之前，复位（RESET）指示灯亮，这时可以按下按钮。

4）如果在送料缸的工作路径上有多余工件，要把它拿走。

5）起动成品分装单元。按下启动（START）按钮即可起动该系统。

2. 动作过程

1）将工件放在传送带左端进行金属、非金属和颜色的检测，如图 7-1 所示。

2）若检测工件为红色非金属材质，则检测完成后，拨块 1 运动，工件继续向前运动，被拨块挡住，进入第一个滑槽，如图 7-2 所示。

图 7-1　检测工件材质颜色

图 7-2　红色工件进第一滑槽

成品分装单元视频

3）若检测工件为金属材质，则检测完成后，拨块 2 运动，工件继续向前运动，被拨块挡住，进入第二个滑槽，如图 7-3 所示。

4）若检测工件为黑色非金属材质，则检测完成后，没有拨块运动，工件继续向前运动，直到进入第三个滑槽，如图 7-4 所示。读者可扫描二维码进行学习。

图 7-3　金属工件进第二滑槽

图 7-4　黑色工件进第三滑槽

成品分装单元动画

3. 注意事项

1）任何时候按下急停按钮或停止（STOP）按钮，可以中断系统工作。

2）选择开关 AUTO/ MAN 用钥匙控制，可以选择连续循环（AUTO）或单步循环（MAN）。

3）在多个工作站组合时，要对每个工作站进行复位。

4. 功能描述

成品分装单元可以实现对工件按照材质（金属、非金属）和颜色进行分拣，并存放到三个不同的滑槽中。

1.3 成品分装单元介绍

1.3.1 成品分装单元的组成

成品分装单元结构组成如图 7-5 所示，主要包括分拣模块、滑槽模块、起动电流限制器、继电器、SysLink I/O 接线端口、CPV 阀岛、气源处理组件、控制面板、PLC 控制板、底车等。

1. 分拣模块

分拣模块如图 7-6 所示，主要由传送模块、导向模块 1、导向模块 2、固定导向块、直流电动机、蜗杆减速器等组成。

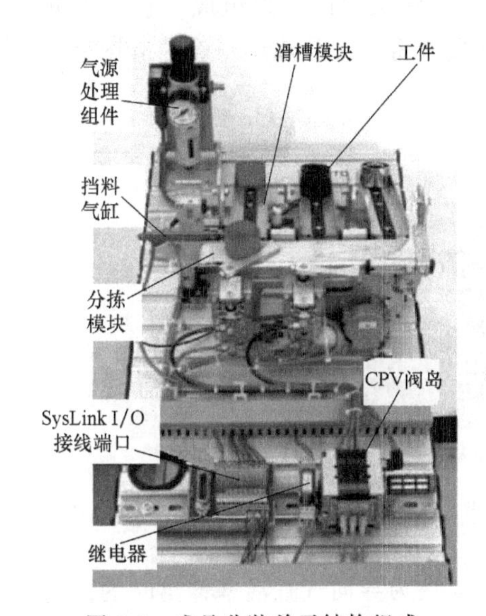

图 7-5 成品分装单元结构组成

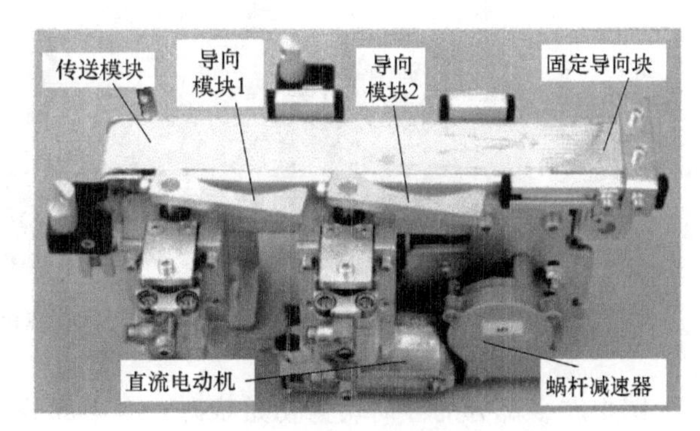

图 7-6 分拣模块结构

（1）传送模块 传送模块结构如图 7-7 所示，由传送带、张紧轮、主动轮、导向轮、减速器、直流电动机等组成，主要用于传送和推送工件。

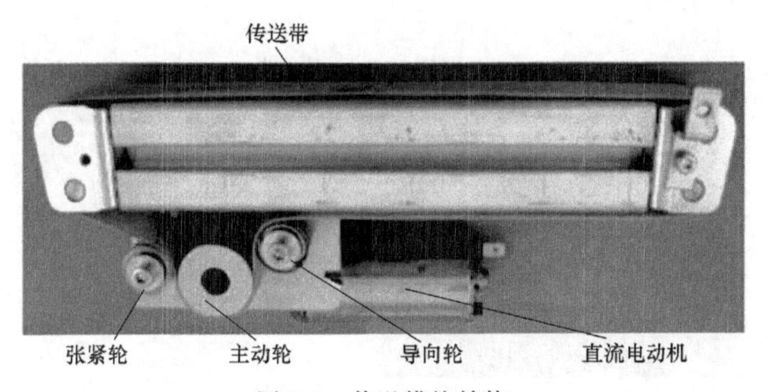

图 7-7 传送模块结构

传送带由一个直流电动机通过蜗杆减速器减速后驱动。当运行一定时间后，或因其他原因造成传送带打滑时，可以通过张紧轮的位置调整传送带的张紧度来消除打滑。

（2）传送模块知识拓展 传送模块是运输储存装置中的一部分，运输储存装置则是必要的自动线辅助装置，由供料及输送装置、分合流及转向装置、存储装置、机械手等组成。常用的输送装置有传送带输送线、动力辊筒线、倍速链传送线等，如图 7-8～图 7-10 所示。

图 7-8　传送带输送线

图 7-9　动力辊筒线

图 7-10　倍速链传送线

（3）导向模块　导向模块由导向块、导向装置传动机构及导向气缸组成。它可根据工件的特性或类型进行分类，由气缸通过凸轮机构控制的拨块将工件分拣到正确的滑槽上，如图 7-11 所示。

图 7-11　导向模块结构

图中左半部分的导向块为初始状态，右半部分的导向块为导向气缸活塞伸出时的摆动伸出状态。

导向块的摆动原理如图 7-12 所示。连接板用于整个部件的安装；滑块相当于一个圆柱形凸轮，当短气缸活塞伸出时，带动滑块在滑槽中向左运动，拨杆在滑块的槽中向上运动，相应的拨杆带动转动轴摆动。

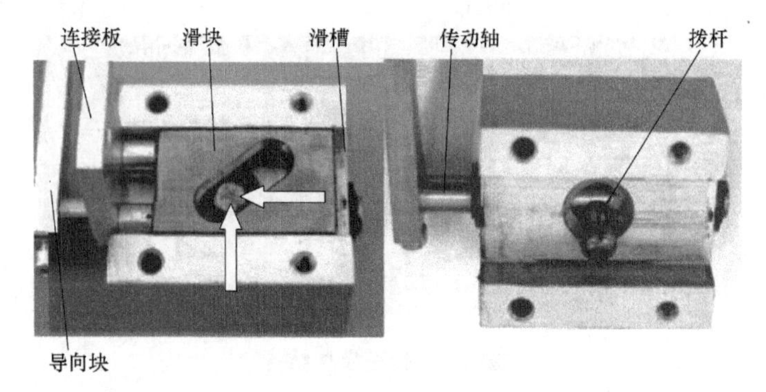

图 7-12　导向块摆动原理

2. 滑槽模块

在成品分装单元中使用 3 组滑槽，如图 7-13 所示，滑槽模块用于传送或存储工件，滑块的倾斜度和高度可以调节。

3. 传感器模块

传感器模块包括4个传感器，如图7-14所示。

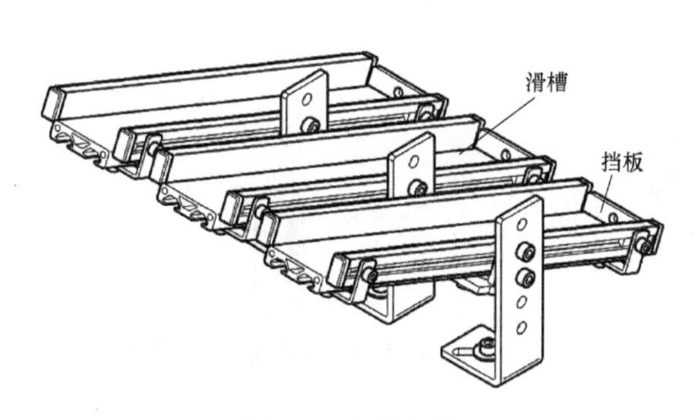

图7-13 滑槽模块

图7-14 传感器模块

图中，漫反射式光电传感器1在传送带的起始段，可以检测是否有工件存在，当有工件存在时程序开始运行，并且对工件进行分拣；漫反射式光电传感器2能够区分工件颜色（黑色或非黑色）；电感式接近传感器3可以检测工件材料（金属或非金属），传送带模块根据检测到的工件特性（材料和颜色的不同），可以触发相应的导向模块；第4个传感器为反射式光电传感器。

在学习情境二中已经详细讲解过电感式传感器、电容式传感器、磁性接近开关、漫反射式光电传感器，下面将详细讲解反射式光电传感器和对射式光电传感器。

（1）反射式光电传感器　用于检测是否有工件进入滑槽，或者判断滑槽中存放的工件是否已满。反射式光电传感器由传感器主体（发射器和接收器）及反射板组成，如图7-15所示。

发射器发出一束可见的偏振红外光，光线被附加的反射板反射，并由接收器接收。当光线被检测物体遮断时，传感器便有电信号输出。传感器的检测距离同样受附加的反射板表面反射率影响。

反射式光电传感器的工作距离为10~700mm，配有偏振滤波器，确保只对由特殊反射器反射回的光线产生响应。

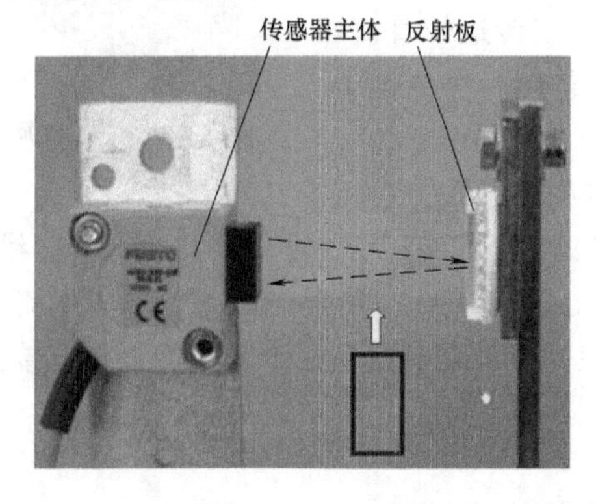

图7-15 反射式光电传感器

（2）对射式光电传感器　对射式光电传感器如图 7-16 所示，由发射头、接收头、光纤和处理电路（光栅）组成。光纤电缆由一束玻璃纤维或由一条或几条合成纤维组成。光纤能将光从一处传导到另一处甚至绕过拐角。工作原理是通过内部反射介质传递光线。光线通过具有高折射率的光纤材料和低折射率护套内表面，在光纤里传递。

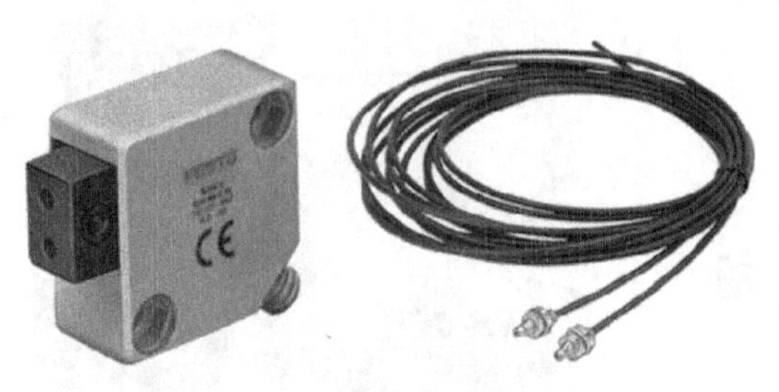

图 7-16　对射式光电传感器

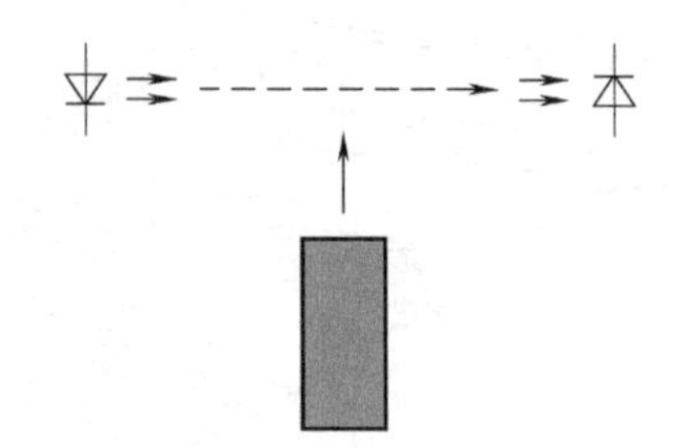

图 7-17　对射式光电传感器原理

其工作原理是：通过发射器发出的光线直接进入接收器，当被检测物体经过发射器和接收器之间阻断光线时，光电传感器就产生开关信号，如图 7-17 所示。

与反射式光电传感器的不同之处在于，反射式是通过电-光-电的转换，而对射式是通过介质（光纤）完成。对射式光电传感器的特点在于：可辨别不透明的反光物体，有效距离大，不易受干扰，高灵敏度，高解析，高亮度，低功耗，响应时间快，使用寿命长，无铅。因此对射式光电传感器广泛应用于投币机、小家电、自动感应器、传真机、扫描仪等设备上面。

本处讲解的对射式光电传感器的光源为红外线光，最大直流工作电压为 30V，最小直流工作电压为 10V，最大开关频率为 1000Hz，最大测量距离为 6000mm。

4. 起动电流限制器

在成品分装单元中使用直流电动机带动传送带运行。直流电动机的电流通常较大，起动时的电流通常是额定状态下的两倍。不限流的话，电刷用不了多久。

所以，必须进行限流起动，通常的方法有两种。

1）减压起动。在起动瞬间，降低供电电源电压，随着转速升高反电动势增大，再逐步提升电源电压，最后达到额定电压。

2）在电枢回路中串加外接电阻起动。电流受外加电阻的限制，随转速升高，反电动势增高，切除外加电阻，电动机达到所需要的转速。

成品分装单元采用了起动电流限制器来限制传送带直流驱动电机的起动电流。其实物如图 7-18 所示，包括一个继电器、一个限流电阻、一个按钮和两个接线端子排。

图 7-18　起动电流限制器

起动电流限制器端子排图与接线图如图 7-19 所示。

成品分装单元中，采用 PLC 控制电动机的起停，将 PLC 输出端接到 1N 接线端子上，传送带直流电动机接到 OUT 和 0V 接线端子上。当 PLC 输出高电平时，24V 直流电通过限流电阻到直流电动机，电动机起动。当电动机达到一定转速时，24V 直流电再直接接到直流电动机上，实现了限流起动。

1.3.2　成品分装单元气动回路分析

该工作单元的执行机构是气动控制系统，气动原理图如图 7-20 所示。

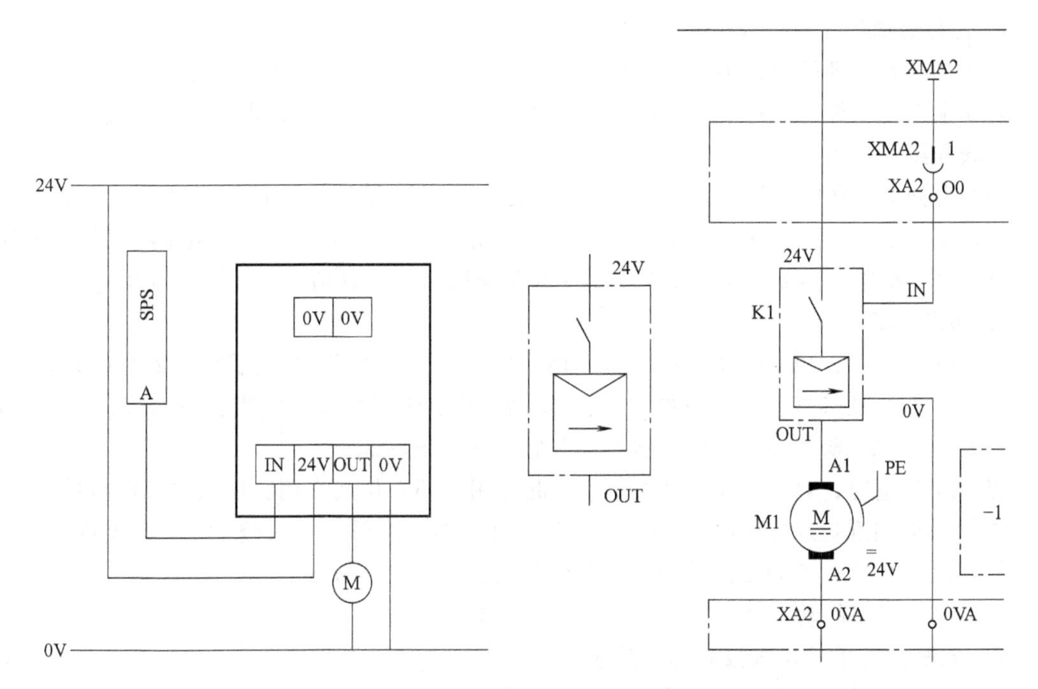

图 7-19 起动电流限制器端子排图与接线图

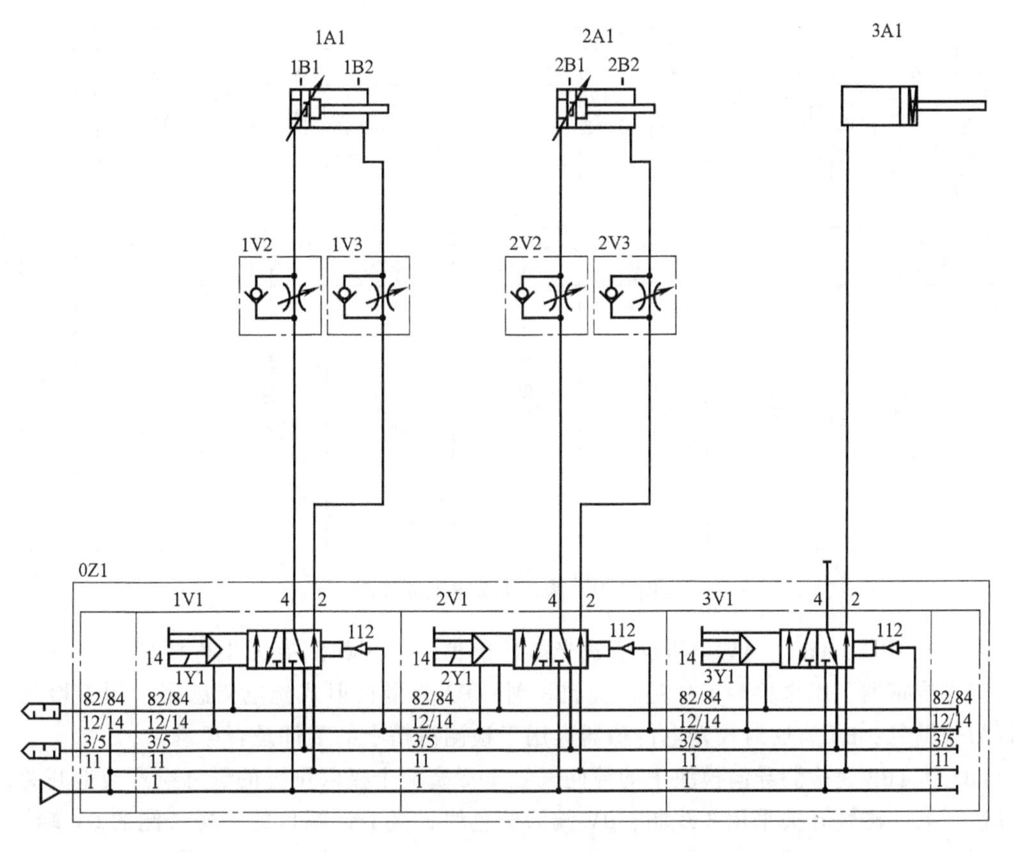

图 7-20 气动原理图

1. 元件分析

在气动控制原理图中，0Z1 点画线框为阀岛；1V1、2V1、3V1 分别被 3 个点画线框包围，为 3 个带手动控制的单作用电磁先导式两位五通换向阀，也就是阀岛上左数第一片阀、第二片阀和第三片阀。

1A1 为分支 1 导向气缸，1B1、1B2 为安装的两个极限工作位置的磁感应式接近开关；2A1 为分支 2 导向气缸，2B1、2B2 为安装在气缸的两个极限工作位置的磁感应式接近开关；3A1 为气动制动器；1V2、1V3、2V2、2V3 为单向调速阀，分别调节气缸的运动速度。

2. 动作分析

当 1Y1 得电时，1V1 阀体的左位起作用，压缩空气经由单向节流阀 1V2 的单向阀到达气缸 1A1 左端，从气缸右端经由单向节流阀 1V3 的节流阀排气，实现排气节流，控制气缸速度，最后经 1V1 阀体由 3/5 气路排出，气缸处于伸出状态。

当 1Y1 失电时，1V1 阀体的气控端 112 起作用，即右位起作用，压缩空气经由单向节流阀 1V3 的单向阀到达气缸 1A1 右端，气体从气缸左端经由单向节流阀 1V2，实现排气节流，控制气缸速度，最后经 1V1 阀体由 3/5 气路排出，气缸处于收缩状态。

其他气动回路的动作分析类似，读者可自行参照分析。

1.3.3 成品分装单元电气控制电路分析

成品分装单元的动作及状态是由 PLC 控制的，与 PLC 的通信是由前面介绍的 I/O 端口实现的。成品分装单元的输入/输出部分电气原理图如图 7-21、图 7-22 所示。

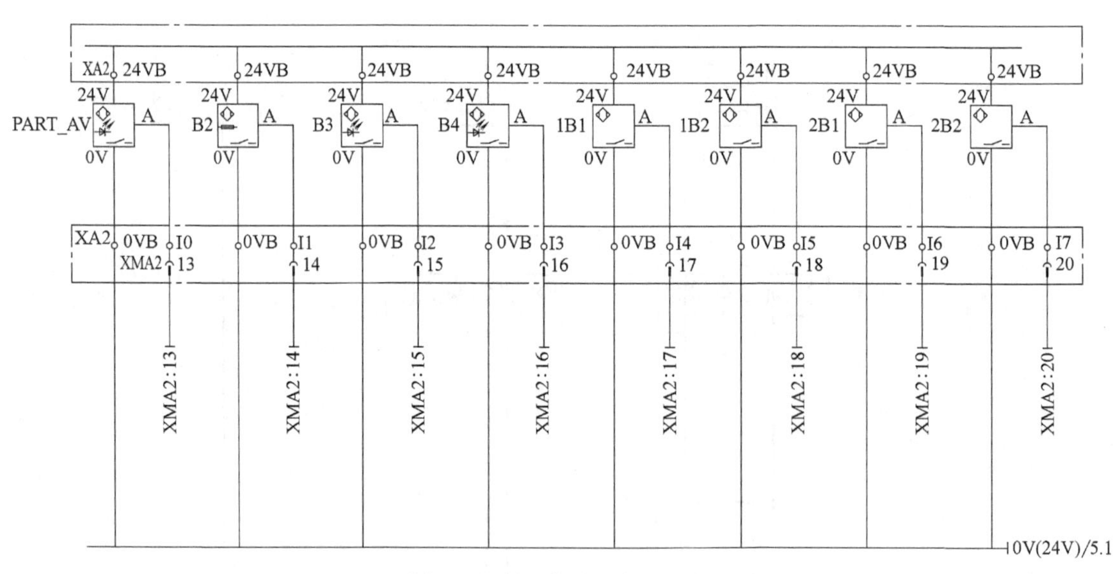

图 7-21 输入部分电气原理图

图 7-21 中，PART_ AV 为漫反射式光电传感器，用于检测有无工件放到传送带上；B2 为电感式传感器，用来检测工件是否金属材料；B3 为漫反射式光电传感器，用于检测工件是否为非黑色；B4 为反射式光电传感器，用于检测滑槽上的工件是否已满。

1B1 和 1B2 为检测导向模块中的导向气缸 1 活塞两个极限位置的磁感应式接近开关，简称磁性开关。磁性开关采用 3 线制，0V 端为蓝色线，接 I/O 端口的三排一侧的 0V 端；24V 端为褐色线，接 I/O 端口的三排一侧的 24V 端；A 端为信号输出端，为黑色线，接 I/O 端口

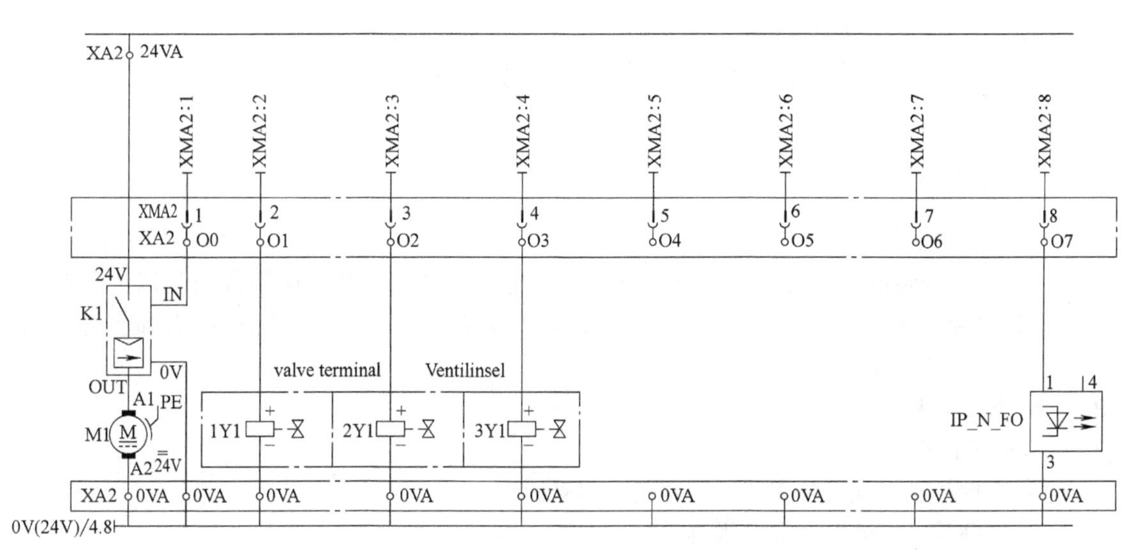

图 7-22 输出部分电气原理图

的三排一侧的 I 端，作为 PLC 输入信号；2B1 和 2B2 为检测导向模块中的导向气缸 2 活塞两个极限位置的磁感应式接近开关。

图 7-22 中，最左端为起动电流限制器和传送带直流电动机接线图；1Y1 为控制分支 1 导向气缸的电磁阀的电磁控制信号；2Y1 为控制分支 2 导向气缸的电磁阀的电磁控制信号；3Y1 为控制气动制动器的电磁阀的电磁控制信号。

1Y1、2Y1、3Y1 两端分别接 I/O 端口的两排一侧的 0V 端和 PLC 输出控制端 O 端。

IP_ N_ FO 为光电传感器的发射端，和上一个单元的光电传感器的接收端相匹配，可以用于告诉上一个单元本单元已经准备好。

1.4 项目总结与练习

1. 项目总结

本项目完成了成品分装单元的分析，讲解了项目设备的功能、操作及各个组成部分，详细阐述了分拣模块、反射式和对射式光电传感器、直流电机起动电流限制器，最后分析了气动原理图、输入/输出电气原理图。

2. 练习

(1) MPS 的成品分装单元的结构组成主要包括：______、______、______、______、______、______、______、______等。

(2) 分拣模块包括：______、______、______、______、______、______等。

(3) 常用的输送装置有______、______、______等。

(4) 常用的直流电动机限流起动方法有______、______。

(5) 对射式光电传感器由______、______、______、______等组成。

(6) 比较对射式光电传感器与反射式光电传感器的不同。

(7) 说明气动回路的元件及动作过程。

项目2　成品分装单元的硬件安装与调试

2.1　项目任务

2.1.1　任务描述

根据成品分装单元的气动与电气原理图，制定装调计划，熟练应用常用装调工具和仪器，熟悉安装调试规范、安全规范。小组协作完成成品分装单元的硬件安装与调试，并下载程序，完成设备功能测试。

2.1.2　教学目标

1. 知识目标

1）掌握机械电气安装工艺规范和相应国家标准。

2）掌握设备安装调试安全规范。

2. 技能目标

1）能够正确识图。

2）能够制订设备装调技术方案和工作计划。

3）能够熟练使用常用的机械装调工具。

4）能够熟练使用常用的电工工具、仪器。

5）会正确安装相应的传感器、分拣模块、气动制动器、起动电流限制器等组件，能够正确连接气动、电气回路。

6）能够编写安装调试报告。

3. 素质目标

1）经济、安全、环保的职业素质。

2）协调沟通能力、团队合作及敬业精神。

3）善于自学、善于归纳分析。

4）查阅资料、勤于思考、勇于探索的良好作风。

2.2　硬件安装与调试

2.2.1　安装调试工作计划

进行成品分装单元安装调试时，要确定工作组织方式、划分工作阶段、分配工作任务、制订安装调试工艺流程、设备试运转、设备试运转后工作和设备安装工程验收等步骤。具体流程图参照学习情境四，请读者自行绘制。

2.2.2　安装调试设备及工具介绍

1. 工具

安装所需工具包括：电工钳、圆嘴钳、斜口钳、剥线钳、压接钳、一字螺钉旋具、十字螺钉旋具（3.5mm）、电工刀、管子扳手（9mm×10mm）、套筒扳手（6mm×7mm、12mm×13mm、22mm×24mm）、内六角扳手（3mm、5mm）各1把，数字万用表1块。

2. 材料

导线BV-0.75mm^2、BV-1.5mm^2、BVR型多股铜芯软线各若干米，尼龙扎带，相应的螺栓。

3. 设备

MPS成品分装单元，主要包括：按钮5个、开关电源1个、I/O接线端口1个、分拣模块1个、制动器1个、滑槽模块1个、起动电流限制器1个、漫反射式光电传感器2个、反射式光电传感器1个、电感式传感器1个、磁感应式接近开关4个、IP_ N_ FO光电传感器的发射端1个、CPV阀岛1个、消声器1个、气源处理组件1个、走线槽若干、铝合金板1块、PLC控制板1块等。

4. 技术资料

成品分装单元气动原理图、电气原理图，工件材料清单，相关组件的技术资料，安装调试的相关作业指导书，项目实施工作计划。

具体工件、材料介绍见学习情境1；工具介绍见学习情境2。

2.2.3 安装调试安全要求

1）人员分好组别，相关工作条件具备。

2）要正确操作，确保人身安全，确保设备安全。具体见学习情境1。

2.2.4 安装调试过程

1. 调试准备

1）读气动与电气原理图，明确线路连接关系。

2）选定技术资料要求的工具与元器件。

3）确保安装平台及元器件洁净。

2. 零部件安装

从安装铝合金底板（见图7-23）开始，安装走线槽、导轨，安装盖板，安装电气I/O接线端口、阀岛等部件，调整线夹位置，安装分拣模块和反射式光电传感器，安装反射板和滑槽模块，到最终完成，如图7-24所示，其中要经过8个步骤。读者可扫描二维码进行分析学习。

成品分装单元机械部件装调

3. 回路连接与接线

根据气动原理图与电气原理图进行回路连接与接线。

4. 系统连接

完成系统连接。

5. 传感器、节流阀及阀岛等器件的调试

完成传感器、节流阀及阀岛等器件的调试。

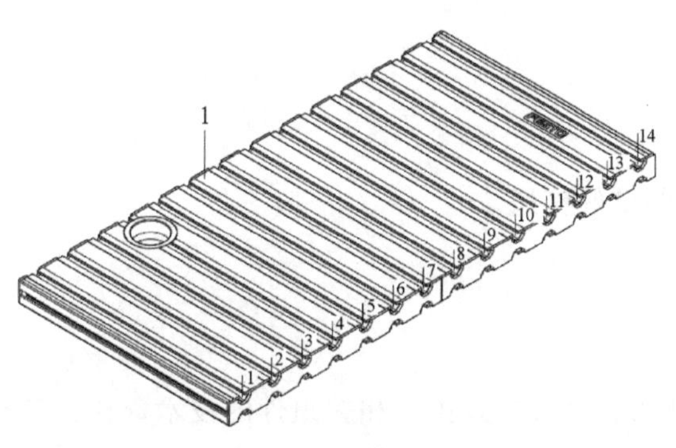

图7-23 铝合金底板

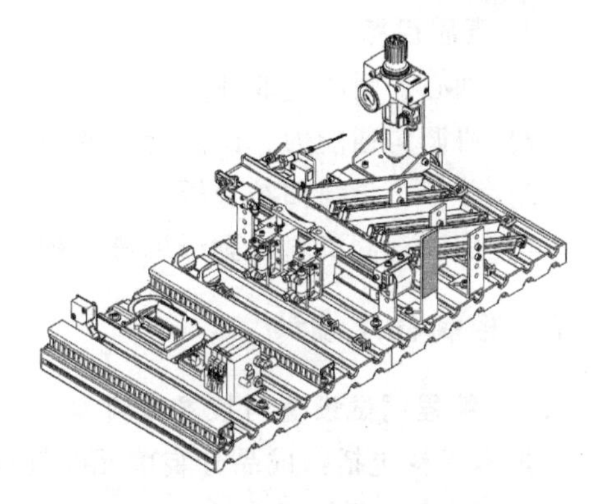

图7-24 成品分装单元完成图

6. 整体调试

完整的安装调试的步骤与学习情境 1 基本相同，具体详解可参照配套资料进行学习。

2.3 项目总结与练习

1. 项目总结

本项目完成了成品分装单元的安装与调试。训练使用了机电设备安装常用的工具与材料，复习了机电设备安装规范及机电设备安装调试安全要求，完成了设备的机械、气动、电气等零部件安装调试的全过程。

2. 练习

（1）介绍 MPS 成品分装单元的机械部分安装过程。

（2）说明反射式光电传感器的调试过程。

项目 3 成品分装单元的控制程序设计

3.1 项目任务

3.1.1 任务描述

根据成品分装单元任务描述，编制设备动作流程，选择 S7-1200 PLC、博途编译系统，在 PC 上进行成品分装单元的程序编制，并下载程序，完成程序的调试。

3.1.2 教学目标

1. 知识目标

1）熟练掌握 S7-1200 PLC 的基本功能。

2）熟练掌握博途软件界面和硬件组态的方法。

3）掌握多分支程序设计方法。

2. 技能目标

1）根据控制要求，编制设备工艺（动作）流程。

2）掌握在博途软件上正确设置语言、通信口、PLC 参数等的方法。

3）掌握在博途软件上编写、调试程序的方法。

4）能通过自主查阅网络、期刊、参考书籍、技术手册等获取相应信息。

3. 素质目标

1）细心、耐心的职业素养。

2）协调沟通能力、团队合作及敬业精神。

3）善于自学与归纳分析。

4）勤于查阅资料、勤于思考、锲而不舍的良好作风。

3.2 控制程序设计

3.2.1 编程调试设备与技术资料

技术资料包括：成品分装单元的气动原理图、电气接线图；相关组件的技术资料；工作计划表；成品分装单元的 I/O 分配表。I/O 分配表见表 7-1。

表 7-1 I/O 分配表

输入名称	输入地址	输出名称	输出地址
制动阻拦位置	I0.0	分拣 1 阻拦(Y1)	Q0.0
制动放行位置	I0.1	制动阻拦(Y3)	Q0.1
槽 1 通过位置(1B1)	I0.2	传送带运行(K1)	Q0.2
槽 1 分拣位置(1B2)	I0.3	分拣 2 阻拦(Y2)	Q0.3
工件待运(漫反射式光电传感器 1(PART_AV))	I0.4	开始指示灯	Q4.0
工件入仓或仓满(反射式光电传感器(B4))	I0.5	复位指示灯	Q4.1
槽 2 通过位置(2B1)	I0.6	辅助指示灯	Q4.2
槽 2 分拣位置(2B2)	I0.7		
开始按钮	I4.0		
复位按钮	I4.1		
位置按钮	I4.2		
AUTO/MAN 选择开关	I4.3		
停止按钮	I4.4		
Quit 按钮	I4.5		
工件非黑色(漫反射式光电传感器 2(B3))	I4.6		
金属工件(电感式传感器 B2)	I4.7		

I/O 分配表分为输入、输出两个部分，输入部分主要为传感器、按钮等器件；输出部分主要是阀岛、指示灯等器件。

3.2.2 动作流程分析

1）PLC 在 Run 模式时，如果各构件不在原位，复位灯闪，按下复位按钮。当制动杆在收缩位置、制动在放行位置，分拣 1 在放行位置，分拣 2 在放行位置，传送带停止运行时，完成复位。

2）复位后，按下开始按钮。

工件放到传送带上起始位置（工件待运位置），漫反射式光电传感器 1（PART_ AV）检测到工件信号，反射式光电传感器 B4 检测到滑槽没满，传送带运行，制动杆伸出。如果没有工件或滑槽已满，则传送带停止运行。

电感式传感器 B2 检测是否金属工件，漫反射式光电传感器 2（B3）检测工件是否非黑色。

检测完毕，检测到是非黑色非金属工件，分拣 1 阻拦。制动杆缩回，制动放行。

检测完毕，如果检测到是金属工件，分拣 1 放行，分拣 2 阻拦。制动杆缩回，制动放行。

检测完毕，如果检测到是黑色非金属工件，分拣 1 放行，分拣 2 放行。制动杆缩回，制动放行。

3）按下停止按钮。当接收到停止信号时，成品分装单元并不是立即停止运行，程序要在完成一个完整的周期后停止。

4）按下急停按钮时，设备立即停止运行。

3.2.3 程序流程图设计

成品分装单元的具体操作有开始、复位、停止。要求起动后全自动运行。程序流程图如图 7-25 所示。

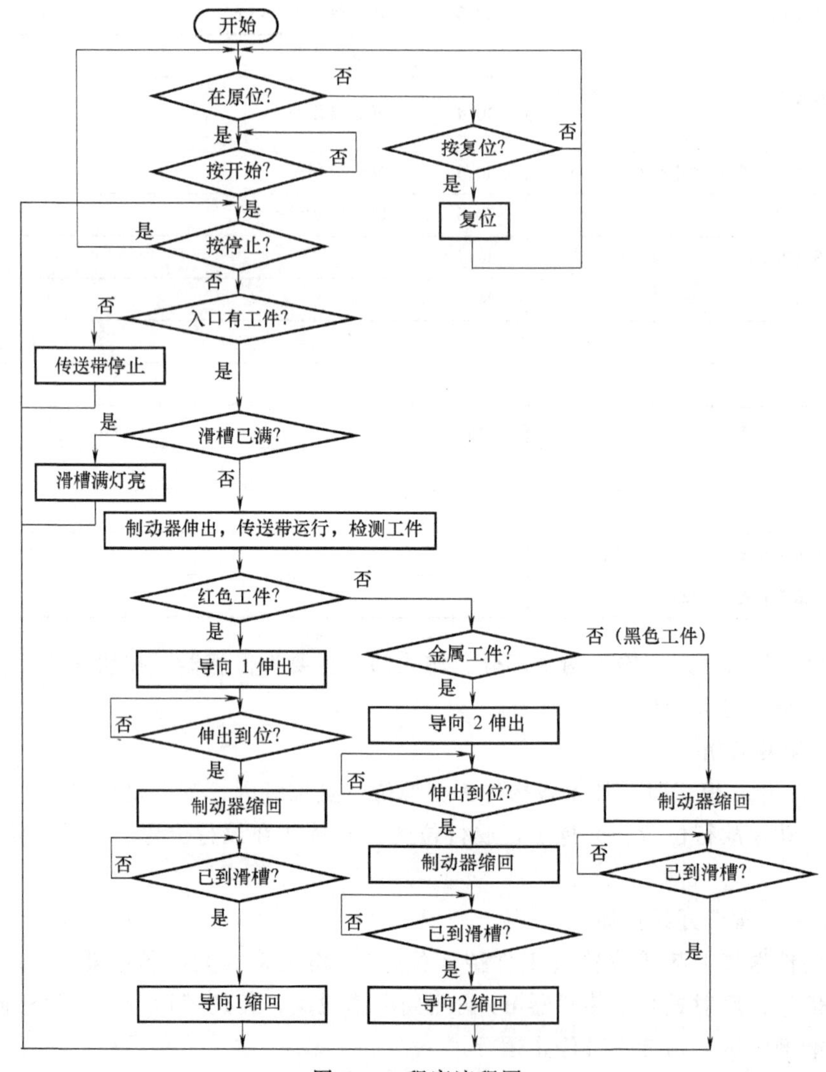

图 7-25　程序流程图

3.2.4 SIMATIC S7-1200 可编程序控制器简介

本项目的控制器采用西门子 SIMATIC S7-1200 可编程序控制器（PLC），其具有集成 PROFINET 接口、强大的集成工艺功能和灵活的可扩展性，能充分满足中小型自动化系统的需求。实物如图 7-26 所示。S7-1200 PLC 具有如下 3 个特点。

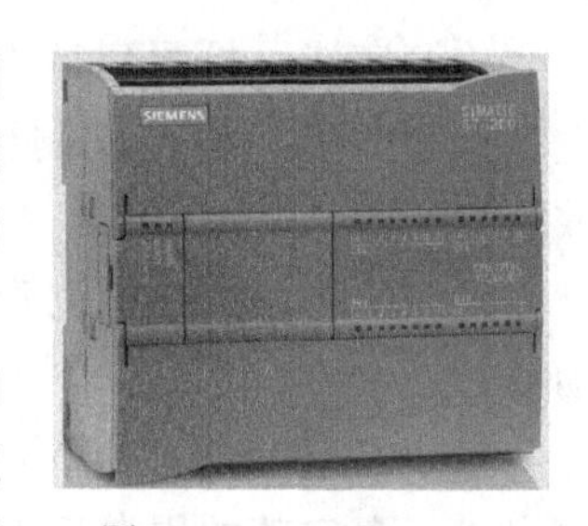

图 7-26　S7-1200 PLC

（1）安装简单方便　所有的 SIMATIC S7-1200 硬件都具有内置安装夹，能够方便地安装在一个标准的 35mm DIN 导轨上。这些内置的安装夹可以咬合到某个伸出位置，以便在需要进行背板悬挂安装时提供安装孔。SIMATIC S7-1200 硬件可进行竖直安装或水平安装。

(2) 端子可拆卸　所有的 SIMATIC S7-1200 硬件都配备了可拆卸的端子板，只需要进行一次接线即可。在项目的起动和调试阶段节省了宝贵的时间。除此之外，它还简化了硬件组件的更换过程。

(3) 结构紧凑　所有的 SIMATIC S7-1200 硬件结构紧凑，在控制柜中占用空间小。例如 CPU 1214C 的宽度仅为 110mm。通信模块和信号模块的体积也十分小巧。这些使得 PLC 在安装过程中具有高效率和灵活性。

3.2.5　应用 TIA 博途软件进行编程与调试

本项目采用 TIA 博途 (Portal) 软件进行编程、调试。TIA 博途是西门子工业自动化集团发布的一款全集成自动化软件。TIA 博途采用统一软件框架，可在同一开发环境中组态西门子的所有可编程序控制器、人机界面和驱动装置，可对西门子全集成自动化中所涉及的所有自动化和驱动产品进行组态、编程和调试。

TIA 博途提供了面向任务的视图，类似于向导操作，可以一步一步地进行相应的操作。选择不同的任务入口可处理起动、设备和网络、PLC 编程、可视化、在线和诊断等各种工程任务。软件界面如图 7-27 所示。

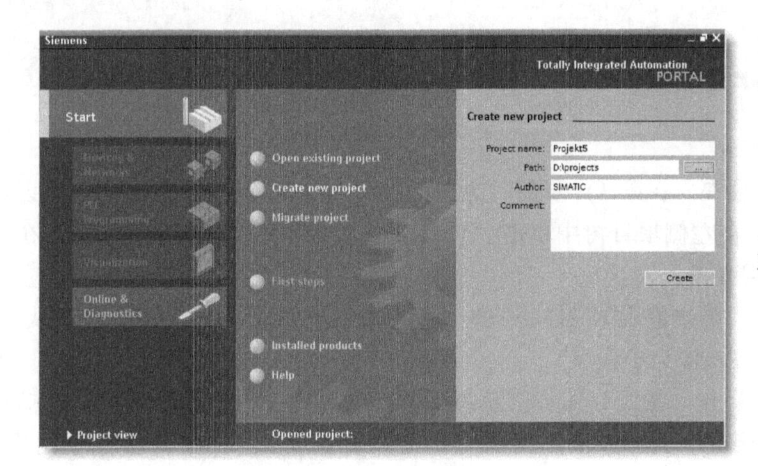

图 7-27　软件界面

更改电脑以太网的 IP 要与 PLC 的 IP 不一致

项目建立下载与调试

进入项目化界面，软件提供了项目视图，包括了标题栏、工具栏、编辑区和状态栏等。它是一个包含所有项目组建的结构视图，在项目视图中可以直接访问所有的编辑器、参数和数据，并进行高效的工程组态和编程，如图 7-28 所示。

关于项目建立与程序调试，读者可扫描二维码进行学习。

视频 1 主要演示的是计算机 IP 地址的更改过程。值得注意的是，要想计算机与 PLC 通信成功，二者的 IP 地址必须不一样。这里计算机的 IP 地址设置为：192.168.0.12；PLC 的 IP 地址设置为：192.168.0.11。

视频 2 主要演示的是项目的建立、通信连接、程序的建立、下载调试。具体包括以下几个步骤：

1) 创建新项目。打开博途软件，单击“创建新项目”，输入文件名，选择保存路径，单击“项目视图”进入组态界面。

2）硬件组态。单击“添加新设备”，选择“CPU1214C DC/DC/DC”和对应订货号，选择“V4.1 版本”，单击“确定”，出现 PLC 外形组态图。

3）设置 PLC 的 IP 地址。单击 PLC 外形组态图的网络接口，或者在左侧项目树中单击“设备和网络”选择右图 PLC 上的网口。单击“常规”，在下面“以太网地址”中设置 PLC 的 IP 为“192.168.0.11”，与计算机的不一致。

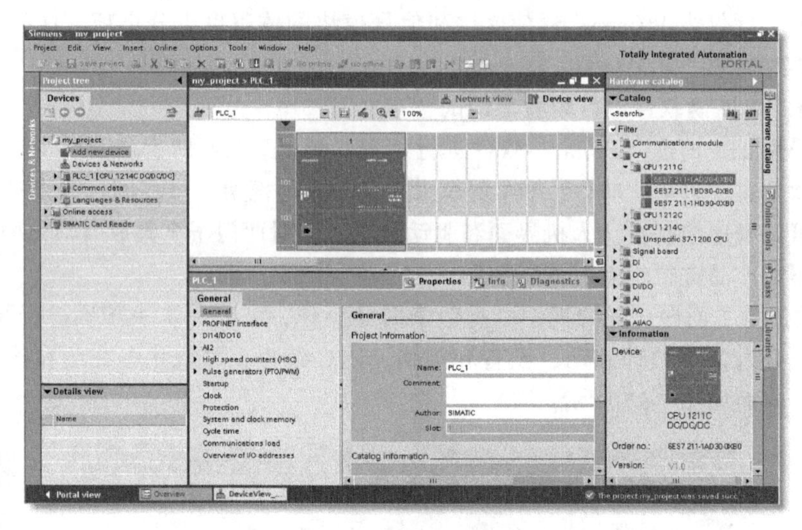

图 7-28　项目化界面

4）建立变量表。在第 3）步的“常规”旁边有“I/O 变量”选项，可以在其中建立 I/O 变量。也可以在左侧项目树中单击“PLC 变量”，单击“添加新变量”，在“显示所有变量”中输入所需变量。

5）写程序。单击左侧项目树中的“程序块”，出现 OB1，在主程序块 OB1 中写程序（也可添加 FC、FB 作为子程序）。

6）连接。单击“在线”图标，选择“PG/PC 接口的类型”为“PN/IE”以太网类型。选择“PG/PC 接口”为计算机的网卡。单击“开始搜索”，在“目标子网中的兼容设备”项下面出现与计算机连接的 PLC。

7）下载。单击“转子在线”，单击“下载”，单击“完成”。

8）运行。取消在线，单击菜单快捷按钮“离线”，单击“启用监控”，运行程序并根据输入观察相应的输出状态。

3.2.6　项目程序设计详解

为了把整个用户程序按照功能进行结构化的组织，编写了 3 个子程序和 1 个主程序。FB2 是设备初始状态后，按开始按钮，设备顺序动作的子程序；FB1 是复位子程序；FB4 是指示灯子程序。关于程序详解，读者可参照配套资源进行学习。

3.3　项目总结与练习

1. 项目总结

项目详细分析了成品分装单元的动作流程与 I/O 分配表，最终完成了程序流程图和顺序功能图。并且，重点讲解了西门子 S7-1200 PLC 的功能和应用以及博途软件的应用，为以后课程和项目的学习打下了坚实的基础。

2. 练习

（1）阐述西门子 S7-1200 PLC 的特点。

（2）说明西门子博途软件和 STEP7 软件相比的优缺点。

（3）利用博途软件完成本单元的程序调试。

学习情境 8

生产线集成与通信技术

项目1 基于三个单元的自动生产线通信建立

1.1 项目任务

1.1.1 任务描述

通过一个完整的 PROFIBUS-DP 通信项目的实施，直观和具体地掌握 PROFIBUS 现场总线通信组态、调试的过程。并在上述学习的基础上，完成常用通信总线知识的学习，为进一步学习 PROFIBUS 总线通信理论和 S7-300 之间 PROFIBUS-DP 主通信打下基础。

1.1.2 教学目标

1. 知识目标

1）掌握 PROFIBUS 概念。

2）掌握 PROFIBUS 总线连接方式。

3）掌握 PROFIBUS 总线的参数及编址。

2. 技能目标

1）PROFIBUS 总线通信部件的选择与连接。

2）多个 S7-300 工作站的 PROFIBUS 总线主从组态。

3）多个 S7-300 工作站的 PROFIBUS 总线项目的调试。

3. 素质目标

1）严谨、全面、高效、负责的职业素养。

2）良好的道德品质、协调沟通能力、团队合作及敬业精神。

3）勤于查阅资料、勤于思考、勇于探索的良好作风。

4）善于自学与归纳分析。

1.2 通信的建立与调试

1.2.1 三个工作站通信项目功能描述

完成前面所讲解过的、基于 S7-300 PLC 控制的 FESTO 模块化生产系统的供料单元、检测单元、加工单元等三站之间 PROFIBUS-DP 通信的硬件连接与软件编程、设备调试。

三个站的示意图如图 8-1 所示。

三个站之间采用 PROFIBUS-DP 总线通信，具体要实现以下功能：

1）当按供料站 1（第一站）的按钮 SB1_ 1 时，供料站 1（第一站）的指示灯 LP1_ 1 和检测站 2（第二站）的指示灯 LP2_ 1 同时亮。

2）当按检测站 2（第二站）的按钮 SB2_ 1 时，检测站 2（第二站）的指示灯 LP2_ 1 和加工站 3（第三站）的指示灯 LP3_ 1 同时亮。

供料单元与检测单元如图 8-2 所示。

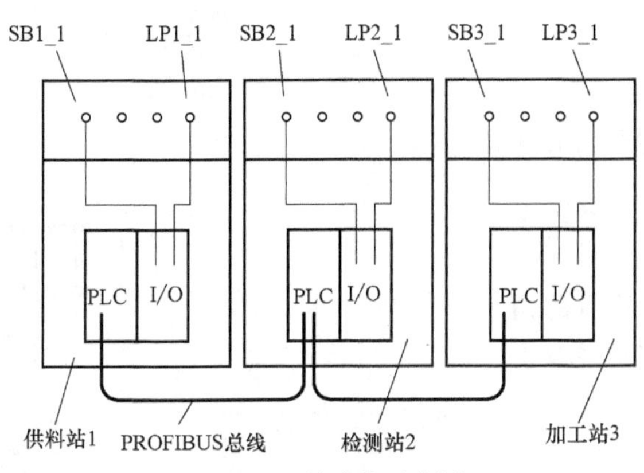

图 8-1 三站连接示意图

图 8-2 供料单元与检测单元

1.2.2 三个工作站通信建立

1. 分析

要实现上述功能，必须对三个站进行 PROFIBUS 总线的组态。此处采用供料站 1 作为主站，检测站 2 和加工站 3 作为从站。主站的 SB1_ 1 输入信号，可以直接通过总线控制从站检测站 2 的指示灯 LP2_ 1；但从站检测站 2 的输入信号 SB2_ 1，不能通过总线直接控制从站加工站 3 的指示灯 LP3_ 1，必须是从站检测站 2 的输入信号 SB2_ 1 通过总线到主站供料站 1，主站再通过总线控制从站加工站 3 的指示灯 LP3_ 1。

读者可结合配套资源进行学习。

2. 组态过程

1）新建项目“dp1”，如图 8-3 所示。

2）建立第一站。右击图 8-4 中左栏的“dp1”，选择菜单命令“Insert New Object”→“SIMATIC 300 Station”。

图 8-3 新建项目

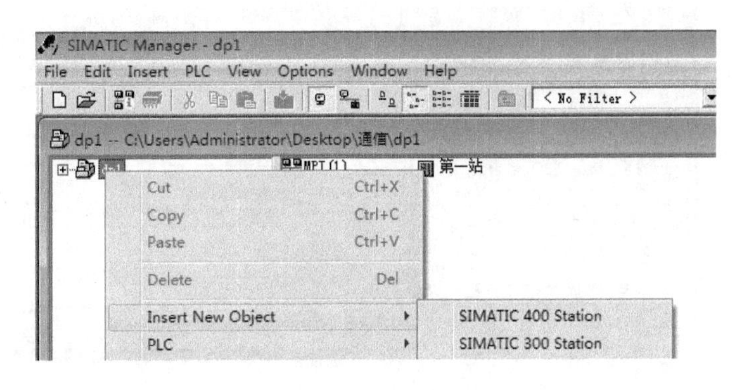

图 8-4 插入 S7-300 站

3）选中刚才建立的“SIMATIC 300 Station”，右击，选择菜单命令“Rename”，改名为“第一站”。单击第一站，双击右栏的“Hardware”，出现图 8-5 所示界面。

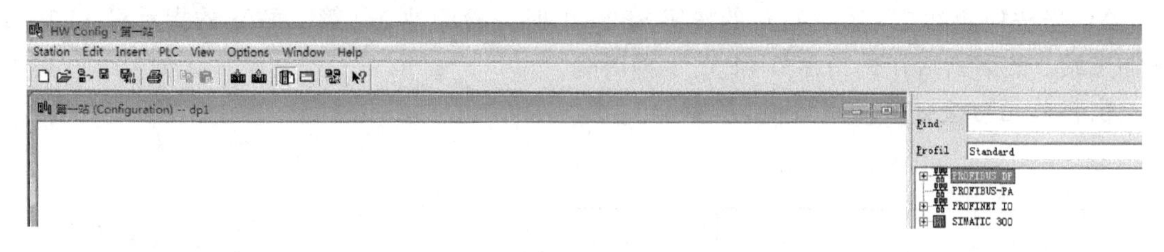

图 8-5　第一站硬件组态界面

4）插入轨道，选择“SIMATIC 300”→“RACK-300”选项，双击“Rail”，如图 8-6 所示。

5）出现图 8-7 所示界面。选择左侧轨道的槽 2，变为绿色。左侧栏中，选择图示 CPU，并双击所选择的 CPU。

6）弹出关于 PROFIBUS 的对话框，如图 8-8 所示。“Name”栏采用默认的名字“PROFIBUS (1)”，单击“OK”按钮。

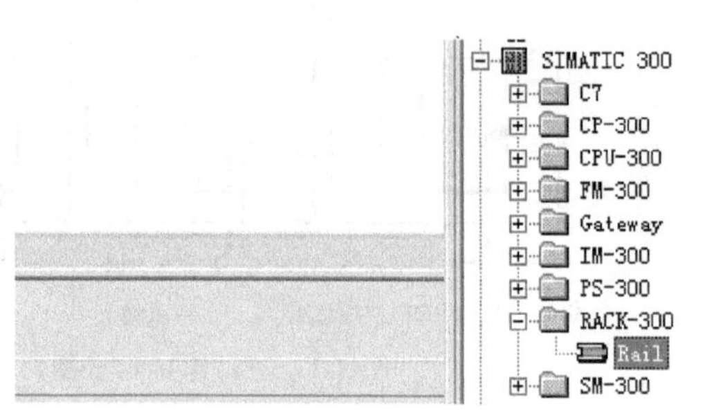

图 8-6　插入轨道

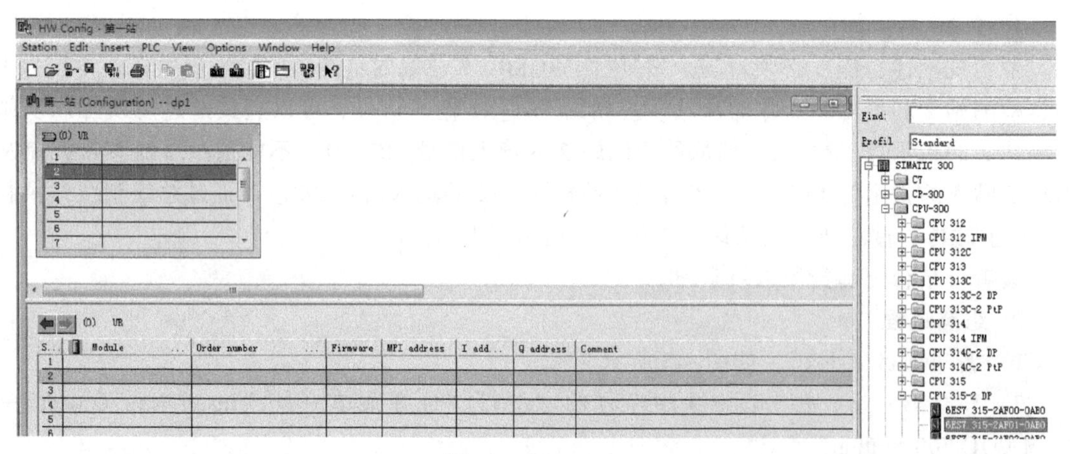

图 8-7　插入 CPU

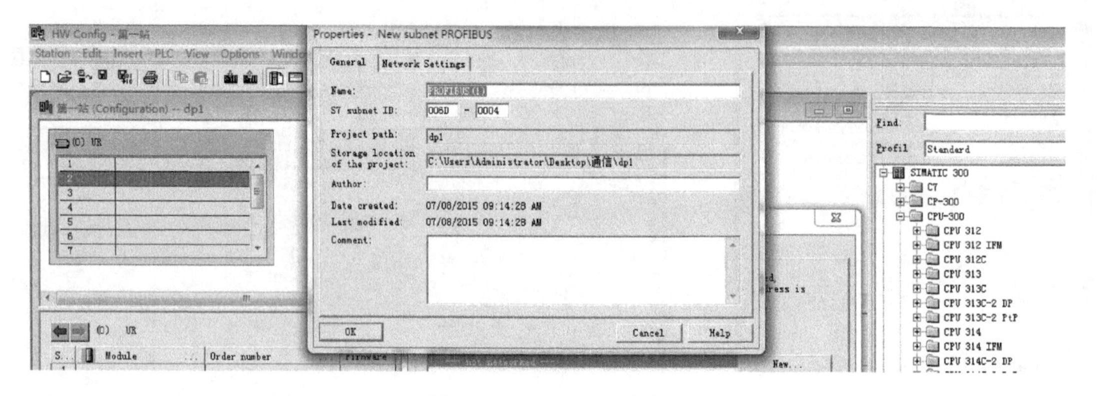

图 8-8　PROFIBUS 命名

7）出现图 8-9 所示界面。当双击图中左栏的“CPU 315-2 DP”或“DP”时，可再次更改其属性。

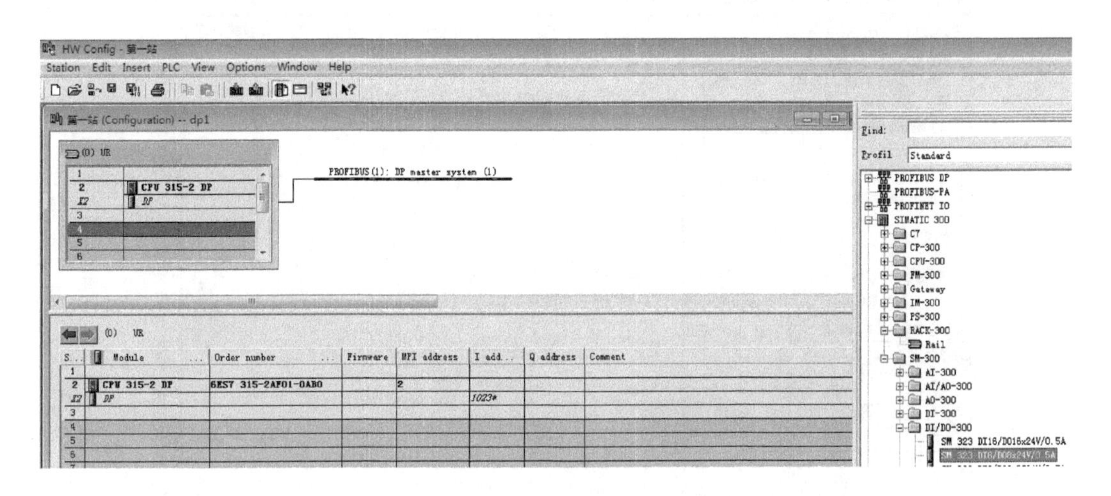

图 8-9　CPU 插入完成界面

8）然后参照插入 CPU 的过程，再插入 I/O 模块。单击“Save and Compile”，保存编译项目，如图 8-10 所示。

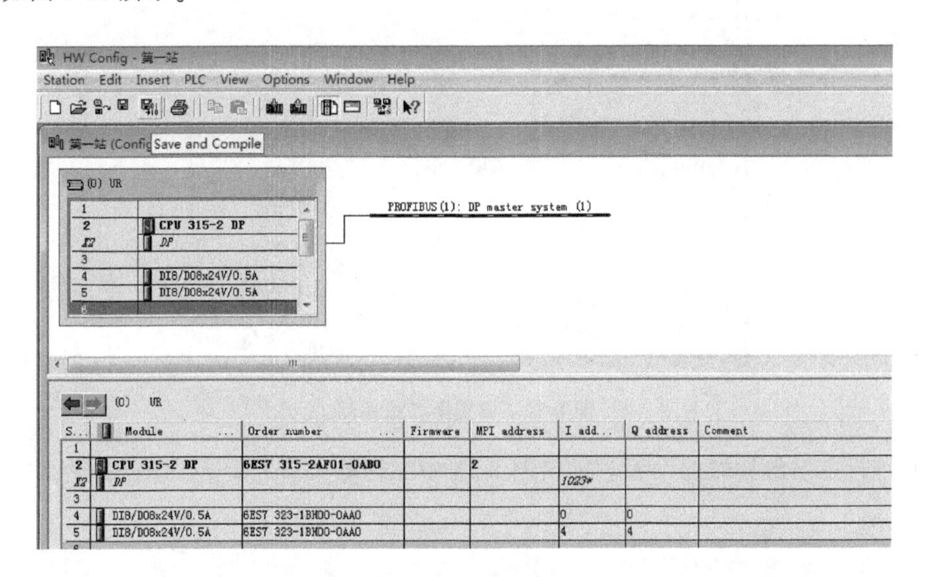

图 8-10　保存编译

9）建立第二站，并进行 DP 地址设定。按照前述过程建立第二站，单击第二站，双击右栏的“Hardware”，出现图 8-11 所示界面。双击图中蓝色部分（即槽 X2 的“DP”），出现对话框。单击“Properties”按钮。

10）对话框如图 8-12 所示。因为，第一站的默认地址已经设置为 2，所以第二站设置地址为 3。然后按 8）步方法，保存并编译。再按第二站建立方法建立第三站，设置 DP 站地址为 4。

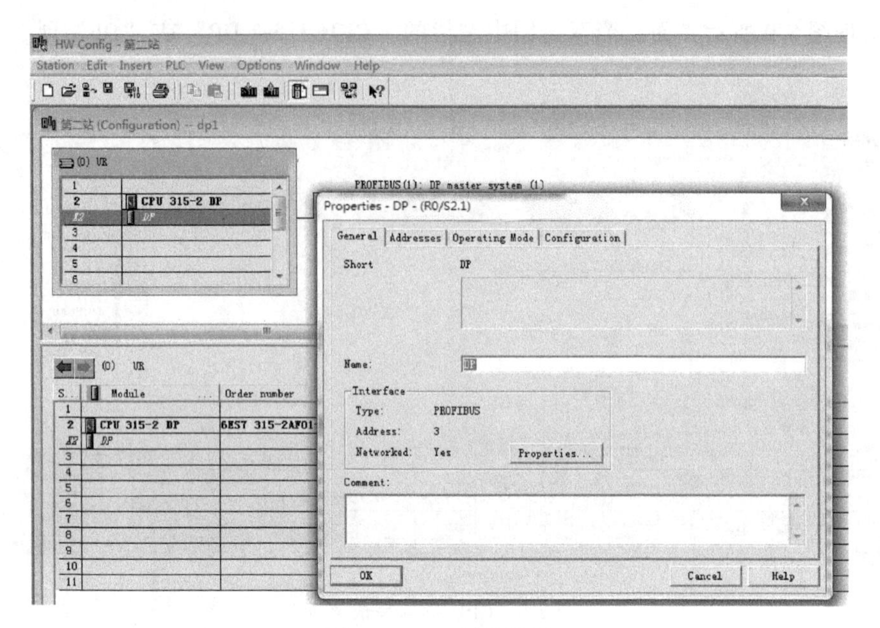

图 8-11　DP 属性界面

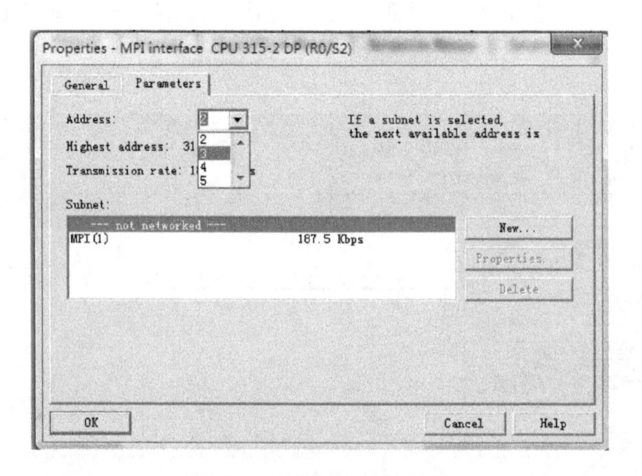

图 8-12　设置第二站地址

11）进行主站与从站的设置。单击图 8-13 中左栏的“dp1”，双击右栏的“PROFIBUS（1）”。

图 8-13　三站项目界面

12）出现图 8-14 所示界面。设置第一站为主站。双击图中第一站的右侧“DP”（蓝色部分），出现图中对话框，选择“Operating Mode”选项卡，选择“DP master”选项，单击“OK”按钮。

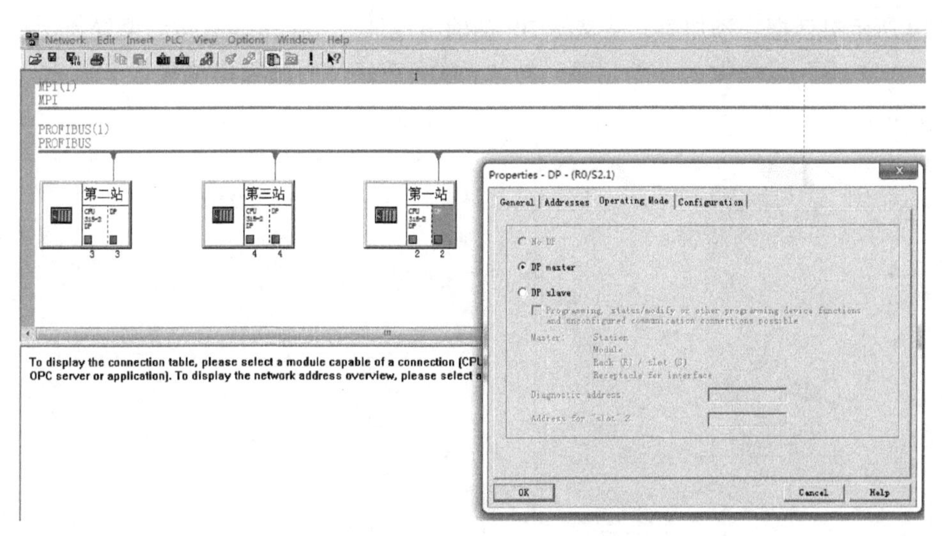

图 8-14 设置主站

13）设置第二站从站。双击图 8-15 中第二站的右侧“DP”（蓝色部分），出现图中对话框，选择“Operating Mode”选项卡，选择“DP slave”选项。再选择“Configuration”选项卡。

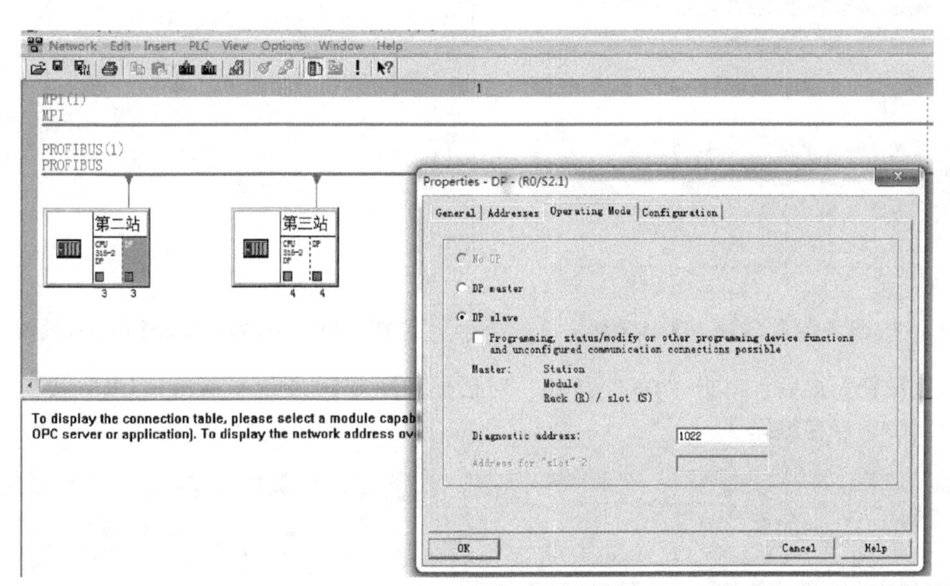

图 8-15 设置第二站从站

14）对话框如图 8-16 所示。设置第二站从站 DP 的 I/O 地址 。单击“New”按钮，弹出图 8-17 所示对话框。图的左侧上部为灰色，是关于主站设置的，此时不能设置。左侧下部“Unit”设置为“Byte”，也就是设置成字节类型。“Length”可以根据需要设置，此处设置为 4。图的右侧为从站地址设置，“Address type”设置为“Input”，地址值“Address”设置为 20。也就是说，此处为第二站从站 DP 连接网络的输入地址，共 4 个字节（20、21、22、23 这 4 个字节）。

15）设置完成后，单击“OK”按钮，对话框如图 8-18 所示。再单击“New”按钮，弹出图 8-19 所示对话框，添加第二站从站 DP 的输出地址。“Address type” 设置为 “Output”，地址值 “Address” 设置为 25。所以第二站从站 DP 连接网络的输出地址为 25、26、27、28 这 4 个字节。

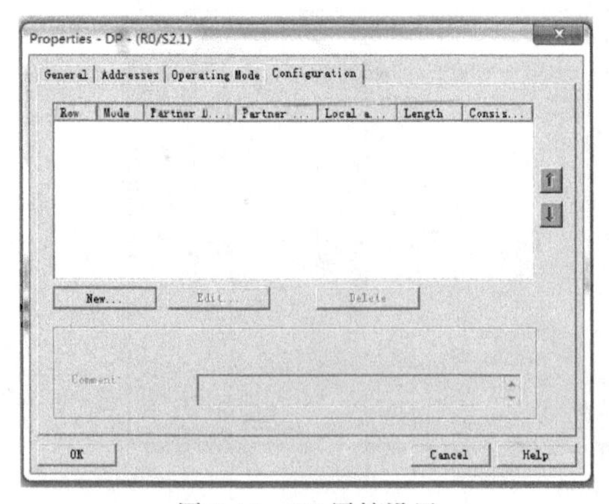

图 8-16 DP 属性设置

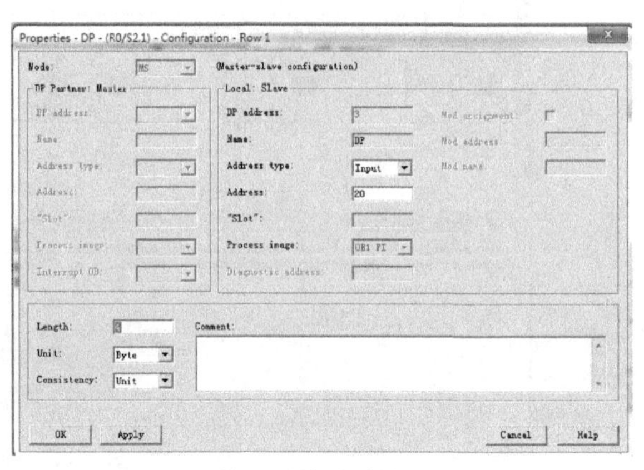

图 8-17 第二站从站的输入地址设置

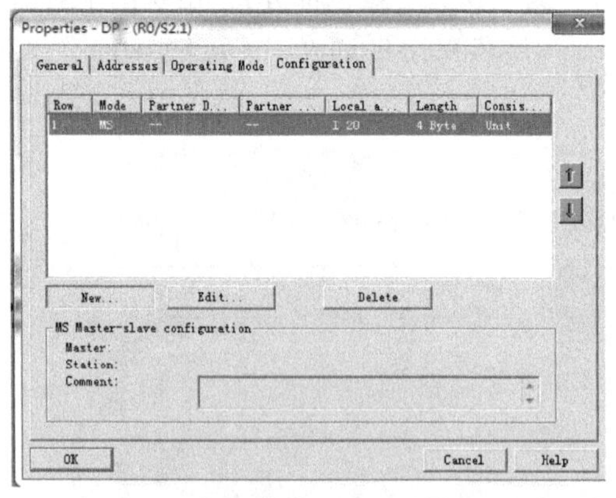

图 8-18 设置好第二站从站输入地址

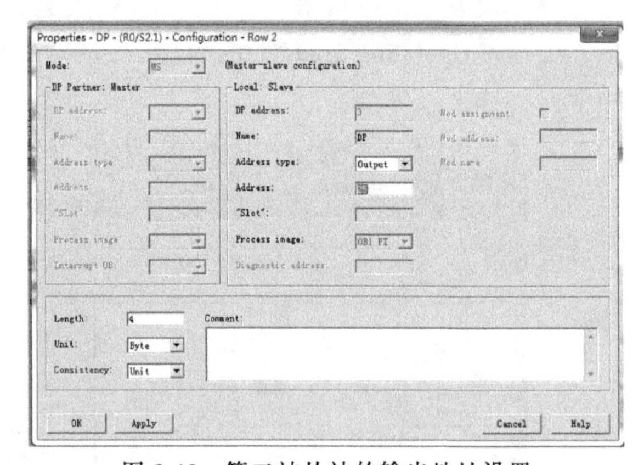

图 8-19 第二站从站的输出地址设置

16）设置完成后，单击 “OK” 按钮，对话框如图 8-20 所示。单击 “OK” 按钮。在图 8-21 界面中，保存编译。

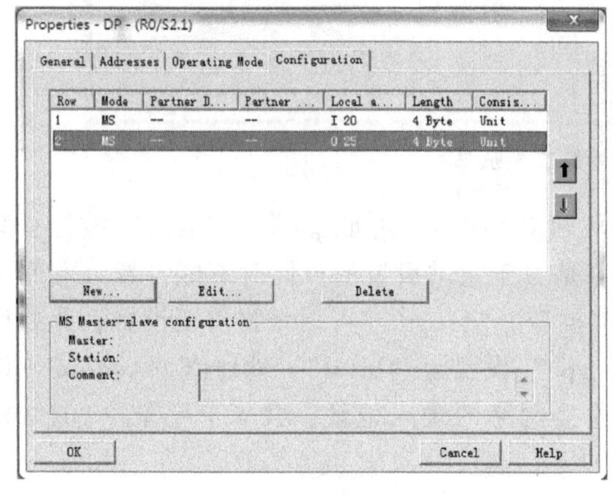

图 8-20 第二站从站的输入、输出地址设置

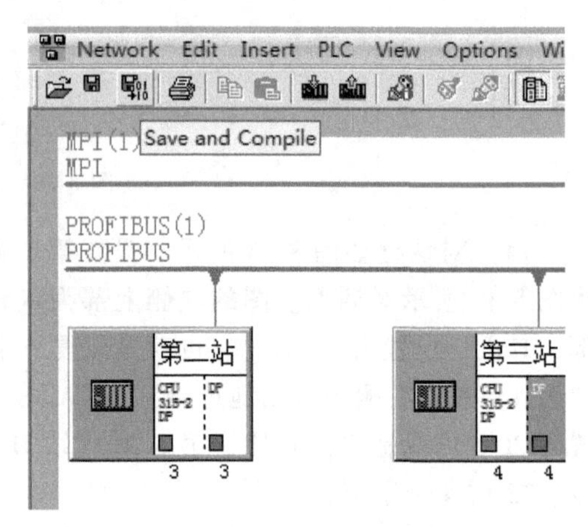

图 8-21 保存编译

17）第三站从站设置。设置过程参照第二站从站。“Unit”设置为“Byte”（字节）类型，“Length”设置为4；对于右侧从站地址设置，“Input”的地址值“Address”设置为30，“Output”的地址值“Address”设置为35。所以，第三站从站DP连接网络的输入地址为30、31、32、33这4个字节。第三站从站DP连接网络的输出地址为35、36、37、38这4个字节。

18）PROFIBUS DP总线的连接。回到图8-22所示项目界面，双击第一站的“Hardware”。

图8-22 三站项目界面

19）出现图8-23所示项目界面，鼠标选中图中右侧蓝色“CPU 31X”拖到左侧总线上。

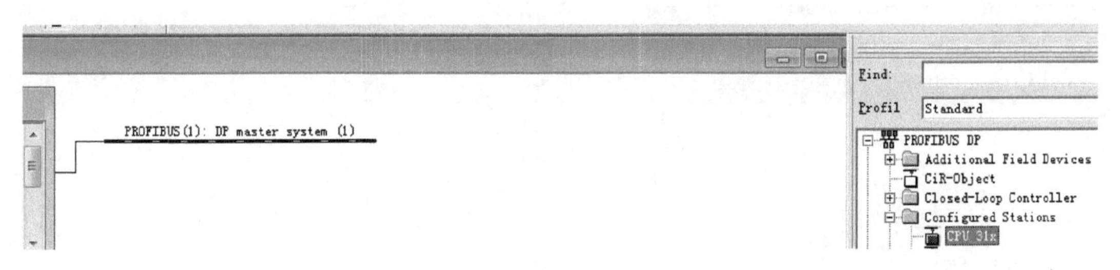

图8-23 主站总线界面

20）出现图8-24所示对话框，选择第三站，单击“Couple”按钮，如图8-25所示，选择第二站，单击“Couple”按钮。单击“OK”按钮。

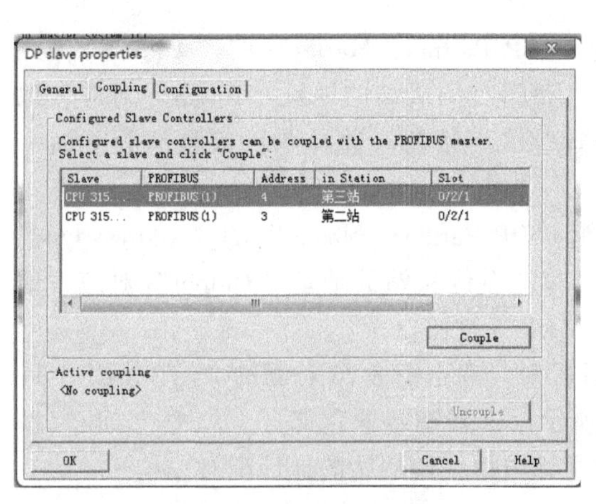

图8-24 第三站从站连接主站

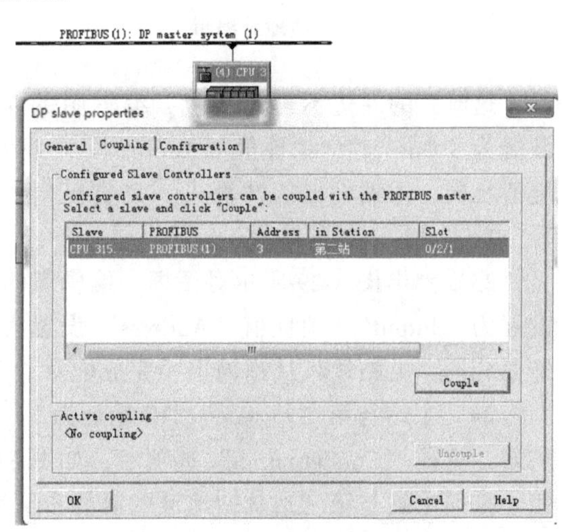

图8-25 第二站从站连接主站

21）界面如图 8-26 所示。主站与第三站从站（DP 地址为 4）的 DP 地址进行配对。双击图中中间的“（4）CPU 3”从站。

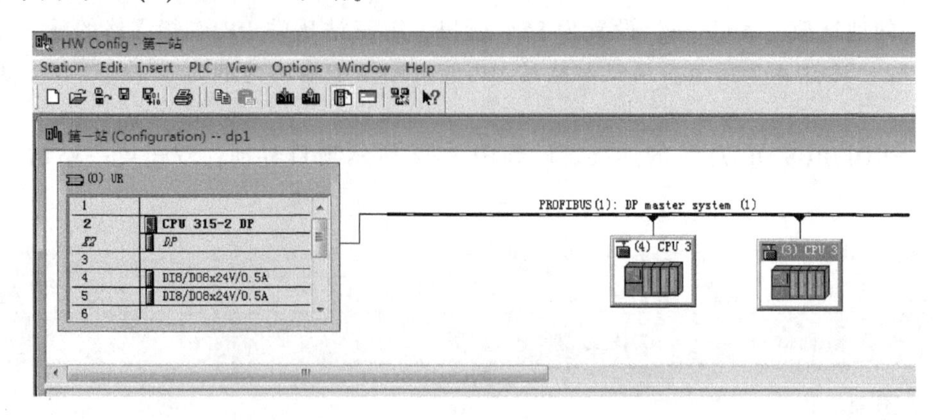

图 8-26　主站与从站连接图

22）出现图 8-27 所示对话框，选择“Configuration”选项卡。选择图示蓝色部分，单击“Edit”按钮，出现图 8-28 所示对话框。

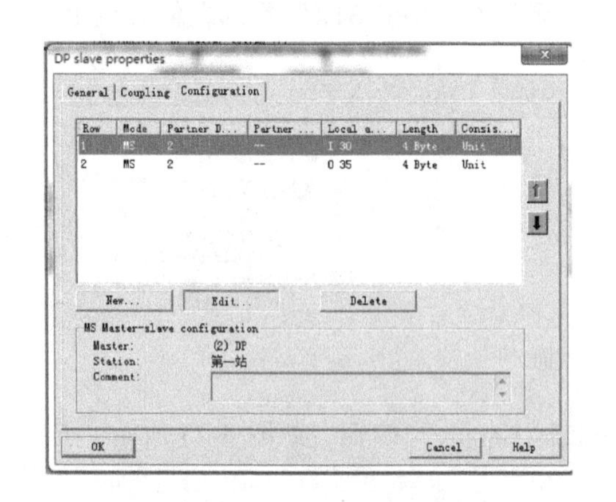

图 8-27　从站地址编辑

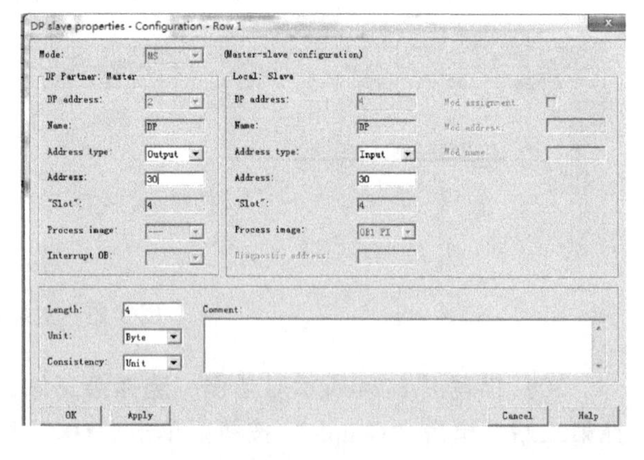

图 8-28　主站地址与第三站从站输入地址配对

这时图的左边不再是灰色，编辑图的左侧。“DP Partner：Master”的“Address type”设置为“Output”，地址值“Address”设置为 30，和图右侧从站的地址“Iutput”对应，地址值相同，主站输出从站输入，完成配对。单击“OK”按钮。选择图示蓝色部分下面一行，单击“Edit”按钮。

23）弹出图 8-29 所示对话框。编辑图的左侧。“DP Partner：Master”的“Address type”设置为“Iutput”，地址值“Address”设置为 35，和图右侧从站的地址“Output”对应，地址值相同，主站输入从站输出，完成配对。单击“OK”按钮。

24）主站与第二站从站（DP 地址为 3）地址配对。双击图 8-26 右侧的“（3）CPU 3”从站，选择“Configuration”选项卡，如图 8-30 所示。选择图示蓝色部分，单击“Edit”按钮。按照主站与第三站从站地址配对的步骤完成主站与第二站从站的地址配对。

25）完成后，进行保存编译，如图 8-31 所示。

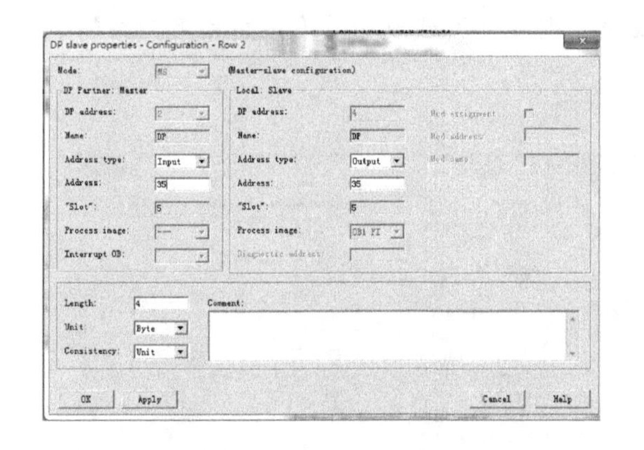

图 8-29　主站地址与第三站从站输出地址配对

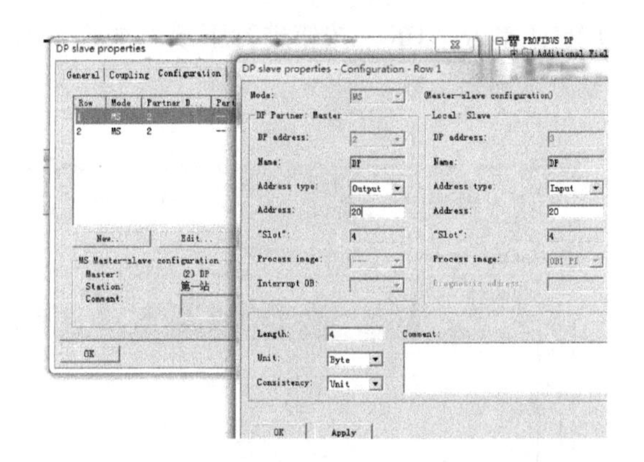

图 8-30　主站地址与第二站从站输入地址配对

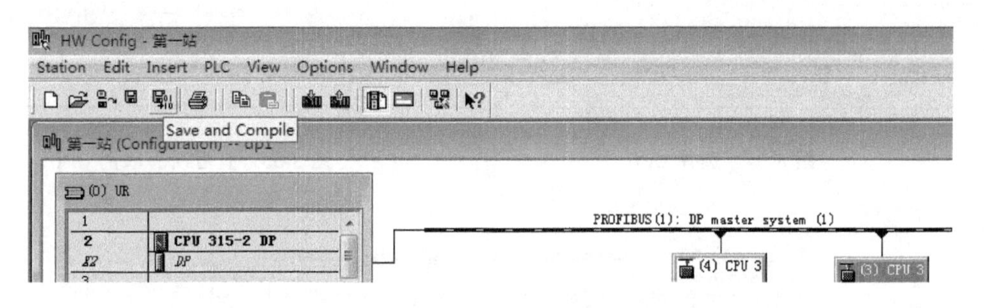

图 8-31　保存编译

26）程序下载。以第三站下载为例，首先设置下载接口，选择菜单命令“Options”→“Set PG/PC Interface”，弹出图 8-32 所示对话框。设置“PC Adapter（MPI）”。

27）调出第三站硬件的编辑界面，如图 8-33 所示。单击“Download to Module”图标。

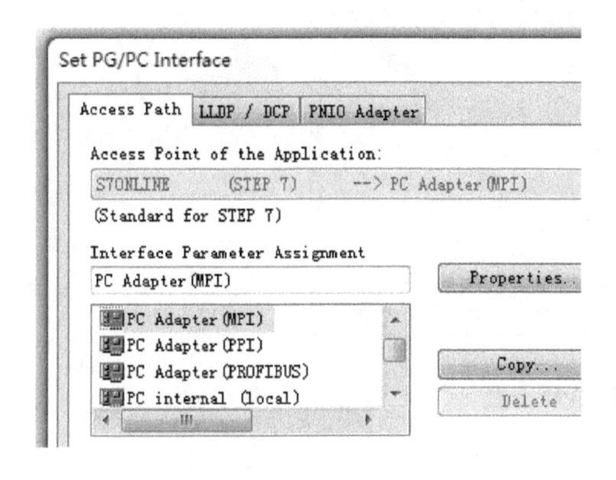

图 8-32　下载接口设置

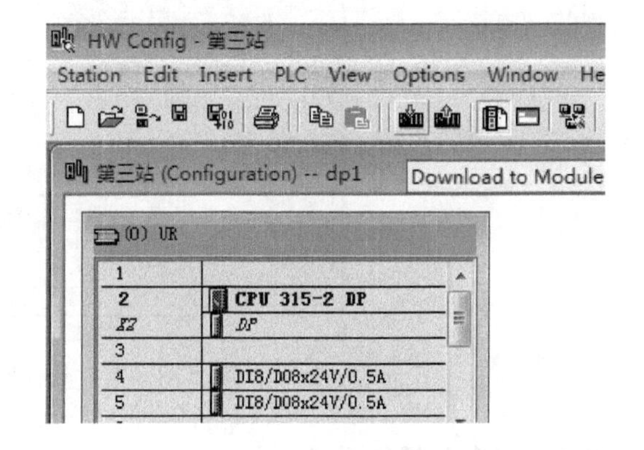

图 8-33　硬件下载界面

28）弹出图 8-34 所示对话框。选择“CPU 315-2 DP”，单击“OK”按钮。

29）弹出图 8-35 所示对话框。单击“View”按钮。

30）弹出图 8-36 所示对话框。选择最后一行地址为 4（第三站从站）的“CPU 315-2

DP”，单击“OK”按钮进行下载。如果没有报错，则硬件下载成功。第一站和第二站的下载方法同第三站。

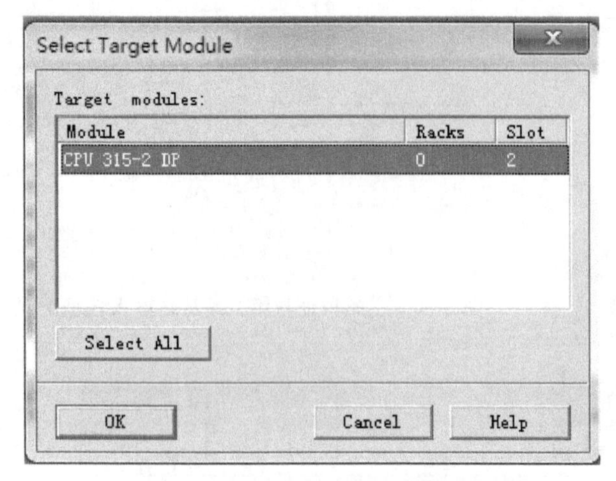

图 8-34 选择 CPU

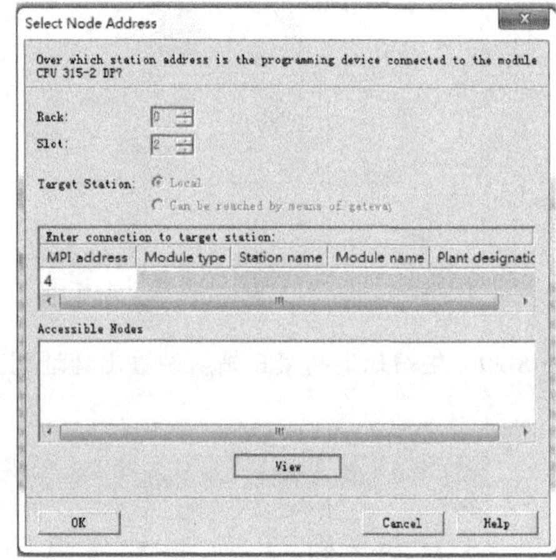

图 8-35 查看所有联网 CPU

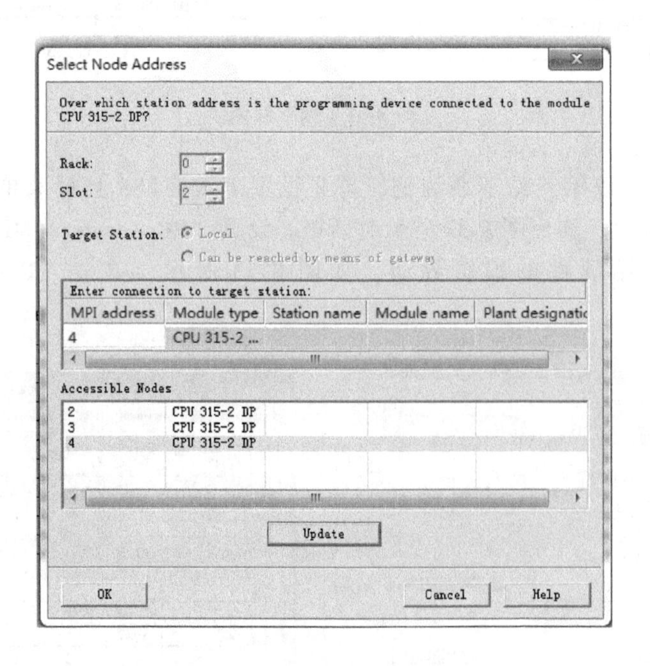

图 8-36 选择所需 CPU 下载

1.2.3 程序分析与调试

为了使读者更容易理解，此处编写了非常简单的程序，能反映三站 DP 通信即可。所以，只在主程序 OB1 中书写。第一站主站程序如图 8-37 所示。

第二站从站程序如图 8-38 所示。

第三站从站程序如图 8-39 所示。

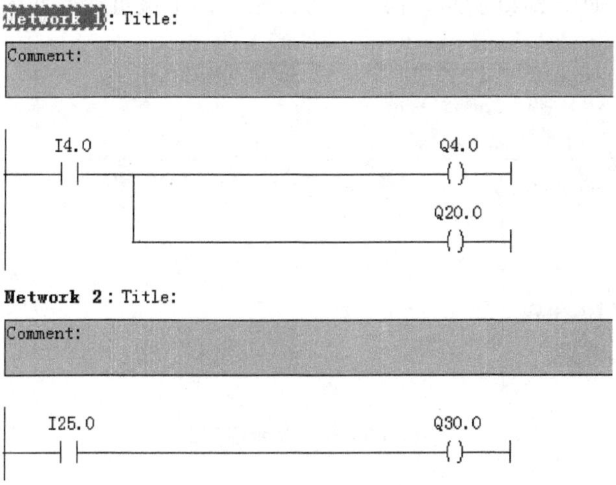

Network 1: Title:

Comment:

I4.0 Q4.0

Q20.0

Network 2: Title:

Comment:

I25.0 Q30.0

图 8-37 第一站主站程序

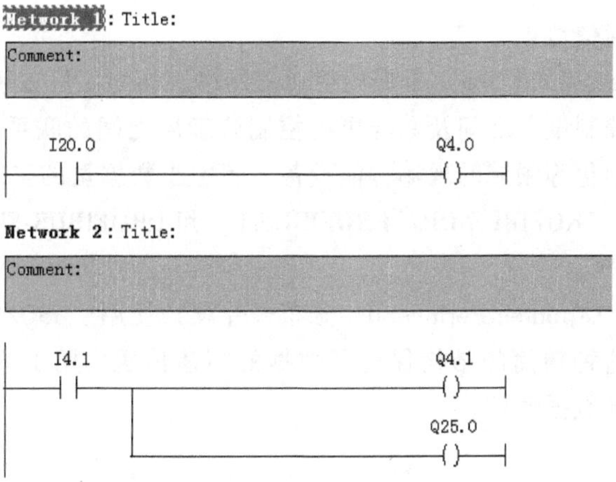

Network 1: Title:

Comment:

I20.0 Q4.0

Network 2: Title:

Comment:

I4.1 Q4.1

Q25.0

图 8-38 第二站从站程序

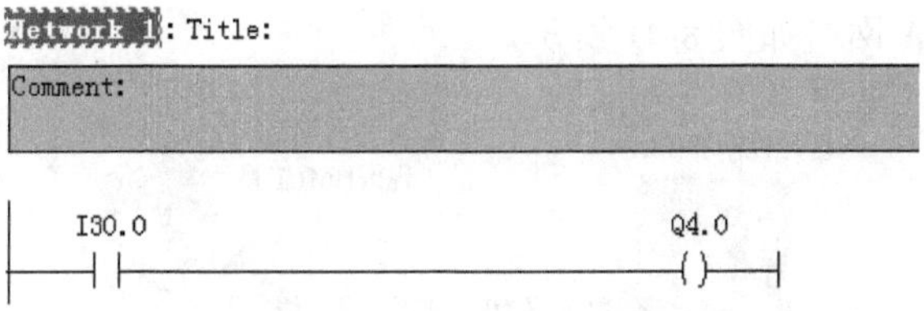

Network 1: Title:

Comment:

I30.0 Q4.0

图 8-39 第三站从站程序

由第一站主站程序可知，当按下第一站主站的按钮 I4.0 时，主站 Q4.0 得电，灯亮；同时 Q20.0 得电，通过 PROFIBUS-DP 总线，第二站从站的 I20.0 得电，由第二站从站程序可知，第二站从站的 Q4.0 得电，灯亮。

由第二站从站程序可知，第二站从站的按钮 I4.1 得电时，Q4.1 得电，灯亮。同时 Q25.0 得电，通过 PROFIBUS-DP 总线，第一站主站的 I25.0 得电，由第一站主站程序可知，Q30.0 得电。通过 PROFIBUS-DP 总线，第三站从站的 I30.0 得电。由第三站从站的程序，第三站的 Q4.0 得电，灯亮。

第三站程序下载如图 8-40 所示。第一、第二站程序下载可参照此图。

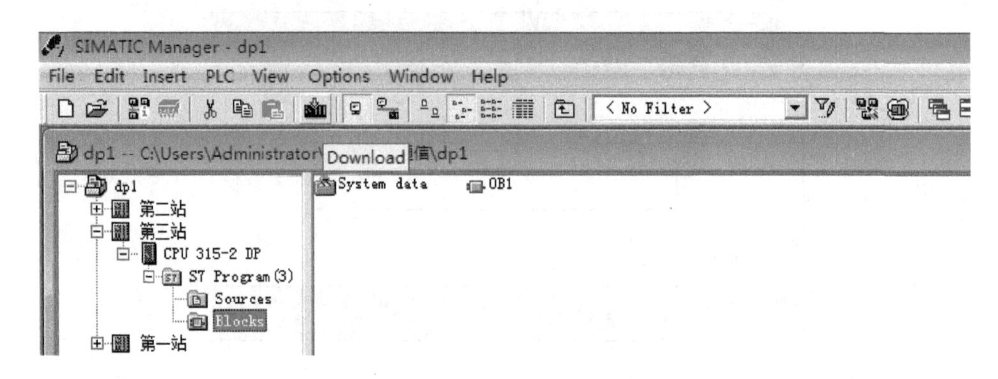

图 8-40　第三站程序下载

1.3　PROFIBUS 通信总线认知

1.3.1　PROFIBUS 通信协议

PROFIBUS（Process Field Bus）是现场级通信网络，作为工厂数字通信网络的基础，沟通了生产过程现场及控制设备之间及其与更高控制管理层之间的联系，用于生产线自动化、过程自动化、楼宇自动化等领域的现场智能设备之间中小数据量的实时通信。PROFIBUS 协议主要由三部分组成：PROFIBUS-DP、PROFIBUS-PA 和 PROFIBUS-FMS。

1. PROFIBUS-DP

PROFIBUS-DP（Distributed Peripheral，分布式外设）使用了 ISO/OSI 网络互连参考模型的第一层和第二层，这种精简的结构保证了数据的高速传送，用于 PLC 与现场分布式 I/O 设备之间的实时、循环数据通信。

2. PROFIBUS-PA

PROFIBUS-PA（Process Automatization，过程自动化）使用扩展的 PROFIBUS-DP 协议进行数据传输，电源和通信数据通过总线并行传输，主要用于面向过程自动化系统中要求防爆的场合。DP 网络与 PA 网络如图 8-41 所示。

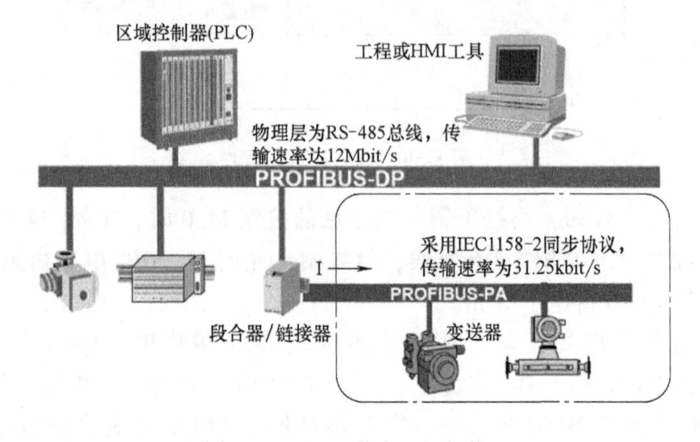

图 8-41　DP 网络与 PA 网络

3. PROFIBUS-FMS

PROFIBUS-FMS（Fieldbus Message Specification，现场总线报文规范）使用了ISO/OSI网络互连参考模型的第一层、第二层和第七层，用于车间级（PLC和PC）的数据通信，可实现不同供应商的自动化系统之间传输数据。但是由于配置和编程比较繁琐，目前很少使用。

1.3.2 PROFIBUS网络特性

1. 传输介质

1）电气网络中传输介质为带屏蔽层双绞线电缆。

2）光纤网络中传输介质为光纤电缆（玻璃、PCF和塑料）。

3）无线连接中传输介质为红外线。

2. 拓扑结构

1）电气网络中拓扑结构为总线型、树形。

2）光纤网络中拓扑结构为总线型、树形、环形。

3）无线连接中拓扑结构为点对点、点对多点。

3. 传输距离

1）电气网络中，若使用中继器，PROFIBUS可靠传递信号的距离最大为9.6km（每个RS-485网络段传输距离在最小波特率9.6~187.5kbit/s情况下为1000m，在最大波特率3~12Mbit/s情况下为100m）。

2）光纤网络中，PROFIBUS可靠传递信号的距离最大为90km。

3）无线连接中，PROFIBUS可靠传递信号的距离最大为15m。

4. 传输速率

PROFIBUS可靠传递信号的传输速率为9.6kbit/s~12Mbit/s，传输速率越大所能传送的距离越短（12Mbit/s传输速率对应传输距离为100m）。

5. 站点数目

总线支持的最多站点数为127个，地址编号为0~126。

1.3.3 PROFIBUS连接部件与接线

1. 连接部件

连接部件主要包括总线连接器、RS-485中继器和中断电阻等，PROFIBUS总线的电气接口采用RS-485接口，与MPI网络的电气接口相同，所以这些部件可以参考前面介绍的MPI网络连接部件。

2. 接线

PROFIBUS电缆的构成很简单，外面是紫色的电缆，里面是两根双绞线，一根红的一根绿的，外面有屏蔽层。DP连接器及接线原理图如图8-42所示。

接线的时候，要把屏蔽层接好，不能和里面的电线接触到。要分清楚进去的线和出去的线。在总线两头的两个连接器，线都要接在进去的那个孔里。两个两端的接头，要把它们的开关置为ON状态，此时就只有进去的接线是通的，出去的接线是断的。其余中间的接头，都置为OFF状态，它们的进出两个接线都是通的（ON表示接入终端电阻，两端的接头要拨至ON；OFF表示断开终端电阻，中间的接头要拨至OFF）。

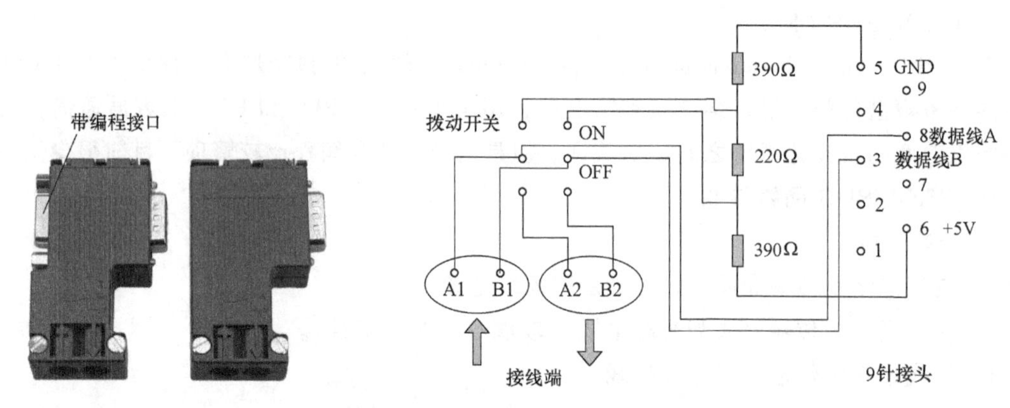

图 8-42　DP 连接器及接线原理图

1.3.4　PROFIBUS-DP 网络中的主站

1. 一类 DP 主站

一类 DP 主站（DPM1）是系统的中央控制器，可以主动地、周期性地与其所组态的从站进行数据交换，同时也可以被动地与二类主站进行通信。下列设备可以做一类 DP 主站：

1）集成了 DP 接口的 PLC，例如 CPU315-2DP、CPU313C-2DP 等。

2）没有集成 DP 接口的 CPU 加上支持 DP 主站功能的通信处理器（CP）。

3）插有 PROFIBUS 网卡的 PC，例如 WinAC 控制器。用软件功能选择 PC 做一类主站或是做编程监控的二类主站。

2. 二类 DP 主站

二类 DP 主站（DPM2）是 DP 网络中的编程、诊断和管理设备，可以非周期性地与其他主站和 DP 从站进行组态、诊断、参数化和数据交换。下列设备可以作为二类 DP 主站：

1）以 PC 为硬件平台的二类主站。PC 加 PROFIBUS 网卡可以做二类主站。西门子公司为其自动化产品设计了专用的编程设备，不过现在一般都用通用的 PC 和 STEP 7 编程软件来做编程设备，用 PC 和 WinCC 组态软件做监控操作站。

2）操作员面板（OP）/触摸屏（TP）。操作员面板用于操作人员对系统的控制和操作，例如参数的设置与修改、设备的起动和停机以及在线监视设备的运行状态等。

1.4　常用通信总线认知

1.4.1　通信协议简介

1. OSI 模型的基本概念

网络发展中一个重要里程碑便是 ISO（International Organization for Standardization，国际标准化组织）对 OSI（Open System Interconnection，开放系统互联）7 层网络模型的定义。它不但成为以前的和后续的各种网络技术评判、分析的依据，也成为网络协议设计和统一的参考模型。OSI 模型如图 8-43 所示。

建立 7 层网络模型主要是为解决异种网络互联时遇到的兼容性问题。它的最大优点是将服务、接口和协议这三个概念明确地区分开来，也使网络的不同功能模块分担起不同的职责。

1）服务：说明某一层为上一层提供一些什么功能。

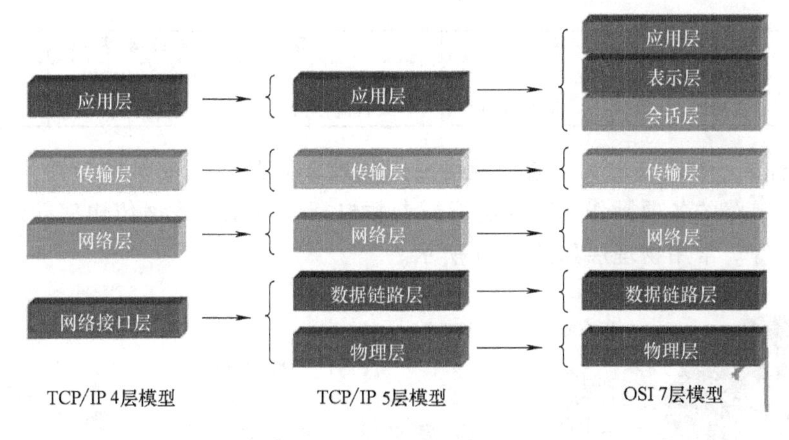

图 8-43 OSI 模型

2）接口：说明上一层如何使用下层的服务。

3）协议：涉及如何实现本层的服务。

这样各层之间具有很强的独立性，互联网络中各实体采用什么样的协议是没有限制的，只要向上提供相同的服务并且不改变相邻层的接口就可以了。7 层网络协议的划分也是为了使网络的不同功能模块（不同层次）分担起不同的职责。网络分层体现了在许多工程设计中都具有的结构化思想，是一种合理的划分。

7 层网络包括物理层、数据链路层、网络层、传输层、会话层、表示层和应用层。

1）底三层（物理层、数据链路层和网络层）：通常被称作媒体层，是依赖于网络的。它们不为用户所见，默默地对网络起到支撑作用，是网络工程师研究的对象。

2）上四层（传输层、会话层、表示层和应用层）：被称作主机层，是用户所面向和关心的内容，这些程序常常将各层的功能综合在一起，在用户面前形成一个整体。

2. OSI 模型的优点

1）减轻问题的复杂程度，一旦网络发生故障，可迅速定位故障所处层次，便于查找和纠错。

2）在各层分别定义标准接口，使具备相同对等层的不同网络设备能实现互操作，各层之间则相对独立，一种高层协议可放在多种低层协议上运行。

3）能有效刺激网络技术革新，因为每次更新都可以在小范围内进行，不需对整个网络动“大手术”。

4）便于研究和教学。

3. OSI 模型的层

模型的 7 层网络见表 8-1。

表 8-1 7 层网络

层号	层名	英文名	工作任务	接口要求	操作内容
第 7 层	应用层	Application Layer	管理、协同	应用操作	信息交换
第 6 层	表示层	Presentation Layer	编译	数据表达	数据构造
第 5 层	会话层	Session Layer	同步	对话结构	会话管理
第 4 层	传输层	Transport Layer	收发	数据传输	端口确认
第 3 层	网络层	Network Layer	选路、寻址	路由器选择	选定路径

（续）

层号	层名	英文名	工 作 任 务	接 口 要 求	操 作 内 容
第 2 层	数据链路层	Data Link Layer	成帧、纠错	介质访问方案	访问控制
第 1 层	物理层	Physical Layer	比特流传输	物理接口定义	数据收发

（1）物理层　物理层定义了通信网络之间物理链路的电气或机械特性，以及激活、维护和关闭这条链路的各项操作。物理层特征参数包括：电压、数据传输率、最大传输距离、物理连接媒体等。常用物理层如图 8-44 所示。

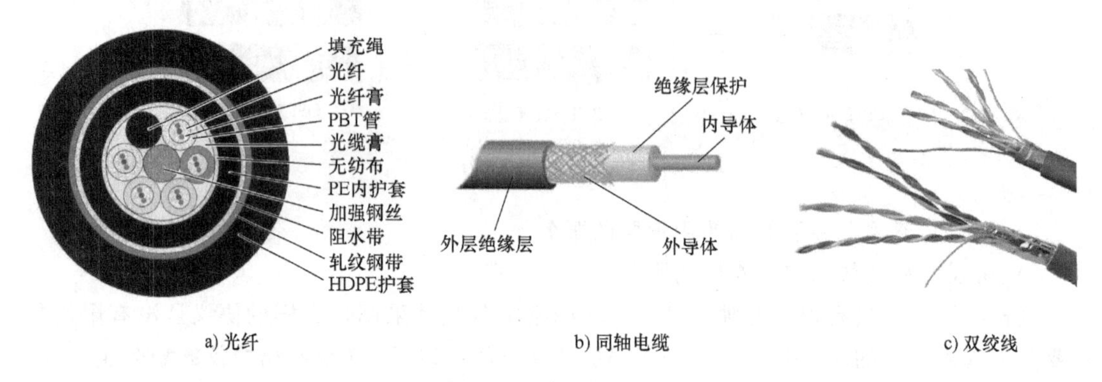

a) 光纤　　b) 同轴电缆　　c) 双绞线

图 8-44　常用物理层

（2）数据链路层　数据链路层是为网络层提供服务的，解决两个相邻节点之间的通信问题，传送的协议数据单元称为数据帧。数据帧中包含物理地址（又称 MAC 地址）、控制码、数据及校验码等信息。该层的主要作用是通过校验、确认和反馈重发等手段，将不可靠的物理链路转换成对网络层来说无差错的数据链路。此外，数据链路层还要协调收发双方的数据传输速率，即进行流量控制，以防止接收方因来不及处理发送方发过来的高速数据而导致缓冲器溢出及线路阻塞。典型的数据链路层的网络连接设备为网卡。

（3）网络层　网络层是为传输层提供服务的，传送的协议数据单元称为数据包或分组。该层的主要作用是解决如何使数据包通过各节点传送的问题，即通过路径选择算法（路由）将数据包送到目的地。另外，为避免由于通信子网中出现过多的数据包而造成网络阻塞，需要对流入的数据包数量进行控制（拥塞控制）。当数据包要跨越多个通信子网才能到达目的地时，还要解决网际互联的问题。网络层的典型网络设备为路由器。

（4）传输层　传输层的作用是为上层协议提供端到端的可靠和透明的数据传输服务，包括处理差错控制和流量控制等问题。该层向高层屏蔽了下层数据通信的细节，高层用户看到的只是在两个传输实体间的一条主机到主机的、可由用户控制和设定的、可靠的数据通路。传输层传送的协议数据单元称为段或报文。

（5）会话层　会话层的主要功能是管理和协调不同主机上各种进程之间的通信（对话），即负责建立、管理和终止应用程序之间的会话。会话层得名的原因是它很类似于两个实体间的会话概念。例如，一个交互的用户会话以登录到计算机开始，以注销结束。

（6）表示层　表示层处理流经节点的数据编码的表示方式问题，以保证一个系统应用层发出的信息可被另一系统的应用层读出。它定义了一系列代码和代码转换功能以保证源端数据在目的端同样能被识别，比如大家所熟悉的文本数据的 ASCII 码，表示图像的 GIF 或表示动画的 MPEG 等。

(7) 应用层　应用层是 OSI 参考模型中最靠近用户的一层，负责为用户的应用程序提供网络服务。应用层是面向用户的最高层，通过软件应用实现网络与用户的直接对话，如：找到通信对方、识别可用资源和同步操作等。

在数据的实际传输中，发送方将数据送到自己的应用层，加上该层的控制信息后传给表示层；表示层如法炮制，再将数据加上自己的标识传给会话层；以此类推，每一层都在收到的数据上加上本层的控制信息并传给下一层；最后到达物理层时，数据通过实际的物理媒体传到接收方。接收端则执行与发送端相反的操作，由下往上，将逐层标识去掉，重新还原成最初的数据。

由此可见，数据通信双方在对等层必须采用相同的协议，定义同一种数据标识格式，这样才可能保证数据的正确传输而不至走形。

1.4.2　常用现场总线简介

1. 集散控制系统（DCS）

随着计算机可靠性的提高和价格的下降，自动控制领域出现了新型控制方案——集散控制系统，它由数字调节器、可编程序控制器以及多台计算机构成，当一台计算机出现故障时，其他计算机立即接替该计算机的工作，使系统继续正常运行。

在集散控制系统中，系统的风险由多台计算机分散承担，避免了集中控制系统的高风险，提高了系统的可靠性，因此，它被工业生产过程广泛接受。在集散控制系统中，测量仪表、变送器一般为模拟仪表，控制器多为数字式，因而它又是一种模拟数字混合系统。这种系统与模拟式仪表控制系统、集中式数字控制系统相比较，在功能、性能和可靠性上都有了很大的进步，可以实现现场装置级、车间级的优化控制。

但是，各厂家的产品自成封闭体系，即使在同一种协议下仍然存在不同厂家的设备有不同的信号传输方式且不能互连的现象，因此互换与互操作有一定的局限性。

2. 现场总线控制系统（FCS）

现场总线控制系统是应用在生产现场、在微机化测量控制设备之间实现双向串行多节点数字通信的系统，也被称为开放式、数字化、多点通信的底层控制网络。集散控制系统与现场总线控制系统结构对比如图 8-45 所示。

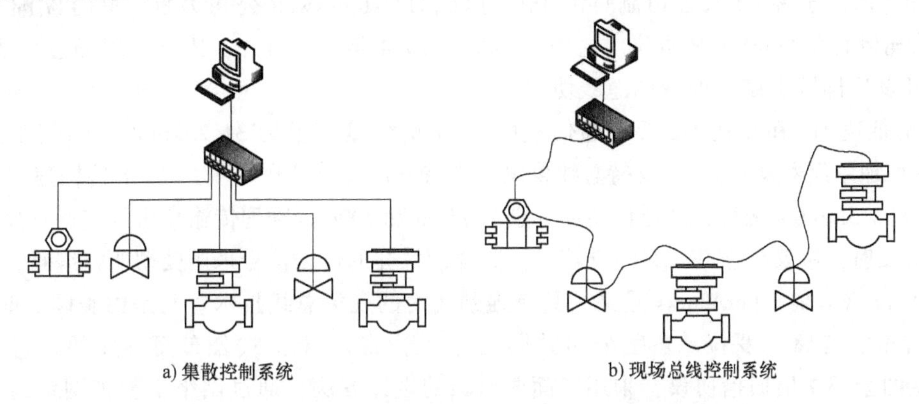

图 8-45　集散控制系统与现场总线控制系统结构对比

新型的现场总线控制系统突破了集散控制系统中通信由专用网络的封闭系统来实现所造成的缺陷，把基于封闭、专用的解决方案变成了基于公开化、标准化的解决方案，即可以把来自不同厂商而遵守同一协议规范的自动化设备，通过现场总线网络连接成系统，实现综合自动化的各种功能；同时把集散控制系统集中与分散相结合的结构变成了新型全分布式结构，把控制功能彻底下放到现场，依靠现场智能设备本身便可实现基本控制功能。

3. 现场总线通信模型

OSI 参考模型与现场总线通信模型对比如图 8-46 所示。

OSI参考模型		现场总线协议	PROFI-DP	PROFI-FMS
应用层	7	应用层	用户接口	应用层接口
表示层	6			应用层信息规范低层接口
会话层	5			
传输层	4		除去3～7层	除去3～6层
网络层	3	总线访问子层		
数据链路层	2	数据链路层	数据链路层	数据链路层
物理层	1	物理层	物理层	物理层

图 8-46　OSI 参考模型与现场总线通信模型对比

作为工业控制现场底层网络的现场总线，要构成开放的互连系统，必须考虑到工业生产现场状况，即在工业生产现场中存在大量的传感器、控制器、执行器等，它们通常相当零散地分布在一个较大范围内。对由它们组成的工业控制底层网络，其单个节点面向控制的信息量不大，信息传输的任务也相对比较简单，但对实时性、快速性的要求较高。如果完全参照 7 层 OSI 参考模型，则由于层间操作与转换的复杂性，势必造成网络接口的造价与时间开销过高。因此，在满足实时性要求的基础上，同时考虑工业网络的低成本性，现场总线采用的通信模型大都在 OSI 参考模型的基础上进行了不同程度的简化。

4. 常用现场总线

（1）基金会现场总线　FF（Foundation Fieldbus）是在过程自动化领域得到广泛支持和具有良好发展前景的技术。其前身是以美国 Fisher Rosemount 公司为首，联合 Foxboro、横河、ABB、西门子等 80 家公司制订的 ISP 协议和以 Honeywell 公司为首，联合欧洲等地的 150 家公司制订的 WorldFIP 协议。这两大集团于 1994 年 9 月合并，成立了现场总线基金会，致力于开发出国际上统一的现场总线协议。

FF 分低速 H1 和高速 H2 两种通信速率。H1 的传输速率为 31.25kbit/s，通信距离可达 1900m（可加中继器延长），可支持总线供电，支持本质安全防爆环境。H2 的传输速率可分为 1Mbit/s 和 2.5Mbit/s 两种，其通信距离分别为 750m 和 500m。物理传输介质可支持双绞线、光缆和无线发射，协议符合 IE C1158-2 标准。其物理媒介的传输信号采用曼彻斯特编码。

（2）LonWorks　LonWorks 是又一具有强劲实力的现场总线技术。它是由美国 Echelon 公司推出并由它与摩托罗拉、东芝公司共同倡导，于 1990 年正式公布而形成的。它采用了 ISO 模型的全部 7 层通信协议，采用了面向对象的设计方法，通过网络变量把网络通信设计简化为参数设置，其通信速率从 300bit/s 至 1.5Mbit/s 不等，直接通信距离可达 2700m

(78kbit/s，双绞线)。支持双绞线、同轴电缆、光纤、射频、红外线、电力线等多种通信介质，并开发了相应的本质安全防爆产品，被誉为通用控制网络。

(3) PROFIBUS　PROFIBUS是德国国家标准DIN19245和欧洲标准EN50170的现场总线标准。由PROFIBUS-FMS、PROFIBUS-DP、PROFIBUS-PA组成了PROFIBUS系列。DP型用于分散外设间的高速数据传输，适合于加工自动化领域的应用。FMS意为现场信息规范，适用于纺织、楼宇自动化、可编程序控制器、低压开关等。

(4) CAN　CAN是控制局域网络(Control Area Network)的简称，最早由德国BOSCH公司推出，用于汽车内部测量与执行部件之间的数据通信，其总线规范现已被ISO制订为国际标准。

(5) HART　HART是Highway Addressable Remote Transducer的缩写，最早由Rosemount公司开发并得到八十多家著名仪表公司的支持，于1993年成立了HART通信基金会。

这种被称为可寻址远程传感器高速通道的开放通信协议，其特点是在现有模拟信号传输线上实现数字信号通信，属于模拟系统向数字系统转变过程中的过渡性产品，因而在当前的过渡时期具有较强的市场竞争能力，得到了较快发展。

1.5 工业数据通信认知

1.5.1 通信中的主要技术指标

在网络通信中，传送数据的最小单位是一个二进制“位”(比特，bit)。实际字符信息则由多个位组成，如ASCII码中字符“A”，由“1000001”7bit组成，数字“0”则由“0110000”组成等，信道上实际传输的就是这样一连串的位，简称比特流。

1. 数据传输率

数据传输率指单位时间内传送数据的位数(bit/s)，用于描述数字信道的传输能力，即发送、接收双方及中间交换的处理能力。

2. 误码率

误码率指传输时出错比特数与总传送比特数之比。

3. 信道容量

信道容量是信道传输速率的理论上限值，信道的实际数据速率小于信道容量。

1.5.2 调制与编码

1. 调制

在信号传输时，经常会需要把数字信号变换成模拟信号或者把模拟信号变换成数字信号。

(1) 数字信号变换(调制)成模拟信号　由于高频信号抗干扰能力强，易于远距离、高效率传输，因此在信号传输时，常将低频信号搭载在高频信号上传输，到达目的地后，再将原始信号从高频信号上取出来，起搭载作用的高频信号称为载波。例如频带传输，是把数字信息变换(调制)成模拟音频信号后再发送和传输，到达接收端时再把音频信号解调成原来的数字信号的一种传输技术。这种变换的过程即为调制和解调，常用的调制方式有振幅调制、频率调制和相位调制等。

以频率调制为例，频率调制又称频移键控(Frequency Shift Keying，FSK)，它是由数字信号控制正弦载波信号的频率，即通过改变载波信号的频率来表示数字“1”和“0”，当数字信号为1时，其频率较高；当数字信号为0时，其频率较低。频率调制的特点是简单，易实现，抗干扰能力较强，是目前最常用的方法之一。频率调制原理图如图8-47所示。

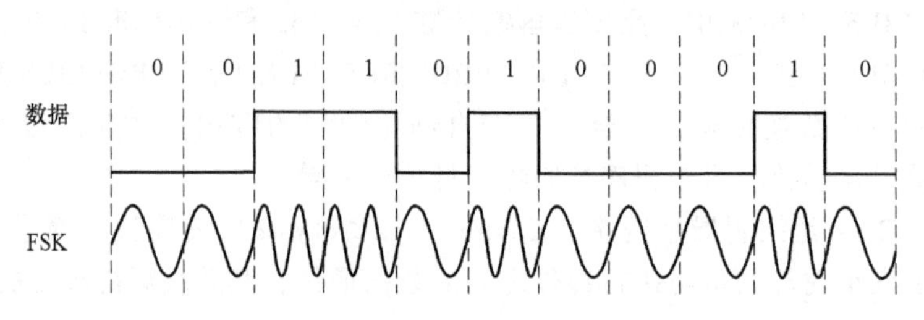

图8-47 频率调制原理图

（2）模拟信号变换（调制）成数字信号　模拟信号直接用模拟信道传输，处理的主要缺点是：效率低、通信质量差。因此现代通信中，采用通信质量高、处理效率高、保密性好的数字通信网络。在实际应用中，大多数数据都是连续的模拟数据，因此首先要将模拟信号转换成为数字信号才能在数字通信网中进行传输处理。脉冲编码调制（Pulse Code Modulation，PCM）和增量调制（Delta Modulation，DM）是最常用的方法。

以脉冲编码调制为例，要经过采样、量化、编码3个步骤，其原理如图8-48所示。

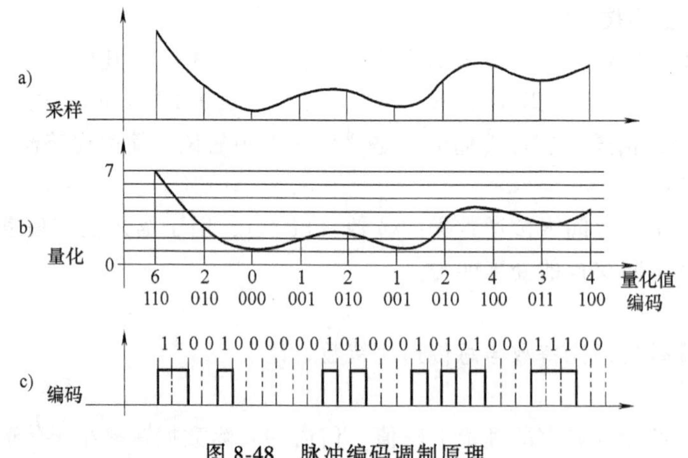

图8-48 脉冲编码调制原理

1）采样。确定采样频率，即每秒采样多少次，每隔一定时间间隔取一个测量值。若图8-48a横轴时间长度为1s，则采样频率为10Hz。

2）量化。将采样最大值分为N个等级，所有采样值按这N个等级进行量化处理，一般N取2的指数，如2、4、8、16等。PCM系统中，$N=256$。图8-48b中，纵轴分为0~7八个等级。

3）编码。将量化后的每一个采样值，编写成为M位二进制比特位。这样，每秒采样值的M位比特位构成一个二进制数据流。图8-48c为30比特编码的数据流。

2. 编码

在通信设备内部传输数据，由于各电路功能模块之间的距离短，工作环境可以控制，在传输过程中一般采用简单高效的数据信号传输方式，例如直接将二进制信号送上传输通道进行传输等。在远距离传输的过程中，由于线路较长，数据信号在传输介质中将会产生损耗和干扰，为减少其在特定的介质中的损耗和干扰，需要将传输的信号进行转换，使之成为适于在该介质上传输的信号，这一过程称为信号编码。下面介绍2种常用的传输数据码型。

（1）双极性非归零码　此种码型的编码规则为：当在时钟下降沿时，数据代码中的“1”用负电平（或正电平）来表示，“0”用相反的电平来表示，如图8-49a所示。常用的RS-232电平标准即采用这种编码方式。

（2）曼彻斯特码　此种码型的编码规则为：当在时钟上升沿时，数据代码中的“1”用电平正跳变（或负跳变）来代表，“0”用与“1”相反的跳变来表示，这种跳变在一位数据传输时间内完成，如图8-49b所示。

这种码型的优点为：每一位正电平或负电平存在的时间相同，若采用双极性非归零码，则可抵消直流分量。其缺点为：由于跳变的存在，编码后的脉冲频率为传输频率的2倍，多占用信道带宽。

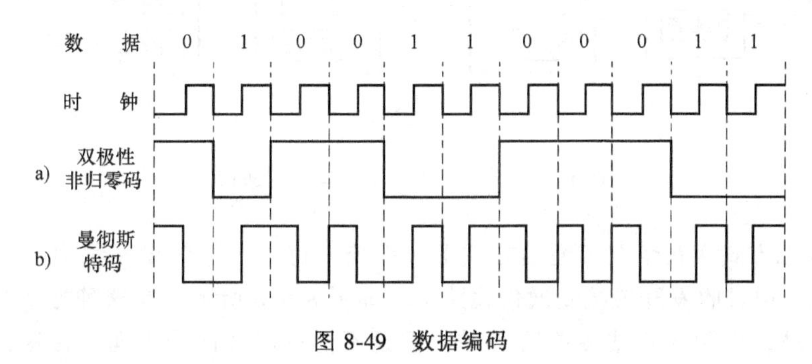

图8-49　数据编码

1.5.3　通信方式

1. 并行通信与串行通信

（1）并行通信方式　一般发生在PLC的内部各元件之间、主机与扩展模块或近距离智能模板的处理器之间。并行通信在传送数据时，一个数据的所有位（一般是8位、16位和32位）同时传送，因此，每个数据位都需要一条单独的传输线，如图8-50a所示。

并行通信的特点是：传输速率快，但硬件成本高，不宜远距离通信。

（2）串行通信方式　串行通信多用于PLC与计算机之间及多台PLC之间的数据传送，如图8-50b所示。

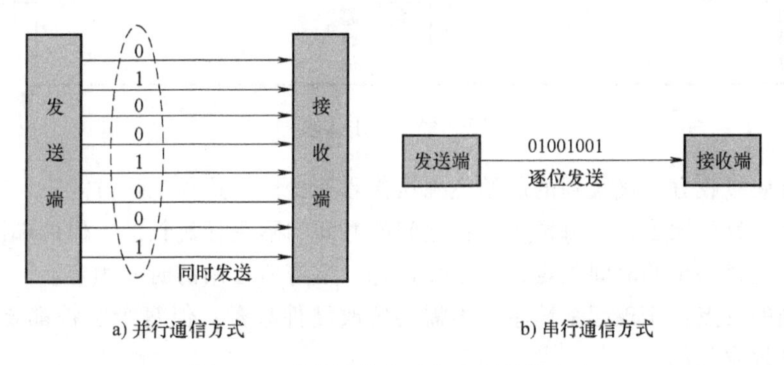

a) 并行通信方式　　b) 串行通信方式

图8-50　并行通信方式与串行通信方式

串行通信在传送数据时，数据的各个不同位分时使用同一条传输线，从低位开始一位接一位按顺序传送。

串行通信的特点是：需要的信号线少，最少的只需要两根线（双绞线），适合远距离传送数据。

串行通信传输速率（又称波特率）的单位为“比特每秒”，即每秒钟传送的二进制位数，用 bit/s 表示。

2. 单工、半双工、全双工通信

（1）单工方式　在单工通信方式下，通信线的一端连接发送器，另一端连接接收器，它们形成单向连接，只允许数据按照一个固定的方向传送，如图 8-51a 所示，数据只能由 A 站传送到 B 站，而不能由 B 站传送到 A 站。

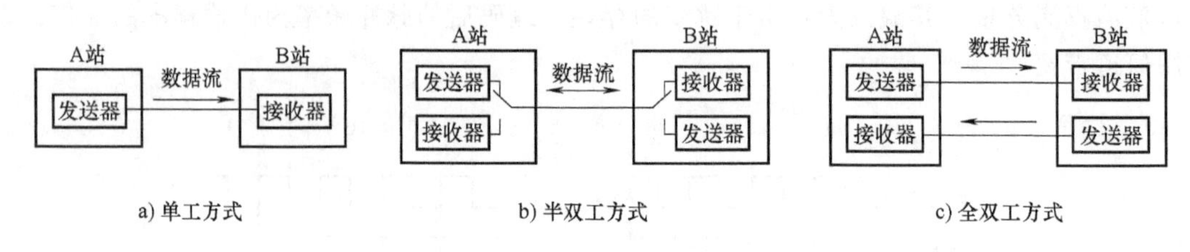

图 8-51　单工、半双工、全双工通信

（2）半双工方式　在半双工通信方式下，系统中每一个通信设备都由一个发送器和一个接收器组成，通过收发开关接到通信线路上，如图 8-51b 所示。在这种方式中，数据能从 A 站传送到 B 站，也能从 B 站传送到 A 站，但是不能同时在两个方向上传送，即每次只能一个站发送，另一个站接收。收发开关通过半双工通信协议进行功能切换。

（3）全双工方式　在全双工通信方式下，系统中每一个通信设备都由一个发送器和一个接收器组成，数据可以同时在两个方向上传送，如图 8-51c 所示。

3. 异步传输与同步传输

（1）异步传输　在异步传输方式下，每个字符都独立传输（字符/次），在每个字符前加上终止位，在它的后面加上终止位，以这种方式来确定一个字节的开始和结束，双方以约定的速率传送字符，如图 8-52 所示。

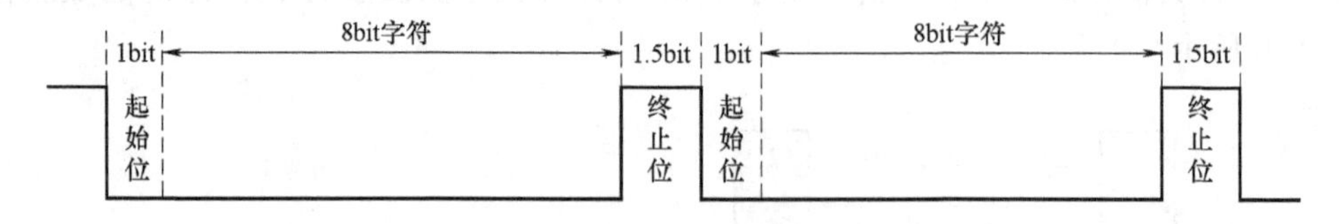

图 8-52　异步传输

接收的时候接收方以接收到的起始位确认接收开始。在这种工作方式下，起始位和终止位是用来实现字符的同步的，每两个字符之间的时间间隔是任意长的。但两端波特率需要相同，也就是发送每一位的时间固定，所以传送每个字符所占用的时间固定。

异步传输的特点：实现起来简单，不需要修改硬件设备；但每个字符都要加上辅助位，从而造成传输效率降低。

（2）同步传输　在同步传输方式下，以固定的时钟节拍来发送数据信号，将若干个字符组合起来一起进行传输。字符间顺序相连，既无间隙也无插入字符。收发双方的时钟与传输的每一位严格对应，以达到位同步；在开始发送字符包之前先发送固定长度的帧起始标记，再发送数据字符，最后发送帧结束标记，如图 8-53 所示。

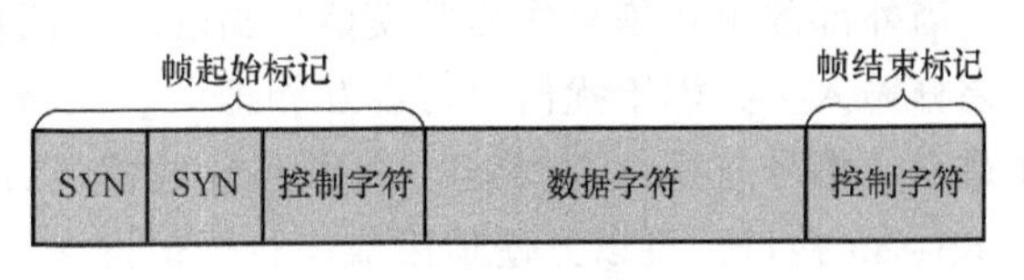

图 8-53 同步传输

接收方收到数据后必须首先识别同步时钟，在近距离传输中可另加一条数据线来实现同步，在远距离传输过程中必须加入时钟同步信号来解决同步问题。同步传输有较高的传输效率，但实现起来较复杂，常用于高速传输中。

1.5.4 串行通信接口

1. RS-232 接口

RS-232 接口是计算机普遍配备的接口，应用既简单又方便。它采用负逻辑，利用传输信号线与地线之间的电压差表示逻辑电平，用-15～-5V 表示逻辑“1”，用 5～15V 表示逻辑“0”。RS-232 可使用 9 针接口（见图 8-54a）或 DB25 针接口（见图 8-54b）。当两台通信设备距离较近、不需应答信号时，只需连接 3 根线（见图 8-54c），RXD 为 2 脚，TXD 为 3 脚，GND 为 5 脚。

发送器和接收器之间有公共的信号地线，共模干扰信号不可避免地要进入信号传送系统中，使信号“0”变成“1”，“1”变成“0”。因此这种电路限定了其传输的距离和速率，RS-232 接口的最大通信距离为 15m，最高传输速率为 20kbit/s，只能进行一对一通信。

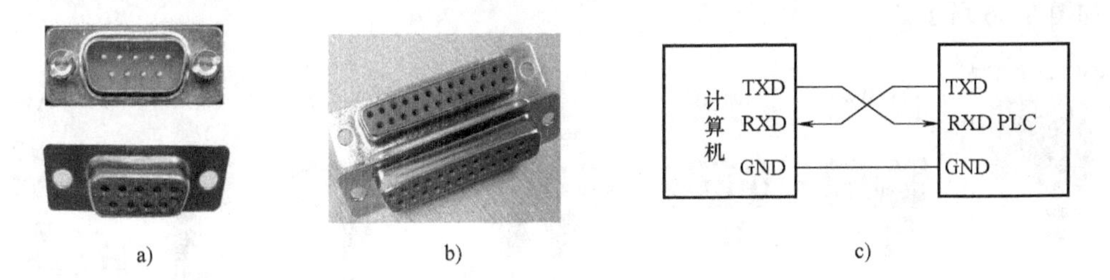

图 8-54 RS-232 接口形式与连接

2. RS-485 接口

RS-485 接口采用平衡驱动、差动接收电路，使用的是双绞线，从根本上取消了信号地线。利用两条信号线（A、B）之间的电压差表示逻辑电平，$(V_A-V_B)>+0.2V$ 表示逻辑“1”，$(V_A-V_B)<-0.2V$ 表示逻辑“0”。接口形式为 DB9 针，与 RS-232 接口外形一样，但电平和接线不同，如图 8-55 所示。

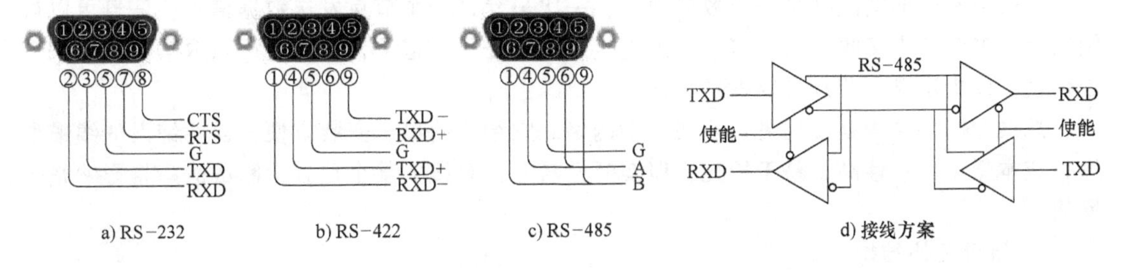

图 8-55 几种接口对比及 RS-485 接口接线方案

当外部的干扰信号作为共模信号出现时，两根传输线上的共模干扰信号相同，因接收器是差分输入，共模干扰信号可以互相抵消。RS-485是半双工的，只有一对平衡差分信号线，用最少的信号连线（双绞线）即可实现通信任务。许多工业计算机、PLC和智能仪表均配有RS-485接口，可以方便地组成串行通信网络，系统中最多可以有32个站，新的接口器件已允许连接128个站。距离为1.2km时，传输速率可达100kbit/s，而在12m较短距离内，传输速率可达10Mbit/s以上。

1.6 控制网络认知

1.6.1 网络拓扑结构

网络通信设计的第一步就是要给定设备的位置，并在保证一定的网络响应时间、吞吐量和可靠性的条件下，通过选择适当的线路、线路容量与连接方式，使整个网络结构合理与成本低廉。

我们将通信子网中的通信处理机和其他通信设备称为节点，通信线路称为链路，将节点和链路连接而成的几何图形称为该网络的拓扑结构。拓扑结构反映了通信网络中各个实体之间的结构关系，局域网的拓扑结构一般分为总线型结构、星形拓扑结构、树形拓扑结构、环形拓扑结构、网状拓扑结构和混合拓扑结构等。

1. 总线型拓扑结构

总线型拓扑结构是局域网中最主要的拓扑结构之一。它将所有计算机连接到同一条总线上，如图8-56所示。

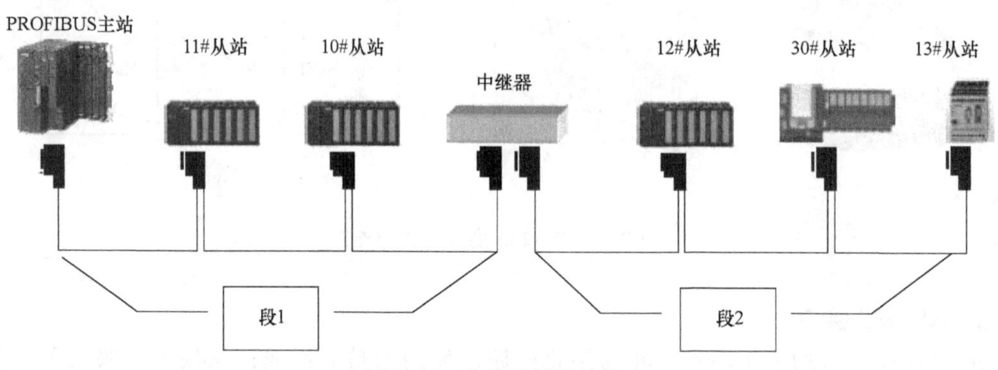

图8-56 总线型拓扑结构

所有站点都通过相应的硬件接口直接连接到传输介质（或称总线）上。任何一个站点发送的信号都可以沿着介质双向传播，而且能被其他所有站点接收（广播方式）。

网络中所有的站点共享一条数据通道，一次只允许一个节点发送数据信息，信息可以被网络上的多个节点接收。由于多个节点连接到一条公用信道上，所以必须采取某种方法来分配信道，以决定哪个节点可以发送数据。

总线型拓扑结构是使用最普遍的一种网络。它结构简单，安装方便，需要铺设的线缆最短，成本低，可靠性高，易于扩充；但实时性较差，总线的某个地方中断或故障将影响整个网络。

2. 星形拓扑结构

星形网络通过一个集线器将所有计算机连接起来，如图8-57所示。

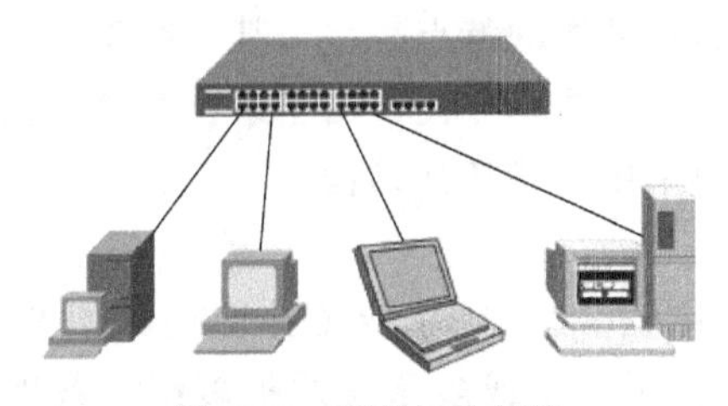

图 8-57　星形拓扑结构

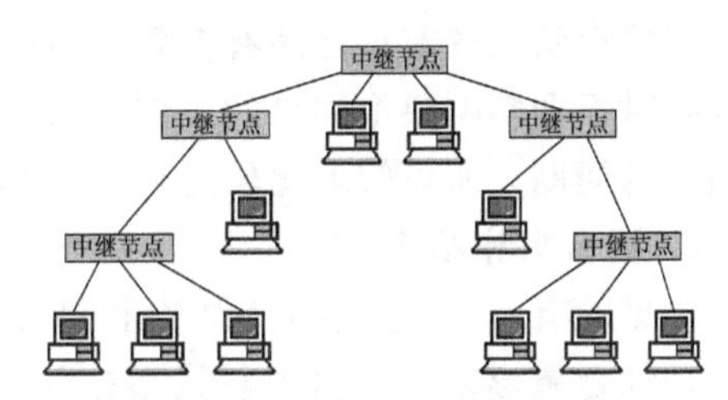

图 8-58　树形拓扑结构

每台设备都使用单独的电缆与集线器连接。当一条电缆出现问题时，只影响使用这条电缆连接的设备，而不影响网络中的其他设备。但是，当集线器出现故障时，所有连接的设备将无法连接到网络上。

星形拓扑结构的优点：每个连接点只接一个设备，单个连接点的故障只影响一个设备，不会影响全网；集中控制和故障诊断容易，容易检测和隔离故障，可方便地将有故障的节点从系统中删除；访问协议简单，很容易在网络中增加新的站点，数据的安全性和优先级容易控制，易实现网络监控。

星形拓扑结构的缺点：这种拓扑结构需要大量电缆，所需的费用相当可观；扩展困难，在初始安装时可能要放置大量冗余的电缆，以配置更多连接点；属于集中控制，对中心节点的依赖性大，一旦中心节点有故障，就会引起整个网络瘫痪。

3. 树形拓扑结构

树形拓扑结构如图 8-58 所示，实质上是星形拓扑结构的扩展，它是星形拓扑结构按层次展延而得到的，同一层次可以有不止一个中继节点，但最高一层只有一个中继节点（称为根节点）。信息交换主要在上下节点之间进行，同层节点之间的数据交换量相对较少。树形拓扑结构非常适合于分主次和分等级的层次型管理系统。

树形拓扑结构的优点：易于扩展，从本质上看，这种结构可以延伸出很多分支和子分支，因此新的节点和新的分支易于加入网内；故障隔离容易，如果某一分支的节点或线路发生故障，那么很容易将这个分支和整个系统隔离开来。

树形拓扑结构的缺点：对根节点的依赖性太大，如果根节点发生故障，则全网不能正常工作，因此这种结构的可靠性与星形结构相似。

4. 环形拓扑结构

在环形拓扑结构中，每台设备都有一个入口和出口，它使用电缆将各台计算机连接起来，如图 8-59 所示。

各个节点通过点到点通信线路连接成闭合环路。环中的数据沿着一个方向（顺时针或逆时针）逐站传输。这样中继器就能够接收一条链路上来的数据，并以同样的速度串行地把数据送到另一条链路上，而不在中继器中缓冲。每个站点对环的使用权是平等的，所以它也存在着一个对于环形线路的“争用”和“冲突”的问题。

环形拓扑结构数据传输速率高，很适合于对实时性要求较高的工业环境。但这种结构在网络设备数量、数据类型和可靠性方面存在某些局限。一个节点故障会引起全网故障，诊断故障困难，不易重新配置网络。

5. 网状拓扑结构

网状拓扑结构也是一种常见的拓扑结构，如图 8-60 所示。各节点通过物理通道连接成不规则的形状，各节点之间有多条线路可供选择。这种结构的特点是：当某一线路中的节点有故障时不会影响整个网络的工作，系统可靠性高，资源共享方便。由于系统有路由选择和流向控制问题，所以管理比较复杂。广域网基本上都采用网状拓扑结构。

6. 混合拓扑结构

常见的有星形/总线拓扑结构和星形/环形拓扑结构。星形/总线拓扑结构如图 8-61 所示，是综合星形拓扑结构和总线型拓扑结构的优点，用一条或多条总线把多组设备连接起来，而相连的每组设备本身又呈星形分布。对于星形/总线拓扑结构，用户很容易配置和重新配置网络设备。

随着网络技术的发展，网络结构正向多元化方向发展，一个网络中可以包含多种网络结构形式。

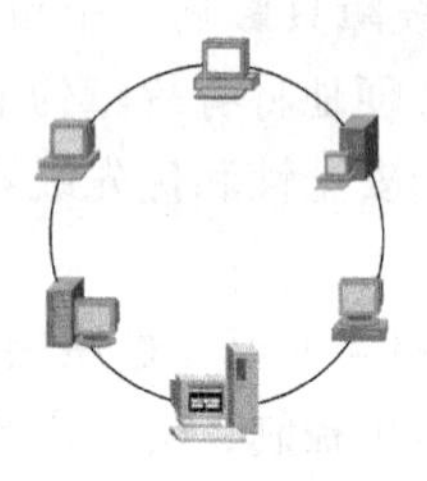

图 8-59　环形拓扑结构

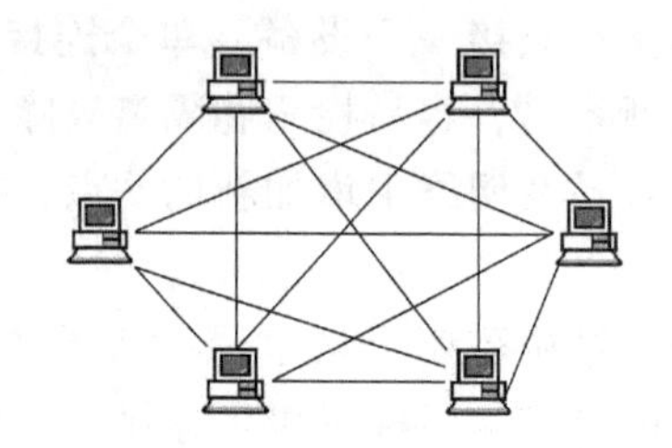

图 8-60　网状拓扑结构

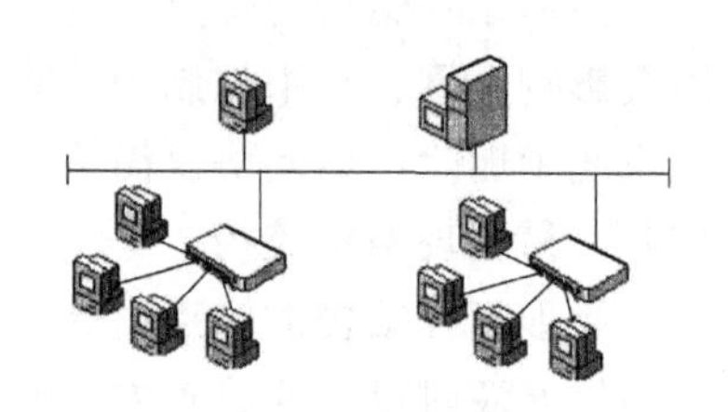

图 8-61　星形/总线拓扑结构

1.6.2　控制网络的选择

控制网络结构的选择，都需要考虑诸多因素。

1）网络既要易于安装，又要易于扩展。

2）网络的可靠性是考虑的重要因素，要易于故障诊断和隔离，以使网络的主体在局部发生故障时仍能正常运行。

3）网络拓扑的选择还会影响传输媒体的选择和媒体访问控制方法的确定，这些因素又会影响各个站点的运行速度和网络软、硬件接口的复杂性。

1.7　项目总结与练习

1. 项目总结

本项目完成了 PROFIBUS-DP 通信网络建立与实施的技能训练，详细讲解了 PROFIBUS 通信的相关知识，学习了 OSI 通信协议和常用的现场总线，学习了工业数据通信与控制网络知识。

2. 练习

（1）简述常用的几种现场总线，并重点说明 PROFIBUS 组成部分及其技术特点。

（2）简述 OSI 7 层通信协议。

（3）数据通信中主要技术指标是什么？

（4）常用网络拓扑结构有哪些？特点分别是什么？

（5）阐述曼彻斯特码的原理及特点。

（6）常用的数据通信方式有哪些？阐述其特点。

（7）简述 RS-485 接口的物理特性和电气特性。

项目2 MPI通信的建立与调试

2.1 项目任务

2.1.1 任务描述

利用MPI通信网络完成多个S7-300PLC程序的下载、调试与地址调整的学习，掌握MPI基本概念，学会组建MPI网络的基本方法和MPI参数设置与调整，最终掌握PC对多个PLC的程序调试技能。

2.1.2 教学目标

1. 知识目标

1）掌握MPI基本概念。

2）了解MPI通信与PPI通信、PROFIBUS总线通信的区别。

3）掌握MPI通信的连接规则及硬件。

4）掌握MPI参数及编址。

2. 技能目标

1）MPI通信部件的选择与连接。

2）PC通过MPI通信调试程序的方法。

3）多个MPI网络工作站地址调整的方法。

3. 素质目标

1）严谨、全面、高效、负责的职业素养。

2）勤于查阅MPI资料、勤于思考、勇于探索的良好作风。

3）善于自学与归纳分析。

2.2 PC与PLC间MPI通信的实施

2.2.1 认识MPI网络

1. MPI基本概念介绍

MPI是多点接口（Multi Point Interface）的简称，是西门子公司开发的用于PLC之间通信的保密协议。MPI通信是当通信速率要求不高、通信数据量不大时，可以采用的一种简单经济的通信方式。目前，MPI网络只在PLC调试、下载程序或小数据通信时使用。每个S7-300 PLC的CPU都集成了MPI通信协议。

MPI的物理层是RS-485。MPI物理接口符合PROFIBUS RS-485（EN 50170）接口标准。MPI网络的通信速率为19.2kbit/s~12Mbit/s，最多可以连接32个节点，最大通信距离为50m，但可通过中断器来扩展长度。

S7-200 PLC只能选择19.2kbit/s的通信速率，S7-300 PLC通常默认设置为187.5kbit/s，只有能够设置为PROFIBUS接口的MPI网络才支持12Mbit/s的通信速率。通过MPI网络PLC可以同时与多个设备建立通信连接，这些设备包括编程器（PG）或运行STEP7的计算机（PC）、人机界面（HMI）等。同时连接的通信对象的个数与CPU的型号有关。

2. MPI 与 PPI 对比

MPI 与 PPI 的物理层都是 RS-485（采用平衡差分驱动方式），而且采用的都是相同的通信电缆和专用网络接头。

西门子 PLC 的 PPI 通信是点对点（Point to Point Interface）通信。PPI 采用主从协议，主站向从站发出请求，从站做出应答。从站不主动发出信息，而是等候主站向其发出请求或查询，要求应答。主站通过由 PPI 协议管理的共享链接与从站通信。

PPI 协议目前还没有公开，主要用于 S7-200PLC 与 PC 以及 S7-200PLC 之间的通信。PPI 不限制能够与任何一台从站通信的主站数目，但是无法在网络中安装 32 台以上的主站。

3. MPI 网络与 PROFIBUS 总线对比

MPI 网络与 PROFIBUS 总线物理层都是 RS-485。MPI 采用西门子专用通信协议（不公开）。PROFIBUS 采用公开的通信协议。

MPI 和 PROFIBUS 使用范围不同，MPI 意为多点控制，每个控制点是同级的，比如几个 PLC 系统可以通过 MPI 连接，赋予不同的地址，谁也不控制谁，但能相互分享信息。PROFIBUS 是一种国际化、开放式的总线标准，可使不同厂商生产的不同设备互换使用，而工厂操作人员则不需要关心两者之间的差异，因为与应用有关的参数含义在行业规范中均做了精确的规定说明。PROFIBUS 一般用来连接控制系统和现场的检测元件和执行机构，控制系统与现场检测元件是一种上下级的关系，相互组成一个独立的系统。PROFIBUS 功能和性能都比 MPI 高一个档次，传送速度快。其 DP 是非常经典的现场总线，将在下面的学习中详细介绍。

2.2.2 MPI 参数设置与程序下载

目前，MPI 网络只在 PLC 调试、下载程序或小数据通信时使用。本书主要介绍基于 MPI 网络的 PLC 的程序下载与调试。所使用的设备包括已安装 STEP7 软件的 PC、USB 下载电缆（PC Adapter USB）和 S7-300 PLC，如图 8-62 所示。

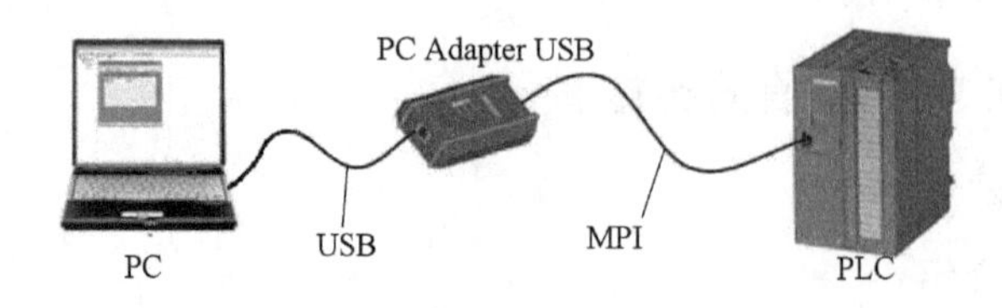

图 8-62 程序下载与调试的 MPI 连接

1. PLC 侧参数设置

在学习情境 1 中已经建立好的供料站项目中，单击左侧“SIMATIC 300（1）”，在右边的栏中出现“Hardware”，如图 8-63 所示。

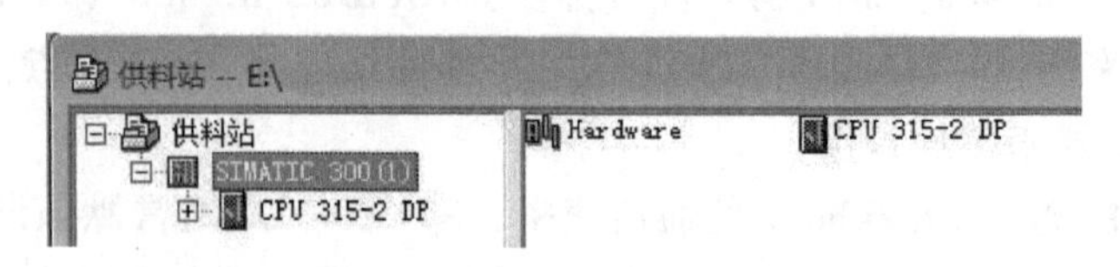

图 8-63 供料站项目窗口

双击“Hardware”，打开硬件的编辑窗口，如图 8-64 所示。

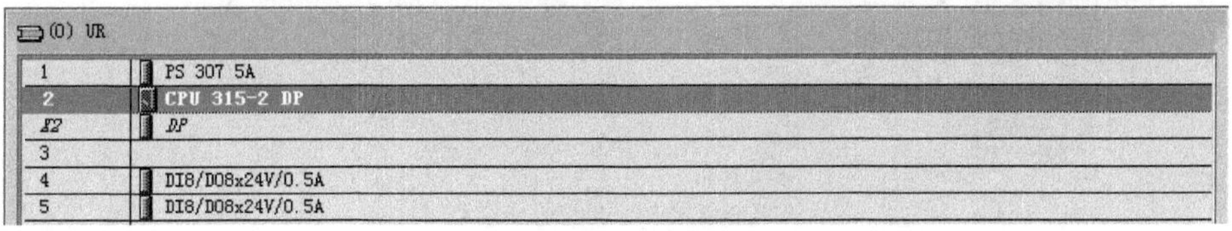

图 8-64 硬件编辑窗口

双击“CPU 315-2 DP”，弹出 CPU 属性对话框，如图 8-65 所示。

单击图中的“Properties”按钮，设置 CPU 的 MPI 属性，包括地址及通信速率。通常应用中不改变 MPI 通信速率，即为 187.5kbit/s。请注意在整个 MPI 网络中通信速率必须保持一致，且 MPI 站地址不能冲突。MPI 属性设置如图 8-66 所示。

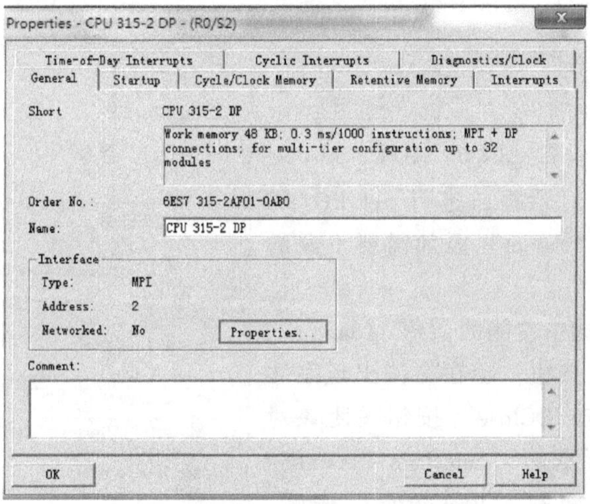

图 8-65 CPU 属性对话框

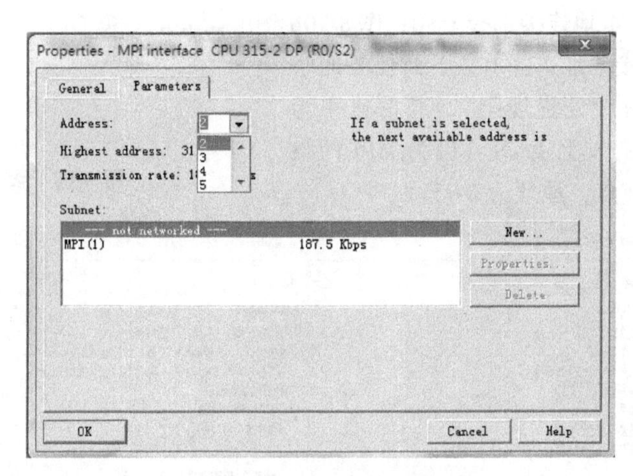

图 8-66 MPI 属性设置

2. PC 侧参数设置

在 STEP7 软件 SIMATIC Manager 界面下选择菜单命令“Options”→“Set PG/PC Interface”，如图 8-67 所示，或“控制面板”中选中“Set PG/PC Interface”。

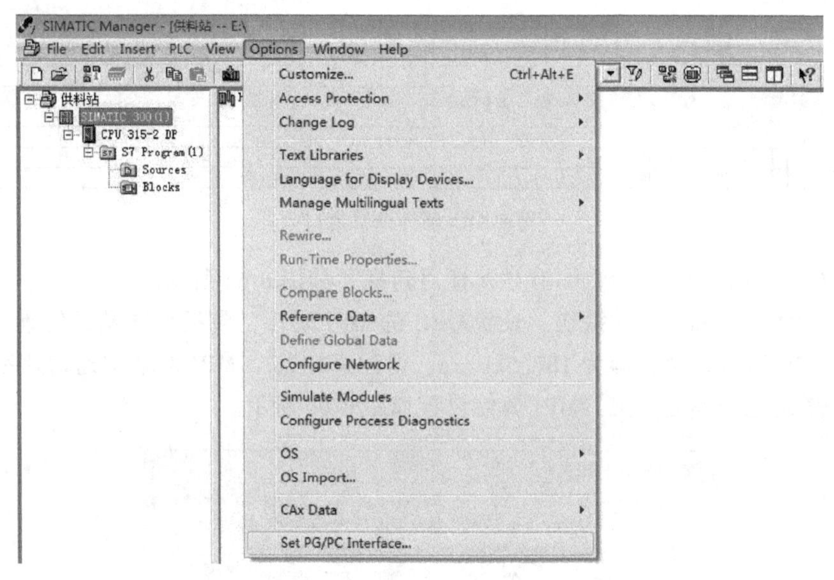

图 8-67 选择“Set PG/PC Interface”命令

弹出图 8-68 所示对话框，进行 Set PG/PC 下载接口设置，单击“Select”添加需要下载的设备。

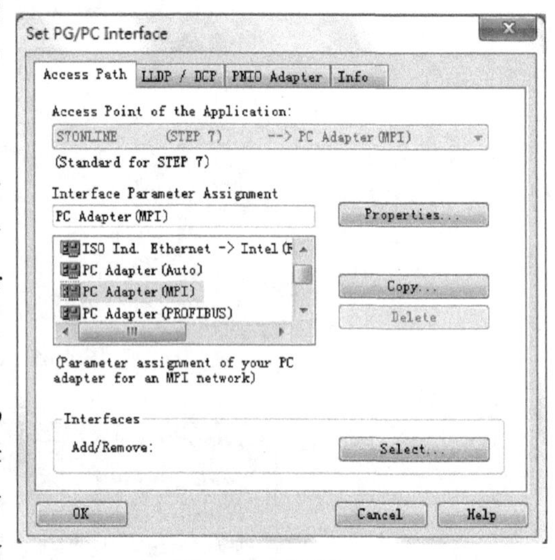

图 8-68 设置窗口

如图 8-69 所示，选中左侧的“PC Adapter”，单击中间的“Install”按钮，会在右侧出现刚才添加的下载接口。单击“Close”按钮关闭该对话框，出现图 8-68 所示的“Interface Parameter Assignment”，单击右侧的“Properties”按钮，弹出图 8-70 所示对话框。

图 8-70a 中，PC 本地连接选择 USB；图 8-70b 中，PC 端和 MPI 连接地址选择 0（下面任务的学习会详细讲解 MPI 地址设置规则），通信速率为 187.5kbit/s，最高 MPI 地址为 31（因为 MPI 网络最多可以连接 32 个节点，地址为 0~31）。

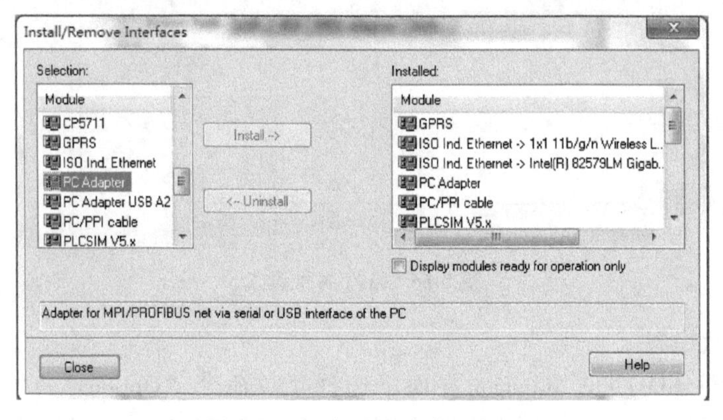

图 8-69 添加或删除接口窗口

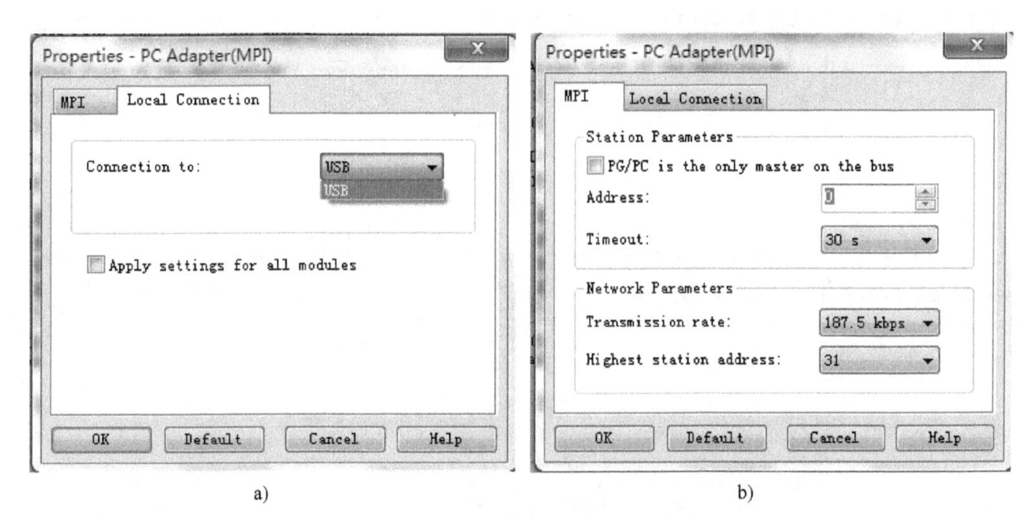

a) b)

图 8-70 PC Adapter 属性设置对话框

3. 程序下载与调试

单击图 8-71 所示界面工具栏的下载图标，弹出图 8-72 所示选择目标模块对话框。

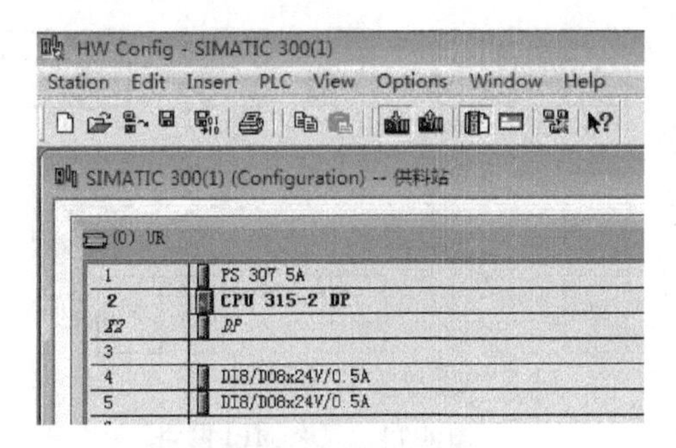

图 8-71 PC 下载

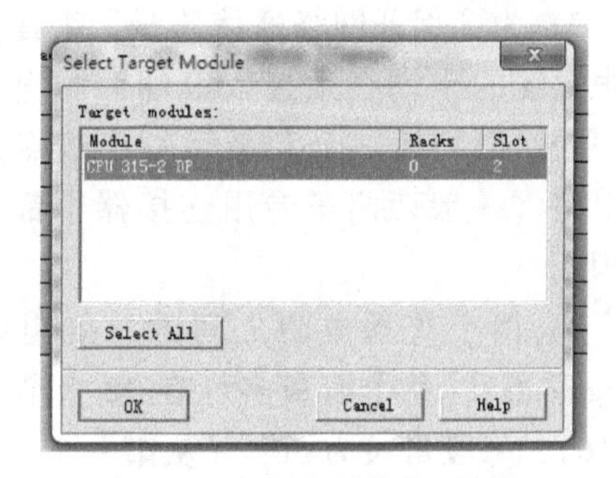

图 8-72 选择目标模块对话框

单击“OK”按钮，出现图 8-73a 所示对话框。单击“View”按钮，会出现图 8-73b 所示对话框，所有连接在 MPI 网络的 PLC 的 CPU 会出现在“Accessible Nodes”栏中。选择地址为 2 的 CPU，单击“OK”按钮，就可以把程序下载到刚才设置的 PLC 中。

2.2.3 MPI 网络连接规则

1. 复杂 MPI 网络

仅用 MPI 接口构成的网络称为 MPI 分支网络或 MPI 网络。两个或多个 MPI 分支网络由路由器或网间连接器连接起来，就能构成较复杂的网络结构，实现更大范围的设备互连，如图 8-74 所示。

可以方便地使用 STEP 7 软件包中的 Configuration 功能为每个网络节点分配一个 MPI 地址和最高地址。为了维护方便，最好标在节点外壳上。

2. 构建 MPI 网络规则

1）MPI 网络可连接的节点。凡能接入 MPI 网络的设备均称为 MPI 网络的节点。可接入的设备有：编程装置（PG/个人计算机）、操作员界面（OP）、S7/M7 PLC 及其他功能模块等。

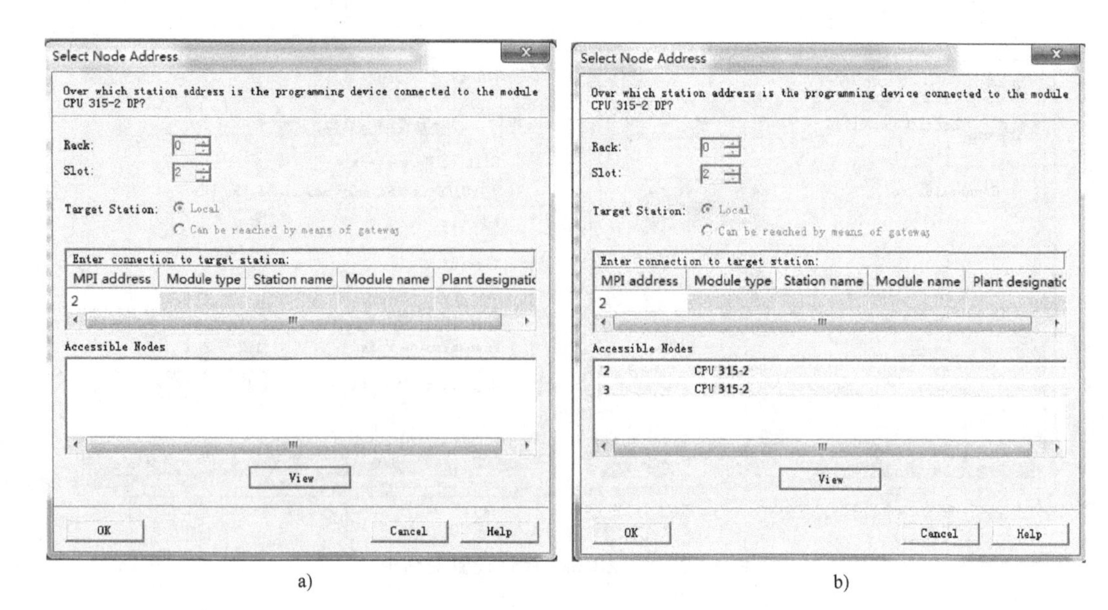

图 8-73 CPU 选择与下载

2）为了保证网络通信质量，组建网络时在一根电缆的末端必须接入浪涌匹配电阻，也就是一个网络的第一个和最后一个节点处应接终端电阻（一般西门子专用连接器中都自带终端电阻）。

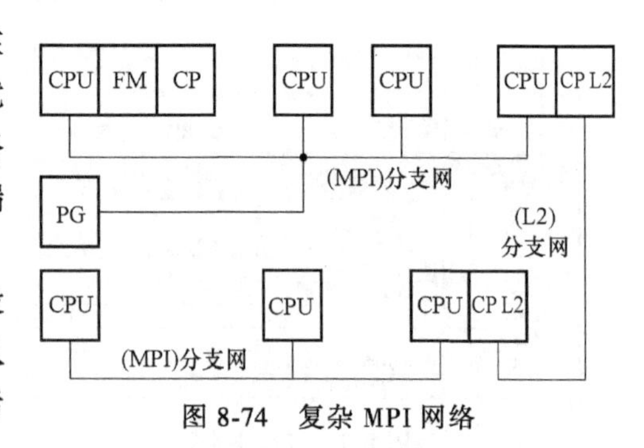

图 8-74 复杂 MPI 网络

3）两个终端电阻之间的总线电缆称为段（Segments）。每个段最多可有 32 个节点（默认值 16），每段最长为 50m（从第一个节点到最后一个节点的最长距离）。

4）如果覆盖节点距离大于 50m，可采用 RS-485 中继器来扩展节点间的连接距离。如果在两个 RS-485 中继器之间没有其他节点，那就能在两个中继器之间设一条长达 1000m 的电缆，这是两个中继器之间的最长电缆长度。连接电缆为 PROFIBUS 电缆（屏蔽双绞线），网络插头（PROFIBUS 接头）带有终端电阻，如果用其他电缆和接头不能保证标称的通信距离和通信速率。

5）如果总线电缆不直接连接到总线连接器（网络插头）而必须采用分支线电缆，分支线的长度是与分支线的数量有关的，一根分支线时最大长度可以是 10m，分支线最多为 6 根，其长度限定在 5m。

6）对于只在起动或维护时需要用到的编程装置，用分支线把它们接到 MPI 网络上。

7）在将一个新的节点接入 MPI 网络之前，必须关掉电源。

2.2.4 MPI 网络参数及编址

1. 概念介绍

1）常用 MPI 网络波特率。MPI 网络符合 RS-485 标准，具有多点通信的性质，MPI 网络的波特率固定地设为 187.5kbit/s（连接 S7-200 PLC 时为 19.2kbit/s）。

2）分支网络号。在复杂MPI网络中，为了区分不同的MPI分支网络，每个MPI分支网络有一个分支网络号，如图2-28中，有两个MPI分支网络，分支网络号分别为1和2。

3）MPI地址。MPI网络上的每个节点都有一个网络地址，称为MPI地址。

2. MPI地址的编址规则

1）MPI分支网络号默认设置为0，在一个分支网络中，各节点要设置相同的分支网络号，如果只有一个MPI分支网络，则网络号0可以不写。

2）必须为MPI网络上每个节点分配一个MPI地址和最高MPI地址。同一MPI分支网络上各节点地址号必须是不同的，但最高地址号均是相同的。

3）节点MPI地址号不能大于给出的最高MPI地址号；最高地址号可以是126。为提高MPI网络节点通信速度，最高MPI地址应设置得较小。

4）编程设备地址。PG（编程设备）指代Step7在线连接的设备。不管是个人计算机，还是西门子的PG台式机，还是用户服务器，只要有1个Step7在线监控PLC，那么这个PLC就会被占用一个PG连接。其默认的MPI地址为0，默认的最高MPI地址为15。分配地址时可对PG、OP、CPU、FM等进行地址排序。网络中可以为一台维护用的PG预留MPI地址0。

5）人机接口地址。OP（人机接口）如触摸屏，尤其特指西门子的触摸屏。比如有一个MP277在CPU上在线连接，那么这个CPU会被占用一个OP连接。

需要注意的是WinCC用内置的驱动来连接PLC时，很多时候是被认为是一个OP连接的。其默认的MPI地址为1，默认的最高MPI地址为15。网络中可以为一台维护用的OP预留MPI地址1。

6）功能模块与通信模块地址。PG和OP分别占用了地址0和1，则紧接着的CPU地址为2。如果机架上安装有FM（功能模块）和CP（通信模板），则它们的MPI地址由CPU的MPI地址顺序加1构成。MPI网络编址如图8-75所示。

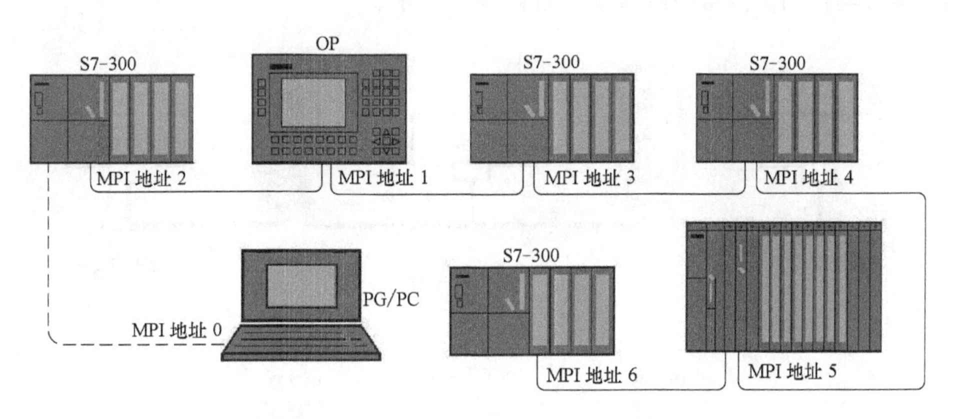

图8-75 MPI网络编址

2.2.5 MPI网络连接部件

1. 网络连接器

网络连接器是节点的MPI接口与网络电缆之间的连接器。其有两种类型，一种带PG接口，如图8-76a所示；一种不带PG接口，为了保证网络通信质量，总线连接器或中继器上都设计了终端匹配电阻，如图8-76b所示。组建通信网络时，在网络拓扑分支的末端节点需要接入浪涌匹配电阻。

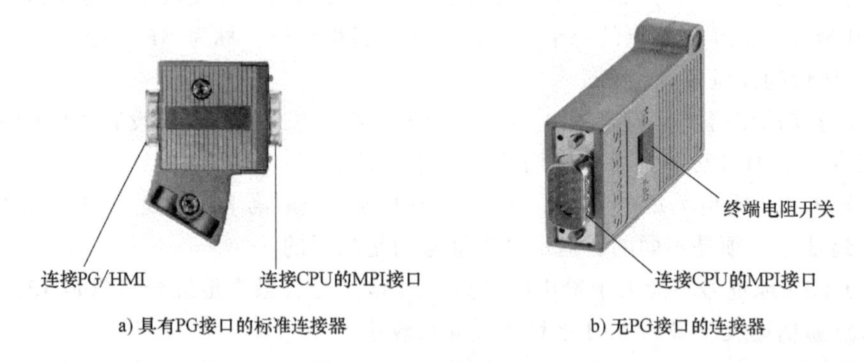

a) 具有PG接口的标准连接器　　b) 无PG接口的连接器

图 8-76　网络插头

PG 对 MPI 网络节点有两种工作方式。一种是 PG 固定地连接在 MPI 网络上，使用网络插头将其直接归并到 MPI 网络里；可以用带有出入双电缆的双口网络插头（不带 PG 接口）。另一种是在对网络进行起动和维护时接入 PG，使用时采用一根分支线接到一个节点上，可以用带 PG 插座的网络接头，上位计算机则需使用 PC/MPI 适配器。

对于临时接入的 PG 节点，其 MPI 地址可设为 0；如果网络插头安装在段的起点和终点，必须将插头上的终端电阻接通（ON）。

2. 网络中继器

网络中继器具有放大信号并带有光电隔离的作用，所以可用于扩展节点间的连接距离（最多增大 20 倍）；也可用作抗干扰隔离，如用于连接接地的节点和接地的 MPI 编程装置的隔离器。对于 MPI 网络系统，在接地的设备和不接地的设备之间连接时，应该注意 RS-485 中继器的连接与使用。网络中继器使用如图 8-77 所示。

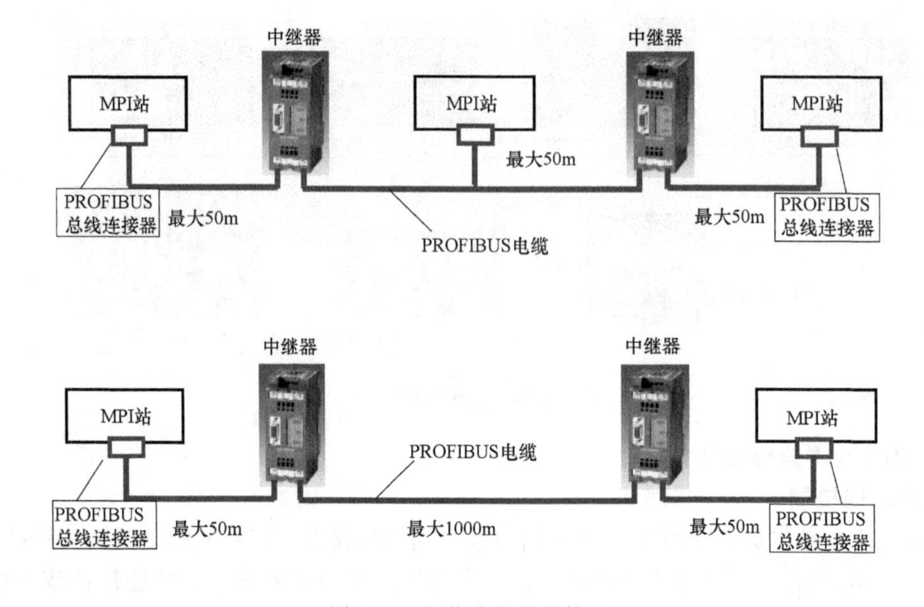

图 8-77　网络中继器的使用

3. PC 侧的 MPI 通信卡

（1）PC 适配器（PC Adapter）：一端连接 PC 的 RS-232 口或通用串行总线（USB）口，另一端连接 CPU 的 MPI，它没有网络诊断功能，通信速率最高为 1.5Mbit/s，价格较低，如图 8-78 所示。

图 8-78 PC 适配器

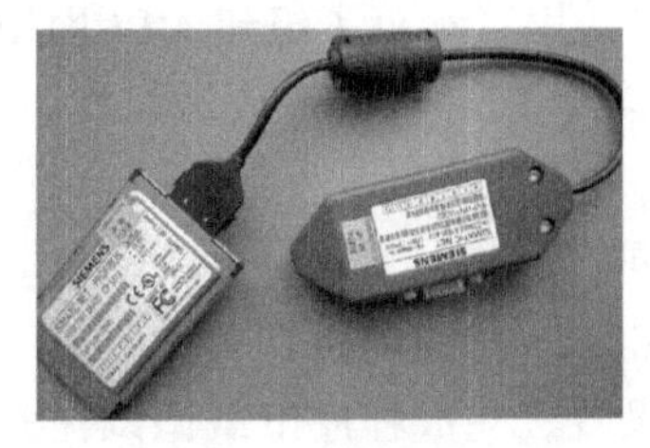

图 8-79 CP5511 卡

图 8-80 CP5613 PCI 卡

（2）CP5511 PCMCIA TYPE Ⅱ卡：用于笔记本计算机编程和通信，它具有网络诊断功能，通信速率最高为 12Mbit/s，价格相对较高，如图 8-79 所示。

（3）CP5613 PCI 卡：如图 8-80 所示，是原 CP5412 卡替代产品，用于台式计算机编程和通信，它具有网络诊断功能，通信速率最高为 12Mbit/s，并带有处理器，可保持大数据量通信的稳定性，一般用于 PROFIBUS 网络，同时也具有 MPI 功能，价格相对最高。

在 CP 通信卡的代码中，5 代表 PCMCIA 接口，6 代表 PCI 总线，3 代表有处理器。

2.3 多个 S7-300PLC 站间的 MPI 地址调整

2.3.1 单元生产设备站地址介绍

模块化单元生产设备分成 9 个站，两组网络，包括 MPI 网络和 DP 通信网络，括号中是分配的 MPI 站地址，分别是供料站 1（MPI=2，主站）、检测站 2（MPI=3）、加工站 3（MPI=4）、机械手站 4（MPI=5）、六轴机器人站 5（6）、缓冲站 6（MPI=7）、五轴机器人站 7（8）、装配站 8（MPI=9）、分拣站 9（MPI=10），如图 8-81 所示。

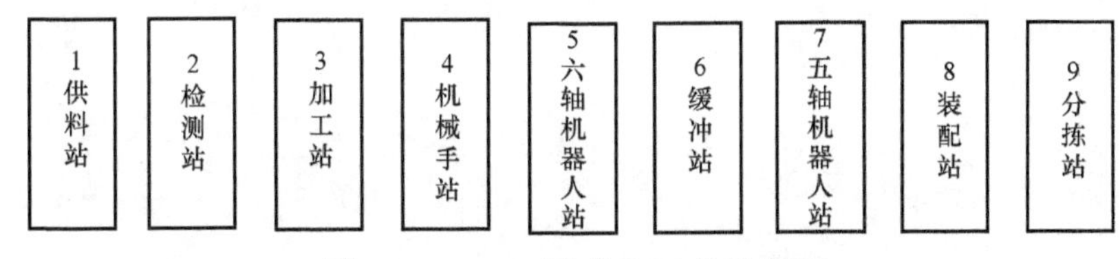

图 8-81 MPS 工作站 MPI 地址分配

2.3.2 单元设备 MPI 地址的调整

当写入装配站 8 单独程序时，由于此单独程序在编程时 MPI 地址是 2，所以写入时，把原来装配站 8（MPI 地址 9）的 MPI 地址变为了 2。这就导致了主站供料站 1（MPI=2，主站）的地址和装配站 8 的地址冲突，并使 MPI 地址 9 消失。

如何恢复呢？首先只打开供料站 1 的电源，把供料站 1 程序的 MPI 地址改为 3，写入供料站。然后再打开装配站 8 电源，这时用 View 检测通信联网站时，就会显示 MPI=3（是刚刚写入的主站）和 MPI=2 两个。这时把装配站 8 程序（定义 MPI 地址 9）写入 MPI=2 的站。之后，这两站 MPI 地址就变为了 3 和 9。最后，再只打开主站电源，把供料站 1 程序的 MPI=3 改为 2，然后写入即可。

读者可扫描二维码进行学习。程序参照配套资源进行学习。

2.4 项目总结与练习

1. 项目总结

项目阐述了MPI基本概念与作用，示范了组建MPI网络的基本方法和MPI参数设置与调整，最终使学习者掌握PC对多个PLC的程序调试技能。

2. 练习

（1）阐述MPI与PPI的异同。

（2）进行MPI网络与PROFIBUS总线的特性对比。

（3）进行MPI网络的通信设置，完成程序下载调试任务。

（4）把图8-81中的第6站（MPI地址为7）地址改为2，再调整回原地址7。

参考文献

[1] 陈瑞阳. 工业自动化技术 [M]. 北京：机械工业出版社，2011.

[2] 廖常初. PLC 编程及应用 [M]. 4 版. 北京：机械工业出版社，2014.

[3] 许洪华. 现场总线与工业以太网技术 [M]. 2 版. 北京：电子工业出版社，2015.

[4] 张益. 现场总线技术与实训 [M]. 北京：北京理工大学出版社，2008.

[5] 张益. 自动线控制技术 [M]. 北京：机械工业出版社，2012.

[6] 张春芝. 自动生产线组装、调试与程序设计 [M]. 北京：化学工业出版社，2011.